MECHANICS OF
MATERIALS
Fourth Edition

해석
재료역학

최종근 · 이성범 · 정진오 지음

모든 것은 변한다. 오직 변하지 않는 것은 '모든 것은 변한다'는 사실만 변하지 않을 뿐이다. 이 책의 4판을 내게 되었다. 강의를 하면서 '힘과 모멘트라는 개념이 재료역학에 적용될 때 외력과 내력이라는 개념으로 전환되어 사용되는 점'을 이해하는 것이 재료역학의 문을 여는 열쇠로 여겨졌다. 이 부분의 설명을 추가하여 넣었다. 이축 방향 응력의 축부호(1,2)를 읽기 편한 부호(x,y)로 바꾸어 표현하였다. 부록A를 SI 단위로 수정하고, F, H를 추가하여 넣었다.

뉴튼의 운동법칙이 과학의 문을 열고도 200년이 지난 뒤에 정립된 탄성론과 재료역학이 160년을 지나 또 다른200년을 향해 가고 있다. 한 평생 공부해 오면서 얻게 된 것은 '구현되지 못하는 것은 그 가치를 입증하기 어렵다(No Implementation, No Use)'는 사실이다. 지금 우리 눈 앞에 펼쳐져 있는 모든 문명은 재료역학의 구현물이다. 재료역학의 가치를 이보다 더 강조할수 있는 말은 없다. '모든 것은 변한다'는 것도 변하지 않을 사실이지만, '인간들은 재료역학의 이해없이 문명을 구현할 수 없다'는 것도 변하지 않을 사실임을 나는 믿는다.

그러나, 2015년 구글 딥마인드 팀이 알파고(AlphaGo)를 통해 컴퓨터의 학습(Learning)을 구현하였다. 딥 러닝 분야가 태동된 것이다. 이제 인간들은 앞으로 수십년간 이 분야에 매달릴 것이다. 그리고 결국에는 컴퓨터에게 재료역학을 가르치고, 구조설계를 가르치게 될 것이다. 컴퓨터는 지금 우리가 예상하는 수준 이상으로 그것을 수행해 낼 것이다.

그래도 재료역학은, 인간이 그것을 이해하든 컴퓨터가 그것을 이해하든 관계없이, 문명 건설에는 변함없이 중요한 이론임을 상기하면서 이 책을 공부해 보자. 컴퓨터의 수준이 아닌 인간의 수준으로…….

2020년 8월 11일
한국산업기술대학교
무상 최 종 근

차 례 Contents

1장 역학의 기본 개념·1

2장 재료역학의 기본 개념·53

5장 응력과 변형률의 분석 · 157

01 Chapter

역학의 기본 개념

1.1 서론

역학은 자연계에 존재하는 힘과 물질과의 관계를 다루는 학문으로, 오늘날 과학이라고 불리는 것 중에서 가장 먼저 체계화 된 학문이다. Galileo(1564~1642)에 의해 시작된 역학의 근대적 연구는 Newton(1642~1727)에 의해 추상적인 개념인 '힘'을 정량적으로 나타냄으로써 그 기초가 확립되었다. 즉 Newton 이전까지 논란이 많던 '힘'이라는 개념을 '뉴턴의 운동법칙'으로 명확하게 정의하고, 힘을 측정하여 값으로 다룰 수 있게 됨으로써 역학이 여러 분야로 발전하게 되었다. 이것에 의해 기초하는 역학을 20세기 이후에 성립된 양자역학과 구별하여 고전역학이라 부르고, 오늘날 대부분의 자연과학(천체과학, 대기과학, 해양과학) 및 응용과학(기계공학, 항공 및 조선공학, 건축 및 토목공학)의 근간이 되는 학문으로 자리 잡고 있다.

역학에는 힘과 물체의 운동과의 관계를 다루는 동역학, 외력이 평형을 이루어 물체가 정지하고 있는 경우에 힘의 상태를 다루는 정역학, 유체에 작용하는 힘과 유체의 운동을 다루는 유체역학, 재료에 작용하는 힘과 재료의 변형을 다루는 재료역학 등이 체계화되어 있다. 대기의 움직임을 다루는 대기역학, 천체의 움직임을 다루는 천체역학, 힘과 토질의 거동을 다루는 토목공학의 한 분야인 토질역학 등과 같이 특정 대상에 응용하여 고전역학에 기초하여 발전시킬 수 있는 모든 분야를 우리는 역학이라 논할 수 있다.

따라서 고전역학에 기초하여 성립된 각 분야의 역학은 그 해석방법에 있어서 통일된 방법론과 해석과정을 갖게 된다. 이 장에서는 역학의 해석에 있어서 공통되는 방법론과 기본 개념을 설명하여 이 책의 내용인 재료역학의 이해를 돕는 것은 물론, 정역학, 동역학, 유체역학 및 기타 고전역학을 기초로 하는 분야를 공부하는 데 기본 틀로서 이해시키고자 한다.

여러분들이 이 장을 공부하고 난 뒤에 기본적으로 알아야 할 중요한 점들은 다음과 같다.

- 모델링이란 무엇이며 어떻게 이루어지는가?
- 역학의 해석과정
- 기본물리량은 무엇인가 ?
- 힘과 모멘트의 개념과 단위
- 일과 에너지의 개념과 단위
- 질점, 강체, 변형체, 고체, 유체의 개념적 정의는 무엇인가?
- 평형의 개념은 무엇이며 평형조건의 수학적 표현과 그 물리적 의미는 무엇인가?

1.2 역학의 해석과정(자연현상의 해석과정)

우리가 자연현상을 이해한다고 말할 때에는 수학적 기술을 통한 정량적 해석을 바탕으로 이해하는 것을 원칙으로 하고 있다. 우리가 현존하는 자연현상을 수학적 기술을 통한 정량적 이해가 아닌 단순히 정성적으로만 이해하고 있다면, 우리는 이것을 과학의 범주에 포함시키지 못하며, "우리는 아직 그 현상을 이해하지 못하고 있다"고 말한다. 따라서 자연현상의 하나인 역학을 해석하고 이해하기 위해서는 수학적 기술을 필요로 하는 모델링(modeling), 그것의 해를 찾는 해석(analysis), 그리고 그 결과를 검토하는 평가(evaluation)의 일반적인 과정을 거쳐야 한다. 이와 같은 역학 또는 자연현상의 해석과정을 도식화하면, 그림 1-1과 같이 나타낼 수 있다.

1) 모델링

모델링이란 자연현상을 정량적으로 이해하기 위하여 수학적 언어로 전환하는 전 과정을 말한다. 모델링에서 해석대상이란 알고자 하는 내용이 정의된 현상의 실체(physical model)를 말한다. 현상의 실체에서 알고자 하는 내용을 명확하게 정의하는 것은 이후의 수식화 과정에서 방향을 결정하므로 매우 중요하다. 동일한 대상이라 하더라도 알고자하는 내용이 무엇이냐에 따라 이후의 과정이 달라지고, 모델링의 결과인 수학모델이 다르게 표현되기 때문에 해석대상은 구하고자 하는 내용이 명확하게 정의된 현상의 실체를 말한다고 하는 것이다.

이상화 과정은 해석대상에 적절한 가정을 도입하여 알고자 하는 인자들과 주어진 데이터들 간의 관계식을 도출하기 쉽도록 복잡한 현상을 단순화시킨 이상화된 모델

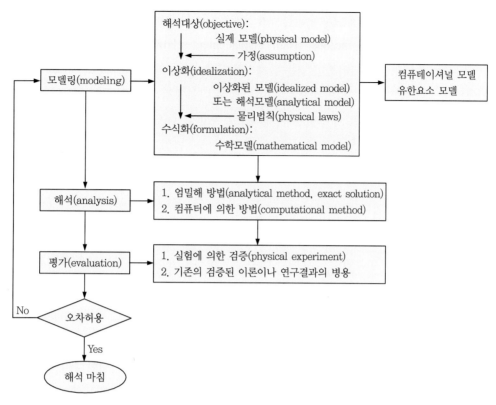

그림 1-1 **역학(자연현상)의 해석과정**

(idealized model)[1]을 만드는 과정을 말한다. 일반적으로 스케치나 자유물체도(free body digram)를 통하여 표현되며, 적절한 가정이 수반되어야 한다. 도입된 가정이 얼마나 타당한가에 따라 해석 결과가 실제 현상을 얼마나 유사하게 묘사하는지를 결정하는 것으로 가장 중요한 부분이라 할 수 있다. 현상을 단순화시키기 위해 가정을 많이 도입할수록 수학모델은 단순화되어 해석이 쉽게 되겠지만, 해석 결과는 실제 현상과 멀어지는 결과를 초래할 수 있다. 또한 도입된 가정이 적으면 적을수록 수학모델은 실제현상을 잘 묘사하겠지만 수학모델이 복잡한 형태를 갖게 되어 이것을 푸는 과정이 해석적으로 접근할 수 없는 경우도 발생할 수 있다. 오늘날은 일반적으로 컴퓨터를 이용한 해석이 수행되므로 이와 같은 문제는 대부분 해소되어 가능한 수학모델을 실제 현상과 가깝게 묘사하여 해석하려는 경향이 있다. 그러나 계산비용, 결과의 유용성 및 계산시간 등을 고려하여 적절하게 가정하는 것은 컴퓨터 해석에서도 필요하다는 것을 주지하기 바란다.

---

[1] 이상화된 모델을 다른 말로 해석모델(analytical model)이라고도 부르며, 수학적으로 해석하여 이해하기 위한 수학모델 전 단계의 모델로 생각하면 된다.

수식화 과정은 해석모델에 알고자 하는 내용에 관계되는 물리법칙(Newton's law, equilibrium conditions, stress-strain relations, strain-displacement relations)들을 적용하여, 알고자 하는 인자들과 주어진 데이터들을 맺는 관계식을 도출하여 수학모델(mathematical model)을 만드는 과정을 말한다. 일반적으로 수학모델은 미분방정식 형태로 기술되지만 특수한 경우의 문제들은 곧바로 대수함수 관계식으로 표현할 수 있다. 예를 들면, 재료역학에서 인장/압축 하중, 비틀림 하중에서 하중-응력, 하중-변위 관계식은 대수함수 관계식으로 표현되지만 보에서 하중-처짐의 관계식은 미분방정식 형태로 기술되는 것이 그 예이다.

2) 해석

해석(analysis)이란 미분방정식 형태나 대수함수 형태로 표현된 수학모델을 풀어서 알고자 하는 인자의 값을 정량적으로 밝혀내는 과정을 말한다. 이것은 우리가 흔히 손으로 푼다고 하는 엄밀해적 방법(analytical method)과 컴퓨터를 이용하여 해석하는 방법(computational method)의 두 가지가 있다.

자연현상의 수학모델을 엄밀해적 방법으로 풀 수 있는 것은 매우 제한적이며 전형적인 문제들에 국한되어 있다. 오늘날에는 컴퓨터를 이용한 해석이 일반화되어 있고, 각 분야별로 해석전용 프로그램이 개발되어 널리 활용되고 있는 실정이다. 그러나 여러분들이 대학과정에서 배우는 각 분야의 대부분의 내용들은 컴퓨터에 의한 방법이 아닌 엄밀해적 방법으로 접근할 수 있는 전형적인 내용들을 편집하여 놓았다는 것을 주지하여야 한다. 그것은 엄밀해적 방법으로 공학문제를 해결하는 훈련을 통하여 해당 분야의 기본 개념과 물리적 의미를 이해하게 되면, 컴퓨터를 이용한 해석 또한 가능하고 컴퓨터 해석 결과에 대한 의미를 분석할 수 있기 때문이다.

3) 평가

모델링과 해석을 통하여 자연현상이 해석되면, 그 해석 결과가 실제 현상을 잘 묘사하고 있는지 여부를 검토하는 평가(evaluation)의 단계가 필요하다. 일반적으로 평가방법은 실험을 많이 택하고, 기존의 검증된 이론이나 연구결과를 활용하기도 한다. 평가를 통해 해석 결과가 실험결과와 많은 차이를 보일 때는 모델링과 해석 단계를 다시 살펴보아야 한다. 이상화 과정에서 가정은 바르게 하였는지, 수식화 과정에서 물리법칙은 적절하게 적용되었는지, 해석은 제대로 하였는지 등을 검토하여 보아야 한다. 물론 실험을 제대로 하였다는 전제하에 이와 같은 재검토가 이루어지는데, 모델링에서 오류가 발생하는 경우가 대부분이기 때문에 자연현상의 해석과정 중 모델링이 가장 중요한 단계라고 한 것이다.

4) 컴퓨테이셔널 모델

복잡한 문제들은 수학모델을 만들고, 만들어진 수학모델을 컴퓨터로 해석하는 것조차 비전문가들에게는 쉽지 않으므로 컴퓨터로 해석하기 쉽게 수학모델을 변형시켜 놓은 것이 있다. 공학에서 유한요소법 또는 유한요소 프로그램이라 알려져 있는 이들은 NASTRAN, ANSYS, IDEAS 등과 같이 상업용 프로그램으로 개발되어 있다. 이들 프로그램과 해석 방법론은 자동차와 항공기의 설계를 위한 구조해석, 유체 유동해석, 열전달 해석, 전자기장 해석뿐만 아니라 물리, 화학 등 자연과학 분야에서 활용되고 있다. 이것은 프로그램 내부에 기본적인 요소에 대한 모델링과 해석을 해놓은 것으로 사용자가 수학모델을 구성하는 모델링을 하지 않아도 된다. 또한 요소와 절점으로 구성되는 그래픽 모델만 구성하면 프로그램 내부에서 해석이 수행되고 결과도 그래픽으로 표현해준다. 이와 같이 요소와 절점으로 구성되는 그래픽 모델을 구성하는 것을 수학모델을 만드는 모델링과 구별하여 유한요소 모델링(finite element modeling)이라 부르고, 이 그래픽 모델을 컴퓨테이셔널 모델(computational model) 또는 유한요소 모델(finite element model)[2]이라고 부른다. 그리고 이 유한요소 모델을 이용한 해석을 유한요소 해석(finite element analysis)이라 한다.

실제로 오늘날 공학현장에서는 점점 더 실제 모델에 가까운 해석을 요구하기 때문에 대부분의 설계가 유한요소 해석을 이용하여 이루어지며, 기존의 수학모델을 구성하고 해석하여 설계하는 경우는 극히 드문 실정이다. 그러나 앞에서도 언급하였듯이 모델링의 개념을 이해하고, 적절한 유한요소 모델을 구성하여 그 해석 결과를 정확하게 평가하기 위해서는 전형적인 문제들에 대한 모델링과 해석의 훈련이 필요하다는 것을 다시 한 번 강조한다.

1.3 단위계

역학에서 사용하는 기본물리량은 길이(length), 시간(time), 질량(mass)이다. 이 세 가

---

2) 최종근, "CAE 엔지니어를 위한 유한요소법". p.14, 청문각, 2004.

지의 기본물리량에 대한 단위는 현재 나라마다 관습적으로 사용해온 몇 가지가 있지만, 이 책에서는 전 세계적으로 통일된 국제단위계를 기준으로 설명한다. 국제단위계(SI 단위)는 MKS 단위계와 CGS 단위계의 두 가지로 분류할 수 있다. MKS(Meter‑Kilogram‑Second) 단위계는 기본 단위로 길이(미터, m), 시간(초, s), 질량(킬로그램, kg)을 사용하는 것으로 물리학과 공학에서 많이 사용한다. CGS(Centimeter‑Gram‑Second) 단위계는 기본단위로 길이(센티미터, cm), 시간(초, s), 질량(그램, g)을 사용하는 것으로, 분자나 원자 등을 다루는 화학에서 많이 사용한다. MKS 단위계와 CGS 단위계는 단위의 접두어로 서로 연관되어 있다. 기본단위는 그 자체가 독립적으로 측정이 되며, 기본단위의 조합으로 유도되는 물리량의 단위를 유도단위(derived unit)라 한다. 유도단위의 대표적인 것이 가속도, 힘과 모멘트 그리고 일과 에너지이다.

SI 단위에서 역학에 사용되는 기본단위, 유도단위, 보조단위는 표 1-1에 나타내었고, 참고로 미국단위계와 한국, 일본에서 많이 쓰는 공학단위계는 표 1-2에 나타내었다.

표 1-1 **역학에 사용되는 SI 단위**

	물 리 량	단위 이름	기 호	기본 및 유도단위로 표현	차 원
기본단위	길이 질량 시간	미터 킬로그램 초	m kg s		L M T
유도단위	속도 가속도 힘 모멘트, 토크 일, 에너지,열량 동력 압력, 응력 주파수	뉴턴(newton) 뉴턴-미터 줄(joule) 와트(watt) 파스칼(pascal) 헤르츠(hertz)	N N·m J W Pa Hz	m/s m/s^2 $kg \cdot m/s^2$ $N \cdot m$ $N \cdot m$ J/s N/m^2 $1/s$	LT^{-1} LT^{-2} MLT^{-2} ML^2T^{-2} ML^2T^{-2} ML^2T^{-3} $ML^{-1}T^{-2}$ T^{-1}
보조단위	평면각	라디안(radian)	rad		무차원

표 1-2 **기타 단위계의 단위**

		길이	질 량	시간	힘	비 고
공학단위계	미터 단위	미터 (m)	킬로그램 (kg)	초 (s)	킬로그램중 (kgf)	한국, 일본에서 많이 사용 1 kgf = 1 kg · 9.8 m/s² = 9.8 N
	미국 단위	피트 (ft)	파운드 (lb)	초 (s)	파운드중 (lbf)	미국에서 많이 사용 1 lbf = 0.4536 kg · 9.8 m/s² = 4.448 N

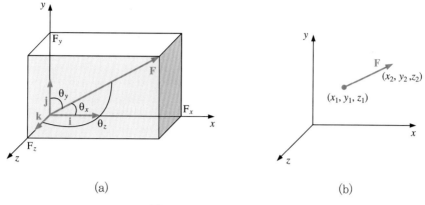

(a)   (b)

그림 1-4 **벡터의 해석적 표현**

도식적 표현방법과 해석적 표현방법은 결국 하나의 벡터를 각각의 방법으로 나타내는 것이므로, 서로 변환이 가능하다.

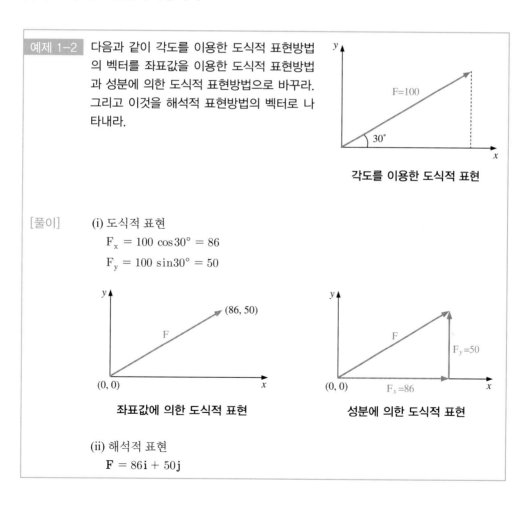

예제 1-2 다음과 같이 각도를 이용한 도식적 표현방법의 벡터를 좌표값을 이용한 도식적 표현방법과 성분에 의한 도식적 표현방법으로 바꾸라. 그리고 이것을 해석적 표현방법의 벡터로 나타내라.

각도를 이용한 도식적 표현

[풀이]   (i) 도식적 표현

$$F_x = 100 \cos 30° = 86$$
$$F_y = 100 \sin 30° = 50$$

좌표값에 의한 도식적 표현   성분에 의한 도식적 표현

(ii) 해석적 표현

$$\mathbf{F} = 86\mathbf{i} + 50\mathbf{j}$$

3) 벡터의 계산

실제로 해석적 표현방법으로는 벡터의 계산(덧셈, 뺄셈, 곱셈, 미분, 적분)이 완전하게 가능하지만 도식적 표현방법으로는 어려운 부분이 있다. 따라서 엄밀한 벡터의 계산을 수행할 때에는 해석적 표현방법을 사용한다. 그러나 도식적 표현방법은 시각적으로 쉽게 이해할 수 있는 장점이 있기 때문에 공학에서 간단한 벡터문제의 계산은 해석적 방법과 병행하여 많이 사용한다(덧셈, 뺄셈, 곱셈). 여기에서는 도식적 표현방법에 의한 벡터의 계산(덧셈, 뺄셈)을 먼저 설명하고, 해석적 표현방법에 의한 벡터의 계산(덧셈, 뺄셈, 곱셈)을 설명한다. 그리고 이들 각각의 해법에 대한 실용성은 예제 1-3, 예제 1-4, 예제 1-6에서 상세하게 설명하고자 한다.

(1) 도식적 해법(덧셈, 뺄셈)

① 두 벡터 **A**, **B**는 크기와 방향이 같으면 벡터의 시작점이 각각 어디이든 관계없이 동일한 벡터이다. 즉 그림 1-5에서 **A** = **B**이다.

② 벡터 **A**와 크기가 같고 방향이 반대인 벡터는 -**A**로 표현한다(그림 1-6).

③ 벡터 **A**와 벡터 **B**의 합벡터 **C**는 벡터 **A**의 끝점에 벡터 **B**의 시작점을 평행하게 옮겨 놓고, **A**의 시작점과 **B**의 끝점을 다시 연결한 벡터가 된다. 이것을 벡터합의 평행사변형의 법칙이라 하며, 두 개 이상의 벡터에서도 동일하게 적용된다. 즉 최초 벡터의 끝점에 다음 벡터의 시작점을 잇고, 그것의 끝점과 그다음 벡터의 시작점을 잇고, 계속적으로 이와 같이 연결한 후, 최초 벡터의 시작점을 최후 벡터의 끝점에 연결한 벡터가 모든 벡터의 합벡터가 된다(그림 1-7, 그림 1-8).

④ 벡터 **A**에서 벡터 **B**를 뺀 벡터는 **A**-**B**로 표현되고, 덧셈 **A**+(-**B**)와 같다(그림 1-9).

⑤ 1, 2, 3, 4항을 기본 공리로 하여 공학에서 활용되는 실용적인 도식적 해법은 다음과 같다.

- 3항에 근거하여 모든 벡터를 좌표축 성분에 의한 도식적 표현방법으로 나타낸다. 이때 성분의 크기를 화살표와 함께 표시한다.
- 2항에 근거하여 양의 벡터는 양의 크기, 음의 벡터는 음의 크기로 하여 좌표축 성분별로 합하거나 뺀다.
- 계산 결과가 성분별로 양의 값이면 양의 벡터로, 음의 값이면 음의 벡터로 좌표계에 표시한다.

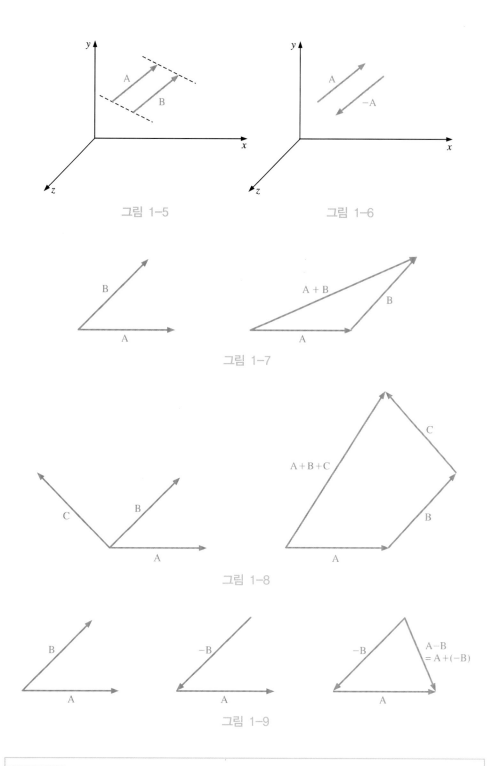

그림 1-5

그림 1-6

그림 1-7

그림 1-8

그림 1-9

예제 1-3 다음 좌표계의 질점에 작용하는 힘벡터들을 도식적 해법으로 합하고, 최종 결과 힘벡터를 도식적 표현방법으로 나타내라.

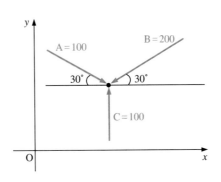

[풀이]

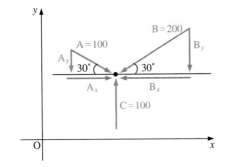

$$A_x = A \cos 30° = 100 \cos 30° = 86$$
$$A_y = A \sin 30° = 100 \sin 30° = 50$$
$$B_x = B \cos 30° = 200 \cos 30° = 172$$
$$B_y = B \sin 30° = 200 \sin 30° = 100$$
$$C_y = C = 100$$

x 방향 성분

$$\Sigma F_x = A_x - B_x = 86 - 172 = -86$$

y 방향 성분

$$\Sigma F_y = -A_y - B_y + C_y = -50 - 100 + 100 = -50$$

따라서 합벡터의 성분들을 양의 벡터, 음의 벡터로 표시하면 다음과 같다.

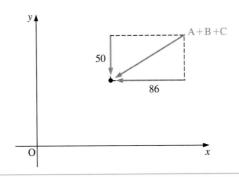

(2) 해석적 해법(덧셈, 뺄셈, 곱셈)

① 해석적 표현방법으로 나타낸 두 벡터 **A**, **B**의 덧셈, 뺄셈은 다음과 같이 직교좌표계
의 각 방향 성분 크기의 대수합으로 계산된다.

$$\mathbf{A} = A_x\mathbf{i} + A_y\mathbf{j} + A_z\mathbf{k} \tag{1-6}$$

$$\mathbf{B} = B_x\mathbf{i} + B_y\mathbf{j} + B_z\mathbf{k}$$

$$\mathbf{A} + \mathbf{B} = (A_x + B_x)\mathbf{i} + (A_y + B_y)\mathbf{j} + (A_z + B_z)\mathbf{k}$$

$$\mathbf{A} - \mathbf{B} = (A_x - B_x)\mathbf{i} + (A_y - B_y)\mathbf{j} + (A_z - B_z)\mathbf{k} \tag{1-7}$$

② 두 벡터 **A, B**의 곱셈에는 스칼라곱과 벡터곱의 두 가지가 있다. 스칼라곱은 두 벡터 곱의 결과가 스칼라량으로 되는 것을 말하며, 물리적 의미에서 대표적인 것이 일 (work)이다. 벡터곱은 두 벡터곱의 결과가 벡터로 되며 모멘트가 대표적인 예이다.

(3) 스칼라곱

두 벡터 **A, B**의 스칼라곱은 **A · B**(A dot B라 읽음)로 표기하고, 벡터 **A, B**의 크기 A, B 와 두 벡터 사이각의 코사인(cosine)곱으로 정의한다.

$$\mathbf{A} \cdot \mathbf{B} = AB\cos\theta \tag{1-8}$$

스칼라곱의 정의에 의해 직교좌표축의 단위벡터들은 다음 관계를 가짐을 알 수 있다.

$$\mathbf{i} \cdot \mathbf{i} = \mathbf{j} \cdot \mathbf{j} = \mathbf{k} \cdot \mathbf{k} = 1\,(\theta = 0,\ \cos\theta = 1)$$

$$\mathbf{i} \cdot \mathbf{j} = \mathbf{j} \cdot \mathbf{k} = \mathbf{k} \cdot \mathbf{i} = 0\,(\theta = 90,\ \cos\theta = 0) \tag{1-9}$$

따라서 두 벡터 **A, B**의 스칼라곱 **A · B**의 해석적 해법은 다음과 같다.

$$\mathbf{A} \cdot \mathbf{B} = (A_x\mathbf{i} + A_y\mathbf{j} + A_z\mathbf{k}) \cdot (B_x\mathbf{i} + B_y\mathbf{j} + B_z\mathbf{k})$$

$$= A_xB_x + A_yB_y + A_zB_z \tag{1-10}$$

(4) 벡터곱

두 벡터 **A, B**의 벡터곱은 **A × B**(A cross B라 읽음)로 표기하고, 벡터 **A, B**의 크기 A, B 와 두 벡터 사이각의 사인(sine)곱으로 크기를 나타낸다. 방향은 두 벡터 **A, B**가 이루는 평면에 수직한 방향을 갖되, 평면에서 오른나사가 **A**에서 **B** 쪽으로 회전하여 진행하는 쪽으로 정의한다.

$$\mathbf{A} \times \mathbf{B} = AB\sin\theta\,\mathbf{u} \tag{1-11}$$

여기에서 **u**는 오른나사가 **A**에서 **B**쪽으로 회전하여 진행하는 방향의 단위벡터를 나 타낸다.

벡터곱의 정의에 의해 직교좌표축의 단위벡터들은 다음 관계를 가짐을 알 수 있다.

$$\mathbf{i} \times \mathbf{i} = \mathbf{j} \times \mathbf{j} = \mathbf{k} \times \mathbf{k} = 0\,(\theta = 0,\ \sin\theta = 0) \tag{1-12}$$

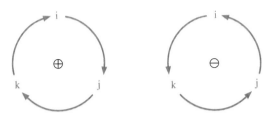

그림 1-10 **직교좌표계 단위벡터의 벡터곱**

$$\mathbf{i} \times \mathbf{j} = \mathbf{k}, \mathbf{j} \times \mathbf{i} = -\mathbf{k}$$
$$\mathbf{j} \times \mathbf{k} = \mathbf{i}, \mathbf{k} \times \mathbf{j} = -\mathbf{i}$$
$$\mathbf{k} \times \mathbf{i} = \mathbf{j}, \mathbf{i} \times \mathbf{k} = -\mathbf{j} \; (\theta = 90, \sin\theta = 1)$$

이것을 보다 쉽게 표현하면 그림 1-10과 같이 나타낼 수 있다.

따라서 두 벡터 **A, B**의 벡터곱 **A × B**의 해석적 해법은 다음과 같다.

$$\mathbf{A} \times \mathbf{B} = (A_x \mathbf{i} + B_y \mathbf{j} + A_z \mathbf{k}) \times (B_x \mathbf{i} + B_y \mathbf{j} + B_z \mathbf{k})$$
$$= (A_y B_z - A_z B_y)\mathbf{i} + (A_z B_x - A_x B_z)\mathbf{j} + (A_x B_y - A_y B_x)\mathbf{k}$$

$$(1\text{-}13)$$

두 벡터의 벡터곱을 행렬식으로 표현하면 다음과 같다.

$$\mathbf{A} \times \mathbf{B} = \begin{vmatrix} \mathbf{i} & \mathbf{j} & \mathbf{k} \\ A_x & A_y & A_z \\ B_x & B_y & B_z \end{vmatrix}$$

$$(1\text{-}14)$$

예제 1-4　예제 1-3을 해석적 방법으로 풀어보자.

[풀이]

$$\begin{aligned} \mathbf{A} &= A_x \mathbf{i} + A_y \mathbf{j} \\ &= A \cos 30°(i) + A \sin 30°(-\mathbf{j}) \\ &= 100 \cos 30° \, \mathbf{i} - 100 \sin 30° \, \mathbf{j} \\ &= 86\,\mathbf{i} - 50\,\mathbf{j} \end{aligned}$$

$$\begin{aligned} \mathbf{B} &= B_x \mathbf{i} + B_y \mathbf{j} \\ &= B \cos 30°(-\mathbf{i}) + B \sin 30°(-\mathbf{j}) \\ &= -200 \cos 30° \, \mathbf{i} - 200 \sin 30° \, \mathbf{j} \\ &= -172\,\mathbf{i} - 100\,\mathbf{j} \end{aligned}$$

$$\mathbf{C} = C_y \mathbf{j} = 100\,\mathbf{j}$$

$$\begin{aligned} \mathbf{A}+\mathbf{B}+\mathbf{C} &= (A_x \mathbf{i} + A_y \mathbf{j}) + (B_x \mathbf{i} + B_y \mathbf{j}) + (C_y \mathbf{j}) \\ &= (86-172)\mathbf{i} + (-50-100+100)\mathbf{j} \\ &= -86\,\mathbf{i} - 50\,\mathbf{j} \end{aligned}$$

$$\therefore \; \mathbf{A}+\mathbf{B}+\mathbf{C} = -86\,\mathbf{i} - 50\,\mathbf{j}$$

1.5.1 힘

힘(force)은 물체를 움직이거나(변형을 포함하여 운동시킴), 움직이고 있는 물체의 속도와 방향을 바꾸는 작용을 말한다. 힘에는 물체와 물체가 직접 접촉하여 작용하는 경우와 자기력이나 만유인력과 같이 비접촉 상태에서 작용하는 경우가 있다. 그러나 어느 경우라도 물체에 힘이 작용한다는 것은 물체의 운동상태에 영향을 미치게 된다. 일상생활에서는 막연히 '힘이 세다', '힘이 작다' 등으로 표현하지만, 힘의 크기는 엄밀하게 뉴턴의 운동법칙으로 정의된다. 즉 힘의 작용에 의한 물체의 운동에서 물체의 질량과 운동의 가속도를 곱한 값(힘 = 질량 × 가속도)을 우리는 힘의 크기로 정의한다. 또한 물체를 운동시키려는 방향을 힘의 방향으로 정의하고, 힘이 작용하는 점을 힘의 작용점으로 정의한다. 따라서 힘을 정의함에 있어서는 힘의 크기, 힘의 방향, 힘의 작용점의 세 가지 요소가 모두 필요하다. 이 중에서 기본단위로부터 유도된 힘의 크기의 단위는 $N = kg \cdot m/s^2$ (질량 × 가속도)로 뉴턴(Newton)이라 읽는다. 중력단위계에 익숙한 여러분들은 1 N을 대략 사과 1개 정도의 무게에 해당된다고 이해하면 된다.

힘은 벡터량이다. 벡터의 해석에서는 좌표계를 수반하여야 의미가 있다고 하였으므로, 힘을 다룰 때에는 언제나 좌표계를 설정하고 해석하는 것이 필요하다. 힘은 임의의 방향으로 작용할 수 있으므로, 그림 1-2에서 식 (1-1)과 같이 좌표계상에서 좌표축의 방향으로 분해하는 것이 필요할 때가 있다.

1.5.2 모멘트

힘에 의해 2차적으로 발생되는 물리량으로 모멘트(moment), 일 그리고 역학적 에너지를 들 수 있다. 이들은 모두 같은 차원의 단위(Nm)를 가지며, 이 중에서 모멘트는 힘과 함께 물체를 운동시키는 기본 요소로 역학에서 취급되고 있다. 모든 물체의 운동은 직선운동과 회전운동으로 나뉜다. 직선운동은 힘이라는 물리량의 작용에 의한 결과이고, 회전운동은 모멘트라는 물리량의 작용에 의한 결과이다. 따라서 모든 물체의 운동을 논할 때는 힘과 모멘트가 기본 작용요소로 취급된다. 그러나 모멘트는 힘에 의하여 발생된 2차적인 물리량이므로, 힘에 의하여 발생된 모멘트를 계산하는 방법을 공부할 필요가 있다.

1) 모멘트의 표시

모멘트는 크기와 방향이 있는 벡터량이다. 모멘트는 회전운동을 유발하므로 회전에는

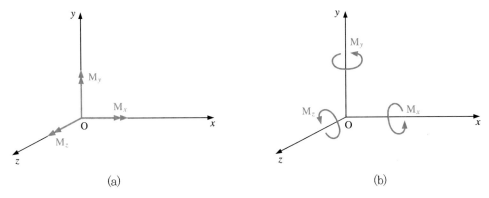

(a)   (b)

M_x : x축을 중심축으로 회전하는 모멘트
M_y : y축을 중심축으로 회전하는 모멘트
M_z : z축을 중심축으로 회전하는 모멘트
M_O : 점 O를 중심으로 하는 회전 모멘트

그림 1-11 **모멘트의 표시**

회전의 방향이 있고, 회전시키려는 정도의 크고 작음이 있다는 뜻이다. 따라서 화살표를 이용하는 도식적 표현을 사용하지만 힘과 달리 그림 1-11(a)와 같이 두 개의 화살촉으로 나타낸다. 회전 방향은 화살촉의 진행 방향으로 오른 나사를 돌리는 방향이 회전 방향을 나타낸다. 이것을 그림 1-11(b)와 같이 시각적으로 쉽게 회전 방향을 표시하여 나타내기도 하지만 3차원 공간에서는 불편하므로, 두 개의 화살촉으로 나타내는 것이 보다 일반적이고 해석적으로 간편하여 현재는 대부분의 공학표현에서 이것을 채택하고 있다. 기호로 표시하는 것은 힘과 같이 벡터 표시법의 기호를 따르지만, 모멘트는 언제나 회전의 중심을 나타내주어야 하므로 하첨자에 회전의 중심점이나 중심축을 표현하는 것이 중요하다.

2) 모멘트의 계산

모멘트, M_o는 회전의 중심(O)에서 힘이 작용하는 작용점까지의 위치벡터($\mathbf{r}$)와 작용하는 힘벡터($\mathbf{F}$)와의 벡터곱($\mathbf{r} \times \mathbf{F}$)으로 정의된다. 모멘트는 힘에 의해 발생되는 2차적인 물리량이므로, 힘이 주어진 계에서는 역학문제를 해결하기 위하여 모멘트를 계산할 필요가 있다. 그림 1-12에서와 같이 임의 공간에서 위치벡터 $\mathbf{r}$에 힘 $\mathbf{F}$가 작용할 때 상기 정의에 의한 모멘트 M_o는 다음과 같이 계산된다.

$$
\begin{aligned}
\mathbf{M_o} &= \mathbf{r} \times \mathbf{F} \\
&= (r_x \mathbf{i} + r_y \mathbf{j} + r_z \mathbf{k}) \times (F_x \mathbf{i} + F_y \mathbf{j} + F_z \mathbf{k}) \\
&= (r_y F_z - r_z F_y)\mathbf{i} + (r_z F_x - r_x F_z)\mathbf{j} + (r_x F_y - r_y F_x)\mathbf{k}
\end{aligned} \tag{1-15}
$$

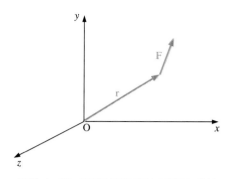

그림 1-12 **3차원 공간에서 모멘트 계산**

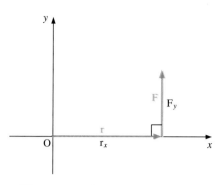

그림 1-13 **xy평면상에서의 모멘트 계산**

$$= M_x \mathbf{i} + M_y \mathbf{j} + M_z \mathbf{k}$$

3차원 공간에서 여러 방향의 힘에 의해 복잡하게 발생되는 모멘트를 보다 체계적으로 해석하기 위해서는 상기와 같이 벡터곱을 이용한 해석적 방법이 일반적이고 유리하게 적용될 때가 있다. 그러나 2차원 평면 위에서 작용되는 힘에 의한 모멘트는 다음과 같이 계산하는 것이 간편할 때가 있다.

그림 1-13에서는 xy평면 위에 놓인 레버의 끝에 직각 방향으로 힘이 작용하는 것을 나타내고 있다. 레버의 길이가 r_x이면 그림의 좌표계에서 위치벡터는 $\mathbf{r} = r_x \mathbf{i}$ 가 된다. 힘의 크기가 F_y이면 그림의 좌표계에서 힘벡터는 $\mathbf{F} = F_y \mathbf{j}$ 가 된다. 모멘트의 정의에 의한 해석적 계산을 수행하면 회전중심 O에 대한 모멘트 $\mathbf{M}_o$는 다음과 같이 된다.

$$\begin{aligned}
\mathbf{M}_o &= \mathbf{r} \times \mathbf{F} \\
&= r_x \mathbf{i} \times F_y \mathbf{j} \\
&= r_x F_y \sin\theta\, \mathbf{k} \\
&= r_x F_y \sin 90°\mathbf{k} \\
&= r_x F_y\, \mathbf{k}
\end{aligned} \tag{1-16}$$

그림 1-14(a)에서는 xy 평면 위에 놓인 레버의 끝에 임의 각도 θ 방향으로 힘이 작용하는 것을 나타내고 있다. 이것은 그림 1-14(b), (c)와 같이 나타낼 수 있다.

그림 1-14(b)에서 O점에 관한 모멘트 계산을 수행하면 다음과 같이 된다.

$$\begin{aligned}
\mathbf{M}_o &= \mathbf{r} \times \mathbf{F} \\
&= r \cdot F \sin\theta\, \mathbf{k} \\
&= r \sin\theta \cdot F\, \mathbf{k} \\
&= r_A \cdot F\, \mathbf{k}
\end{aligned} \tag{1-17}$$

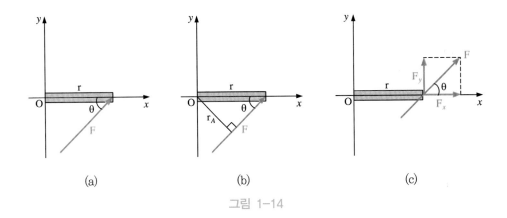

그림 1-14

여기서 r_A는 힘 F의 작용선을 연장하였을 때 회전중심 O에서 힘 F의 작용선까지의 수직거리를 나타낸다. 또한 그림 1-14(c)에서 해석적인 방법으로 O점에 관한 모멘트를 계산하면 다음과 같이 된다.

$$\mathbf{M_o} = \mathbf{r} \times \mathbf{F} \qquad (1\text{-}18)$$
$$= r\mathbf{i} \times (F_x\mathbf{i} + F_y\mathbf{j}) = r \cdot F_y\mathbf{k}$$

식 (1-17)의 결과와 식 (1-18)의 결과는 동일한 결과를 나타낸다. 즉

$$\mathbf{M_o} = r_A \cdot F\mathbf{k}$$
$$= r \cdot F_y\mathbf{k}$$
$$= r \cdot F\sin\theta\,\mathbf{k}$$

식 (1-18)에서 힘 F_x에 의해서는 모멘트가 발생하지 않는 것을 알 수 있다. 이것은 그림 1-14(c)에서 알 수 있듯이 분력 F_x는 회전중심 O를 관통하는 힘으로 회전중심에서 힘의 작용선까지의 팔길이가 영이기 때문에 모멘트를 유발하지 않는다. 따라서 여러분들은 모멘트를 계산할 때에는 항상 회전중심을 어디로 선정하여 계산할 것인가를 먼저 결정하여야 하고, 선택된 회전중심을 관통하는 힘에 대하여는 모멘트가 발생하지 않으므로 모멘트 계산에 고려하지 않아도 된다. 따라서 모멘트의 크기는 회전중심에서 힘의 작용선까지의 수직거리에 힘의 크기를 산술적으로 곱하여 구하며, 모멘트의 방향은 회전중심에서 힘의 작용선까지의 위치벡터에서 힘벡터 작용방향으로 오른 손바닥을 감싸 나아갈 때 엄지손가락이 가리키는 방향이 됨을 알 수 있다.

즉 레버의 길이와 힘의 작용선이 직각으로 놓여 있는 경우, 모멘트의 크기는 레버의 길이에 힘의 크기를 산술적으로 곱하여 얻어진다. 그리고 모멘트의 방향은 지면을 뚫고 나오는 방향(양의 z축 방향)이 되며, 이것은 레버의 벡터 방향과 힘의 벡터 방향을 오른손

으로 감싸 나아갈 때 엄지손가락이 향하는 방향이 되어, 오른손 법칙 또는 오른나사의 법칙이라고 한다. 레버의 길이와 힘의 작용선이 직각이 아닌 경우에도 모멘트의 방향은 오른손 법칙을 따르므로 지면을 뚫고 나오거나(양의 z축 방향) 지면을 뚫고 들어가는(음의 z축 방향) 둘 중 하나가 된다. 따라서 평면 위에 놓인 힘에 의한 모멘트의 계산에서는 첫째 회전중심을 먼저 결정하고, 힘을 좌표축의 성분으로 분해하여 회전중심에서 각 분력까지의 수직거리를 구하여 각 분력에 의한 모멘트 크기를 계산하고, 방향은 오른손 법칙에 의해 각각 구하여 대수적으로 합하면 간편하게 계산할 수 있다. 이것은 역학에서 간단한 문제를 모델링하고 해석할 때 일반적으로 사용되는 방법으로 감각적으로 숙지할 필요가 있다. 다음 예제가 그 간편성을 보여줄 것이다.

예제 1-5 다음 xy평면에 놓인 레버에 작용하는 힘에 의한 모멘트를 회전중심 O, A, B 점에 대하여 각각 계산하라.

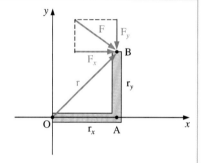

[풀이]

(i) 회전중심 O에 대하여

분력 F_x에 의한 모멘트 $\mathbf{M_o}' = r_y \cdot F_x\,(-\mathbf{k})$

(회전중심 O에서 분력 F_x의 연장선까지의 수직거리 r_y)

분력 F_y에 의한 모멘트 $\mathbf{M_o}'' = r_x \cdot F_y\,(-\mathbf{k})$

(회전중심 O에서 분력 F_y의 연장선까지의 수직거리 r_x)

$$\therefore\ \mathbf{M_o} = \mathbf{M_o}' + \mathbf{M_o}''$$
$$= -\,(r_y F_x + r_x F_y)\,\mathbf{k}$$

(ii) 회전중심 A에 대하여

분력 F_x에 의한 모멘트 $\mathbf{M_A}' = r_y \cdot F_x\,(-\mathbf{k})$

(회전중심 A에서 분력 F_x의 연장선까지의 수직거리 r_y)

분력 F_y에 의한 모멘트 $\mathbf{M_A}'' = 0$

(분력 F_y는 회전중심 A를 관통하므로 회전중심 A에서 분력 F_y의 연장선까지의 수직거리는 0)

$$\therefore\ \mathbf{M_A} = \mathbf{M_A}' + \mathbf{M_A}$$
$$= -\,r_y F_x\,\mathbf{k}$$

(iii) 회전중심 B에 대하여

$$\mathbf{M}_B = 0$$

(분력 F_x, F_y 모두 회전중심 B를 통과하므로 회전중심 B에서 분력 F_x, F_y까지의 수직거리가 영이므로 B점을 회전중심으로 하는 모멘트를 발생하지 않음.)

1.6 일과 에너지

일과 에너지는 모멘트와 같이 힘에 의해 2차적으로 발생하는 물리량이다. 그러나 모멘트와 달리 일과 에너지는 양의 크기만을 취급하고 방향을 생각하지 않는 스칼라량이다. 그리고 지금까지 인간이 자연과학에서 생각하고 추출해낸 물리개념 가운데 가장 상위의 개념이다. 가장 상위의 개념이라는 의미는 현재 우리가 생각할 수 있는 모든 자연현상들의 원인이 되는 작용이 에너지에서 비롯되어 그림 1-15와 같이 계층적 구조를 통하여 하위의 개별현상으로 나타난다는 뜻이다.

Newton 시대에서조차 알려지지 않아 힘의 개념을 정의한 Newton조차 알지 못하였던 에너지의 개념은 1850년대까지 논쟁의 대상이었다. 이는 에너지가 역학적 에너지, 열에너지, 전기에너지, 빛에너지, 화학적 에너지, 생물학적 에너지 등으로 모든 자연현상을 통합적으로 지배하는 추상적 개념이기 때문에 그 실체를 정의하는 것이 어려웠기 때문이다. 1865년 클라우지우스는 열역학적 개념을 바탕으로 에너지에 관한 두 가지 법칙을 밝혀냈고(① 우주의 에너지는 일정하다. ② 우주의 엔트로피는 항상 증가한다.), 에너지는 곧 일이라는 구체적 현상으로 나타내어 마침내 이해하게 되었다. 얼음이 녹는 현상과 폭포의 낙하현상은 하위의 개별현상으로 보면 서로 다른 현상으로 비치지만, 자연현상의 계층구조로 보면 에너지라는 단일 개념과 동일한 법칙에 의한 현상임을 알 수 있다.

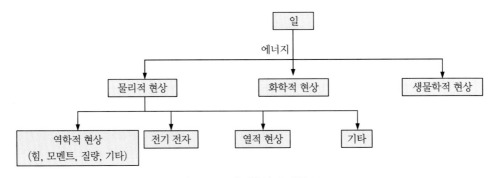

그림 1-15 **자연현상의 계층구조**

에너지는 힘과 같이 눈에 보이는 실체가 없다. 힘을 이해하고 양으로 나타낼 때 질량과 운동(가속도)이라는 눈에 보이는 현상을 이용하였듯이, 에너지를 이해하고 양으로 나타낼 때에는 일이라는 가시적 개념을 이용하게 된다. 즉 에너지라는 추상적인 개념과 양을 논할 때는 항상 일이라는 구체적 현상으로 전환하여 그 양을 이해하게 되는 것이다. 그러므로 일과 에너지는 차원과 단위가 같게 된다. 따라서 우리는 일의 개념과 양을 계산하는 방법을 여기에서 다룰 필요가 있다.

1.6.1 일

1) 일의 개념

우리가 알고 있는 힘이라는 물리량을 작용시킬 때는 작용시간과 작용거리의 두 가지 경우로 나누어 생각할 수 있다. 힘과 작용시간이 고려되면 충격량이라는 물리량이 발생되고, 힘과 작용거리가 고려되면 일이라는 물리량이 발생된다.

일은 얼마만 한 크기의 힘이 동일한 방향으로 얼마만 한 거리 동안 작용하였는가에 대하여 얻어지는 개념이다. 따라서 일과 관련된 물리량은 ① 작용력과 ② 작용력의 이동거리이다. 간단한 경우로서 일정한 힘이 작용하여 힘의 방향으로 일정한 거리를 움직이면 작용한 힘이 한 일은 힘과 이동한 거리의 곱(일 = 힘의 크기 × 이동한 거리)으로 정의된다. 그러나 보다 엄밀하게는 힘과 이동한 거리(위치)는 벡터이므로 다음과 같이 계산되는 것이 정확한 표현이다.

2) 일의 계산

일 W는 작용하는 힘 벡터($\mathbf{F}$) 또는 모멘트 벡터($\mathbf{M}$)와 작용력의 위치이동벡터($\mathbf{r}$) 또는 회전각도 이동벡터(θ)와의 스칼라곱($\mathbf{F} \cdot \mathbf{r}$, $\mathbf{M} \cdot \theta$)으로 정의된다. 임의 공간에서 힘 $\mathbf{F}$가 작용하여 위치이동이 $\mathbf{r}$만큼 발생하였을 때와 모멘트 $\mathbf{M}$이 작용하여 위치 회전이 θ만큼 발생하였을 때 상기 정의에 의한 일 W는 다음과 같이 계산된다.

$$
\begin{aligned}
W &= \mathbf{F} \cdot \mathbf{r} \\
&= \mathrm{F}r\cos\theta
\end{aligned}
\tag{1-19-a}
$$

$$
\begin{aligned}
W &= \mathbf{M} \cdot \theta \\
&= \mathrm{M}\theta\cos 0° = \mathrm{M}\theta
\end{aligned}
\tag{1-19-b}
$$

식 (1-19-a)는 힘에 의한 일의 계산이고, 식 (1-19-b)는 모멘트에 의한 일의 계산을 나타내고 있다. 식 (1-19-b)에서 cos 0°는 모멘트의 방향과 회전하는 방향은 언제나 일치하기 때문이다.

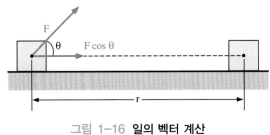

그림 1-16 **일의 벡터 계산**

그림에서 $\theta = 0$이면 W = Fr(일 = 힘 × 거리)로 1)항의 일의 개념에서 언급하였던 경우가 된다.

일의 단위는 줄(J)이라 부르고, 힘의 단위(N)에 거리의 단위(m)를 곱한 Nm를 갖는다. 이것은 에너지의 개념 정립에 공헌을 한 영국의 J. P. Joule(1818~1889)의 이름을 따서 부르는 것으로 Joule은 역학적 에너지가 전기에너지로, 그리고 그것이 열로 바뀌는 과정에 대한 실험을 통하여 일과 열은 서로 같은 종류의 물리량이고, 서로 변환된다는 것을 알아낸 과학자이다.

3) 일률

일의 정의만으로는 일을 하는 데 걸리는 시간에 대한 개념을 표현할 수가 없다. 따라서 단위시간당 할 수 있는, 또는 행해지는 일을 나타내게 되면 우리는 쉽게 시스템의 능력을 짐작할 수 있게 된다. 이것을 일률(power)이라 하여

$$\text{일률 = 일/단위시간}$$

로 나타낸다. 일률의 단위는 와트(W)이고, J/s 의 단위를 갖는다. 예를 들면 어떤 시스템에서 총 에너지가 100 J이 발생한다면, 이 에너지가 1초 만에 발생할 수도 있고 100초 동안에 걸쳐 발생할 수도 있다. 이때 1초 만에 100 J의 에너지를 발생하면 100 W, 100초 동안에 100 J의 에너지가 발생하면 1 W로 표현하여 시스템의 강약에 관한 능력을 나타내는 것이다.

1.6.2 에너지

에너지는 앞에서 설명하였듯이 모든 자연현상을 지배하는 현재까지 알려진 가장 상위의 개념이다. 자연현상의 계층구조에서 하위에 개별적인 물리, 화학, 생물학적인 현상들을 각각 지배하는 에너지를 우리는 별도로 역학적 에너지, 전기적 에너지, 열에너지, 빛에너지, 화학에너지, 생물학적 에너지 등으로 구별하여 이야기하고 각각의 방법으로 계

산되지만, 궁극적으로는 에너지라는 하나의 개념으로 동일한 차원과 단위를 갖는다. 상기의 여러 에너지 가운데, 이 책의 내용과 관련이 있는 역학적 에너지에 대하여만 간략히 설명하고자 한다. 역학적 에너지는 하위의 현상들에 의하여 퍼텐셜에너지(위치에너지)와 운동에너지로 구별되고, 퍼텐셜에너지는 중력퍼텐셜에너지와 탄성퍼텐셜에너지로 다시 구별된다.

1) 퍼텐셜에너지

물체가 위치의 변화에 의해 생기는 에너지를 퍼텐셜에너지(potential energy)라 한다. '퍼텐셜'(potential)은 '일할 수 있는 잠재적인 능력'을 뜻하므로 퍼텐셜에너지는 저장될 수 있는 잠재적 에너지를 의미한다. 가장 간단한 예로 중력이 작용하는 지구상에서 무게 mg의 물체는 지구 중심으로 힘 mg를 받고 있다. 이 물체를 높이 h만큼 옮겨 놓았다면, 이 물체는 퍼텐셜에너지 mgh만큼의 변화가 생겼다고 얘기한다. 에너지는 일의 개념으로 바꾸어 생각할 수 있다고 하였다. 그러므로 일의 개념과 계산에서 보면 작용력은 중력 mg이고 작용력의 이동거리는 h이며, 작용력과 위치이동은 같은 방향이므로 일은 mgh가 된다. 즉 위치에너지의 변화가 mgh라는 의미이다. 여기에서 h만 한 위치를 이동시킬 때에 그림 1-17(a)와 같이 여러 개의 길을 택할 수 있지만, 어느 길을 선택해도 일의 계산에서는 최초 위치와 최종 위치의 차이인 h값에 의해 계산되는 것을 알 수 있다. 이와 같이 일이나 에너지를 계산할 때 작용력이 어느 길로 이동하였는지와 관계없이, 단지 최초 위치와 최종 위치의 차이에 의해 계산되면 우리는 이와 같은 작용력을 보존력(conservertive force)이라 한다. 중력과 스프링 탄성력은 대표적인 보존력이고, 보존력에 의해 생기는 에너지를 퍼텐셜에너지라 한다. 퍼텐셜에너지는 운동에너지와 함께 역학적 에너지가 보존된다고 한다(역학적 에너지 보존의 법칙).

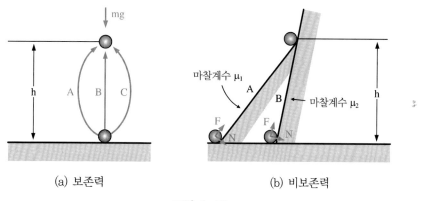

(a) 보존력   (b) 비보존력

그림 1-17

그러나 마찰력이 그림 1-17(b)와 같은 길을 따라 작용한다면, 중력에 의한 일과 마찰력에 의한 일이 복합되어 나타나게 될 것이다. 중력에 의한 일은 중력이 보존력이므로 A, B 경로 모두 h만큼의 높이이동이 있었으므로 동일하게 발생된다. 그러나 마찰력에 의해 발그러나 마찰력이 그림 1-17(b)와 같은 길을 따라 작용한다면, 중력에 의한 일과 마찰력에 의한 일이 복합되어 나타나게 될 것이다. 중력에 의한 일은 중력이 보존력이므로 A, B 생한 일은 어느 길을 선택하느냐에 따라 일의 계산이 달라질 것이다. 즉 일의 계산이 두 지점 사이에서 어떤 길을 따라갔는가에 의해 달라진다면, 우리는 이와 같은 작용력을 비보존력(nonconservative force)이라 한다. 마찰력과 공기저항력 등은 대표적인 비보존력이고, 비보존력에 의해 생기는 에너지는 열 및 기타의 에너지로 흩어지므로 역학적 에너지가 보존되지 않는다고 한다.

① 중력퍼텐셜에너지(위치에너지)

중력과 위치이동에 의해 생기는 에너지를 중력퍼텐셜에너지 또는 중력위치에너지라고 한다. 중력퍼텐셜에너지 = 무게 × 높이로 계산한다.

$$(PE)_F = (mg)(h) \tag{1-20}$$

② 탄성퍼텐셜에너지(탄성에너지)

스프링은 탄성력을 갖고 있으며, 스프링 탄성력은 보존력이라 하였다. 스프링을 늘이거나 줄일 때 탄성력과 이동된 거리에 의해 생기는 에너지를 탄성퍼텐셜에너지 또는 탄성에너지라고 한다. 그림 1-18과 같이 하나의 스프링이 변형하는 간단한 경우의 탄성에너지는 다음과 같이 계산한다.

$$\begin{aligned}
(PE)_E &= \int_0^x (F)dx \\
&= \int_0^x (kx)dx \\
&= \frac{1}{2}kx^2
\end{aligned} \tag{1-21}$$

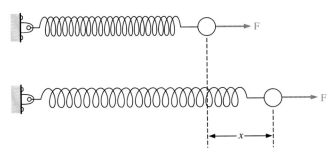

그림 1-18 스프링 한 개의 탄성에너지

여기에서 k는 스프링상수라 하고, 후크의 법칙(2.5.3절 참조)에서 비롯된 스프링을 변형시킬 때 힘과 변위와의 비례상수를 의미한다. 또한 하나의 스프링이 아닌 고체의 변형에서도 탄성에너지를 생각할 수 있다. 재료역학에서는 모든 고체를 탄성체로 가정하여 논리를 전개하고 있다. 탄성체란 입자와 입자가 각각 스프링으로 연결되어, 외부에서 힘이 가해지면 고체가 스프링처럼 탄성변형을 한다고 생각하는 것이다. 따라서 재료역학에서 취급하는 고체의 변형도 탄성에너지로 계산할 수 있다. 그러나 고체의 탄성에너지는 단일 스프링의 탄성에너지 계산식을 기본으로 활용하지만, 재료역학적 개념이 필요하므로 이 절에서는 생략하고 재료역학 부문에서 다루기로 한다.

2) 운동에너지

질량을 가진 물체가 운동을 하면 일을 할 수 있는 에너지를 갖게 된다. 이때 생기는 에너지를 운동에너지(kinetic energy)라 한다. 운동에너지는 질량과 속력에 관계되며, 다음과 같이 계산된다.

$$KE = \frac{1}{2}mv^2 \tag{1-22}$$

3) 에너지 보존과 역학적 에너지 보존

(1) 에너지 보존

자연계에 존재하는 에너지는 역학적 에너지(퍼텐셜에너지, 운동에너지), 열에너지, 전기에너지, 빛에너지, 화학적 에너지, 생물학적 에너지 등 다양한 형태로 존재한다. 이들 에너지의 형태는 상호 변환이 가능하다. 에너지가 변환될 때에는 일의 형태로 표출되어 우리가 가시적으로 이해할 수 있게 된다. 예를 들면 빛에너지가 생물학적 에너지로 변환되어 식물이 생장한다거나, 전기에너지가 열에너지와 빛에너지로 변환된다거나, 역학적에너지가 전기에너지와 열에너지로 변환되는 것들을 말한다. 어떤 계(system) 안에서 이와 같이 에너지의 변환이 생기더라도 총 에너지의 양은 변함없이 일정하게 보존된다. 이것은 보존력계와 비보존력계 모두에 적용되는 법칙으로, 비보존력계의 마찰에 의한 열에너지의 발생도 총 에너지에 포함되어, 결국 총 에너지는 변함이 없게 된다는 뜻이다. 즉 에너지는 새롭게 생성되거나 완전히 소멸되는 것이 아니며 한 형태에서 다른 형태로 변환될 뿐 총 에너지의 양은 변하지 않는다. 이것을 에너지 보존의 법칙이라 한다.

(2) 역학적 에너지 보존

퍼텐셜에너지와 운동에너지를 역학적 에너지라 한다. 보존력이 작용하는 계에서 퍼텐셜에너지와 운동에너지의 합은 항상 일정하게 유지된다. 이것을 역학적 에너지 보존의 법칙이라 한다. 이것은 보존력계에서만 적용되는 법칙으로, 마찰력과 같은 비보존력이 작용하는 비보존력계에서는 적용되지 않는다. 즉 역학적 에너지 보존의 법칙은 계를 보존력계로 가정했을 때 적용된다.

1.7 평형과 평형조건

천칭저울의 양쪽이 균형을 잡고 있는 상태를 평형상태라 한다. 천칭저울의 어느 한쪽에 중량이 더 실리게 되면 균형이 깨지게 되고, 우리는 이것을 평형의 붕괴라고 얘기한다. 매우 간단하게 받아들이고 이해할 수 있는 개념이지만, 자연계에서는 매우 중요한 역할을 하고 있는 것이 평형이다. 평형에는 정적 평형과 동적 평형이 있다. 정적 평형은 정지된 상태에서 평형을 유지하는 것으로, 앞에서 얘기한 천칭저울이 균형을 잡고 있는 것과 같은 상태를 말한다. 동적 평형은 움직이고 활동하는 것들이 균형을 잡고 평형을 유지하는 것으로, 팽이가 회전을 하면서 균형을 잡는 것, 자전거가 진행하면서 균형을 잡는 것, 태양계의 행성들이 태양 주위를 돌면서 균형을 잡고 있는 것 등이 모두 동적 평형에 해당된다. 동적 평형의 개념은 보다 확대되어 생태계의 평형이라든가 생물학적 평형에까지 적용할 수 있다. 생태계가 지속적인 활동을 계속하면서 평형을 유지하는 것이나 생명체가 지속적인 생명활동을 하면서 생명을 유지해나가는 것도 일종의 동적 평형이라 얘기하고 과학적 고찰을 할 수가 있다. 그러나 이것들은 이 책의 내용과 먼 관계로 여기에서는 역학적 평형과 평형조건에 대해서만 설명하고자 한다.

평형에서 우리가 알고자 하는 것은 평형조건이다. 어떤 조건에서 평형이 유지되는가? 대부분의 학문에서 이 평형조건을 탐색하는 연구가 중요한 위치를 차지하고 있다고 할 수 있다. 이 조건만 우리가 정확히 알 수 있다면 계를 해석하고 조종할 수도 있기 때문이다.

역학은 자연과학에서 가장 먼저 체계화되었기 때문에 역학적 평형조건은 완전히 정립되어 있다. 역학적 평형조건을 검토할 때 우리가 이용하는 물리량으로는 힘과 모멘트 그리고 에너지가 있다. 정역학, 재료역학, 동역학, 유체역학, 열역학 등의 주요 역학 분야가 이들 물리량에 의한 역학적 평형조건을 세우는 일로 해석이 시작되며, 이 책의 내용인 재료역학해석에서도 평형조건이 처음부터 끝까지 매우 중요한 부분을 차지하고 있다. 이 절에서는 Newton 역학의 기본이 되는 힘과 모멘트에 의한 평형조건을 설명하고, 이 책의 뒷부분에 에너지에 의한 평형의 안정성 문제를 기술하고자 한다.

역학적 평형조건을 공부하기에 앞서 우리가 이해하고 있어야 할 몇 가지 개념이 있다.

질점, 질점의 집합체, 질점의 집합체를 변형의 관점에서 보는 강체와 변형체, 질점의 집합체를 변형의 대소 유무의 관점에서 보는 고체와 유체, 이들에 작용하고 또 반작용으로 발생하는 힘과 모멘트의 외력과 내력이 그것이다. 그리고 이들 힘과 모멘트에 의해 질점과 질점의 집합체들이 운동하느냐 정지하고 있느냐의 통념적인 개념이다.

질점이란 질량은 갖고 있지만 크기가 없는 점을 말한다. 크기가 없기 때문에 질점에 힘이 작용하면 그 힘은 언제나 질점의 중심(크기가 없기 때문에 중심이라는 표현도 정확하지 않지만)을 통과한다. 따라서 어떤 경우에도 힘에 의한 모멘트는 발생하지 않으므로 회전운동이 없다. 다만 힘의 작용 방향으로 Newton 법칙에 의한 직선운동만 있을 수 있다. 자연계에서 실제로 크기가 없는 질점이 실재하지는 않지만 1.2절에서 설명한 모델링의 개념을 이해하면, 우리가 대상을 질점으로 간주하고 해석할 수 있기 때문에 논리전개가 가능하다.

우리가 일상적으로 접하는 모든 물체가 질점의 집합체라 할 수 있다. 질량과 크기를 모두 갖고 있으므로[3] 힘이 작용하면 힘에 의한 모멘트도 발생할 수 있어 직선운동과 회전운동이 함께 유발될 수 있다.

질점의 집합체를 변형의 관점에서 보면 강체와 변형체로 나눌 수 있다고 하였다. 변형이란 질점과 질점이 상대운동을 하여 상대변위를 유발시키는 것을 말한다. 강체란 어떠한 경우에도 강체를 구성하고 있는 질점과 질점들이 상대 변위를 일으키지 않는 물체를 말하고, 변형체란 상대변위를 일으키는 물체를 말한다. 상대변위의 크고 작음에 따라 통상적으로 유체와 고체로 대별하지만 크고 작음의 경계가 정량적으로 존재하지는 않는다.

외력과 내력은 그림 1-19와 같이 질점의 집합체(질점계)의 외부에서 가하는 힘과 모멘트를 외력이라 말하고, 내력은 외력의 영향이 질점의 집합체 내부로 전달되어 질점 상호간에 상대운동을 일으키려고 내부 질점들 사이에서 발생하는 힘과 모멘트를 말한다. 이들 내력은 Newton 운동 3법칙인 작용 반작용 법칙에 의해 동일선상에서 크기가 같고 방향이 반대인 두 벡터로 표시할 수 있다.

마지막으로 평형의 조건을 수학적으로 표현하기 위하여 평형의 개념을 질점이나 질점의 집합체가 운동하고 있느냐 정지하고 있느냐의 통상적인 개념을 도입하여 기술해보자. 1743년 달랑베르의 원리(d'Alembert's principle)가 발표되기 전에는 평형과 평형조건은 정지하고 있는 계에 국한되어 이해되었다. 즉 질점에 그림 1-20과 같이 힘이 작용하였을 때 이 질점이 평형상태에 있다 함은 정지되어 있다는 의미였다.

---

3) 크기가 없는(0) 질점을 집합하여도 크기는 없지 않느냐고 생각할 수 있겠지만 수학에서 점, 선, 면, 체적의 정의와 같이 이해하면 된다.

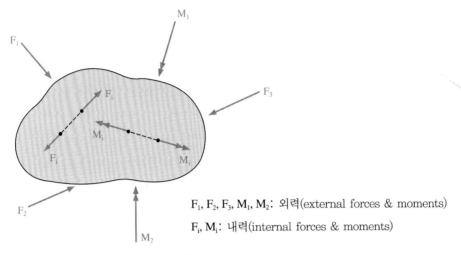

F_1, F_2, F_3, M_1, M_2: 외력(external forces & moments)

F_i, M_i: 내력(internal forces & moments)

그림 1-19 **외력과 내력**

그림 1-20

이것을 수식으로 표현하면 식 (1-23)과 같다.

$$F_1 + F_2 + F_3 = 0 \qquad\qquad (1\text{-}23)$$

(질점에서는 힘에 의한 모멘트가 발생하지 않으므로 모멘트는 고려하지 않는다.)

식 (1-23)의 의미는 질점에 작용하는 모든 힘벡터의 합이 0이면 이 질점은 운동하지 않고 정지되어 있으며 평형상태에 있다는 뜻이다. 또한 질점이 평형상태에 있으면(정지하고 있으면) 질점에 작용하는 모든 힘벡터의 합이 0이 된다는 뜻도 되어, 식 (1-23)은 평형상태이기 위한 필요충분조건으로 설명된다. 이것은 질점의 집합체에도 확장하여 적용할 수 있으며 정역학(Statics)의 기본 공리로 사용되고 있다.

만약 그림 1-20에서 식 (1-24)와 같이 힘벡터의 합이 0이 아니면 어떻게 되는가?

$$F_1 + F_2 + F_3 = F \neq 0 \qquad\qquad (1\text{-}24)$$

이 경우에는 질점이 크기는 없지만 질량을 갖고 있으므로 Newton의 운동법칙에 의해 힘의 합벡터 방향으로 식 (1-25)와 같이 가속도를 갖고 운동을 하게 된다.

$$\mathbf{F_1} + \mathbf{F_2} + \mathbf{F_3} = \mathbf{F} = m\mathbf{a} \qquad\qquad (1\text{-}25)$$

이것은 질점이 정지하여 있지 않고 운동을 하는 경우로 달랑베르의 원리가 발표되기 전까지는 정역학적 평형의 개념과 구별하여 동역학적 개념으로만 이해하였다. 그러나 1743년 달랑베르는 식 (1-25)를 다음과 같이 고쳐 표현하여 동역학적 개념을 정역학적 평형 개념으로 전환시켜 놓았다.

$$\mathbf{F} + (-m\mathbf{a}) = 0 \qquad\qquad (1\text{-}26)$$

여기서 $-m\mathbf{a}$는 관성저항력이라 불리며, 운동하는 물체는 항상 이만 한 크기의 관성저항력이 발생한다. 따라서 질점이 비록 운동을 하지만 실제로 운동을 발생시킨 힘 $\mathbf{F}$와 관성저항력 $-m\mathbf{a}$라는 힘이 동시에 질점에 작용하여 질점은 힘의 평형상태를 이루게 된다. 이것을 달랑베르의 원리(d'Alembert's Principle)라 하며, 질점의 운동역학과 강체의 운동역학에서 유용하게 활용되는 개념이다.

즉 질점이 운동을 하든 또는 운동을 하지 않든 관계없이 평형의 개념으로 수식화할 수 있다는 뜻이다. 그러나 운동하는 물체에 관한 논의는 이 책의 내용과 분야가 다른 이유로 여기에서는 '정지하고 있는 계'에 제한하여 평형의 조건을 기술하고자 한다. 따라서 이 책에서 일관되게 취급하고 있는 평형조건은 정지하고 있는 계에 국한된 것임을 주지하기 바란다.

질점의 집합체를 변형의 관점에서 강체와 변형체로 생각할 수 있다 하였다. 그림 1-21 (a)와 같은 강체에 외력이 작용하고 있을 때 이 계가 평형상태에 있다 함은 정지상태에 있다는 뜻이다.

정지하고 있다는 것은 각 질점과 질점의 집합체 모두가 직선운동과 회전운동의 어느 운동도 하지 않는다는 뜻이다. 직선운동이 없다는 것은 직선운동을 유발시키는 힘벡터

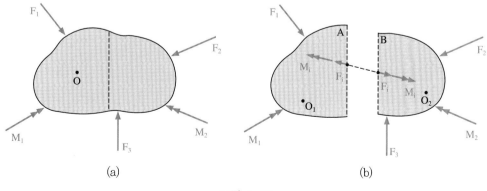

(a)   (b)

그림 1-21

의 총합이 0이라는 뜻이고, 회전운동이 없다는 것은 회전운동을 유발시키는 모멘트벡터의 총합이 0이라는 뜻이다. 이것을 수식으로 표현하면 다음과 같다.

$$\Sigma \mathbf{F} = 0 \tag{1-27}$$

$$\Sigma \mathbf{M} = 0 \tag{1-28}$$

식 (1-27), (1-28)이 평형조건의 일반식이 되며 그림 1-21(a)의 외력의 경우에 작용하면 다음과 같이 표현할 수 있다.

$$\Sigma \mathbf{F} = \mathbf{F}_1 + \mathbf{F}_2 + \mathbf{F}_3 = 0$$
$$\Sigma \mathbf{M}_o = \mathbf{M}_1 + \mathbf{M}_2 + \mathbf{r}_1 \times \mathbf{F}_1 + \mathbf{r}_2 \times \mathbf{F}_2 + \mathbf{r}_3 \times \mathbf{F}_3 = 0 \tag{1-29}$$

여기서 O점은 질점의 집합체 내 임의의 점이고, 어느 점을 선택하여도 회전은 없다는 뜻이다. 강체는 질점들 간에 상대운동이 없는 물체라 하였으므로 그림 1-21(b)와 같이 절단하여 부분계로 표현하여도 식 (1-27), (1-28)은 성립하여야 한다. 즉 질점계의 내부 질점들에 발생하는 내력과 외력이 어느 부분계에 대해서도 평형조건을 다음과 같이 만족하여야 한다는 뜻이다.

부분계 A:

$$\Sigma \mathbf{F} = \mathbf{F}_1 + \mathbf{F}_i = 0$$
$$\Sigma \mathbf{M}_{o_1} = \mathbf{M}_1 + \mathbf{M}_i + \mathbf{r}_1 \times \mathbf{F}_1 + \mathbf{r}_i \times \mathbf{F}_i = 0 \tag{1-30}$$

부분계 B:

$$\Sigma \mathbf{F} = \mathbf{F}_2 + \mathbf{F}_3 + \mathbf{F}_i = 0$$
$$\Sigma \mathbf{M}_{o_2} = \mathbf{M}_2 + \mathbf{M}_i + \mathbf{r}_2 \times \mathbf{F}_2 + \mathbf{r}_3 \times \mathbf{F}_3 + \mathbf{r}_i \times \mathbf{F}_i = 0 \tag{1-31}$$

여기서 O_1, O_2는 부분계 A, B 내의 임의의 점이다.

이와 같이 식 (1-27), (1-28)의 평형조건식을 식 (1-29), (1-30), (1-31)과 같이 외력과 내력에 각각 적용하여 강체에 작용하는 힘과 모멘트에 대한 모든 정보를 평형 방정식의 개수가 허용하는 범위 내에서 알아낼 수가 있는 것이다.

다음으로 변형체에 대하여 평형조건을 생각해보자. 변형체란 질점과 질점이 상대운동을 하여 상대변위를 일으키는 질점의 집합체라 하였다. 따라서 변형체에 외력이 작용하여 변형이 계속 진행된다면 엄밀하게 정지하고 있다는 의미의 평형조건의 적용에는 무리가 있을 수 있다. 이와 같은 경우 식 (1-26)에서와 같이 가속도에 의한 관성저항력을 고려하는 평형조건을 생각하여야 할 것이다. 그러나 이것은 이 책의 범주를 벗어나는 논의가 되므로 다음과 같이 생각하여야 한다. 즉 변형의 대소에 따라 고체와 유체로 구별한다고 하였는데 이 책에서는 변형이 상대적으로 아주 작다고 하는 고체의 변형에 관한 역학을 다루고 있다. 따라서 변형이 아주 작고(가속도의 항을 무시할 수 있을 만큼), 어느 정도 변형이 진행된 뒤에 변형이 멈추어 정지된 상태(평형상태)가 된다는 가정이 성립하는 구조부재에 대하여 생각하여야 한다. 그러면 미시적으로는 평형상태(정지된 개념)가 아니더라도 거시적으로는 평형상태로 볼 수 있어 앞에서 설명한 강체에 대한 평형조건을 그대로 적용할 수 있게 된다.

결론적으로 식 (1-27), (1-28)의 평형조건(평형방정식이라고도 함)은 힘과 모멘트에 관한 정보를 알아내기 위한 가장 기본적이고도 중요한 조건식임을 다시 한 번 기억하여야 한다. 힘과 모멘트에 관한 정보를 먼저 알아내야 그다음 논의(변위, 속도, 가속도, 응력, 변형률 등)를 진행할 수 있기 때문이다.

1.8 평형조건의 응용

1.8.1 일반화된 평형방정식과 지점모델링

앞 절에서 우리는 평형의 조건을 수학적으로 표현하기 위하여 물체가 운동하느냐 정지하고 있느냐의 개념을 도입하였다. 그리고 두 경우 모두 평형의 개념이 적용될 수 있지만, 분야를 구별하여 해석의 간편성을 높이기 위하여 정지하고 있는 물체에 대한 평형조건을 식 (1-27), (1-28)과 같이 나타내었다.

$$\Sigma\,\mathbf{F} = 0 \qquad\qquad\qquad (1\text{-}27)$$
$$\Sigma\,\mathbf{M} = 0 \qquad\qquad\qquad (1\text{-}28)$$

이 식은 강체나 강체에 준하는 변형체가 평형상태에 있기 위한 필요충분조건으로, 물체를 그림 1-21(a), (b)와 같이 전체계나 부분계로 나타내었을 때 어느 경우에도 계의 경계에 작용하는 모든 힘들의 총 벡터합이 0이어야 하고, 또 임의 점에 관한 각각의 힘에 의해 유발되는 모멘트와 순수하게 가해진 모멘트들의 총 벡터합이 0이어야 한다는 의미이다.

그러나 이 식을 실제로 활용할 때에는 좌표계에서 다음과 같이 각 좌표축 방향의 분력으로 표현하여야 된다. 3차원 공간에서는 식 (1-32)와 같이 6개의 평형방정식으로 표현된다.

$$\Sigma\, F_x = 0$$
$$\Sigma\, F_y = 0$$
$$\Sigma\, F_z = 0$$
$$\Sigma\, M_x = 0 \qquad\qquad (1\text{-}32)$$
$$\Sigma\, M_y = 0$$
$$\Sigma\, M_z = 0$$

2차원 평면문제에서는 식 (1-33)과 같이 3개의 평형방정식으로 표현된다.

$$\Sigma\, F_x = 0$$
$$\Sigma\, F_y = 0 \qquad\qquad (1\text{-}33)$$
$$\Sigma\, M_z = 0$$

계를 해석할 때에는 계에 발생하는 힘과 모멘트에 관한 정보를 제일 먼저 평형조건을 이용하여 알아내야 그다음 논의를 진행하게 된다. 이때 알아내야 할 힘과 모멘트 정보를 식 (1-32), (1-33)에서 주어진 평형방정식만으로 산출할 수 있다면 이것을 정정문제(statically determinate problem) 또는 정정계(statically determinate system)라 한다. 알아내야 할 힘과 모멘트 정보의 수가 평형방정식보다 많아 추가적인 조건식들이 필요하다면 이것을 부정정문제(statically indeterminate problem) 또는 부정정계(statically indeterminate system)라 한다. 이 절에서는 정정문제에 대해서만 평형조건의 응용을 보여주고자 한다.

평형상태에 있는 계에서 작용하고 발생하는 힘과 모멘트에 관한 정보는 그림 1-22에서와 같이 외력과 내력으로 대별할 수 있다. 내력에 관한 정보는 6장(재료 내부에 전파되는 힘과 모멘트)에서 별도로 취급하기로 하고, 여기에서는 외력에 관한 내용만 취급하고자 한다.

외력은 물체 자체에서 비롯되는 체력(body force)과 물체의 경계(표면)에서 가해지는 표면력(surface force)으로 나뉜다. 그림 1-22에서 $\mathbf{F}_1$, $\mathbf{F}_2$, $\mathbf{F}_3$, $\mathbf{M}_1$, $\mathbf{M}_2$는 표면력에 해당된다. 이 표면력에는 실제로 외부에서 힘이나 모멘트를 직접 주는 작용력이 있을 수 있고, 대부분의 물체가 어디엔가 지지되어 있으므로 지지되어 있는 지점에서 반작용력으로 나타나는 지점반력이 있을 수 있다. 지지되어 평형상태에 있는 물체를 완전히 독립시켜 작용력과 지점반력으로만 표현하면 그림 1-22와 같이 표현될 것이다. 완전히 독립시켜놓

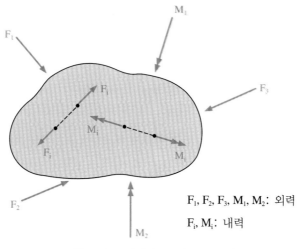

F₁, F₂, F₃, M₁, M₂: 외력

Fᵢ, Mᵢ: 내력

그림 1-22 **외력과 내력(반복 표현)**

고 보면 어느 것이 작용력이고 어느 것이 지점반력인지가 구별이 안 되며, 둘 다 물체의
내력에 영향을 주는 외력으로 작용하게 된다. 따라서 평형상태에 있는 계에서 외력에 관
한 정보를 알아낼 때에는 평형조건을 이용한 지점반력에 대한 정보를 알아내는 것이 매
우 중요하며, 이것이 가장 먼저 이루어지는 작업에 해당된다. 지점의 형태는 크게 세 가
지로 이상화시킬 수 있으며 각 지점에서 발생하는 지점반력의 개수와 방향은 2차원 평면
에서 표 1-4와 같다.

1.8.2 힘과 모멘트에서 파생된 재료역학의 (2차적) 용어

외력(external forces & moments)은 작용력(하중)과 지점반력으로 나뉘고 물체의 경계
밖에서 물체에 작용하는 모든 힘과 모멘트는 외력이라 한다. 구조물에서는 작용력(하중)
이 주어지고 지지점에서 반력이 나타나 평형상태를 이룬다. 작용력을 알고 지점반력을
모르는 상태가 일반적이므로 평형조건을 이용하여 지점반력을 구하게 된다.

내력(internal forces & moments)은 경계밖의 외력이 경계내부로 전파되는 순간 경계
내부를 이루는 모든 점들에게 전파되는 힘을 말한다. 뉴튼의 운동 제3법칙인 작용 반작
용법칙에 의해 인접한 점과 점사이에 전파된 힘은 서로 주고받아 상쇄 효과를 갖는 한 쌍
의 내력을 갖게 된다. 물체를 실제로 자르지 않고 생각으로 자른다면 상상속의 물체는 두
조각이 되고 단면도 두 개가 된다. 두 개의 단면에 각각 존재하는 내력은 결국 한쌍이 될
것이고 이것은 동일할 것이다. 따라서 물체를 자른 내부 단면을 상상할때 그 단면에는 한쌍
의 내력이 존재한다고 정의한다. 상상으로 자른 물체의 단면은 새로운 경계가 되고, 그 새

로운 단면에 발생한 내력은 외력처럼 여겨질 수 있고(실제로 자르지 않았으므로 외력은 아님), 구조물에서는 경계에 작용하는 모든 힘과 모멘트는 평형조건을 만족하여야 정적 상태를 유지하므로 외력과 내력은 평형조건을 만족하여야 한다. 따라서 외력과 내력의 평형조건을 적용하여 내력을 구하게 된다.

응력(stress)은 단위면적당 발생한 내력으로 정의한다. 그러므로 응력의 결과력(상상으로 자른 단면에 발생한 응력을 그 단면에 대하여 모두 적분하여 얻은 값)은 내력과 같아야 한다. 즉 내력=응력의 결과력, 이것을 응력-내력의 평형조건이라 부르고 이 평형조건을 이용하여 응력을 구하게 된다.

그림 1.23이 외력, 내력, 응력의 용어 설명과 평형조건 적용에 대한 도식적 이해를 도와줄 것이다.

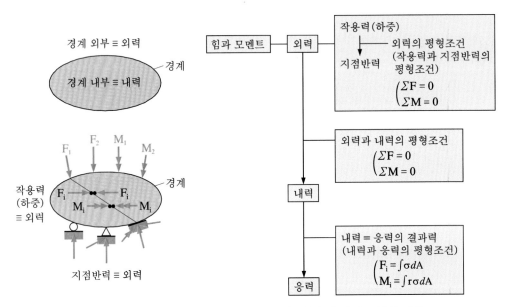

그림 1-23 **물체에서 힘과 모멘트의 외력, 내력, 응력의 도식적 이해**

표 1-4 **이상화된 지점**

실제 지점		이상화된 지점

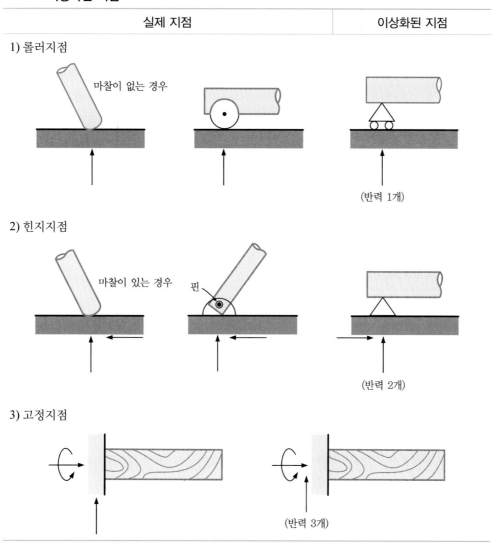

1) 롤러지점

마찰이 없는 경우

(반력 1개)

2) 힌지지점

마찰이 있는 경우   핀

(반력 2개)

3) 고정지점

(반력 3개)

1.8.3 모델링과 평형방정식의 활용

이 절에서는 그림 1-1의 역학의 해석과정을 바탕으로 평형조건을 이용한 외력(미지 작용력, 미지 지점반력)에 대한 정보를 알아내는 단계까지 진행해보자. 모델링과 해석의 과정을 보다 구체적으로 정리하면 표 1-5와 같이 기술할 수 있다.

여기까지가 이 절에서 논의하는 내용이고, 그 다음 단계인 알아낸 외력으로 내력에 대한 정보와 변형에 관한 정보를 해석하는 것은 재료역학의 범주에 해당되므로 이 책 전체에 걸쳐 지속적으로 나오게 된다. 상기 과정은 매우 중요하여 2장의 재료역학 해석과정에서 이 다음 단계와 함께 다시 한 번 언급될 것이다. 그리고 여러분들이 알아야 할 중요한 사실 중 하나는 대부분의 책에서 제시되어 있는 예제나 연습문제들은 표 1-5에서 2)항까지 이미 고려되어 제시된 문제들이 대다수라는 것이다. 그러나 여러분들이 공학 현장에서 실제로 접하게 되는 문제들은 책에 있는 문제들처럼 이상화 과정이 끝난 것이 아니라 여러분 스스로가 이상화 과정을 수행하여 목적에 맞는 적절한 해석을 해야 하는 것들이 대부분이다. 즉 주어진 문제를 해석하는 것이 중요한 게 아니라 스스로 문제를 만들어 내어 해석할 수 있는 능력이 보다 중요하다는 뜻이다. 모델링의 중요성이 강조되는 것이 이 때문이다.

그러면 예제 1-6을 통하여 모델링의 중요성과 평형방정식에 의한 외력 고찰의 직접적 활용을 살펴보자.

표 1-5 모델링과 외력 평형조건

1) 해석대상(계)의 선정

2) 해석대상(계)의 이상화
- 가정의 도입
- 지점 형태의 이상화 표현

3) 해석대상(계)에 작용하는 모든 외력의 표현(알고 있거나 모르고 있는 모든 작용력, 지점반력)

4) 평형조건의 적용으로 모르는 외력을 알아냄(모르는 외력의 개수가 평형조건식보다도 많아서 부정정계가 될 경우에는 변형에 관한 추가적인 조건 식을 찾아보든지 2)항에서 가정을 보다 과 감하게 도입하여 정정계로 다시 이상화한다.)

예제 1-6	해석대상은 그림과 같이 벽면에 기대어 정지하고 있는 통나무이고, 통나무의 무게는 W라 한다. 해석하고자 하는 것은 통나무의 벽면 지지점에서 발생하는 반력(지점반력)이다. 모델링을 하고 평형조건을 이용하여 지점반력을 구하라(풀이 1, 풀이 2). 그리고 평형조건을 적용하는 벡터의 계산에서 도식적 해법과 해석적 해법을 각각 적용하여 보고 그 특징을 이해하라(풀이 3, 풀이 4).
	이 문제는 해석대상이 주어져 있지만 해석대상에 대한 이상화 과정이 되어 있지 않은 문제이다. 여기에서는 이상화 과정에 따라 해석에 차이가 나는 것을 풀이 1과 풀이 2에서 보여주고자 한다. 책에 제시되어 있는 대부분의 문제들은 문제를 풀 수 있도록 이상화 과정을 거친 것들임을 앞에서 언급하였다.

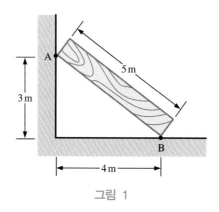

그림 1

[풀이 1] 부정정문제로 이상화:

표 1-5에 따르는 이상화 과정은 다음과 같이 할 수 있다.

▶ 가정 도입:

(i) 통나무의 무게 W는 무게중심에 집중되어 있고 분포되어 있지는 않다.

(ii) 통나무는 벽면 A와 바닥면 B 두 곳 모두에서 마찰력이 작용하고 있다. → A, B 모두 힌지 지점

▶ 작용력, 지점 반력 표현: 그림 2

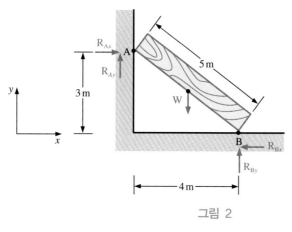

작용력(기지력): W

지점반력(미지력) A: R_{Ax}, R_{Ay}

B: R_{Bx}, R_{By}

그림 2

▶ 평형조건의 적용으로 모르는 외력을 알아냄

모르는 외력: R_{Ax}, R_{Ay}, R_{Bx}, R_{By} → 4개

평형조건: $\Sigma F_x = 0$

$\Sigma F_y = 0$ → 3개

$\Sigma M_i = 0$

이 문제에서는 모르는 외력의 개수가 4개이고, 평형조건식은 3개이므로 평형조

건식만으로는 미지의 외력을 모두 알아낼 수 없다. 이와 같이 평형조건식보다 미지외력의 수가 더 많게 이상화된 문제를 부정정문제라 하며, 추가적인 조건식이 1개 더 필요하다. 우리는 이와 같은 부정정문제를 여기에서 취급하지 않고 이 책의 뒷부분에서 다룰 것이다. 따라서 이 문제는 보다 과감한 가정을 도입하여 평형조건식만으로 해결할 수 있는 정정문제로 전환할 필요가 있다.

[풀이 2]   정정문제로 이상화:
▶ 가정 도입:
  (i) 통나무의 무게 W는 무게중심에 집중되어 있고 분포되어 있지 않다.
  (ii) 벽면 A에서는 마찰력이 없고, 바닥면 B에서만 마찰력이 있어 정지된 상태에 놓여 있다. → A는 롤러 지점, B는 힌지 지점
▶ 작용력, 지점반력 표현: 그림 3

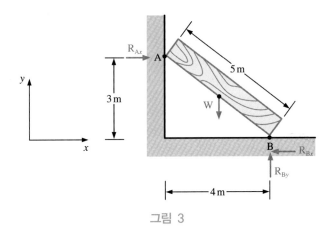

그림 3

작용력(기지력): **W**
지점반력(미지력) A: $\mathbf{R}_{Ax}$
                    B: $\mathbf{R}_{Bx}$, $\mathbf{R}_{By}$

▶ 평형조건의 적용으로 모르는 외력을 알아냄
모르는 외력: R_{Ax}, R_{Bx}, R_{By} → 3개
평형조건: $\Sigma F_x = 0$
          $\Sigma F_y = 0$ → 3개
          $\Sigma M_i = 0$

이 문제는 모르는 외력의 개수와 평형조건의 개수가 같으므로 평형조건식만으로 미지외력을 모두 알아낼 수 있는 정정문제가 되었다.
그림 3에서 평형조건을 적용해보자.
좌표축에서 x 방향으로 작용하는 모든 힘을 합하면

$$\Sigma F_x = R_{Ax} - R_{Bx} = 0 \tag{1}$$

y 방향으로 작용하는 모든 힘을 합하면

$$\Sigma F_y = R_{By} - W = 0 \tag{2}$$

계에서 임의점(여기에서는 B점)을 회전중심으로 하는 모멘트를 모두 합하면

$$\Sigma M_B = -3 \times R_{Ax} + 2 \times W = 0 \tag{3}$$

식 (1), (2), (3)을 연립하여 풀면 다음과 같이 미지반력을 구할 수 있다.

$$R_{Ax} = \frac{2}{3}W$$

$$R_{Bx} = \frac{2}{3}W$$

$$R_{By} = W$$

(실용 요점)

평형조건을 이용하여 미지외력을 구할 때 벡터의 계산이 행해짐을 알 수 있을 것이다. 1.4절에서 벡터의 계산에는 도식적 해법과 해석적 해법이 있다고 설명하였다. 그러나 1.4절에서처럼 이미 알고 있는 벡터들을 계산하는 것이 아니라, 모르는 미지외력 벡터를 구하는 것이므로 평형조건을 이용한 미지외력의 계산은 방정식을 푸는 문제에 해당된다. 따라서 도식적 해법으로 접근할 때에는 식 (1-32), (1-33)의 평형방정식은 스칼라방정식이 되고, 해석적 해법으로 접근할 때에는 벡터방정식이 된다. 스칼라방정식이 벡터방정식보다 취급하기 편리하기 때문에 역학에서 평형조건을 이용하여 미지외력을 구할 때에는 도식적 해법이 해석적 해법보다 간편하고 유용할 때가 많다. 다음 풀이 3, 풀이 4에서 각각을 보여줄 것이다.

☞ 도식적 해법에 의한 평형조건 적용:
도식적 해법에 의한 평형방정식은 스칼라방정식이다. 따라서 도식적 해법에서는 좌표계에서 벡터의 방향을 올바르게 나타내는 것이 중요하다. 계에서 외력을 표시할 때 알고 있는 외력은 정확하게 방향과 크기를 표시한다. 그러나 구하고자 하는 미지외력은 방향도 크기도 모르는 벡터이기 때문에 계에 표시할 때 크기는 변수로(문자), 방향은 임의로 표시한다. 양의 벡터, 음의 벡터를 적용하여 도식적 해법으로 $\Sigma F_x = 0$, $\Sigma F_y = 0$, $\Sigma M = 0$의 평형조건을 적용한다. 평형방정식을 풀어서 변수로 표시한 미지외력을 구한다. 이때 구해진 미지외력의 값이 양이면 최초에 표시한 방향은 올바른 것이고, 음이면 최초에 표시한 방향은 잘못 예측한 것이 된다. 즉 최초에 예측하여 표시한 방향의 반대 방향이 올바른 미지외력 벡터의 방향이 된다는 뜻이다. 이것은 이 책의 전 과정에 걸쳐 중요하게 사용되는 기법이고 역학의 다른 분야에서도 평형조건을 이용하여 도식적 해법으로 미지외력을 구할 때 유용하게 활용되는 것이므로 숙지하기 바란다.

도식적 해법에서의 평형방정식은 스칼라방정식이다.

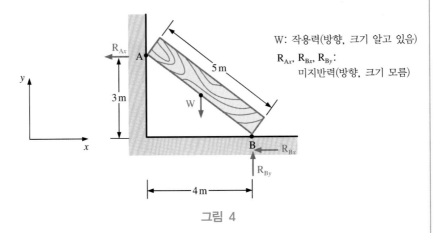

그림 4

그림 4에 표시된 외력을 평형방정식에 적용하면 식 (1), (2), (3)과 같이 된다.

$$\Sigma F_x = -R_{Ax} + R_{Bx} = 0 \tag{1}$$
$$\Sigma F_y = -W + R_{By} = 0 \tag{2}$$
$$\Sigma M_B = 3 \times R_{Ax} + 2 \times W = 0 \tag{3}$$

식 (1), (2), (3)을 연립하여 풀면 다음과 같다.

$$R_{Ax} = -\frac{2}{3}W$$
$$R_{Bx} = -\frac{2}{3}W$$
$$R_{By} = W$$

여기서 R_{Ax}, R_{Bx} 는 음의 값이므로 그림 4에 예측하여 표시한 방향은 그림 5와 같이 수정되어야 한다.

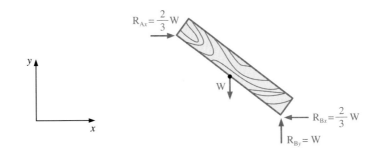

그림 5

[풀이 4]   해석적 해법에서 평형방정식은 벡터방정식이다.

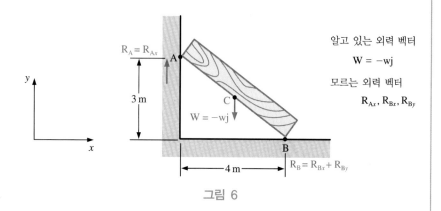

그림 6

계에 작용하는 모든 외력 벡터를 평형방정식에 적용하면 다음과 같다.

$$\Sigma \mathbf{F_x} = \mathbf{R_{Ax}} + \mathbf{R_{Bx}} = 0 \qquad (1)$$

$$\Sigma \mathbf{F_y} = \mathbf{w} + \mathbf{R_{By}} = -\mathbf{wj} + \mathbf{R_{By}} = 0 \qquad (2)$$

$$\Sigma \mathbf{M_B} = \mathbf{r_{BA}} \times \mathbf{R_{Ax}} + \mathbf{r_{BC}} \times \mathbf{w} \qquad (3)$$

$$= (-4\mathbf{i} + 3\mathbf{j}) \times \mathbf{R_{Ax}} + (-2\mathbf{i} + 1.5\mathbf{j}) \times (-\mathbf{wj})$$

$$= 3\mathbf{j} \times \mathbf{R_{Ax}} + (-2\mathbf{i}) \times (-\mathbf{wj}) = 0$$

식 (1), (2), (3)에서 다음과 같은 해석적 표현의 미지 외력벡터를 얻을 수 있다.

$$\mathbf{R_{Ax}} = \frac{2}{3}\mathbf{w}\,\mathbf{i}$$

$$\mathbf{R_{Bx}} = -\frac{2}{3}\mathbf{w}\,\mathbf{i}$$

$$\mathbf{R_{By}} = \mathbf{w}\,\mathbf{j}$$

해석적 표현의 이들 외력 벡터를 도식적 표현으로 나타내면 그림 5와 같이 됨을 알 것이다.

01 역학의 해석과정 중 첫 번째 단계에 해당되는 모델링에 대하여 간단히 기술하라. (유한요소 모델링 제외)

02 수학에서는 방향이 필요없이 크기만으로 표현되는 스칼라량과, 크기와 방향이 주어져야만 정확한 표현이 가능한 벡터량이 있다. 대표적인 스칼라량과 벡터량의 예를 기술하라.

03 단위벡터란 무엇이며, 직교좌표계의 단위벡터를 기술하라.

04 그림은 힘 $\vec{F}$를 각도를 이용한 도식적 표현방법으로 표현한 것이다. 이 힘벡터 $\vec{F}$의 성분을 도식적 표현방법과 해석적 표현방법으로 나타내라.

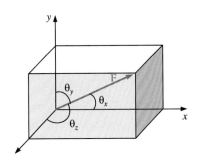

$$\theta_x = 45°, \ \theta_y = 45°, \ \theta_z = 90°$$

$\vec{i}$: x 방향의 단위벡터, $\vec{j}$: y 방향의 단위벡터, $\vec{k}$: z 방향의 단위벡터

$$\vec{F} = F_x \vec{i} + F_y \vec{j} + F_z \vec{k}$$

$$|\vec{F}| = \sqrt{F_x^2 + F_y^2 + F_z^2} = 100$$

05 다음 좌표계의 질점에 작용하는 힘벡터들을 합하고, 최종 결과의 힘벡터를 도식적 표현방법과 해석적 표현방법으로 나타내라.

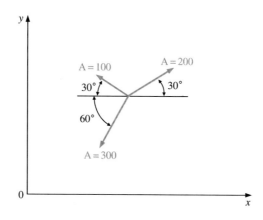

06 두 벡터 $\vec{A} = \vec{i} + \vec{j} + \vec{k}$, $\vec{B} = \vec{i} - \vec{j} + 2\vec{k}$ 가 주어져 있을 때, 이들의 합과 차, 그리고 각각의 크기를 구하라.

07 벡터 $\vec{A} = 2\vec{i} + 3\vec{j} - 4\vec{k}$, 벡터 $\vec{B} = \vec{i} - \vec{j} + \vec{k}$ 일 때 두 벡터 $\vec{A}$, $\vec{B}$ 의 내적(inner product, 스칼라곱)과 외적(outer/cross product, 벡터곱)을 구하라.

08 그림에서 힘 $\vec{F}$ 의 점 O에 관한 모멘트를 계산하라.

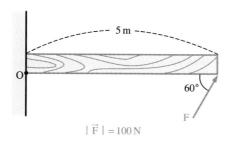

09 그림에서 힘 $\vec{F}$의 점 A에 관한 모멘트를 계산하라.

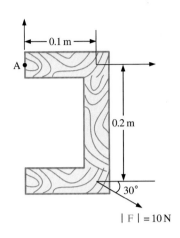

10 물체 A가 힘 $\vec{F}$를 받아 3 m 수평 이동하였다. 그림에서 힘 $\vec{F}$가 한 일을 구하라.

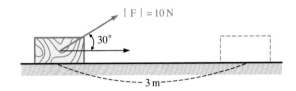

11 1,000 N의 추진력을 가진 자동차 엔진을 가지고 60 km/h로 가고 있을 때, 엔진의 출력은 얼마인가?

12 질량이 1 kg 인 공을 10 m/sec의 속도로 위로 던졌다. 공기의 저항을 무시하고, 역학적 에너지 보존법칙을 이용하여 공이 올라간 높이를 구하라.

13 질량 1 kg인 물체가 마찰이 없는 바닥에서 스프링 상수 k = 4 N/m인 스프링에 연결되어 있다. 이 물체를 30 cm까지 늘였다가 놓았을 때, 10 cm 위치에서 물체의 속도를 구하라.

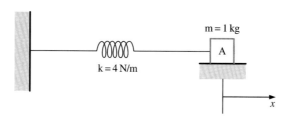

14 그림에서 점 A와 B에서 지점반력 R_{Ax}, R_{Bx}, R_{By}를 구하라.

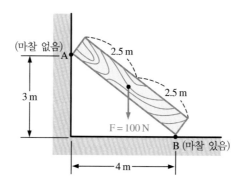

15 그림에서 A점과 B점에서 지점반력을 모두 구하라.

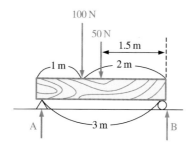

16 평형을 이루고 있는 힘 A₁, A₂, A₃가 있을 때, $\overrightarrow{A_1} = 30\overrightarrow{i} + 15\overrightarrow{j} - 70\overrightarrow{k}$, $\overrightarrow{A_3} = 20\overrightarrow{i} - 50\overrightarrow{j} + 25\overrightarrow{k}$ 일 때, $\overrightarrow{A_2}$의 값은 얼마인가?

① $\overrightarrow{A_2} = 5(10\overrightarrow{i} - 7\overrightarrow{j} + 9\overrightarrow{k})$ ② $\overrightarrow{A_2} = -5(10\overrightarrow{i} - 7\overrightarrow{j} + 9\overrightarrow{k})$

③ $\overrightarrow{A_2} = 5(10\overrightarrow{i} - 7\overrightarrow{j} - 9\overrightarrow{k})$ ④ $\overrightarrow{A_2} = -5(10\overrightarrow{i} - 7\overrightarrow{j} - 9\overrightarrow{k})$

17 그림에서 정삼각형을 이루는 두 개의 봉에 10 N의 힘이 작용할 때, AC와 BC에서의 반력은?

① 8.77 N

② 6.77 N

③ 5.77 N

④ 4.77 N

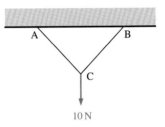

18 그림에서 P가 400 N일 때, BC에 걸리는 반력은?

① 250 N

② 240 N

③ 220 N

④ 210 N

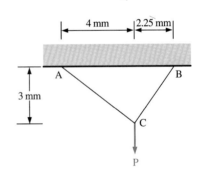

19 그림에서 두 힘 A, B가 작용할 때 B에 작용하는 힘은 얼마인가? [F_A = 50 N, 두 힘의 합력 성분 중 수직성분 = 0]

① 67.1 N

② 57.1 N

③ 47.1 N

④ 37.1 N

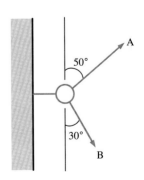

20 그림에서 중심점에 작용하는 두 힘 P_1 =10 kN과 P_2=30 kN에 의한 O점에서의 모멘트는 얼마인가? [O점에 고정된 상태]

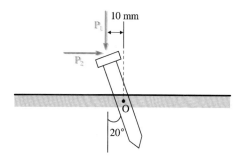

① -787.24 N·m

② -724.24 N·m

③ -677.24 N·m

④ -657.24 N·m

21 두 벡터 $\vec{A}=7\vec{i}-4\vec{j}+2\vec{k}$, $\vec{B}=-2\vec{i}-6\vec{j}-8\vec{k}$ 가 주어져 있을 때, 이들의 내적은 얼마인가?

① -5 ② -6 ③ 5   ④ 6

22 그림에서 두 힘 F_1=10 N과 F_2=30 N이 B점에서 작용할 때 A점에서의 모멘트는 얼마인가?

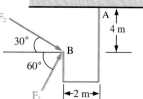

① 136.6 N·m

② 146.6 N·m

③ 156.6 N·m

④ 166.6 N·m

23 그림에서 두 힘 F_1과 F_2가 작용할 때, O에 관한 모멘트는 얼마인가?

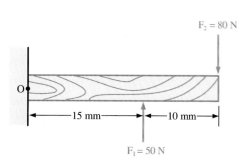

① -1.35 N·m

② -1.25 N·m

③ -1.15 N·m

④ -1.05 N·m

24 그림에서 네 힘 F_1, F_2, F_3, F_4는 평형을 이루고 있다. F_1=80 N, F_3=10 N, F_4=90 N일
때, F_2와 x 값은 얼마인가?
[A=70°, B=30°, C=20°]

① 106 N, 38.61°

② 104 N, 37.61°

③ 102 N, 35.61°

④ 100 N, 34.61°

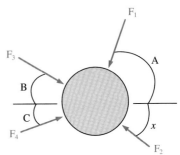

25 그림에서 힘 P가 20 N으로 작용하
는 보의 A지점 반력은 얼마인가?

① 20.48 N

② 19.48 N

③ 18.48 N

④ 16.48 N

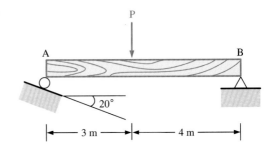

26 하중이 작용하고 있는 구조물에서 BC의 반력은 얼
마인가? 단, A, C점은 힌지로 모멘트가 없다.

① 14.32 N

② 15.32 N

③ 16.32 N

④ 17.32 N

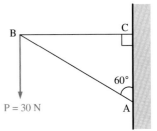

27 그림에서 A지점에서의 모멘트는 얼마인가?

① 40N·m

② 60N·m

③ 80N·m

④ 100N·m

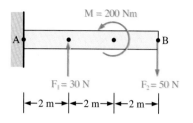

28 그림에서 세 힘 F_1=150 N, F_2=100 N, F_3=240 N일 때, O 지점에서의 모멘트은 얼마인가?

① 368 N·m

② 348 N·m

③ 328 N·m

④ 318 N·m

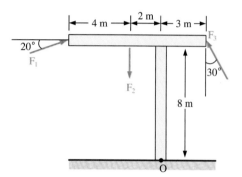

29 그림에서 구조물에 작용하는 힘 200 N이 있을 때, AC와 BC에서의 반력은 얼마인가? 단, A, B점은 힌지로 모멘트가 없다.

① −200 N, 238.35 N

② −220 N, 248.35 N

③ −230 N, 258.35 N

④ −240 N, 258.35 N

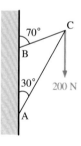

30 그림에서 세 힘이 평형을 이룰 때, F는 얼마인가?

① 28 N

② 26 N

③ 24 N

④ 22 N

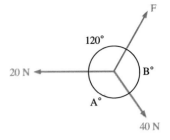

재료역학의 기본 개념

2.1 서론

 이 장에서는 재료역학 해석의 가장 중요한 기본 개념인 하중, 응력, 변형률, 변위, 재료의 기계적 성질, 재료역학의 해석방법을 다루려고 한다. 여러분들이 이 장을 자세히 공부하고 난 뒤에 기본적으로 알아야 할 중요한 점들은 다음과 같다.

- 재료역학이란 무엇을 다루는 학문인가?
- 하중이란 무엇이며 어떻게 분류되는가?
- 응력의 정의는 무엇인가?
- 응력의 종류와 부호규약은 무엇인가?
- 재료시험의 응력-변형률 선도에서 얻을 수 있는 특성값들은 무엇인가?
- 허용응력은 어떻게 결정되며 계산된 응력과 무엇이 다른가?
- 응력집중은 왜 일어나는가?
- 응력집중계수는 어떻게 구하는가?
- 응력집중계수에 의한 최대 응력은 어떻게 구하는가?
- 재료역학에서 기본 관계식들은 무엇이 있는가?
- 재료역학의 해석과정은 어떠한가?

 재료역학은 하중을 받고 있는 고체의 변형거동을 응력(stress), 변형률(strain), 변위(displacement)의 상태로 나타내어 재료의 변형 정도 및 파손 등을 예측하고, 재료의 적절한 설계값을 얻는 데 그 목적을 두는 학문이다.

 모든 물질은 외부에서 하중이 가해지면 본래의 형태가 변형을 일으키게 된다. 물질은 고체와 유체로 대별할 수 있고, 고체와 유체는 본래의 형태가 변형하는 정도(변형 크기,

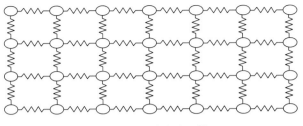

그림 2-1 탄성체 모형

변형 속도)에 따라 구별된다. 변형 정도가 아주 큰 것을 유체라 하고, 작은 것을 고체라 할 수 있는데, 이와 같은 표현은 매우 정성적이다. 또한 정량적으로 고체와 유체를 구분하는 경계는 분명하지 않기 때문에 연속체라는 개념으로 고체와 유체를 통합적으로 설명하기도 한다. 재료역학에서의 고체는 상기 표현보다는 부정확하지만 통상적인 개념인 "외부에서 하중이 가해지지 않는 한 본래의 형태를 유지하는 물질" 정도로 이해하고, 모든 고체는 탄성체로 가정하여 논리를 전개하고 있다. 탄성체란 그림 2-1과 같이 입자와 입자 사이가 스프링으로 연결되어 외부에서 하중이 가해지면 스프링과 같이 탄성변형을 하게 된다는 모형이다.

최초로 하중을 받고 있는 고체의 변형과 파손에 관한 문제(최초의 재료역학적 문제 고찰)를 생각한 사람은 Galileo였다. 1638년 여러 분야에 걸친 그의 개인적인 연구들이 집대성된 *Two New Sciences*가 출판되었는데, 여기에 그림 2-2, 그림 2-3과 같은 기둥의 인장과 외팔보의 굽힘 시험에서 파손저항력의 분포에 관한 검토가 실려 있었다. 그에게는 오늘날과 같은 응력과 변형률의 개념은 없었고, 그는 단지 응력과 유사한 개념인 '파손저항(absolute resistance to fracture)' 이라는 개념으로 두 문제를 설명하려고 하였다. 이것은 특히 Galileo's Problem으로 알려졌고, 그 이후의 연구자들이 오늘날의 응력, 변형률, 변위의 개념과 그들의 관계식으로 재료역학 또는 탄성론이라는 학문을 정립하는 데 연구방향을 제시한 중요한 문제였다.

실제로 오늘날과 같은 응력과 변형률 및 변위의 개념을 처음으로 도입하여 고체의 변형 문제를 해결하고자 한 사람은 프랑스의 수학자 Navier(1785~1836)와 Cauchy(1789~1857)였다. 그들은 응력의 평형방정식, 변형률-변위의 관계식, 응력-변형률 관계식을 도출하였으나 재료의 물성치로 탄성계수 1개만 필요하다는 잘못된 가정으로 인하여 그들의 응력-변형률 관계식은 오늘날 사용하지 않게 되었다. George Green(1793~1841)과 Saint-Venant(1797~1886)는 재료의 물성치가 탄성계수와 푸아송비 2개가 필요하다는 조건하에 오늘날 사용되고 있는 응력-변형률의 관계식을 도출하였고, 이로써 고체의 변형 문제를 수학적으로 완전히 접근할 수 있는 기본 관계식들을 갖게 되었다.

그림 2-2 Galileo의 인장 시험   그림 2-3 Galileo의 굽힘 시험

이 방법은 고체를 완전한 탄성체(elastic body)로 가정하고, 1차원, 2차원, 3차원에서의 모든 고체의 변형 문제를 일반화시킨 방법으로, 이들 관계식들을 이용한 수학적 접근은 탄성론(theory of elasticity)이라 불린다. 그러나 탄성론은 미분방정식 형태로 표현된 관계식을 풀어야 하므로 고도의 수학적 지식이 필요하다.

재료역학(mechanics of material 또는 strength of material)은 이들 중 우리가 손쉽게 다룰 수 있는 1차원, 2차원 변형문제에 초점을 맞추고, 몇 가지 가정을 도입하여 재료의 변형문제에 있어서 하중-응력, 하중-변위를 직접 이어주는 간편한 해석방법을 도출하고자 하는 노력들의 결과로 이루어진 분야라 할 수 있다. 이와 같이 궁극적으로는 동일한 해석 목적을 갖고 있는 탄성론과 재료역학은 해석방법에 경중의 차이점이 있어 서로 다른 이름을 갖고 발전되어 왔다고 할 수 있다.

2.2 하중

하중(Loads)은 재료를 변형시키려는 외적요인을 말한다. 하중은 일반적으로 힘과 모멘트의 형태로 재료에 부가되며, 크게 작용시간, 작용부위, 작용형태(재료변형 형태)에 따라 세 가지로 분류할 수 있다.

1) 작용시간에 따른 분류

① 정하중(static load): 하중의 크기와 방향이 시간에 따라 변하지 않는 일정한 하중

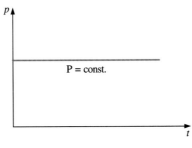

그림 2-4 **정하중**

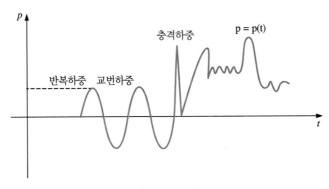

그림 2-5 **동하중**

② 동하중(dynamic loads): 하중의 크기 또는 방향이 시간에 따라 변하는 하중
   - 반복하중: 방향이 변하지 않고 단지 크기가 주기적으로 변하면서 반복적으로 작
     용하는 하중
   - 교번하중: 크기와 방향이 주기적으로 변하면서 반복적으로 작용하는 하중
     (예: 인장/압축 반복작용)
   - 충격하중: 아주 짧은 시간에 작용하는 하중

2) 작용부위에 따른 분류

① 집중하중(concentrated load): 하중이 작용하는 부위가 아주 작은 하중
② 분포하중(distributed load): 하중이 작용하는 부위가 어느 정도 영역을 갖는 하중
   - 선 분포하중(line load): N/m, kgf/m 선 위에 분포된 하중
   - 면적 분포하중(area load): N/m^2, kgf/m^2 압력과 같이 면에 분포된 하중
   - 체적 분포하중(body load): N/m^3, kgf/m^3 중력장이나 자장에 놓인 물체와 같이 질
     량이나 체적 전체에 분포되어 작용되는 하중

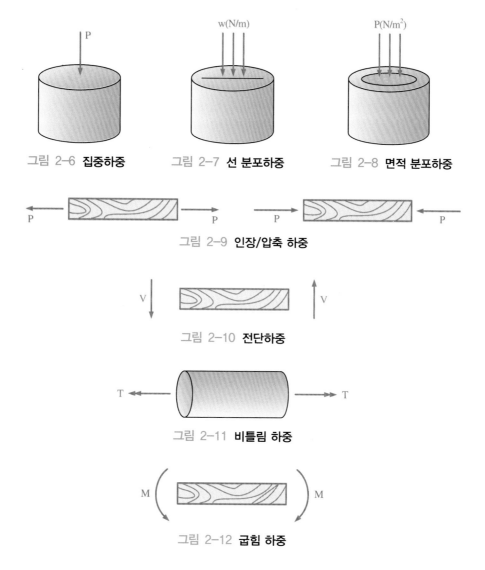

그림 2-6 **집중하중** 그림 2-7 **선 분포하중** 그림 2-8 **면적 분포하중**

그림 2-9 **인장/압축 하중**

그림 2-10 **전단하중**

그림 2-11 **비틀림 하중**

그림 2-12 **굽힘 하중**

3) 재료변형 형태에 따른 분류

① 인장/압축 하중(tensile/compressive load)

② 전단하중(shear load)

③ 비틀림 하중(torsional load)

④ 굽힘 하중(bending load)

여기서 우리가 하중을 세부적으로 분류할 때에는 실제 현상을 모델링하는 모델러의 판단에 많이 의존함을 이야기하고자 한다. 예를 들면 작용시간에 따른 분류에서 정하중과 동하중을 분류할 때 시간적으로 매우 서서히 변하는 하중(인장시험에서의 하중 증가 속도)을 정하중으로 간주할 때가 있다. "시간적으로 매우 서서히"는 대단히 정성적인 표현이고, 정량적으로는 "하중 증가 속도를 정확한 수치 얼마 이상은 동하중이고 그 이하는 정하중이다"와 같이 엄밀한 구분을 필요로 하지만 현실적으로 쉬운 일이 아니다. 충격하중에서도 "아주 짧은 시간"이라는 표현은 수치로 나타내기가 쉽지 않다. 또한 작용부위에 따른 분류에서도 어느 정도의 영역 이하를 집중이라 하고, 그 이상을 분포라 할 것인지의 경계가 수치로 분명히 주어져 있지 않다. 따라서 이 두 가지 분류는 모델링을 하는 모델러가 해석의 엄밀한 정도가 어느 정도 요구되는가에 따라 판단하여 결정하는 문제이나 여러분들이 이 책을 통하여 재료역학을 충실히 공부하고 나면 그것에 대한 감각을 얻게 될 것이다.

그리고 실제로 하중이 재료에 가해질 때에는 기본적으로 1항, 2항, 3항의 작용시간, 작용부위, 재료변형 형태의 세 가지가 함께 조합되어 발생한다. 예를 들면 일정한 회전력을 전달하는 축에 대하여는 "어떤 정하중이 분포하중 형태로 비틀림 하중으로 재료에 가해진다"는 식으로 표현할 수 있다. 따라서 여러분들이 어떤 재료역학적 현상을 보았을 때 어떤 하중들이 복합되어 재료를 변형시키려고 하는지를 빠르게 간파하는 능력이 필요하다.

예제 2-1 다음 재료역학적 현상에 어떤 하중이 작용하고 있는가? 작용시간, 작용부위, 재료변형 형태에 따라 설명하라.
(1) 그림과 같이 양단이 지지되어 있는 외나무 다리 한가운데에 무게 W인 사람이 서 있다. 하중의 종류를 설명해 보라.
(2) (1)번 문제의 그림에서 사람이 제자리에서 뜀뛰기를 하는 경우 하중의 종류는?
(3) 크레인에 중량 W인 물체를 지름 d인 철사줄에 매달아 천천히 지상으로 내려올 때 철사줄에 작용하는 하중의 종류는?
(4) (3)번 문제에서 지상으로 내려오던 중 갑자기 정지할 때 철사줄에 작용하는 하중의 종류는?

2.3 응력

2.3.1 응력의 개념 및 정의

재료에 하중이 작용하면 이 하중이 재료 내부로 전파되어 재료 내부에는 변형을 유발시키려는 힘과 변형에 저항하려고 하는 내부 반발력이 발생하여 계 전체가 평형을 찾으려고 한다. 이때 변형을 유발시키려고 재료 내부의 모든 점으로 전파되는 힘을 단위면적으로 나타낸 값을 응력이라 한다.

재료역학에서는 모든 고체를 그림 2-13(a)와 같은 탄성체로 생각하므로 여기에 하중이 가해져 변형이 일어난 그림 2-13(b)와 같은 상태를 생각해보자. 최초 상태에 하중이 가해져 이것이 재료 내부로 전파되어 변형을 유발시키려는 힘이 되고, 변형이 발생하면서 변형에 저항하려고 하는 내부 반발력도 발생하여 그림 2-13(b)와 같이 어느 정도 변형된 뒤에 평형을 찾게 된다. 평형을 찾은 뒤에 이것을 그림 2-13(c)와 같이 절단하여 한 쪽만 생각해보자[그림 1-21, 식 (1-27), (1-28) 참조].

하중 P가 변형을 유발시키려는 작용으로 재료 내부에 전파되고, 변형에 저항하려고 하는 내부 반발력 R_1, R_2, R_3가 발생하여 어느 정도 변형한 후에 평형을 찾게 된 것이다. 평형상태에 있으므로 $P = R_1 + R_2 + R_3$가 성립된다. 여기서 R_1, R_2, R_3는 변형을 유발시키려고 재료 내부에 전파된 힘이라 표현할 수도 있고, 변형에 저항하려는 내부 반발력이라 표현할 수도 있다. 이것은, 변형을 유발시키려고 재료 내부에 전파되는 힘과 이에 저항하려는 내부 반발력은 한 점에서 동일한 것임을 의미한다. 따라서 대부분의 기존 재료역학 책에서는 응력을 평형상태인 내력(internal force, 내부 반발력)을 단위면적으로 나타낸 값이라 하였지만, 이 책은 변형을 유발시키려고 재료 내부로 전파되는 힘을 단위면적으로 나타낸 값이라 정의한 것이다. 동일한 의미이지만 표현에 따라 응력 개념을 처음 접하는 여러분은 혼돈을 초래할 수가 있기 때문이다. 즉 응력이 크다는 뜻은 "저항하려는 내부 반발력이 크기 때문에 재료가 저항력이 크다는 의미이므로 파손될 염려가 적지 않은가?"

(a)　　　　　(b)　　　　　(c)

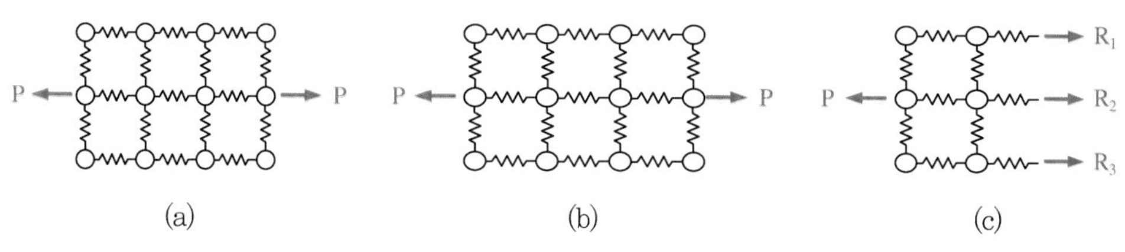

그림 2-13 **탄성체의 변형과 평형**

와 같이 이해할 소지가 있다는 것이다. 그러나 응력을 "변형을 유발시키려고 재료 내부에 전파되는 단위면적당 힘"으로 이해를 하면, 응력이 크다는 뜻은 "변형을 유발시키려고 재료 내부에 전파되는 단위면적당 힘이 크므로 재료가 변형되기 쉽고, 파손될 가능성이 크다" 라고 이해할 수 있으므로 혼돈의 여지가 없다.

하중의 종류와 재료의 형상에 따라 재료 내부로 전파되는 응력이 각각 다른 방법으로 계산되기 때문에 재료역학에서는 이것을 체계화하여 다루게 되고, 여러분들은 체계화된 응력의 계산방법을 배우게 되는 것이다. 이것을 공학용어로 응력해석(stress analysis)이라 한다. 여기서 응력을 '재료 내부로 전파되는 단위면적당 힘'이라고 하였는데, 재료 내부로 전파되는 이것은 재질과는 상관없으며 단지 하중과 재료의 형상에만 관계되어 계산된다.

그러면 2.1절의 서론에서 "재료역학은 하중을 받고 있는 고체의 변형거동을 응력, 변형률, 변위의 상태로 나타내어 재료의 변형 정도 및 파손 등을 예측하고, 재료의 적절한 설계값을 얻는 데 그 목적을 두는 학문이다"라고 하였는데, 응력과 재료의 파손과는 어떻게 관련지어 생각할 수 있을까?

모든 재료는 응력이 어느 한계값을 넘으면 탄성효과를 상실하고 파손이 일어나는 고유한 값들을 각각 갖고 있다. 이 값들은 재료 시험을 통하여 얻어지고, 하중과 형상에 의해 계산된 응력이 이 한계값을 넘느냐 안 넘느냐에 따라 파손이 일어날 것인가 여부를 생각할 수 있다. 예를 들면 동일한 형상과 하중 상태에 있는 구조물이 구리와 철로 각각 만들어졌다고 생각해보자. 동일한 형상과 하중 상태에 있으므로 발생하는 응력은 동일할 것이다. 그러나 구리와 철은 탄성효과를 상실하고 파손이 일어나는 응력의 한계값이 각각 다르므로, 발생한 응력값에 따라 구리와 철 구조물 둘 다 파손될 수도 있고, 어느 하나만 파손될 수도 있고, 또 둘 다 안전할 수도 있다. 이 절에서는 재료역학에 입문하는 여러분들에게 응력의 개념을 쉽게 이해시키기 위하여 응력과 파손의 관계를 간략히 이야기하여, 재료역학적으로 해석되는 응력은 재질의 특성과는 관계없고 형상에 관계된다는 것을 강조하고자 하였다. 응력과 파손과의 관계는 2.7절 재료의 기계적 성질에서 취급한다.

예제 2-2 동일한 하중과 형상 및 크기를 갖는 구조물의 재질이 다르다면 발생하는 응력은 서로 다른가? 답을 말하고 그 이유를 설명하라.

예제 2-3 동일한 재질로 된 두 개의 구조물에서 해석된 응력이 큰 쪽은 작은 쪽보다 재료가 변형하기 쉽다는 뜻인가 아니면 어렵다는 뜻인가? 답을 말하고 그 이유를 설명하라.

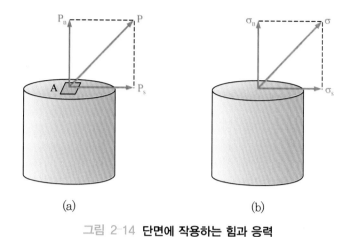

그림 2-14 **단면에 작용하는 힘과 응력**

2.3.2 응력의 종류

하중을 받고 있는 부재에서 재료를 변형시키려고 내부에 전파되는 힘은 부재 내부 임의의 가상단면 위에서 크게 두 가지로 나뉘어 나타날 수 있다. 그림 2-14(a)에서 보듯이 단면에 작용되는 임의의 힘 P는 단면에 수직한 힘 P_n과 평행한 힘 P_s로 나뉠 수 있다. 즉 어떤 단면이든지 그 단면 위에 표현할 수 있는 힘은 단면에 수직한 힘과 평행한 힘 두 가지라는 뜻이다. 응력은 단위면적당 힘으로 나타내므로 이 두 가지 힘을 단위면적으로 나눈 응력값으로 표현하여도 그림 2-14(b)에서처럼 똑같이 두 가지로 나타날 것이다. 즉 모든 면은 그것이 아무리 미소하여, 비록 하나의 점으로 축소되어 표현된다 하더라도 그것은 방향성을 갖고 있으므로 응력은 면 위에서 수직성분과 수평성분으로 표현되어야 한다는 뜻이다. 이때 단면에 수직하게 나타나는 응력을 수직응력(normal stress)이라 하고, 평행하게 나타나는 응력을 전단응력(shear stress)이라 한다.

1) 수직응력(normal stress)

그림 2-15(a)와 같이 균일단면을 갖는 봉의 양단에 인장하중 P가 작용하는 경우를 생각해보자. 봉의 길이 방향에 수직하게 절단한 단면 mn상에는 단면에 수직한 힘 P가 그림 2-15(b)와 같이 나타나 외부하중과 평형을 이루게 된다. 그리고 이것이 재료를 변형시키려고 단면 위의 모든 점에 분포되는 분포력의 응력 형태로 그림 2-15(c)와 같이 나타날 것이다. 이것을 우리는 수직응력이라 하고, 식 (2-1)과 같이 계산한다.

봉의 길이 방향에 수직한 단면 mn상에는 mn 단면에 평행한 힘 성분이 존재하지 않는다는 것을 여러분들은 직관적으로 이해할 것이다. 따라서 mn 단면상에는 전단응력이 없고, 오직 수직응력만 존재한다고 할 수 있다.

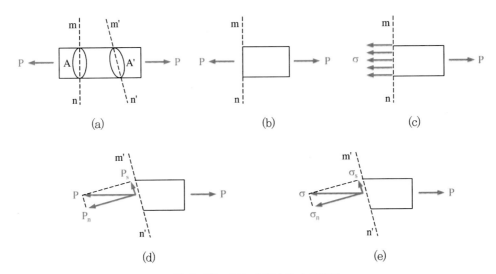

그림 2-15 **균일 단면봉의 수직응력**

$$\sigma = \frac{P}{A} \qquad\qquad (2\text{-}1)$$

그러나 그림 2-15(a)에서 단면 m'n' 을 생각하고, 그림 2-15(d)와 같이 한쪽 부분을 분리하여 생각해보자. mn 단면과 마찬가지로 m'n' 단면 위에도 외부하중 P와 평형을 이루려는 힘 P가 작용하지만, mn 단면과는 달리 이 힘 P는 m'n' 단면에 수직한 방향의 힘 P_n과 평행한 방향의 힘 P_s로 나누어 생각할 수 있음을 알 것이다. 여기서 m'n' 단면의 면적을 A'라 한다면, 이 단면 위에서 재료를 변형시키려고 분포되는 분포력은 응력 형태로 그림 2-15(e)와 같이 나타나고, 다음 식 (2-1-a), (2-1-b)와 같이 표현할 수 있다.

수직응력:

$$\sigma_n = P_n / A' \qquad\qquad (2\text{-}1\text{-}a)$$

전단응력:

$$\sigma_s = P_s / A' \qquad\qquad (2\text{-}1\text{-}b)$$

이것은 그림 2-14(b)와 동일한 개념으로 표현된 것임을 여러분들은 알 수 있을 것이다. m'n' 단면에서 응력을 길이 방향으로의 힘 성분에 의한 $\sigma = P/A'$로 표현하지 않고, 단면에 수직한 성분과 평행한 성분으로 나누어 표현한 것에 다시 한 번 주목할 필요가 있다.

지름 5 cm의 원형 단면봉에 4000 kgf의 인장하중이 작용하면 이 봉의 길이 방향에 수직한 면에 발생하는 수직응력은 얼마인가?

[풀이]

$$\sigma = \frac{P}{A} \text{에서 } \text{수직한 단면적 } A = \frac{\pi d^2}{4} = 19.625 \text{ cm}^2, \ P = 4000 \text{ kgf}$$

$$\therefore \ \sigma = \frac{4000 \text{ kgf}}{19.625 \text{ cm}^2} = 203 \ (\text{kgf}/\text{cm}^2)$$

2) 전단응력

전단(shear)이라는 단어는 '자르다, 베다'의 뜻을 갖고 있다. 결국 전단응력이라 하면 '자르는 응력 또는 베는 응력'으로 이해할 수 있다. 예를 들어 무를 칼로 자르는 상태를 생각해보자. 어떻게 자르든지 상관없이 칼이 진행하는 방향은 잘려지는 면과 언제나 평행하게 진행된다는 것을 경험을 통해 알고 있을 것이다. 앞에서 설명하였듯이 재료를 변형시키려고 면에 작용하는 힘과 응력은 면에 수직한 성분과 평행한 성분이 있는데, 이 중 평행한 성분의 것이 재료를 자르는 방향으로 발생하고, 이것을 우리는 전단력과 전단응력(shear stress)이라 부른다. 즉 식 (2-1-b)에서 P_s를 전단력이라 할 수 있고, τ를 전단응력이라 하며, 이것이 면에 평행하게 재료를 자르는 작용으로 나타난다.

기계 구조물에서 발생할 수 있는 전단응력의 대표적인 예를 들어보자. 그림 2-16(a)와 같은 두 개의 철판을 리벳이음으로 연결한 경우를 생각해보자. 하중 P가 과대하게 작용하면 리벳의 mn 단면이 칼로 자르듯이 끊어질 것이다. 이때 mn 단면에 발생하는 힘과 응력 성분을 그림 2-16(b)와 같이 두 개로 분리하여 생각할 수 있다. 이 중 한쪽을 고찰하면, 외부하중 P와 평형을 이루면서 재료를 변형시키려고 하는 힘이 mn 단면에 평행하게 그림 2-16(b)와 같이 나타난다고 할 수 있다. 이때 단면 위에 단면에 평행하게 발생한 힘을 단위면적당 힘으로 표현하여 그림 2-16(c)와 같이 분포 형태로 나타낸 것을 전단응력이라 하고 식 (2-2)와 같이 기술할 수 있다.

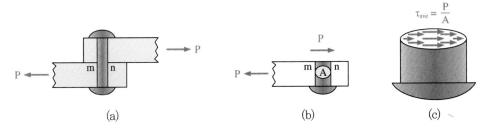

$$\tau_{ave} = \frac{P}{A}$$

그림 2-16 **전단응력**

$$\tau_{\text{ave}} = \frac{\text{P}}{\text{A}} \tag{2-2}$$

식 (2-2)에서 전단응력 기호 τ 밑의 하첨자 ave는 평균값, average의 약자로 τ_{ave} 는 평균전단응력을 의미한다. 실제로 이 경우의 전단응력은 식 (2-1)과 그림 2-15(c)의 수직응력과 같이 단면 위에 똑같은 크기로 고르게 분포되는 것이 아니라, 그림 2-16(c) 단면 위의 각 점에서 각각 다른 값으로 분포되어 나타나기 때문에 식 (2-2)에서는 평균값으로 나타내었다. 여기에서는 전단응력의 개념을 전달하는 것이 우선되므로 이것에 대하여는 나중에 자세히 취급하기로 한다. 여러분들은 그림 2-16(c) 단면 위에 전단응력이 평균값으로 고르게 나타난다고 가정하면 식 (2-2)와 같이 표현될 수 있다고 이해하면 된다.

예제 2-5 그림과 같이 볼트로 연결된 핀 이음에서 하중 P = 5000 kgf가 작용한다. 볼트에 발생하는 전단응력과 핀에 발생하는 인장응력을 구하라. 단, 볼트의 지름 d = 1 cm, 핀의 지름 D = 2 cm이다.

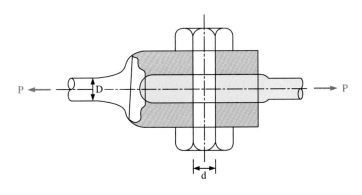

[풀이]   핀에 발생하는 인장응력

$$\sigma = \frac{\text{P}}{\text{A}_\text{D}} = \frac{5000 \text{ kgf}}{\dfrac{\pi \cdot 2^2}{4} \text{ cm}^2} = 1592 \text{ kgf} / \text{cm}^2$$

볼트에 발생하는 전단응력

$$\tau = \frac{F}{A_d} = \frac{2500\,\text{kgf}}{\dfrac{\pi \cdot 1^2}{4}\,\text{cm}^2} = 3184\,\text{kgf}\,/\,\text{cm}^2$$

볼트를 전단하려는 면은 두 곳에서 생기며, 이 두 개의 전단력은 핀에 작용하는 외부 하중과 같아야 한다.

$$F = \frac{P}{2}$$

2.3.3 응력의 단위와 표시

1) 응력의 단위

응력은 단면에 발생하는 단위면적당 힘으로 나타내므로 단위는 압력과 같다. 다만 압력은 면에 수직한 성분만 존재하지만 응력은 면에 평행한 성분도 존재한다는 것이 다를 뿐 동일한 단위를 사용한다. 국제단위계(SI 단위: Systeme International d' Unites)에서는 힘의 기본단위가 N(Newton)이고, 면적의 기본 단위가 m^2이므로 응력의 기본단위를 N/m^2으로 사용한다. 이것은 압력 단위와 같으므로 단위의 이름을 파스칼(pascal)이라 부르고, 약어로 Pa로 쓴다.

응력 기본 단위 표시: N/m^2 또는 Pa
SI 승수 기호 사용: kN/m^2 또는 kPa
MN/m^2 또는 MPa

중력단위계로 kgf/m^2, kgf/cm^2, kgf/mm^2이 사용되며, 국내 현장에서는 kgf/mm^2이 많이 사용되는 편이다. 미국단위계(English System)는 미국에서 아직도 많이 사용되는데 lb/in^2이 사용되며, psi(pound per square inch)로 '피에스아이' 또는 '파운드 퍼 스퀘어 인치'라 읽는다. 미국단위계는 현재 미국과 미얀마에서만 사용되며 나머지 국가들은 국제단위계를 사용한다. 일반적으로 재료역학에서 취급하는 재료들의 특성이 있으므로 우리가 다루기 쉬운 크기의 숫자를 생각하면 중력단위계에서는 kgf/mm^2이 많이 사용되고, SI 단위계에서는 $MPa(MN/m^2)$이 적절한 크기로 많이 사용된다고 할 수 있다.

2) 응력의 표시

응력은 3차원 공간상의 재료 내부의 한 점에서 일반적으로 그림 2-17과 같은 정육면체 요소 형태를 빌려 표시할 수 있다. 정육면체 요소는 재료 내부의 모든 점들에 퍼지는 응력 가운데 하나의 점에 작용하는 응력을 우리가 다루기 쉽도록 이상화하여 표현한 것이다. 응력은 재료를 변형시키려는 작용이므로 정육면체 요소상에서 마주 보는 대응면에 서로 반대 방향으로 작용하는 한 쌍을 하나의 응력으로 간주한다. 수직응력도 전단응력도 모두 요소 대응면의 반대 방향 한 쌍이 하나의 응력성분으로 표현된다. 응력의 표시 기호로는 일반적으로 σ(sigma) 또는 τ(tau)를 사용하지만, 수직응력을 σ로 사용하고 전단응력을 τ(tau)로 구별하여 사용하기도 하므로 이 책에서는 수직응력을 σ로, 전단응력을 τ로 나타내기로 한다.

그림 2-17에서 보듯이 재료 내부의 한 점을 나타내는 정육면체 요소상에는 수직응력 (σ_{xx} σ_{yy} σ_{zz}) 3개와 전단응력(τ_{xy} τ_{xz} τ_{yx} τ_{yz} τ_{zx} τ_{zy}) 6개가 발생하여 총 9개의 응력성분이 나타날 수 있다. 그러나 $\tau_{xy}=\tau_{yx}$, $\tau_{xz}=\tau_{zx}$, $\tau_{yz}=\tau_{zy}$[1])가 되어 실제로는 수직응력 3개, 전단응력 3개로 총 6개의 응력성분이 3차원 공간상의 한 점에 존재할 수 있게 된다. 그림 2-17의 응력 표시에서 첫 번째 하첨자는 응력성분이 작용하는 면을 의미하고, 두 번째 하첨자는 응력성분의 작용방향을 의미한다. 즉 요소상에서 응력을 표현하려면 '작용면'과 '작용방향'의 두 가지 인자가 함께 표현되어야 정확한 표현이 된다. 예를 들면 τ_{xy}에서 하첨자 x는 x축에 수직한 면을, y는 응력이 작용하는 방향을 나타내어, τ_{xy}는 x축에 수직한 면에서 y 방향으로 작용하는 응력을 뜻하게 된다.

재료역학에서는 1차원, 2차원에서의 재료 변형문제를 주로 취급하므로, 실제로 그림 2-17과 같이 한 점에서 6개의 응력을 모두 다루는 경우는 드물다. 따라서 재료역학에서는 z축을 고려하지 않는 x축, y축만을 생각하는 그림 2-18과 같은 응력성분을 일반적으로 다루게 된다. 그림 2-18에서 알 수 있듯이 2차원에서는 σ_{xx}, σ_{yy}, τ_{xy}의 3개 응력만 존재할 수 있으므로, 재료역학을 취급하는 교재에서는 대부분 이 3개의 응력을 다루게 되며, σ_x, σ_y, τ로 하첨자를 줄여서 기술하기도 한다.

3) 응력의 부호규약

응력은 힘과 같이 양(positive)과 음(negative)의 부호를 갖는다. 힘은 좌표축상에서 작용 방향이 양이면 양의 힘, 작용방향이 음이면 음의 힘으로 부호를 나타낼 수 있다. 그러

---

[1]) 이것에 관한 증명은 5.3.1절에서 취급한다. 그때까지는 이에 관한 증명 없이 사용하도록 한다.

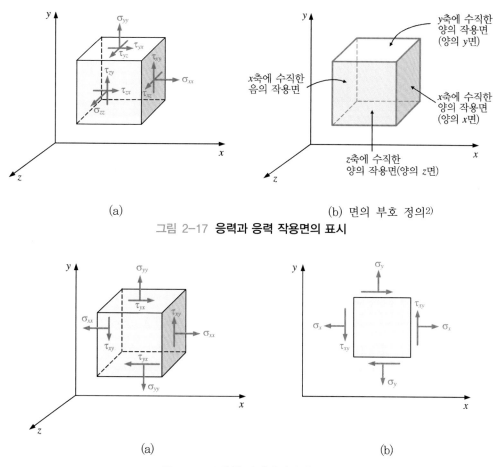

(a)   (b) 면의 부호 정의2)

그림 2-17 **응력과 응력 작용면의 표시**

(a)   (b)

그림 2-18 **2차원 평면에서의 응력 표시**

나 응력은 점을 나타내는 요소에서 서로 반대 방향의 한 쌍이 하나의 응력을 나타내므로 힘과 같이 좌표축의 양, 음의 방향으로 표시할 수 없다. 응력의 부호를 다루기 위해서는 힘과 다른 부호규약이 필요하다.

　응력의 부호규약을 쉽게 이해하려면 2)항의 응력 표시를 잘 이해할 필요가 있다. 응력은 작용면과 작용방향이 조합되어 요소상에서 표현된다고 하였다. 그림 2-17(b)에서 좌표축을 요소 중심에 옮겨다 놓으면, 요소 중심을 기준으로 작용면은 양의 위치에 놓인 것과 음의 위치에 놓이는 것이 있게 된다. 여기에서 그림 2-17(b)와 같이 작용면의 부호를 규약할 수 있다. 작용방향은 힘과 같이 좌표축의 방향을 따라 양의 방향과 음의 방향을

---

2) 면에 바깥쪽으로 향하는(outward) 수직한 벡터가 양의 방향이면 양의 면, 음의 방향이면 음의 면으로 정의한다.

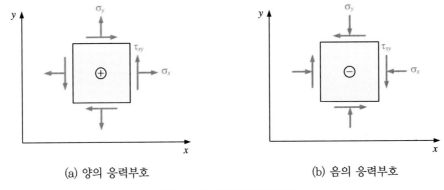

(a) 양의 응력부호   (b) 음의 응력부호

그림 2-19 **응력의 부호규약**

부여할 수 있다. 이때 작용면의 부호와 작용방향의 부호를 곱하여 양의 부호가 되면 양의 응력이라 하고, 음의 부호가 되면 음의 응력이라 규약한다.

예를 들면 양의 위치에 있는 면에 양의 방향으로 작용하는 응력은 양의 값을 갖고, 양의 위치에 있는 면에 음의 방향으로 작용하는 응력은 음의 값을 갖는다. 또한 음의 위치에 있는 면에 양의 방향으로 작용하는 응력은 음의 값을 갖고, 음의 위치에 있는 면에 음의 방향으로 작용하는 응력은 양의 값을 갖게 된다는 뜻이다. 그림 2-19에 2차원 요소상에서 응력의 부호규약을 상기규약에 따라 예시하였다.

예제 2-6 어떤 구조물에 하중이 작용하여 다음과 같은 응력이 발생하였다. 좌표계상의 아래 요소 위에 응력을 표시하라.

(a) $\sigma_x = 500 \text{ kgf/cm}^2$, $\sigma_y = -200 \text{ kgf/cm}^2$, $\tau_{xy} = 100 \text{ kgf/cm}^2$

(b) $\sigma_x = 500 \text{ kgf/cm}^2$, $\sigma_y = 200 \text{ kgf/cm}^2$, $\tau_{xy} = -100 \text{ kgf/cm}^2$

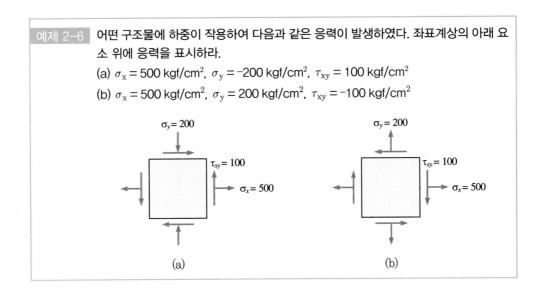

(a)   (b)

변형률

2.4.1 변위와 변형률의 개념 및 정의

하중을 받고 있는 재료는 변형을 일으키고, 이들 변형거동을 설명하기 위해서는 변위와 변형률의 개념이 필요하다. 변위는 특정 부위에서 재료가 변형된 전체 변형량으로 정의한다. 이것은 길이의 형태와 각의 형태를 가질 수 있는데, 길이로 표현된 것을 변위(displacement)라 하고, 각으로 표현되면 각변위(rotational displacement)라 하며, 두 가지를 통칭하여 일반적으로 변위라 한다. 변형률은 엄밀하게는 단위길이당 변형량으로 정의할 수 있는데, 일반적으로 이해하기 쉽게 변형된 정도를 최초 상태와의 비율로 나타내어 다음과 같이 기술할 수 있다.

변형률 = 총 변위 / 최초 상태의 길이

2.4.2 변형률의 종류

재료를 변형시키려는 요인인 응력의 작용하에 변형이 발생할 수 있으므로, 변형률은 응력과 연관지어 생각되어야 한다. 따라서 변형률의 종류도 응력의 종류와 함께 분류할 수 있다.

1) 수직변형률

그림 2-20과 같이 균일 단면을 갖는 봉의 양단에 인장하중 P가 작용하면 δ만큼 늘어난 후에 외부하중과 내부저항력이 평형을 이룰 것이다. 이때 재료가 늘어난 양 δ는 mn 단면에 수직한 방향으로 늘어 난 것을 알 수 있을 것이다. 여기에서 재료의 단위길이당 늘어난 양을 나타내기 위하여 다음과 같이 변형률을 산출할 수 있다.

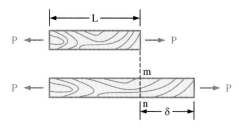

그림 2-20 **균일단면봉의 수직변형률**

$$\epsilon = \frac{\text{나중 길이} - \text{최초 길이}}{\text{최초 길이}} = \frac{\delta}{L} \tag{2-3}$$

이와 같이 변형률은 재료의 단면에 수직한 방향으로 변형된 양을 단위길이당으로 나타낸 것이므로 우리는 이것을 수직변형률이라 한다. 수직변형률에는 단면에 수직한 방향으로의 인장을 다루는 인장변형률과 압축을 다루는 압축변형률이 있다. 그림 2-20은 인장변형률을 나타낸 것이다.

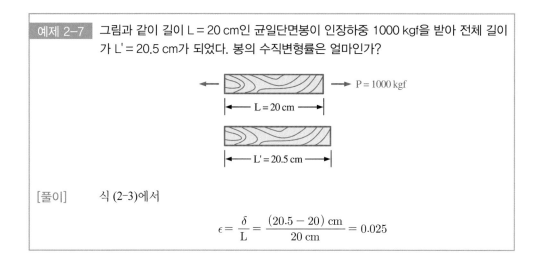

예제 2-7 그림과 같이 길이 L = 20 cm인 균일단면봉이 인장하중 1000 kgf을 받아 전체 길이가 L' = 20.5 cm가 되었다. 봉의 수직변형률은 얼마인가?

[풀이]   식 (2-3)에서

$$\epsilon = \frac{\delta}{L} = \frac{(20.5 - 20)\ \text{cm}}{20\ \text{cm}} = 0.025$$

2) 전단변형률

그림 2-18과 같이 재료역학에서 취급하는 응력성분에서 수직응력성분을 제외하고, 전단응력성분만이 작용하는 경우를 그림 2-21(a)에 나타내었다. 이와 같이 요소상에 전단응력만이 작용하는 경우를 순수전단(pure shear) 상태에 있다고 한다. 순수전단 상태에

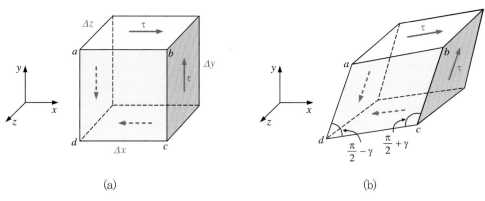

(a)   (b)

그림 2-21 **전단변형률**

놓인 요소는 다른 수직응력의 간섭을 일으키지 않으므로 순수하게 전단변형만을 초래하여 그림 2-21(b)와 같이 변형하게 된다. 즉 수직응력이 없으므로 요소의 각 모서리의 길이는 변하지 않고 각도만 변하게 되는데, 이와 같이 그림 2-21(b)에서 변형된 각 γ를 전단변형률이라 한다.

2.4.3 변형률의 단위, 표시, 부호규약

변형률의 단위는 무차원이다. 변형률의 표시는 변형률을 유발시킨 응력의 하첨자 표시를 따르며, 기호는 일반적으로 ϵ(epsilon)을 사용하지만 많은 경우에 수직변형률을 ϵ으로, 전단변형률을 γ(gamma)로 표기하기도 하므로 이 책에서는 수직변형률을 ϵ, 전단변형률을 γ로 구별하여 사용한다. 변형률의 표시가 변형률을 유발시킨 응력의 하첨자 표시를 따르므로 ϵ_{xx}는 σ_{xx}에 의해 유발된 수직변형률을 의미하고, γ_{xy}는 τ_{xy}에 의해 유발된 전단변형률을 의미한다. 변형률의 부호규약은 변형률을 유발시킨 응력의 부호규약을 따른다.

2.4.4 일반화된 변형률-변위 관계식

앞에서는 변형률과 변위에 대한 개념을 쉽게 이해시키기 위하여 봉의 인장을 예로 들어 설명하였다. 이것은 한 방향의 경우에 해당되는 것이다. 그러나 일반적으로 공간상에서는 모든 방향(x, y, z)으로 변형률을 생각할 수 있다. 탄성론이 성립될 때 성립된 이 관계식을 일반화된 변형률-변위 관계식이라 하며 식 (2-4)와 같이 표현된다.

$$\epsilon_x = \frac{du}{dx}$$

$$\epsilon_y = \frac{dv}{dy}$$

$$\epsilon_z = \frac{dw}{dz}$$

$$\gamma_{xy} = \left(\frac{dv}{dx} + \frac{du}{dy} \right)$$

$$\gamma_{yz} = \left(\frac{dw}{dy} + \frac{dv}{dz} \right)$$

$$\gamma_{zx} = \left(\frac{du}{dz} + \frac{dw}{dx} \right)$$

(2-4)

식 (2-4)에서 u, v, w 는 x, y, z 방향의 변형량이며, du, dv, dw는 각 방향의 미소변형량을, dx, dy, dz는 x, y, z 방향의 최초 미소길이를 나타낸다. 앞에서 봉의 인장인 경우를 식 (2-4)에 적용하면 한 방향으로 변형하므로, x 방향으로 생각하여 $du = \delta$, $dx = L$로 할 수 있다. 따라서 $\epsilon_x = \dfrac{du}{dx} = \dfrac{\delta}{L}$의 관계를 얻는다는 것을 알 수 있을 것이다. 이 관계식은 재료역학을 해석하는 데 가장 중요한 관계식 중 하나이므로 눈여겨 보아두길 바란다.

2.5 재료의 기계적 성질

기계 또는 구조물에 사용되는 재료는 크게 금속재료(철, 강, 비철금속)와 비금속재료(시멘트, 세라믹, 플라스틱, 고무)로 구분할 수 있다. 이들 재료는 각각 서로 다른 특성들을 갖게 되는데, 재료시험을 통한 기계적 성질을 파악하여 설계 시 활용하게 된다. 재료의 기계적 성질이라면 일반적으로 탄성계수, 푸아송비, 항복강도 및 극한강도, 경도, 피로강도, 인성, 연성, 크리이프 등이 있다. 이들 기계적 특성값을 얻기 위하여 재료시험실에서 이루어지는 일반적인 재료시험의 종류에는 인장시험, 압축시험, 굽힘시험, 전단시험, 비틀림시험, 충격시험, 피로시험, 경도시험, 크리이프시험 등이 있다. 각 나라에서는 이들 재료시험에 대한 규격을 정해 놓고, 시험편의 재질에 따른 시험편의 규격과 시험방법 등을 표준화하여 시험결과를 비교 활용할 수 있게 하였다. 한국은 KS(Korean Standard), 미국은 ASTM(American Society for Testing Materials), 일본은 JIS(Japan Industrial Standard)에 시험규정이 있으며, 국제 규격으로 ISO(International Standardization Organization)가 있다.

이들 시험 중 가장 대표적인 시험은 인장시험으로(KS B 0801, KS B 0802), 재료역학적 설계에서 이용되는 대표적 기계적 성질인 탄성계수, 푸아송비, 항복강도 및 극한강도를 인장시험에서 얻을 수 있다. 따라서 이 절에서는 인장시험에서 얻어지는 재료의 기계적 성질의 특성과 개념에 대하여 설명하고, 이들 재료의 기계적 성질이 재료역학적 해석 결과와 연관 지어 설계에 응용되는 것을 이해시키고자 한다.

2.5.1 응력-변형률 선도

여러분들은 일상생활에서 사용하는 고무줄을 손으로 잡아당겨 늘여본 경험이 있을 것이다. 이때 손으로 당기는 힘과 고무줄이 늘어난 길이의 상관관계와 그 값들에 대해 특별한 주의를 기울이지 않았을 것이다. 그러나 무게가 알려진 추를 고무줄에 매달고 그때 늘어난 길이를 재면서 추의 무게를 증가시켜가며 늘어난 길이를 측정하면, 힘의 크기와 늘

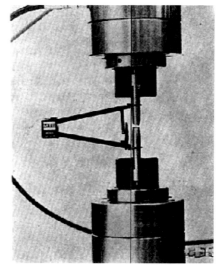

그림 2-22 **재료의 인장시험**

어난 길이의 관계를 그래프로 얻을 수 있다. 이와 같이 힘의 크기와 늘어난 길이의 관계 선도를 '하중-변위 선도'라 한다.

기계재료에서 이와 같은 하중-변위 선도를 얻으려면 KS 규정에 따라 그림 2-22와 같이 재료의 시편을 가공하여 시험기에 걸어 놓고, 시편의 표점거리 변화를 측정하기 위한 신장측정기를 부착하고 인장하중을 가하게 된다. 이때 하중과 표점거리의 늘어난 길이의 값들이 시험기에 기록되고, x-y 평면에서 y축을 하중, x축을 늘어난 길이로 하여 그래프를 그리면 하중-변위 선도를 얻게 된다. 하중-변위 선도에서 하중을 시편이 최초에 가졌던 단면적으로 나누면 응력, 변위를 시편의 최초 표점거리로 나누면 변형률이 된다. 이와 같이 계산된 응력과 변형률의 값들을 그래프로 그리면 응력-변형률 선도를 얻게 된다.

응력-변형률 선도는 재료의 기계적 성질 중 설계에 있어서 가장 중요한 항복응력, 극한응력 및 탄성계수를 알려준다. 연성 재료와 취성 재료에 따라 그래프의 양상이 조금 다르게 나타나는데, 연성 재료가 재료의 탄성과 소성의 특성을 모두 잘 보여준다. 그중에서도 구조용 연강의 응력-변형률 선도가 재료 변형의 전형적 특성을 보여주므로 그림 2-23에 인장을 받는 전형적인 구조용 연강의 응력-변형률 선도를 나타내고, 각 변형 구간에 대해 자세한 설명을 하고자 한다.

- OA: 직선, 비례한도(proportional limit)
- OB: 직선(OA)+곡선(AB), 탄성한도(elastic limit), 후크의 법칙이 성립하는 범위
- BC′: 재료의 항복구간, 소성변형구간

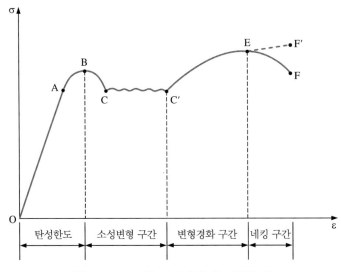

그림 2-23 **구조용 연강의 응력-변형률 선도**

- B: 상항복점(upper yield point)
- C: 하항복점(lower yield point), 항복응력(항복강도)
- C' E: 재료의 변형경화구간(strain hardening area)
- E: 극한 응력점(ultimate stress point), 극한응력(극한강도 또는 인장강도)
- EF: 네킹(necking) 구간
- F: 파단점

- 비례한도. 응력과 변형률이 선형관계인 구간으로 종탄성계수는 비례한도 구간의 기울기이다. 비례한도점 A를 지나면 더 이상 직선을 유지하지 않고 AB 구간의 곡선형태를 보이지만 탄성영역 내에 있으므로, 하중을 제거하면 원 상태로 다시 돌아간다. 이런 이유로 이 구간(OB)까지를 탄성한도라 하며, 연강에서는 곡선 AB 구간이 매우작아 탄성한도와 비례한도가 거의 같으므로 탄성한도와 비례한도를 같은 뜻으로 사용하기도 한다.

- 항복응력(항복강도). 탄성한도 B를 지나면 재료는 응력의 큰 증가 없이 변형률이 급격히 일어나는데, 이것을 재료의 항복(yielding) 또는 소성변형이라 한다. 재료의 항복은 BC' 구간에서 일어나며 이상적인 연강의 응력-변형률 선도에서는 상항복점 B와 하항복점 C가 나타나지만, 다른 재료에서는 항복점이 언제나 명확하게 나타나지는 않는다. 상항복점은 변형률의 속도, 시험편의 형상 등에 영향을 받아 일정한 값을 보이지 않지만 하항복점은 대체로 안정된 값을 보인다. 따라서 항복점이라 하면 탄성

영역에서 소성영역으로 변환되는 안정된 값인 하항복점을 일반적으로 지칭하고 탄성설계 시에 설계응력으로 사용한다.

- **극한응력(극한강도 또는 인장강도).** BC′의 소성변형 구간에서 재료의 변형률이 크게 생긴 후에는 재료의 원자 및 결정구조가 변화를 일으키며 더 이상의 변형에 대한 저항력을 나타내기 시작한다. 따라서 하중이 증가하여야 변형 또한 다시 발생하게 되는 C′E 구간을 재료의 변형경화 구간이라 하고, 이 구간의 최고응력점 E를 극한응력 점이라 한다. 극한응력은 극한강도 또는 인장강도라 하며 연성 재료나 취성 재료에 관계없이 비교적 측정하기 쉬운 값이므로 재료의 강도를 표시하는 표준치로 하며, 이 점을 지나면 응력의 증가 없이도 변형이 계속되어 F점에서 파단된다. 이 EF 구간을 네킹 구간이라 하며, 시편이 축 방향으로 늘어나는 동안 가로 방향으로는 수축이 진행되어 단면적의 감소가 일어나는데, C′까지는 단면적의 감소량이 미소하여 응력–변형률 선도에 크게 영향을 미치지 않으나 C′점부터는 크게 영향을 미치고, 극한응력 E를 지나면 단면적의 감소량이 급격하게 진행되어 응력의 증가 없이도 변형이 일어나는 현상이 발생한다. 이것을 네킹(졸목: 목이 급격히 줄어듦) 현상이라 한다.

하중–변위 선도에서 응력–변형률 선도를 도출할 때, 실제 줄어드는 단면적을 사용하면 진응력–변형률 선도가 된다. 진응력–변형률 선도는 그림 2–23에서 C′F′과 같이 되는데, 네킹 구간에서 응력의 감소 없이 계속적인 증가에 따라 파단점까지 가는 것을 알 수 있다. 이것은 네킹 구간에서도 실제로는 재료의 강도가 떨어지는 것이 아니라 파단에 이르기까지 재료는 응력의 증가에 견디고 있음을 알려준다. 그러나 시편의 최초 단면적을 이용한 응력–변형률 선도는 이와 다르게 네킹 구간에서 응력의 감소와 함께 파단점까지 변형이 진행되는 것으로 나타난다. 이것이 완전한 실제 현상은 아니지만 진응력–변형률 선도보다 계산이 쉬우므로 설계에 사용할 때에는 간편한 이 선도가 자료로 활용된다.

그림 2–23에 사용된 재료는 구조용 연강이다. 구조용 연강은 연성 재료(ductile)에 속하며 대부분의 연성 재료는 그림 2–23과 유사한 변형선도를 갖는다고 할 수 있다. 대표적인 연성 재료로는 연강, 알루미늄, 알루미늄 합금, 구리, 황동, 청동, 납, 몰리브덴, 니켈 등이 있다. 특히 알루미늄과 같은 재료는 그림 2–24와 같이 명확한 항복점이 나타나지 않기 때문에 응력–변형률 선도에서 비례한도의 변형률에 0.2 %만큼의 변형률 양을 비례한도 직선에 평행하게 이동시켜(옵셋 방법, offset method) 얻어지는 옵셋 선과 응력–변형률 선도와의 교점 그림 2–24에서 A의 응력값을 항복점으로 사용한다.

취성 재료(brittle)는 연성 재료와 달리 비교적 작은 변형률 값에서 파단을 일으키며, 그

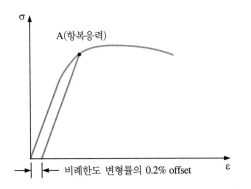

그림 2-24 **옵셋 방법으로 결정되는 연강의 항복응력**

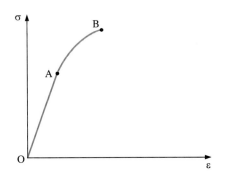

그림 2-25 **취성 재료의 응력-변형률 선도**

림 2-25와 같이 뚜렷한 소성 구간을 갖지 않는다. 대표적인 취성 재료로는 주철, 유리, 콘크리트, 돌, 세라믹 재료, 고탄소강 및 기타 금속합금이 있다. 이와 같은 취성 재료는 비례한도를 조금 지나서 파단되며, 파단응력은 극한응력과 같다. 그림 2-25는 취성 재료의 대표적 응력-변형률 선도를 나타내며, A점은 비례한도를 나타내고 B점은 파단점, 즉 극한응력을 나타낸다.

2.5.2 탄성계수와 푸아송비

Navier는 1864년 그림 2-26과 같은 이상적인 탄성체의 변형에 관한 방정식을 기술하는 데 한 개의 상수가 필요한 것으로 하여 등방성 재료의 힘과 변형에 관한 방정식을 세웠다. 그 후 많은 학자들이 탄성체의 변형을 기술하는 데 필요한 기본 상수가 몇 개인가에 대해 논의를 거듭하였다. Navier를 따르는 학자들은 일반 재료는 15개의 상수, 등방성 재료는 1개의 상수가 필요하다고 주장한 반면, George Green(1793~1841)은 일반 재료는 21개의 상수, 등방성 재료에는 2개의 상수가 필요하다고 제시하였다. 이를 검증하기 위한 실험들이 행해졌고, 오늘날에는 George Green이 제시한 것을 채택하여 등방성 재료의 변형을 기술하는 데 2개의 기본 상수(탄성계수와 푸아송비)를 필요로 하게 되었다.

탄성계수는 응력-변형률 선도에서 선형영역인 비례한도 내에서 직선의 기울기를 나타낸다. 재료 인장시험의 응력-변형률 선도에서 얻어지는 이것을 종탄성계수(modulus of

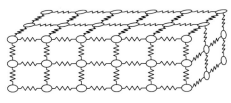

그림 2-26 **이상적인 탄성체 모형**

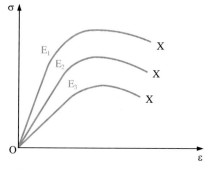

그림 2-27 재료에 따른 응력-변형률 선도

elasticity)라 하고, E로 표기하며 영률계수(Young's modulus)라고도 한다. 그림 2-27에서와 같이 재료마다 탄성계수는 E_1, E_2, E_3, …로 다르게 나타나며, 응력-변형률의 관계식을 기술하는 데 비례상수로 표현되는 중요한 계수임을 알 수 있다. 그림 2-27에서 탄성계수를 이용한 응력-변형률의 관계식을 기술하면 다음과 같다.

$$\sigma = E\epsilon \qquad (2-5)$$

식 (2-5)는 한 방향으로의 변형에서 응력-변형률 관계를 기술하는 것으로 탄성계수만이 사용되었지만, 2차원 또는 3차원에서 모든 방향으로의 응력-변형률의 관계를 기술할 때에는 탄성계수와 푸아송비 2개의 상수가 사용된다. 이것을 다음 절 Hooke의 법칙에서 보게 될 것이다.

푸아송비(Poisson's ratio)는 그림 2-28과 같이 재료가 인장이나 압축 하중을 받을 때 재료의 길이 방향 변형률(그림에서 x 방향 변형률: ϵ_x)과 단면의 가로/세로 방향 변형률(그림에서 y, z 방향 변형률: ϵ_y, ϵ_z)의 비를 나타낸다. 재료가 인장에 의하여 길이 방향으로 늘어나면 단면의 가로/세로 방향으로는 줄어들고, 압축에 의하여 길이 방향으로 줄어들면 단면의 가로/세로 방향으로는 늘어난다. 이때 재료가 균질(homogeneous material)이고 등방성(isotropic material)이면 길이 방향의 인장 또는 압축 효과에 의한 단면의 가로/세로 방향의 변형률은 같아진다($\epsilon_y = \epsilon_z$). 그리고 인장과 압축에 관계없이 길이 방향 변형률과 단면의 가로/세로 방향 변형률은 각 재료마다 고유의 비례관계를 갖게 되며, 이 비율은 푸아송비라 하고 그리스 문자 ν로 표기한다.

$$\nu = -\frac{\text{단면의 가로 또는 세로 방향 변형률}}{\text{길이 방향 변형률}} = -\frac{\epsilon_y \text{ 또는 } \epsilon_z}{\epsilon_x} \qquad (2-6)$$

식 (2-6)에서 앞의 음의 부호 (−)는 푸아송비를 언제나 양의 값(+)으로 해주기 위해 주어졌다. 즉 길이 방향으로 늘어날 때에는 단면의 가로/세로 방향으로는 줄어들고, 길이

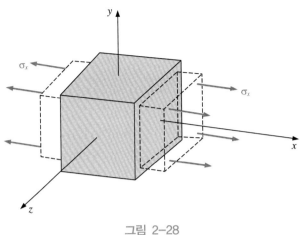

그림 2-28

방향으로 줄어들 때에는 단면의 가로/세로 방향으로는 부풀어 늘어나기 때문에 변형률의 부호는 항상 반대로 발생하게 된다.

재료의 푸아송비는 $0 < \nu < 0.5$ 사이에 존재하고, 보통의 재료는 $0.25 < \nu < 0.35$ 사이의 값을 갖는다. 코르크는 $\nu = 0$에 가까운 값으로 체적 변화가 가장 크고, 고무는 $\nu = 0.5$에 가까운 값으로 체적 변화가 거의 없는 것을 의미한다. 실제로 $\nu > 0.5$인 재료는 체적변화가 음의 값으로 인장의 경우에 체적이 줄어들고, 압축의 경우에 체적이 늘어나는 물리적 의미를 가지므로 물리적으로 현존하지 않는 재료에 속한다. 그러나 재료가 탄성영역을 지나 소성영역에 들어가게 되면 체적 변화가 거의 없기 때문에 $\nu = 0.5$를 사용하여 해석하기도 한다.

재료의 횡탄성계수 G는 전단탄성계수라고도 하며 종탄성계수 E와 푸아송비 ν를 이용하여 다음과 같이 산출한다. 즉 종탄성계수와 횡탄성계수가 독립적이지 않고 푸아송비에 의해 종속적으로 표현되므로 탄성체의 변형을 기술하는 데는 종탄성계수와 횡탄성계수 중 하나의 값과 푸아송비의 2개의 상수로 가능하게 된다. 또한 횡탄성계수 G는 전단응력과 전단변형률의 관계식에서 비례상수로 다음과 같이 표현된다.

$$\tau = G\gamma$$
$$G = E / 2(1+\nu)$$

(2-7)

예제 2-8 어떤 재료에 대한 재료시험을 수행하여 최초 가로 방향(길이 방향) 길이 L = 20 cm인 재료가 L' = 20.5 cm로 늘어났고, 세로 방향(폭 방향) 폭 b = 3 cm, h = 3 cm가 b' = 2.98 cm, h = 2.98 cm로 줄어들었다. 이 재료에 대한 푸아송비를 구하라. 이 재료의 종탄성계수가 E = 2.1×10^6 kgf/cm^{2}라면 횡탄성계수 G는 얼마가 되는가?

2.5.3 하중-변위 관계의 일반식과 Hooke의 법칙

1678년 Robert Hooke는 재료에 하중을 가했을 때 변형이 발생하는 사실에 대하여 하중과 변위의 관계에 대해 최초의 실험을 그림 2-29와 같이 하였다. 그는 이 실험을 통하여 다음과 같은 결론을 얻었다. "모든 탄성체에 있어서 주어진 하중과 변위는 비례한다." Hooke는 이 결론으로 힘의 크기와 변형의 크기 사이의 선형관계를 식 (2-8)과 같이 세웠으며, 이 힘과 변형과의 선형적 관계를 후크의 법칙(Hooke's Law)이라 하였다[3].

$$F = kx \qquad\qquad (2-8)$$

식 (2-8)에서 F는 힘을, k는 비례상수[스프링상수 또는 강성(stiffness)], x는 변형의 크기를 나타낸다. 이것은 그림 2-23의 탄성한도 내에서는 언제나 유효하게 성립하는 법칙으로, Newton의 운동 제2법칙 F = ma와 함께 힘을 정량적으로 측정하여 나타낼 수 있는 고체역학의 중요한 법칙이다. 일단 주어진 재료 그림 2-29(a), (b)에서 비례상수 k를 한두 번의 실험으로 알아내면 그 이후로는 변위 x만 측정하면 힘은 계산할 수 있기 때문이다. 가속도를 측정하는 것보다 변위를 측정하는 것이 훨씬 편리하기 때문에 오늘날 힘을 측정하는 많은 계측기들이 이 법칙을 활용하고 있는 획기적인 실험이었다.

이것을 모멘트하중과 각변형의 선형적 관계로 확장하여 식 (2-9)와 같이 표현할 수 있다.

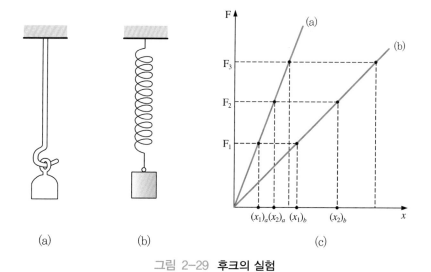

그림 2-29 **후크의 실험**

---

3) Stephen P. Timoshenko, *History of Strength of Materials*, pp. 17~20, Dover Publications, 1953.

$$M = k\,\theta \tag{2-9}$$

식 (2-9)에서 M은 모멘트를, k는 비례상수[회전강성(rotational stiffness)], θ는 각변형의 크기를 나타낸다. 오늘날에는 이들 두 식을 후크의 법칙이라 부르지 않고 하중-변위 평형방정식 또는 강성 평형방정식(stiffness equilibrium equation)이라 부르며, 고체역학에서 아주 중요한 관계식으로 활용하고 있다.

이것은 나중에 Cauchy(1789~1857)와 George Green(1793~1841)에 의해 응력과 변형률의 개념이 정립되고, 응력-변형률의 선형적 관계가 밝혀졌을 때 Robert Hooke의 상기 연구를 기념하여 현재에는 다음과 같은 응력-변형률의 선형관계식을 Hooke의 법칙으로 통용하고 있다.

3차원 공간에서 Hooke의 법칙(일반화된 Hooke의 법칙)

$$\epsilon_x = \frac{1}{E}\left[\sigma_x - \nu\,(\sigma_y + \sigma_z)\right]$$

$$\epsilon_y = \frac{1}{E}\left[\sigma_y - \nu\,(\sigma_x + \sigma_z)\right]$$

$$\epsilon_z = \frac{1}{E}\left[\sigma_z - \nu\,(\sigma_x + \sigma_y)\right] \tag{2-10}$$

$$\gamma_{xy} = \frac{\tau_{xy}}{G}$$

$$\gamma_{yz} = \frac{\tau_{yz}}{G}$$

$$\gamma_{zx} = \frac{\tau_{zx}}{G}$$

2차원 공간에서 Hooke의 법칙(평면 응력 문제에서 Hooke의 법칙: $\sigma_z = 0$, $\tau_{yz} = \tau_{xz} = 0$)

$$\epsilon_x = \frac{1}{E}\left[\sigma_x - \nu\sigma_y\right]$$

$$\epsilon_y = \frac{1}{E}\left[\sigma_y - \nu\sigma_x\right] \tag{2-11}$$

$$\epsilon_z = \frac{1}{E}\left[-\nu(\sigma_x + \sigma_y)\right]$$

$$\gamma_{xy} = \frac{\tau_{xy}}{G}$$

1차원 공간에서 Hooke의 법칙(일축 응력에서 Hooke의 법칙: $\sigma_y = \sigma_z = 0$, $\tau_{xy} = \tau_{yz} = \tau_{xz} = 0$)

$$\epsilon_x = \frac{1}{E}\sigma_x$$

$$\epsilon_x = \frac{1}{E}[-\nu\sigma_x] \qquad (2\text{-}12)$$

$$\epsilon_z = \frac{1}{E}[-\nu\sigma_x]$$

2.5.4 허용응력과 안전율

　기계의 부품, 건축구조물, 토목구조물 등 하중을 지지하는 모든 구조물을 설계, 제작, 사용할 때에는 파손되지 않고 안전하게 유지될 수 있도록 하여야 한다. 재료역학은 이를 위하여 재료의 변형 및 파손을 예측하고, 재료의 적절한 설계값을 얻기 위하여 발전된 학문이라고 하였다. 그러면 재료역학에서 어떻게 재료의 변형과 파손을 예측할 수 있을까? 재료역학에서는 응력과 허용응력의 개념이 변형과 파손의 예측에 유효하게 활용된다.

　앞에서 응력이란 외부에서 하중이 주어졌을 때 재료를 변형시키려고 재료 내부에 전파되는 단위면적당 힘이라 정의하였다. 이와 같은 응력은 재질의 특성과는 관계없이 재료의 형상과 외부하중의 함수($\sigma = \sigma(P, S)$)로 나타난다. 따라서 구조물의 형상이 결정되고 외부하중이 주어지면 이 둘의 관계에서 구조물을 변형시키려는 응력이 산출될 수 있다는 뜻이다. 그러나 이때 산출된 응력의 값만으로는 구조물이 안정된 상태에 있는지 아니면 붕괴상태로 진행되는지를 판단할 수 없다. 부품을 구성하고 있는 재료는 재료마다 응력에 견디는 특성값이 서로 다르기 때문에 기계부품이나 구조물이 사용목적에 적합한 기능을 유지하고 안정된 상태를 지속하려면 하중에 의해 발생한 응력을 설계목적상 주어진 기준값 이하로 제한할 필요가 있다. 이와 같이 부품의 설계목적상 주어진 응력의 기준값을 허용응력이라 한다. 즉 하중에 의하여 산출된 응력이 허용응력보다 작도록 설계되어야 기계와 구조물이 사용목적에 맞게 안정된 상태로 유지될 수 있다는 뜻이다. 우리는 이와 같이 주어진 하중 상태에서 발생하는 응력을 계산하는 작업을 '응력을 해석한다'고 표현하며, 이 과정을 거쳐 해석된 응력을 이 책에서는 앞으로 해석응력이라고 표현한다.

설계 조건: 해석 응력 < 허용응력

　허용응력은 설계기준강도를 안전율로 나눈 값으로 다음 식과 같이 산출된다.

$$허용응력\,(\sigma_a) = \frac{설계기준강도\,(\sigma_s)}{안전율\,(S)} \qquad (2\text{-}13)$$

설계기준강도라 하면 구조물을 설계할 때의 목적에 따라

① 항복강도

② 극한강도(인장강도)

③ 피로강도

④ 크리프강도

중에서 선택한 값을 말한다. 설계자는 탄성설계, 소성설계, 피로설계, 크리프설계 등의 설계목적에 따라 이들 중 하나의 값을 선택하여 기준강도로 하고, 적절한 안전율로 허용응력을 결정하게 된다. 안전율은 기준강도보다 좀더 여유 있게 허용응력을 잡아 구조물이 보다 더 안전하게 유지되도록 기준강도에 나누어주는 여유치이다. 안전율은 다음 사항을 종합적으로 고려하여 적절하게 주어야 한다.

① 하중과 응력계산의 부정확성

② 재료가 이상적으로 균질하지 못함

③ 부품 가공 시 이상적으로 가공되지 못함

④ 사용 중 예측치 못한 상황의 발생

⑤ 사용장소에 따른 부식, 마모 등의 영향

예제 2-9 항복강도 $\sigma_y = 250\,\text{MPa}$, 극한강도(인장강도) $\sigma_u = 400\,\text{MPa}$인 구조용 강이 있다. 안전율을 5로 설정하면 항복강도를 설계기준강도로 했을 때, 극한강도를 설계기준강도로 했을 때, 각각의 허용응력은 얼마가 되는가? 또한 이 재료로 단면적 $1\,\text{cm}^2$의 균일단면봉을 제작하여 양단에 6 kN의 인장하중을 작용시켰을 때 각각의 허용응력에 대하여 균일단면봉의 안전성을 검토하라.

[풀이]　(i) 항복강도(σ_y)를 설계기준강도로 설정했을 경우

$$\text{허용응력}\ \sigma_a = \frac{\sigma_y}{S} = \frac{250}{5}\,(\text{MPa}) = 50\,\text{MPa}$$

$$\text{해석응력}\ \sigma = \frac{P}{A} = \frac{6\,\text{kN}}{1\,\text{cm}^2} = 60\,\text{MPa}$$

해석응력 > 허용응력: 설계기준을 벗어나 안전하지 못하다.
(ii) 극한강도 (σ_u)를 설계기준강도로 설정했을 경우

$$\text{허용응력}\ \sigma_a = \frac{\sigma_u}{S} = \frac{400}{5}\,(\text{MPa}) = 80\,\text{MPa}$$

$$\text{해석응력}\ \sigma = 60\,\text{MPa}$$

해석응력 < 허용응력: 설계기준 내에 있으므로 안전하다.

2.5.5 응력집중

재료의 형상이 급변하는 부위에 응력이 다른 부위보다 집중되어 평균 응력보다 큰 응력이 발생하는 현상을 응력집중(stress concentration)이라 한다. 필릿(fillet), 노치(notch), 크랙(crack)과 같은 것이 응력집중의 대표적인 모델이다. 응력집중현상을 시각적으로 이해하기 위하여 '하중작용선(lines of force)'이나 '응력궤적(stress trajectories)'을 이용하여 설명할 필요가 있다. 그림 2-30은 구멍이 있는 평판에 인장하중이 작용할 때 응력집중현상을 나타낸 것이다.

그림 2-30(a)와 같이 원형 구멍이 있는 평판에 하중이 작용하면 단면이 갑자기 변하는 구멍 부근에서 그림 2-30(b)와 같은 응력분포가 일어난다. 즉 구멍 가장자리 부근에서 평균 응력보다 큰 최대 응력이 발생하는데, 이것을 응력집중에 의한 최대 응력이라 한다. 이것의 원인을 시각적으로 이해하기 위하여 하중작용선에 의한 응력선이 그림 2-30(c)와 같이 분포되는 것을 생각할 수 있다. 하중작용점에서 조금 떨어진 곳부터는 균일한 응력선이 발생하는데, 이것은 마치 자력선(magnetic lines of force)과 같은 모양으로 하중작용선에 의해 나타난다. 이 선들은 하중작용점 부근에서 균일한 간격을 유지하다가 단면이 갑자기 변하는 구멍 부근에서는 선들이 중첩되는 현상을 알 수 있을 것이다. 즉 하중작용선이 단면이 급격하게 변하는 곳으로 집중하게 되고, 집중된 하중작용선이 응력

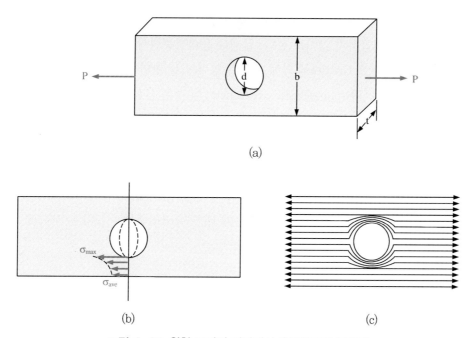

(a)

(b)   (c)

그림 2-30 **원형 구멍의 평판에서 응력분포와 응력선**

선의 집중을 유발하여 평균 응력보다 큰 응력이 나타나게 되는 것이다. 이것을 응력집중현상이라 하고, 응력집중에 의한 최대 응력은 다음과 같이 계산한다.

$$\sigma_{max} = K_t \, \sigma_{ave} \tag{2-14}$$

여기서, σ_{max}: 응력집중 부위의 최대 응력

  σ_{ave}: 평균 응력

  K_t: 응력집중계수 또는 형상계수

  여기서 응력집중 부위의 최대 응력(σ_{max})을 얻기 위해서는 평균 응력(σ_{ave})과 응력집중계수(K_t)의 값이 필요함을 알 수 있다. 평균 응력은 공칭응력(nominal stress)이라고도 하며, 형상이 변할 때 최소 단면적에 의해 일반적으로 계산되는 응력값을 말한다. 그림 2-30(a)와 같이 구멍이 있는 평판에서는 구멍 부위를 제외한 단면에 의해 일반적으로 계산되는 평균 응력은 식 (2-15)와 같이 계산된다.

$$\sigma_{ave} = \frac{\text{하중}}{\text{최소 단면적}} = \frac{P}{(b-d)t} \tag{2-15}$$

  평균 응력은 일반적으로 형상이 주어지면 이와 같이 간단하게 계산이 되지만, 응력집중계수는 수학적으로 접근하기가 쉽지 않아 간단한 모델을 제외하고는 실험에 의해 그 값들이 제시되고 있다. 또한 이론적 응력집중계수의 해석은 재료역학의 범주를 넘기 때문에 이 책에서는 취급하지 않기로 한다. 실제로 응력집중현상은 19세기 말까지 알려지지 않았었고, 20세기 초 Griffith에 의해 타원 구멍이 있는 평판의 인장에 대한 이론적 접근이 있은 후 광탄성실험(photoelastic experiment)과 같은 실험적 방법으로 응력집중계수를 산출하는 것이 주된 연구대상이 되었다. 그 결과 많은 연구가 이루어져 여러 형상에 대한 응력집중계수 핸드북[4]이 별도로 정리되어 있으므로 설계자들은 이것을 활용하면 된다. 최근에는 컴퓨터 수치해법인 유한요소법을 이용한 연구가 주로 이루어지고 있으며, 그림 2-31에 양쪽 노치를 가진 인장판에 대한 광탄성 시험 및 유한요소해석 결과와 응력집중계수 도표를 나타내었다. 여러 경우에 대한 응력집중계수 도표는 부록에 나타내었다.

---

4) Walter D. Pilkey, et. al., *Peterson's Stress Concentration Factors*, John Wiley & Sons, 1997.

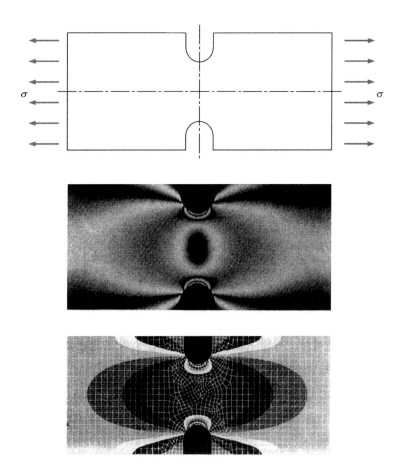

(a) 위로부터 U형 노치를 가진 평판모형, 광탄성 실험 결과, 유한요소해석 결과

그림 2-31 **응력집중계수의 광탄성 실험 및 유한요소해석[4](계속)**

2.6 재료역학의 해석 방법

　재료역학은 외부에서 가해진 '하중'에 대한 재료의 변형상태를 '응력', '변형률', '변위'의 형태로 나타내어 재료의 변형 정도 및 파손 등을 예측하고, 재료의 적절한 설계값을 얻고자 하는 학문이라 하였다. 이것을 다른 말로 표현하면, 재료역학적 해석의 순서는 재료역학적 계에서 발생하는 '하중', '응력', '변형률', '변위'를 추출하는 것이 가장 먼저 이루어지고, 다음으로 추출된 하중, 응력, 변형률, 변위를 이용하여 재료의 변형 정도 및 파손을 검토하며, 그리고 재료의 적절한 설계값을 결정하는 과정이라 할 수 있다. 이것을 도식적으로 표현하면 그림 2-32와 같이 나타낼 수 있다.

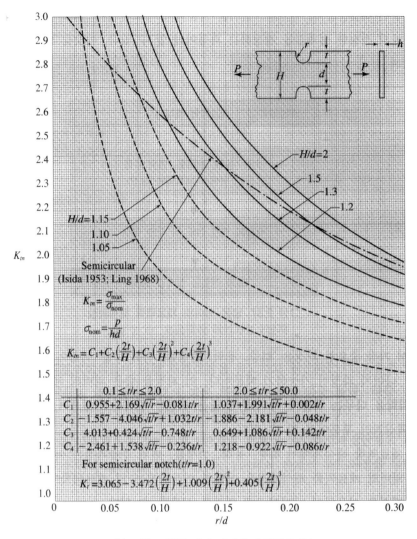

다음 내용은 이미지 내부의 그래프 축 및 수식 라벨이다:

K_{tn}

$H/d=2$
1.5
1.3
1.2

$H/d=1.15$
1.10
1.05

Semicircular
(Isida 1953; Ling 1968)

$K_{tn} = \dfrac{\sigma_{max}}{\sigma_{nom}}$

$\sigma_{nom} = \dfrac{P}{hd}$

$K_{tn} = C_1 + C_2\left(\dfrac{2t}{H}\right) + C_3\left(\dfrac{2t}{H}\right)^2 + C_4\left(\dfrac{2t}{H}\right)^3$

	$0.1 \leq t/r \leq 2.0$	$2.0 \leq t/r \leq 50.0$
C_1	$0.955 + 2.169\sqrt{t/r} - 0.081t/r$	$1.037 + 1.991\sqrt{t/r} + 0.002t/r$
C_2	$-1.557 - 4.046\sqrt{t/r} + 1.032t/r$	$-1.886 - 2.181\sqrt{t/r} - 0.048t/r$
C_3	$4.013 + 0.424\sqrt{t/r} - 0.748t/r$	$0.649 + 1.086\sqrt{t/r} + 0.142t/r$
C_4	$-2.461 + 1.538\sqrt{t/r} - 0.236t/r$	$1.218 - 0.922\sqrt{t/r} - 0.086t/r$

For semicircular notch($t/r=1.0$)

$K_t = 3.065 - 3.472\left(\dfrac{2t}{H}\right) + 1.009\left(\dfrac{2t}{H}\right)^2 + 0.405\left(\dfrac{2t}{H}\right)^3$

r/d

(b) U형 노치를 가진 평판의 응력집중계수

그림 2-31 응력집중계수의 광탄성 실험 및 유한요소해석

여기에서 가장 중요한 과정은 '하중, 응력, 변형률, 변위 추출' 과정이 되며, 이 과정이 수행된 뒤에 나머지 과정이 가능하기 때문이다. 이 과정을 좁은 의미의 재료역학 해석이라 하며 재료역학을 다루는 책들이 이 부분에 많은 지면을 할애하고 있고, 실제로 재료역학에서 가장 핵심적인 부분이라 할 수 있다.

그러면 재료역학 해석계에서 하중, 응력, 변형률, 변위 추출과정은 어떻게 이루어지는가? 즉 좁은 의미의 재료역학 해석 과정은 어떻게 이루어지는가? 재료역학에서는 다음과 같은 4개의 기본 관계식을 생각할 수 있다. 이것을 그림 2-33과 같이 관계식의 고리 형

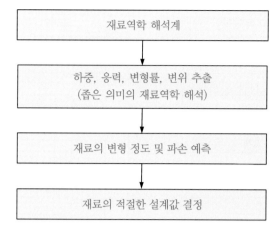

그림 2-32 넓은 의미의 재료역학 해석 과정

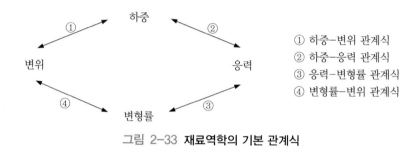

그림 2-33 재료역학의 기본 관계식

태로 나타낼 수 있으며, 계에서 하중, 응력, 변형률, 변위 4개의 인자 중 어느 하나만 알아도 관계식을 이용하여 나머지 3개 인자를 산출할 수 있다.

이 중 3항과 4항의 응력-변형률 관계식, 변형률-변위 관계식은 재료역학 이론의 모체인 탄성론이 정립될 때 이미 일반론적으로 완성되어 있기 때문에 선택적으로 적용하면 된다. 그러나 1항과 2항의 하중-응력 관계식, 하중-변위 관계식은 하중과 형상에 따라 각각 다르게 유도되며 경우에 맞게 적용하여야 한다. 따라서 대부분의 재료역학 책들이 이들 관계식들을 유도하고 활용하는 데 초점을 맞추어 기술되어 있다. 이 책에서도 재료 변형 형태에 따른 하중 분류에서 하중-응력, 하중-변위의 관계식을 유도하고 활용하는 데 초점을 맞추어 기술하고자 한다.

재료역학 해석과정을 일반적으로 정리하면 1단계의 관계식 유도과정과 2단계의 관계식 활용의 두 단계로 그림 2-34와 같이 요약할 수 있다. 1단계의 관계식 유도과정을 설명하면 다음과 같다.

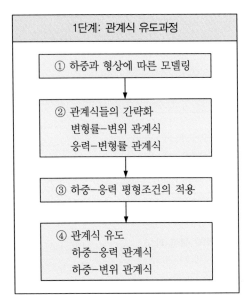
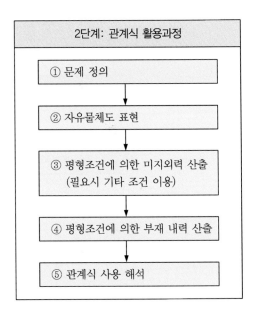

그림 2-34 **재료역학 해석과정 2단계**

① 하중과 형상에 따른 모델링

하중의 종류를 재료변형 형태에 따라 그림 2-9~2-12와 같이 인장/압축 하중, 전단하중, 비틀림 하중, 굽힘 하중으로 분류하였고, 각각의 하중 상태에 놓인 재료의 형상에 따라 적절한 가정을 도입하여 재료변형 형태를 이상화시키는 과정을 말한다. 적절하고 타당하게 모델링(이상화)하면 ④ 관계식 유도에서 간단한 대수함수로 하중-응력 관계식, 하중-변위 관계식이 얻어지지만 그렇지 않은 경우에는 복잡한 미분방정식 형태로 얻어질 수 있다. 초급 재료역학 책에서는 주로 전형적인 형태의 하중과 형상에 대하여 모델링과 관계식 유도 과정이 기술되어 있고, 이 책에서도 이들을 주로 다루게 된다.

② 관계식들의 간략화

변형률-변위 관계식, 응력-변형률 관계식은 탄성론이 정립될 때 식 (2-4), (2-10)과 같이 일반화되었다. 모델링에서 도입한 적절한 가정에 의해 이들 두 관계식을 간략화시켜 필요한 것들만 남겨놓는 과정을 말한다.

③ 하중-응력 평형조건의 적용

하중은 외력으로 주어져 재료 내부에 내력을 유발시키게 되고, 내력은 다시 재료를 변형시키려는 응력으로 발생하게 된다. 따라서 하중과 응력은 평형조건이 성립하게 되는데, 탄성론에서는 하중-응력 평형조건이 3개의 미분방정식으로 주어지지만 재료역학에서는 부재 단면에 대하여 직관적인 방법으로 하중-응력의 평형조건을 적용하여 기술하게 된다. 즉 부재 내력과 응력의 평형조건을 적용하고 부재 내력과 외부하중과의 평형조건을 살펴서, 최종적으로 외부하중과 응력의 직접적 관계를 도출한다는 뜻이다. 따라서 여기에서 말하는 '하중-응력의 평형조건'의 하중은 엄밀하게는 부재 내력을 의미한다 (3.2.4절에 부연 설명).

④ 관계식 유도

1단계의 ①, ②, ③ 과정을 거쳐 하중-응력 관계식, 하중-변위 관계식을 간단한 대수함수로 유도하는 과정을 말한다. 여기에서 특히 하중-응력 관계식은 앞의 '하중-응력 평형조건의 적용'의 연장선상에서 그림 2-35와 같이 보충 설명할 수 있다. 즉 앞에서 '하중-응력의 평형조건'의 하중이 엄밀하게 부재 내력을 의미한다고 하였는데, 이것은 그림 2-35에서 내력과 응력의 평형조건을 말한다. 우리는 최종적으로 응력을 구하기 위하여 외력에서부터 단계적인 고리의 연결 형태 과정을 밟아가야 한다. 단번에 외력과 응력을 연결시킬 수가 없다는 뜻이다. 만약 3.2절 일축 방향 인장/압축이나 4장의 비틀림과 같이 내력이 부재 전체에 걸쳐 변함없이 외력과 일치하는 경우에는 내력과 응력의 평형조건에서 얻어지는 내력과 응력의 관계식은 곧바로 외력과 응력의 관계식이 될 수 있다. 그리고 이때의 하중-응력 관계식에서 하중은 내력과 외력 중 어느 것이라 하여도 큰 문제가 되지 않는다. 그러나 7장 보(beam) 또는 판&셸 문제에서처럼 외력에 의해 내력이 부재 내부의 위치에 따라 변하고 일치하지 않는 경우에는 내력과 응력의 평형조건에서 얻어지는 내력과 응력의 관계식은 곧바로 외력과 응력의 관계식이 될 수 없다. 이와 같은 때에는 하중-응력 관계식에서 하중은 내력을 가리키며 두 단계를 거쳐야 한다. 즉 외력과 내력의 평형조건에서 구하고자 하는 위치에서 내력을 산출하고, 하중-응력 관계식 (이 경우는 엄밀하게 내력-응력 관계식이 됨)에서 응력을 산출하게 된다.

2단계의 관계식 활용과정을 설명하면 다음과 같다. 여기에서 관계식 활용이란 전형적인 하중과 형상에 따라 유도된 각 경우에서의 관계식들을(하중-응력, 하중-변위, 변형률-변위, 응력-변형률) 이용하여 구하고자 하는 데이터를 산출하는 과정을 나타낸다.

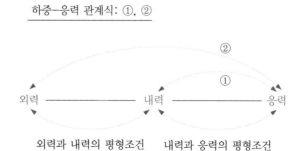

그림 2-35 **하중-응력 관계식 개요도**

① 문제 정의

해석대상에서 주어진 데이터, 구하고자 하는 데이터를 명확하게 구별하여 문제를 정의하는 것을 말한다.

② 자유물체도 표현

문제를 명확하게 정의한 후 해석대상을 분리하여 자유물체도로 표현하는 과정을 말한다. 모든 주어진 외력과 미지외력(미지 지점반력 포함)을 자유물체도에 나타내는 것이 중요하다.

③ 평형조건에 의한 미지외력 산출(필요시 기타 조건 이용)

자유물체도에 표현된 미지외력을 산출하는 것이 중요하다. 해석대상에 작용하고 있는 외력을 알아야 다음 단계를 진행할 수 있기 때문에 재료역학뿐만 아니라 역학해석에서도 중요한 과정이다. 정정문제(statically determinate)에서는 평형조건만으로 가능하지만 부정정문제(statically indeterminate)에서는 '변형의 적합조건' 등 기타 조건을 평형조건과 함께 이용하여야 한다.

④ 평형조건에 의한 부재 내력 산출

해석대상에 작용하는 모든 외력을 산출한 뒤에는 이들 외력으로 인하여 부재 내부에 전파된 내력을 산출하여야 한다. 간단한 해석대상(봉의 인장/압축, 봉의 뒤틀림)에서는 외력과 내력이 부재 전체에 걸쳐 일치한다. 이와 같은 경우에는 부재 내력 산출과정을 생략하여도 해석이 가능하다. 그러나 대부분의 해석대상(특히 보, 판, 셸, 기타 복합부재)에서 외력에 의한 내력은 부재 내부의 위치에 따라 다른 값을 가질 수 있다. 이것이 부재 내부의 응력분포가 위치에 따라 다르게 나타나는 원인이기도 하다. 따라서 부재 내부의 임의점에서 응력 및 기타 해석을 수행하기 위해서는 그 점에서의 내력이 얼마인지 산출할 필요가 있다. 이때 우리는 다시 평형조건을 이용하게 되는데, 이것을 평형조건에 의한 부재 내력 산출과정이라 한다.

⑤ 관계식 사용 해석

부재 내력을 산출하면 1단계에서 유도된 하중-응력 관계식, 하중-변위 관계식, 변형률-변위 관계식, 응력-변형률 관계식을 사용하여 구하고자 하는 데이터를 산출하는 과정을 말한다.

2.7 탄성론의 해석방법

탄성론(theory of elasticity)은 재료역학의 모체이며, 주어진 재료의 형상, 하중조건 및 경계조건 상태의 탄성체 재료 내부에서 응력, 변형률, 변위의 값들을 재료 내부의 위치함수로 나타내어 응력, 변형률, 변위의 분포를 일반화하여 취급하는 학문이다. 이것은 재료역학과 본질적인 목적은 동일하지만 해석하는 방법은 고차원의 수학적 방법을 이용하여 재료역학보다 일반화되어 있다. 여기에서 '일반화되어 있다(generalized method)'는 뜻은 이론 자체가 모든 탄성체의 경우에 적용하여 탄성방정식을 세우고, 그 탄성방정식을 풀면 원하는 해를 얻을 수 있도록 체계화되어 있다는 의미이다.

그러나 이론 자체가 수학적으로 정립되어 있어 문제를 일반적으로 논하는 것과 모든 문제에 대하여 엄밀해를 얻어낼 수 있다는 것은 동일하지 않다. 왜냐하면 수학적으로 표현된 탄성방정식은 미분방정식 형태이므로 어떤 특정한 문제에서는 이 미분방정식 자체를 엄밀하게 푸는 것이 여의치 않을 수 있기 때문이다. 따라서 간단한 경계조건을 갖는 전형적인 문제들이 지금까지 해석되어 있지만, 복잡한 경계조건을 갖는 문제들에 대하여는 탄성방정식만 세울 수 있을 뿐이며 엄밀해는 아직도 얻어내지 못하고 있다. 이런 이유로 대부분의 공학적 응용에 있어서는 그림 1-1에서 설명하였듯이 어느 정도 허용오차 범위를 갖도록 계를 이상화시키고, 이상화 모형에 대한 보다 간단한 경계조건을 적용시키는 해법이 있을 수 있다. 또한 미분방정식 형태의 탄성방정식을 그림 1-1에서의 엄밀해 방법이 아닌 컴퓨터를 이용한 방법으로 근사적인 해를 구하는 방법도 있을 수 있다. 유한요소법은 탄성론에 기초하여 정립된 것으로 오늘날 컴퓨터의 발달로 모든 탄성문제에 대하여 유한요소법에 의한 근사적 해석이 가능한 것은 이런 이유에 기인한다.

일반적으로 탄성론은 대학원 과정에서 취급하는데, 고체역학의 입문서인 이 책에서 이와 같이 언급하는 것은 여러분들이 재료역학을 공부함에 있어서, 단편적인 해석기술도 중요하지만 그 뿌리에 대한 개념을 갖고 공학 전체를 보는 시야를 넓혀주기 위함이다. 따라서 여기에서는 탄성론의 일반적인 방법만을 논하고 구체적인 활용에 관한 것은 논하지 않을 것이다.

그림 2-34 재료역학 해석과정에서 1단계 관계식 유도과정은 탄성론의 해석방법과 매우 유사하다. 탄성론은 하중과 경계조건이 주어졌을 때, 탄성체 내부 각 점에서 평형방정식, 변형률-변위 관계식 (변형의 적합조건 및 변위의 연속성 개념), 응력-변형률 관계식이 만족되는 응력과 변형률 및 변위 분포를 알아내는 것이다. 따라서 탄성론에서 사용되는 일반화된 방정식들을 기술하면 다음과 같다.

- 하중-응력 평형조건(평형방정식)

$$\frac{\partial \sigma_x}{\partial x} + \frac{\partial \tau_{yx}}{\partial y} + \frac{\partial \tau_{zx}}{\partial z} + f_x = 0$$

$$\frac{\partial \tau_{xy}}{\partial x} + \frac{\partial \sigma_y}{\partial y} + \frac{\partial \tau_{zy}}{\partial z} + f_y = 0 \tag{2-16}$$

$$\frac{\partial \tau_{xz}}{\partial x} + \frac{\partial \tau_{yz}}{\partial y} + \frac{\partial \sigma_z}{\partial z} + f_z = 0$$

물체의 표면에서 응력은 외력과 평형을 이루어야 하고, 물체의 내부에서 응력은 상기 평형방정식을 만족하여야 한다. 여기에서 f_x, f_y, f_z는 체적 전체에 걸쳐 분포되는 단위체적당 체력(body force)을 나타낸다.

- 변형률-변위 관계식 (변형의 적합조건)

$$\epsilon_x = \frac{\partial u}{\partial x}$$

$$\epsilon_y = \frac{\partial v}{\partial y}$$

$$\epsilon_z = \frac{\partial w}{\partial z} \tag{2-17}$$

$$r_{xy} = \frac{\partial v}{\partial x} + \frac{\partial u}{\partial y}$$

$$r_{yz} = \frac{\partial w}{\partial y} + \frac{\partial v}{\partial z}$$

$$r_{zx} = \frac{\partial u}{\partial z} + \frac{\partial w}{\partial x}$$

변위는 기하학적 경계조건을 만족하여야 하며, 변형률 성분과 함께 물체 내에서 연속함수를 가져야 한다. 이것을 변형의 적합조건 또는 기하학적 적합조건이라고도 말한다. 여기에서 u, v, w는 각각 x, y, z 방향의 변위성분을 나타낸다. 이것은 앞의 식 (2-4)에서도 동일하게 언급하였다. 다만 식 (2-4)에서는 편미분기호를 사용하지 않았다.

- 응력-변형률 관계식

$$\epsilon_x = \frac{1}{E}\left[\sigma_x - \nu(\sigma_y + \sigma_z)\right]$$

$$\epsilon_y = \frac{1}{E}\left[\sigma_y - \nu(\sigma_x + \sigma_z)\right]$$

$$\epsilon_z = \frac{1}{E}\left[\sigma_z - \nu\left(\sigma_x + \sigma_y\right)\right]$$

$$\gamma_{xy} = \frac{\tau_{xy}}{G}$$

$$\gamma_{yz} = \frac{\tau_{yz}}{G}$$

$$\gamma_{zx} = \frac{\tau_{zx}}{G}$$

(2-18)

식 (2-16), (2-17), (2-18)은 탄성론을 구성하는 기본방정식이다. 여기에는 우리가 알아 내야 할 미지수로 6개의 응력성분, 6개의 변형률 성분, 3개의 변위성분이 포함되어 있어 모두 15개의 미지수가 있다. 이것들은 탄성론이나 재료역학의 목적에 비추어 우리가 알 아내야 할 모든 미지수임을 이해할 것이다. 또한 식 (2-16), (2-17), (2-18)은 총 15개의 방 정식 (미분방정식)으로 표현되어 있다. 따라서 물체 내의 임의점에서 15개의 미지수에 대하여 상기 15개의 방정식으로 주어진 경계조건을 만족시키는 해가 존재하기만 한다 면[5] 우리는 모든 탄성문제를 여기에 귀속시킬 수 있게 된다.

---

5) S. Timoshenko and J. N. Goodier, *Theory of elasticity*, 3d ed., p. 269, McGraw-Hill Book Company, New York, 1970.

01 응력(stress), 수직응력(normal stress), 전단응력(shear stress)의 정의를 간단히 서술하라.

02 단면적이 $20\,\mathrm{cm}^2$인 원형 단면봉에 $1000\,\mathrm{kgf}$의 인장하중이 작용하면, 이 봉의 길이 방향에 수직한 면에 발생하는 수직응력은 얼마인가? (중력단위계에서 많이 사용되는 $\mathrm{kgf/mm}^2$ 단위로 표현하라.)

03 어떤 구조물에 하중이 작용하여 다음과 같은 응력이 발생하였다. 좌표계상의 요소 위에 응력을 표시하라.

(a) $\sigma_x = 2\,\mathrm{MPa}$, $\sigma_y = -3\,\mathrm{MPa}$, $\tau_{xy} = 3\,\mathrm{MPa}$

(b) $\sigma_x = 1\,\mathrm{MPa}$, $\sigma_y = 2\,\mathrm{MPa}$, $\tau_{xy} = -1\,\mathrm{MPa}$

04 길이 $L = 10\,\mathrm{cm}$인 균일 단면봉이 인장하중을 받아 전체 길이가 $L' = 10.5\,\mathrm{cm}$가 되었다. 봉의 수직변형률은 얼마인가?

05 길이가 L인 균일 단면봉을 압축시켰을 때 변형 후의 길이가 $L' = 10\,\mathrm{cm}$가 되었다. 변형률이 $\epsilon = 0.01$이라 할 때, 변형 전의 길이 L을 구하라.

06 단면적 $A = 5\,\mathrm{cm}^2$인 재료에 대한 재료시험을 수행하여, 인장하중이 $10{,}000\,\mathrm{N}$일 때 최초의 길이 $L = 10\,\mathrm{cm}$가 $L' = 10.1\,\mathrm{cm}$로 되었다. 응력 σ, 변형률 ϵ, 종탄성계수 E를 구하라.

07 길이 $L = 10\,\mathrm{cm}$, 지름 $d = 1\,\mathrm{cm}$인 균일 단면봉에 인장하중이 가해져 길이가 $L' = 10.5\,\mathrm{cm}$가 되고 지름은 $d' = 0.99\,\mathrm{cm}$로 수축되었다. 푸아송비 ν를 구하라.

08 단면적이 $5\,\mathrm{cm}^2$인 재료에 $10{,}000\,\mathrm{N}$의 전단하중이 작용하고 있을 때 전단변형률 γ를 구하라.(단, 횡탄성계수 $G = 100\,\mathrm{MPa}$)

09 푸아송비는 재료가 인장/압축 하중을 받을 때, 재료의 길이 방향 변형률(ϵ_x)과 단면의 가로/세로 방향 변형률(ϵ_y, ϵ_z)의 비를 나타낸다. 재료가 균질(homogeneous)이고 등방성(isotropic)이면 $\epsilon_y = \epsilon_z$이고, 일반적인 재료의 푸아송비는 $0 < \nu < 0.5$이며, 보통의 재료는 $0.25 < \nu < 0.35$의 값을 갖는다. 그렇다면 이론적으로 $\nu = 0$, $\nu = 0.5$, $\nu > 0.5$는 무엇을 의미하는가?

10 탄성체의 변형을 기술함에 있어서 종탄성계수 E와 횡탄성계수 G 중 하나의 값과 푸아송비 ν로 표현 가능하다고 하였다. 이때,

(i) 수직응력 σ, 종탄성계수 E, 종변형률 ϵ의 관계식,

(ii) 전단응력 τ, 횡탄성계수 G, 전단변형률 γ의 관계식을 기술하고,

(iii) 횡탄성계수 G를 종탄성계수 E와 푸아송비 ν로 표현하라.

11 3차원 공간에서의 Hooke의 법칙을 기술하라.(응력-변형률의 선형관계식)

12 항복강도 $\sigma_y = 200\,\text{MPa}$, 극한강도(인장강도) $\sigma_u = 400\,\text{MPa}$인 구조용강이 있을 때, 안전율 $S = 5$로 하고 항복강도와 극한강도를 설계기준으로 했을 때, 각각의 허용응력은 얼마인가?

13 응력집중(stress concentration)에 관하여 간략히 기술하라.

14 부피가 $V = 10\,\text{cm}^3$인 균일한 단면봉이 x축 방향으로 $\sigma = 10\,\text{MPa}$의 인장응력을 받고 있다. 푸아송비 $\nu = 0.3$, 종탄성계수 $E = 10,000\,\text{MPa}$일 때 변형 후의 체적 V'을 구하라.

15 단면적 $A = 10\,\text{cm}^2$, 시편의 길이 $L = 10\,\text{cm}$인 균일한 단면봉이 인장하중을 받을 때, 변형 후의 체적은 얼마인가? (단, 푸아송비 $\nu = 0.3$, 수직변형률 $\epsilon = 0.001$)

16 그림에서 외력 F가 작용할 때, 봉에 발생하는 전단응력(N/cm^2)은 얼마인가? [d_1=20 mm, d_2=30 mm]

① 0.04 F

② 0.05 F

③ 0.06 F

④ 0.08 F

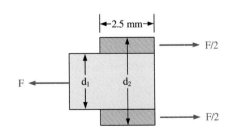

17 그림에서 단면 4 cm×6 cm를 갖는 재료가 압축 하중을 받을 때, 사용응력을 허용응력의 52 %로 한다면 안전율은 얼마인가?

$[\sigma_u = 400 \ \text{kgf/cm}^2]$

① 4

② 5

③ 6

④ 7

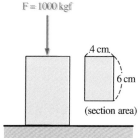

F = 1000 kgf

4 cm
6 cm
(section area)

18 푸와송비가 0.2인 균일한 인장응력 $\sigma = 200 \ \text{N/cm}^2$을 받고 있는 재료의 단위체적당 체적변화율은 얼마인가? $[E = 2.0 \times 10^5 \ \text{N/cm}^2]$

① 5×10^{-4}　　　② 6×10^{-4}　　　③ 7×10^{-4}　　　④ 8×10^{-4}

19 그림에서 중공 부재에 인장 하중 F가 작용하고 있다. 이 부재의 항복응력이 40 kgf/mm^2 일 때 견딜 수 있는 최대 하중 F는 얼마인가? [d_1=2 mm, d_2=3 mm]

① 1046 kgf

② 254 kgf

③ 157 kgf

④ 68 kgf

F　d_1　d_2　F

20 다음 그림에서 하중 100 N를 받을 때, 늘어난 길이는 얼마인가?

[d_1=8 cm, d_2=6 cm, $E = 1.8 \times 10^5 \ \text{N/cm}^2$]

① 0.001 cm

② 0.002 cm

③ 0.003 cm

④ 0.004 cm

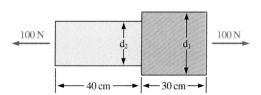

100 N　d_2　d_1　100 N

40 cm　30 cm

21 전단하중 2000 kgf를 받는 부재의 지름이 1.8 cm이다. 이 부재의 가로 탄성계수 G 가 8.77×10^5 kgf/cm²일 때, 전단변형률은 얼마인가?

① 0.00032 rad ② 0.00059 rad ③ 0.00063 rad ④ 0.00089 rad

22 단면적이 A = 100 cm², 길이가 L = 10 cm인 봉에 압축 하중을 가했을 때 변형 후의 체적은 얼마인가? [$\epsilon = 0.003$, $\nu = 0.29$]

① 1004.26 cm³ ② 1001.26 cm³ ③ 998.26 cm³ ④ 996.26 cm³

23 그림에서 이 재료의 푸아송비는 얼마인가?

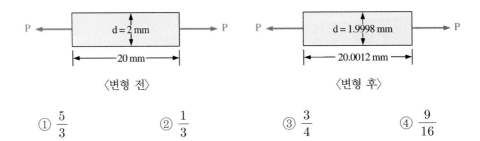

① $\dfrac{5}{3}$ ② $\dfrac{1}{3}$ ③ $\dfrac{3}{4}$ ④ $\dfrac{9}{16}$

24 어느 한 점에 40 N의 수평력과 60 N의 수직력이 작용할 때, 합력의 크기와 평형을 이루는 힘은 얼마인가?

① -52.11 N ② 62.11 N ③ -72.11 N ④ 82.11 N

25 다음 그림에서 원형 핀으로 연결된 두 사각형 구조물에 축하중 F=100 N을 받을 때, 핀의 전단응력은 얼마인가? [d_1=12 mm, L_1=4 mm, L_2=8 mm]

① 98.7 KN/m²

② 110.6 KN/m²

③ 150.2 KN/m²

④ 147.4 KN/m²

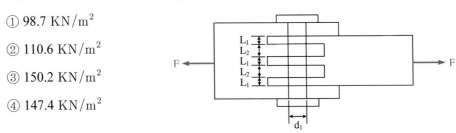

26 그림에서 힘 P가 작용하여 응력 30 Pa이 A에 작용하여 B에 70 %의 힘이 전달된다. C에 걸리는 전단응력은 얼마인가?

[d_1=20 cm, d_2=15 cm, L=18 cm]

① 12.76 Pa   ② 10.76 Pa

③ 9.76 Pa   ④ 7.76 Pa

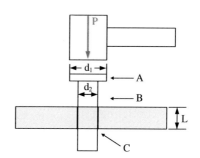

27 그림에서 하중 P가 200 N이 작용할 때 단면 A와 B에 걸리는 수직응력과 전단응력은 얼마인가?

[d_1=30 cm, d_2=20 cm, L=12 cm]

① 7083 Pa, 1668 Pa

② 6293 Pa, 2764 Pa

③ 5093 Pa, 1768 Pa

④ 5083 Pa, 1266 Pa

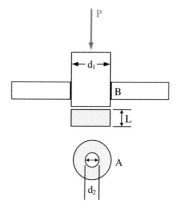

28 그림에서 축하중이 300 N이 작용할 때, 용접된 부위에 걸리는 허용응력은 수직 방향으로 180 Pa과 전단 방향으로 90 Pa이다. 하중을 견딜 수 있는 부재의 최소 직경은 얼마인가?

① 0.892 m

② 0.889 m

③ 0.859 m

④ 0.839 m

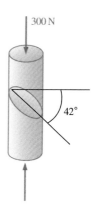

29 그림에서 축하중 P=500 N을 봉에 걸었더니 변형이 생겼다. 늘어난 길이는 얼마인가?

[d=20 mm, L=16 m, $E = 2.3 \times 10^6$ N/mm²]

① 0.011 mm   ② 0.11 mm

③ 1.1 mm   ④ 11.1 mm

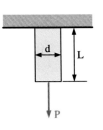

30 그림에서 길이가 6 m이고 단면적이 4 cm² 인 부재에 하중을 가하였다. 길이가 6.03 m 늘어났다면 변형률은 얼마인가?

① 0.005   ② 0.025

③ 0.01   ④ 0.001

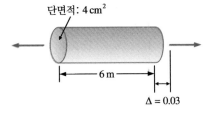

Material Mechanics

Chapter 03

인장/압축 하중

3.1 서론

이 장에서는 재료역학에서 가장 기본적인 해석에 해당되는 인장/압축 하중이 작용하는 부재의 해석을 다루게 된다. 인장/압축 하중이 작용하는 실제 부재는 다양하게 있을 수 있지만 재료역학 입문서에서 전형적으로 취급하는 것은 일축 방향 인장/압축과 2축 방향 인장/압축 문제를 들 수 있다. 그중에서도 긴 축 방향 부재에 작용하는 일축 방향 인장/압축 하중문제와 얇은 압력용기와 같은 부재에 작용하는 이축 방향 인장/압축 문제가 전형적인 대상이다. 이 책에서는 이 두 가지 경우에 대하여 그림 2-34의 재료역학 해석과정 2단계에 따라 기술해 나갈 것이다. 즉 해석대상에 따른 1단계의 관계식 유도과정을 먼저 기술하고, 예제를 통하여 2단계의 관계식 활용과정을 살펴보게 될 것이다. 여러분들은 그림 2-34의 재료역학 해석과정이 이 책의 여러 장에서 서술 지침으로 사용되는 것을 보게 될 것이며, 이 장에서 그 중요성과 효용성을 처음 접하게 될 것이다. 여러분들이 3장을 공부하고 난 뒤에 기본적으로 알아야 할 중요한 점들은 다음과 같다.

- 긴 부재에 작용하는 일축 방향 인장/압축 하중 관계식 유도과정 및 유도된 관계식
- 관계식 활용방법
- 열응력의 개념
- 강성(stiffness)의 개념과 일축 방향 부재에서 산출방법
- 얇은 압력용기에 작용하는 이축 방향 인장/압축 하중 관계식 유도과정 및 유도된 관계식
- 관계식 활용 예(원통 압력 용기)

3.2.1 하중과 형상에 따른 모델링

그림 3-1과 같은 긴 부재에 길이 방향으로 인장/압축 하중이 작용할 때 다음과 같은 가정을 생각할 수 있다. 길이 방향으로 긴 부재의 형상에 인장/압축 하중이 작용하는 경우에는 부재의 단면 모양(삼각형, 사각형, 원형, 기타)에 관계없이 그림 3-1과 같이 모델링할 수 있으며, 다음과 같이 해석할 수 있다.

가정 ① 하중 P는 단면의 도심에 작용하고, 끝단에서 얼마만큼 떨어진 곳부터는 응력이 균일하게 분포된다.

② 단면의 가로 방향, 세로 방향 변형은 푸아송비에만 의존하고, 하중에 의해 직접적으로 발생하는 변형은 길이 방향만 존재한다.

③ 수직응력은 길이 방향 응력만을 고려하고, 단면의 가로 방향, 세로 방향 응력은 무시한다.

그림 3-1

3.2.2 변형률-변위 관계식 (기하학적 변형의 적합성)

직교좌표계를 사용하고 앞의 가정을 도입하면 그림 3-2와 같은 일축 방향으로의 기하학적 변형을 생각할 수 있다.

하중이 서로 도심에 작용한다는 가정에서 전단이 일어나지 않으므로 $\gamma_{xy} = \gamma_{yz} = \gamma_{zx} = 0$ 이 된다. 그리고 단면의 가로 방향, 세로 방향 변형은 푸아송비 ν에만 의존하므로 하중에 의한 기하학적 변형의 적합성에 의한 변형률은 길이 방향 변형률 ϵ_x 1개만 고려 대상이 된다. 따라서 그림 3-2에서 길이 방향 변형률 ϵ_x는 식 (2-3)에 의해 다음과 같이 된다.

$$\epsilon_x = \frac{\delta}{L} \tag{3-1}$$

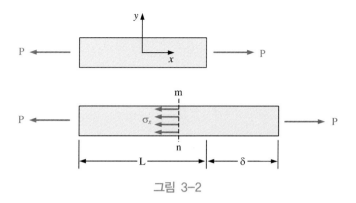

그림 3-2

3.2.3 응력-변형률 관계식

앞의 가정에서 단면의 가로 방향, 세로 방향 응력을 무시한다고 하였으므로 $\sigma_y = \sigma_z = 0$ 이 된다. 그리고 변형률에서 전단변형률 $\gamma_{xy} = \gamma_{yz} = \gamma_{zx} = 0$이므로 식 (2-10)의 응력-변형률 관계식에 의해 전단응력 또한 $\tau_{xy} = \tau_{yz} = \tau_{zx} = 0$ 이 된다. 따라서 이들($\sigma_y = \sigma_z = \tau_{xy} = \tau_{yz} = \tau_{zx} = 0$)을 응력-변형률 관계식[식 (2-10)]에 대입하면 길이 방향 응력-변형률에 대한 관계식이 다음과 같이 간략화된다.

$$\sigma_x = E\,\epsilon_x \qquad\qquad (3\text{-}2)$$

이것은 식 (2-12)에서 x 방향 한 방향의 응력-변형률 관계식을 나타내는 것이다. 여기서 E는 종탄성계수를 말한다.

3.2.4 하중-응력 관계식 (하중-응력 평형조건의 적용)

그림 3-2에서와 같이 부재에 하중이 작용하면, 그 하중은 재료를 변형시키려는 작용을 하여 부재 내부로 골고루 퍼지게 된다. 이렇게 퍼진 응력은 재료를 어느 정도 변형시키면 한계에 다다르고 변형을 멈추게 된다. 이 상태를 평형상태라 하며, 임의 단면에서 재료 내부에 퍼진 응력을 방향에 따라 모두 모으면 그 단면에서 발생된 내력(internal forces)과 평형을 이루어야 하고, 내력은 다시 외부에서 가한 하중과 평형을 이루어야 한다. 이 조건을 하중-응력 평형조건이라 하며, 앞으로 재료역학에서 하중-응력관계식을 유도하는 데 사용되는 중요한 조건이 된다. 그림 2-35의 하중-응력 관계식 개요도를 참조하기 바란다.

재료가 변형을 하여 평형에 이른 뒤의 임의 단면인 mn 단면을 자르면 그림 3-3과 같이 나타낼 수 있다. 여기에서 mn 단면에 발생한 내력은 외부하중 P와 같고, 부재 전체에 걸쳐 동일한 값을 갖는다는 것을 직관적으로 알 수 있을 것이다. 물론 그림 3-3(b)에 평형방정식[식 (1-30) 또는 식 (1-31)]을 사용하여 다음과 같이 내력을 산출할 수 있지만, 이와 같이 간단한 경우에 그 결과는 직관적인 검토 결과와 같다.

- 외력과 내력의 평형조건

$$\Sigma\, F_x = P - F_i = 0 \qquad\qquad (3\text{-}3)$$

$$\therefore \quad F_i = P$$

단면적 A에 고르게 퍼져 있는 응력 σ_x를 모두 모으면 내력 F_i와 같아야 하는 것이 내력과 응력의 평형조건이다. 이 경우에는 응력 σ_x가 단면 전체에 걸쳐 균일하게 분포되어 있으므로 다음과 같이 기술할 수 있다.

- 내력과 응력의 평형조건

$$\sigma_x \cdot A = F_i \qquad\qquad (3\text{-}4)$$

외력과 내력의 평형조건[식 (3-3)]을 내력과 응력의 평형조건[식 (3-4)]에 대입하면 응력과 외력과의 관계를 다음과 같이 얻을 수 있다. 이것은 응력과 외부하중을 대수함수로 직접 맺어주는 간편한 관계식이 되는 것이다.

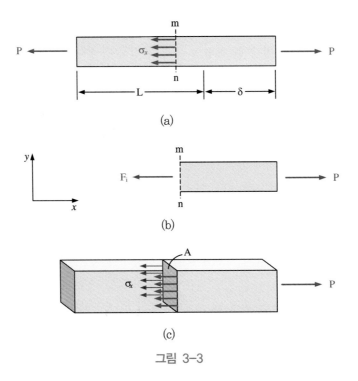

그림 3-3

- 응력과 외력과의 관계

$$\sigma_x = \frac{F_i}{A} = \frac{P}{A} \tag{3-5}$$

3.2.5 하중-변위 관계식

변형률-변위 관계식 (3-1)을 응력-변형률 관계식 (3-2)에 대입하면 응력-변위의 관계식을 다음과 같이 얻는다.

$$\sigma_x = E \cdot \epsilon_x = E \cdot \frac{\delta}{L} \tag{3-6}$$

응력-변위 관계식 (3-6)을 하중-응력 관계식 (3-5)에 대입하면 하중-변위 관계식을 다음과 같이 얻는다.

$$\delta = \frac{P\,L}{E\,A} \tag{3-7}$$

예제 3-1 균일 단면봉이 그림과 같이 두 가지의 재료로 만들어졌다. 단면적은 균일하게 A를 갖고, 영률계수는 각각 E_1, E_2를 가질 때 압축 하중 P에서 전체 봉의 변형된 길이를 구하라. 그리고 각 봉에 발생하는 응력, 변형률은 각각 얼마인가?

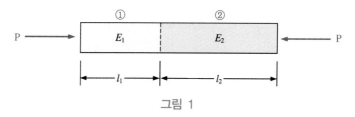

그림 1

[풀이] ① 문제 정의: 예제 3-1에 이미 잘 정의되어 있지만 다음과 같이 간략히 정리할 수 있다.

주어진 물리량: 외부하중(P), 치수(A, l_1, l_2), 물성치(E_1, E_2)

구하려는 물리량: 봉 각각에 발생하는 응력(σ_1, σ_2), 변위(δ_1, δ_2), 변형률(ϵ_1, ϵ_2)

② 자유물체도 표현: 그림 1에 표현되어 있음

③ 미지외력 산출: 외력이 모두 주어졌고 미지외력이 없음

④ 부재 내력 산출: 외부하중에 의해 부재 내부에 전파된 내력(힘, 모멘트)이 얼마인지를 평형조건을 이용하여 알아내는 것이 해석에 있어서 중요한 일이다. 이 경우에는

봉 ①, 봉 ②의 어느 단면에 대하여도 하중 P가 작용함을 알 수 있다(3.2.4절 참조).

그림 2

⑤ 관계식 사용 해석:

(i) 하중-응력 관계식 $\sigma = \dfrac{P}{A}$ 에서 봉 ①, ② 단면적이 모두 A이므로 각 봉의 응력

은 $\sigma_1 = \sigma_2 = \dfrac{P}{A}$ 로 같아야 한다.

(ii) 응력-변형률 관계식 $\sigma = E\epsilon$ 에서

$$\epsilon_1 = \frac{\sigma_1}{E_1} = \frac{1}{E_1}\frac{P}{A} = \frac{P}{E_1 A}$$

$$\epsilon_2 = \frac{\sigma_2}{E_2} = \frac{1}{E_2}\frac{P}{A} = \frac{P}{E_2 A}$$

(iii) 하중-변위 관계식 $\delta = \dfrac{PL}{EA}$ 에서 $\delta_1 = \dfrac{Pl_1}{E_1 A}$, $\delta_2 = \dfrac{Pl_2}{E_2 A}$ 이므로

총 변위 $\delta = \delta_1 + \delta_2 = \dfrac{Pl_1}{E_1 A} + \dfrac{Pl_2}{E_2 A}$

예제 3-2   그림 1과 같은 원통 부재가 두 개의 서로 다른 재질로 끼워 맞춤되어 있다. 단면적은 각각 A_1, A_2이고, 영률계수는 E_1, E_2이다. 외부하중 P를 받고 있으며 원통 부재의 길이는 l이다. 각각의 원통이 받는 응력, 변형률, 변위를 구하라.

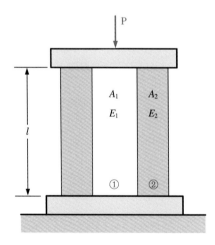

그림 1

[풀이]   ① 문제 정의:

주어진 물리량: 외부하중(P), 치수(l, A_1, A_2), 물성치(E_1, E_2)

구하려는 물리량: 부재 각각에 발생하는 응력(σ_1, σ_2), 변형률(ϵ_1, ϵ_2), 변위(δ_1, δ_2)

② 자유물체도 표현:

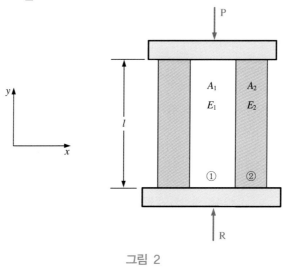

그림 2

③ 미지외력 산출: 그림 2에서 평형조건을 이용하여 다음과 같이 산출한다.

$$\Sigma F_y = R - P = 0$$

$$R = P$$

④ 부재 내력 산출: 외부하중이 ①, ② 부재 각각에 전파된 힘을 P_1, P_2라 하면 하중 평형조건에 의해

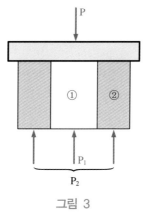

그림 3

$$P = P_1 + P_2 \qquad (1)$$

P_1, P_2를 알면 곧바로 각 부재에 대하여 하중-응력, 하중-변위, 응력-변형률 관계식을 적용하여 각 부재의 응력, 변형률, 변위를 구할 수가 있다. 그러나 P_1, P_2를 여기에서 곧바로 알 수가 없으므로 P_1, P_2를 알아내기 위한 조건식 (P_1, P_2가 포함된)이 평형조건식 (1) 이외에 하나 더 필요하다. 어떤 조건을 찾아낼 수 있을까? 일단 주어진 문제의 형상에서 ①, ② 부재의 변위가 달라질 수 없음을 알 수 있다.

이것을 변형의 적합조건이라 하고 다음과 같이 된다.

$$\delta_1 = \delta_2 \tag{2}$$

하중-변위 관계식에서

$$\delta_1 = \frac{P_1 l}{E_1 A_1}, \ \ \delta_2 = \frac{P_2 l}{E_2 A_2} \ \ \text{이므로}$$

식 (2)에 대입하여 식 (1)과 연립한다.

$$P = P_1 + P_2 \tag{1}'$$

$$\frac{P_1 l}{E_1 A_1} = \frac{P_2 l}{E_2 A_2} \tag{2}'$$

식 (1)', (2)'을 연립하여 P_1, P_2를 구하면

$$P_1 = \frac{E_1 A_1}{E_1 A_1 + E_2 A_2} P$$

$$P_2 = \frac{E_2 A_2}{E_1 A_1 + E_2 A_2} P$$

⑤ 관계식 사용 해석: 이제 하중-응력, 하중-변위, 응력-변형률 관계식을 이용하여 각 부재의 응력, 변형률, 변위를 구할 수 있다.

(i) 하중-응력 관계식에서 응력

$$\sigma_1 = \frac{P_1}{A_1} = \frac{E_1}{E_1 A_1 + E_2 A_2} P$$

$$\sigma_2 = \frac{P_2}{A_2} = \frac{E_2}{E_1 A_1 + E_2 A_2} P$$

(ii) 응력-변형률 관계식에서 변형률

실제로 이 문제에서는 변형률은 변위의 경우에서와 마찬가지로 ϵ_1, ϵ_2가 동일한 값을 갖는다는 것을 변형의 적합조건에서 알 수 있다.

$$\epsilon_1 = \frac{\sigma_1}{E_1} = \frac{P}{E_1 A_1 + E_2 A_2} = \frac{\sigma_2}{E_2} = \epsilon_2$$

(iii) 하중-변위 관계식에서 변위

$$\delta_1 = \frac{P_1 l}{E_1 A_1} = \frac{Pl}{E_1 A_1 + E_2 A_2} = \frac{P_2 l}{E_2 A_2} = \delta_2$$

예제 3-3   그림과 같은 부재가 천장에 매달려 있다. 봉 끝에서 x만큼 떨어진 부분 dx 부위에 발생하는 응력, 변형률, 변위를 구하라. 또한 봉 전체가 늘어난 전체 변위 δ를 구하라. 봉에는 외부하중이 가해지지 않고 자중만 작용하고, 단위체적당 중량(비중)은 γ이다. 봉의 단면적은 A이고 영률계수는 E이다.

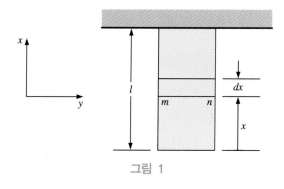

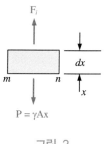

그림 1

그림 2

[풀이] ① 문제 정의:

주어진 물리량: 치수(A, l), 물성치(E), 단위체적당 자중(γ)

구하려는 물리량: 봉의 임의 위치에서 응력(σ_x), 변형률(ϵ_x), 변위(dδ), 봉의 전체 변위(δ)

② 자유물체도 표현: 그림 1

③ 미지외력 산출: 외력이 자중으로 주어져 위치에 따라 외력이 달라짐(그림 2).

따라서 먼저 임의 위치 x의 mn 단면에 작용하는 하중을 구하여야 한다. 그림에서 x 위치 mn 단면에서 자중 γAx가 곧 인장하중이므로 외력 P는

$$P = \gamma Ax$$

④ 부재 내력 산출: 부재 내력도 위치에 따라 달라진다(x의 함수). 그림 2에서 평형 조건을 적용하면

$$\Sigma F_x = F_i - P = F_i - \gamma Ax = 0$$
$$F_i = \gamma Ax$$

⑤ 관계식 사용 해석:

(i) 하중-응력 관계식에서

$$\sigma_x = \frac{P}{A} = \frac{\gamma Ax}{A} = \gamma x$$

(ii) 응력-변형률 관계식에서

$$\epsilon_x = \frac{\sigma}{E} = \frac{\gamma x}{E}$$

(iii) 하중-변위 관계식 $\delta = \dfrac{Pl}{EA}$ 에서 그림의 미소요소 dx의 변형량 dδ는

P = γAx, l = dx이므로

$$d\delta = \frac{\gamma A x \, dx}{EA} = \frac{\gamma x \, dx}{E}$$

(iv) 봉의 전체 길이에 대한 전체 변위 δ는 봉 전체 길이에 대하여 적분

$$\delta = \int_0^l d\delta$$

$$= \int_0^l \frac{\gamma x \, dx}{E}$$

$$= \frac{\gamma \cdot l^2}{2E}$$

$$또는 = \frac{Wl}{2EA} \left(\frac{\gamma Al \cdot l}{2EA} = \frac{Wl}{2EA}, \ W = \gamma Al \right)$$

3.2.6 기타 응용

1) 열변형률과 열응력

재료가 균질(homogeneous)이고, 등방성(isotropic)이면 온도 변화에 따라 그림 3-4와 같이 모든 방향으로 균일한 변형률을 보이게 된다. 이것을 열변형률(thermal strain)이라 하며, ε_T로 다음과 같이 기술한다.

$$\epsilon_t = \alpha (T_2 - T_1) \tag{3-8}$$

여기서 α는 열팽창계수(coefficient of thermal expansion)라 부르며, 모든 방향으로 동일한 값을 갖는다. T_2는 나중온도, T_1은 처음온도를 나타내어 온도 변화량이 양 또는 음으로 표현된다. 보통의 재료들은 온도가 올라가면 양의 변형률로 부재가 늘어나고, 온도가 내려가면 음의 변형률로 부재가 수축한다.

이때 부재가 수축하고 늘어나는 변위는 열변형률에 알고자 하는 방향으로의 부재 길이를 곱하면 된다. 열변형률은 균질, 등방성 재료에서 모든 방향에 대해 하나의 값을 갖기 때문이며 다음과 같다.

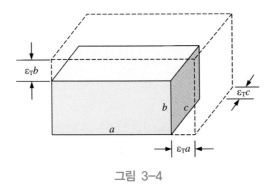

그림 3-4

$$\delta = \epsilon_T \cdot l \qquad\qquad (3\text{-}9)$$
$$= \alpha l \,(T_2 - T_1)$$

열변형률에 의하여 변형이 생기려 할 때 외부의 구속에 의하여 변형이 저지되면 재료 내부에는 응력이 발생한다. 이것을 열응력(thermal stress)이라 하며, 겉보기에는 변형(변위, 변형률)이 없어 보이지만 실제로 잠재적 변형(변위, 변형률)을 갖고 있어서 이것이 응력을 유발시킨다. 즉 구속이 없을 때 온도 상승에 의해 자유롭게 팽창되어 있을 변형을 외부하중(구속반력)으로 강제로 압축시켜 겉보기 팽창이 없어진 경우에는 압축응력이 발생한다. 반대로 온도가 떨어져서 처음보다 수축되어 있을 변형을 외부하중(구속반력)으로 인장시켜 겉보기 수축이 없어진 경우에는 인장응력이 발생한다. 이와 같은 열응력은 구속이 있을 때에만 발생하며 모든 방향으로 열변형률이 같으므로 일축 방향 인장/압축에서의 응력-변형률 관계에 따라 다음과 같다.

$$\sigma = E\epsilon_T = E\alpha\,(T_2 - T_1) \qquad\qquad (3\text{-}10)$$

예제 3-4 그림과 같이 사각봉이 양단에 고정되어 있다. 온도를 T_1에서 T_2로 변화시켰을 때 양단 지점에서 x 방향으로 봉에 작용하는 힘, 봉 내부에 발생하는 x 방향 열응력을 구하라. 단, 선팽창계수는 α, 영률계수는 E, 단면적은 A이다.

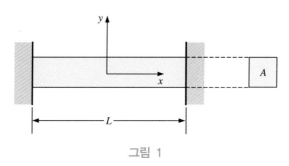

그림 1

[풀이]   ① 문제 정의:
주어진 물리량: 치수(L, A), 물성치(E, α), 온도 변화(T_1, T_2)
구하려는 물리량: 하중(P), 열변형률(ϵ_T), 열변형량(δ), 열응력(σ)
② 자유물체도 표현: 그림 1
③ 미지외력 산출: 관계식 사용에서 구함.
④ 부재 내력 산출: 관계식 사용에서 구함.
⑤ 관계식 사용 해석:
(i) 열변형률
$$\epsilon_T = \alpha\,(T_2 - T_1)$$

(ii) 열변형량

$$\delta = L\,\epsilon_T = L\,\alpha\,(T_2 - T_1)$$

(iii) 열응력

응력–변형률 관계식에서 열응력은 다음과 같이 계산된다.

$$\sigma = E\,\epsilon_T = E\,\alpha\,(T_2 - T_1)$$

양단에서 모든 방향으로 구속되어 있으므로, 양단에서는 x, y, z 세 방향 모두 열응력이 발생한다. 그러나 이 문제에서는 x 방향 응력만 고려하므로

$$\sigma_x = E\,\epsilon_T = E\,\alpha\,(T_2 - T_1)$$

(iv) 하중–응력 관계식에서 양단 지점에 x 방향 외력은 다음과 같이 구할 수 있다. 그리고 부재 내력은 이 외력과 동일하다.

$$\sigma = \frac{P}{A}$$
$$P = A\sigma_x = AE\alpha\,(T_2 - T_1)$$

$T_2 > T_1$일 때 압축하중   P → [   ] ← P

$T_2 < T_1$일 때 인장하중   P ← [   ] → P

이와 같은 열응력 문제는 ③ 미지외력 산출, ④ 부재 내력을 산출하여 응력, 변형률, 변위를 구하는 순서가 아니라 관계식을 이용하여 먼저 열변형률, 열변형량, 열응력을 구한다. 그리고 이것에 근거하여 외력을 구하는 순서가 된다.

2) 얇은 링

그림 3-5와 같이 반경 방향으로 균일한 분포하중을 받는 얇은 원형링을 생각해보자. 링의 단면적 A가 일정하고 링의 반경 방향으로의 두께 t가 반경 r에 비하여 작다고 가정하면, 이와 같은 유형의 문제는 원주 방향으로 균일한 응력과 변형률을 유발하는 일축 방향 인장/압축 하중 문제로 귀속시킬 수 있다. 따라서 일축 방향 인장/압축 하중의 1단계 관계식 유도과정에서 유도된 관계식들을 그대로 활용하면 된다. 그러므로 이 문제는 2단계 관계식 활용과정에 포함시켜, 예제로 취급하는 것이 이 책의 구성상 어쩌면 더 타당한 서술방법일 수 있다. 그럼에도 불구하고 이 문제를 3.2.6절 기타 응용의 두 번째 항으로 넣어 기술하는 것은 반경 방향 분포하중과 원주 방향 내력과의 평형관계를 살펴보는 데 의미가 크기 때문이다. 이 고찰은 다음 절(3.3절), 이축 방향 인장/압축 하중의 관계식 유도과정에서 응용되기 때문에 미리 그 과정을 짚어볼 필요가 있다.

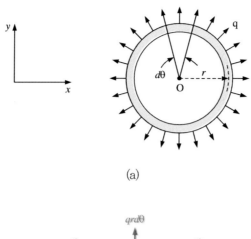

(a)

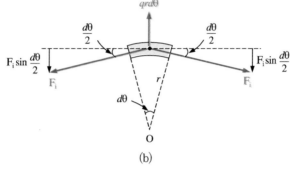

(b)

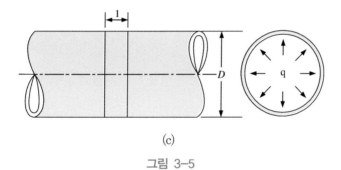

(c)

그림 3-5

따라서 이 문제는 예제 풀이와 같이 재료역학 해석과정 2단계인 관계식 활용과정의 순서에 맞추어 서술하도록 한다.

① **문제 정의:** 그림 3-5와 같이 반경 방향으로 균일한 분포하중 q(단위길이당 힘)를 받고 있는 원형 링이 있다. 반경 방향 분포하중과 원주 방향 내력과의 관계를 밝히고, 원주 방향 응력, 변형률, 변위를 구하라.

② **자유물체도 표현:** 그림 3-5(a) (외력은 선 분포하중 q)

③ **미지외력 산출:** 미지외력 없음.

④ 부재 내력 산출: 그림 3-5(b)의 미소요소에 평형조건을 적용하면

$$\Sigma\, F_y = qr\,d\theta - 2F_i \sin\frac{d\theta}{2} = 0 \qquad (3\text{-}11)$$

$d\theta$가 아주 작으면($d\theta \ll 1$) $\sin d\theta \fallingdotseq d\theta$이므로 식 (3-11)은 다음과 같이 정리할 수 있다.

$$qr\,d\theta - 2F_i\frac{d\theta}{2} = 0 \qquad (3\text{-}12)$$

$$F_i = qr$$

즉 외력 q에 의해 생기는 원주 방향 부재 내력 F_i는 식 (3-12)와 같은 관계식으로 표현된다는 뜻이다.

⑤ 관계식 사용 해석:

(i) 하중-응력 관계식

일축 방향 인장/압축 하중에서 부재 내력과 응력과의 관계식이 식 (3-5)와 같으므로 다음과 같이 응력과 외부하중을 직접 맺어주는 관계식을 얻을 수 있다.

$$\sigma = \frac{F_i}{A} = \frac{qr}{A}$$

$$또는\ \sigma A = F_i = qr \qquad (3\text{-}13)$$

$$\sigma = \frac{qr}{A}$$

(ii) 응력-변형률 관계식에서 원주 방향 변형률 ϵ_c는 다음과 같이 얻을 수 있다.

$$\sigma = E\,\epsilon_c \qquad (3\text{-}14)$$

$$\epsilon_c = \frac{\sigma}{E} = \frac{qr}{EA}$$

(iii) 변형률-변위 관계식에서 원주 방향 변위 δ_c는 다음과 같이 얻을 수 있다.

$$\epsilon_c = \frac{\delta_c}{L} \qquad (3\text{-}15)$$

$$\delta_c = L\,\epsilon_c = \pi\,D\,\epsilon_c = \pi\,D\frac{qr}{EA}$$

여기에서 반경 방향 변위 δ는

$$\delta_d = \frac{\delta_c}{\pi} \qquad (3\text{-}16)$$

의 관계가 있으므로

$$\delta_d = D\,\epsilon_c = D\,\epsilon_d$$

와 같이 된다. 식 (3-16)은 원주 방향 변형률과 반경 방향 변형률이 지름과 원주가 상수 π 의 비를 가지므로, $\epsilon_c = \epsilon_d$ 임을 나타낸다. 이 관계는 링의 수축과 팽창문제를 취급할 때 편리하게 사용될 수 있다.

예제 3-5 그림 1과 같은 얇은 링이 각속도 ω(rad/s)로 회전을 하고 있다. 단위길이당 질량이 m(kg/m)이라 할 때 회전각속도에 의해 유발되는 원주 방향 응력과 반경 방향 변위를 구하라. 단, 두께는 t이고, 링의 길이는 b이며, 영률계수는 E이다.

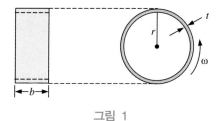

그림 1

[풀이] ① 문제 정의: 생략

② 자유물체도: 그림 1

③ 미지외력 산출: 각속도 ω에 의해 반경 방향으로 링에 작용하는 원심력이 외력이다. $F = Mr\omega^2$ 에서 질량 M 대신 단위길이당 질량 m을 대입하면 원심력은 단위길이당 힘으로 다음과 같이 산출된다.

$$q = m\,r\,\omega^2 \tag{1}$$

④ 부재 내력 산출: 식 (3-12)를 이용

$$F_i = qr$$
$$\quad = m\,r^2\,\omega^2$$

⑤ 관계식 사용:

(i) 하중–응력 관계식

$$\sigma = \frac{F_i}{A} \text{에서} \quad F_i = m\,r^2\,\omega^2, \ A = bt \tag{2}$$

$$\therefore \sigma = \frac{m\,r^2\,\omega^2}{bt}$$

(ii) 응력–변형률 관계식

$$\epsilon = \frac{\sigma}{E} = \frac{m\,r^2\,\omega^2}{Ebt} \tag{3}$$

(iii) 변형률–변위 관계식

$$\delta_{d} = D \cdot \epsilon$$

$$= 2r \cdot \frac{m\,r^2\omega^2}{Ebt} \tag{4}$$

이 문제는 응용예제의 한 경우에 불과하므로 여러분들이 주어진 문제의 데이터에 따라 응용할 수 있다. 그리고 실제 계산에서는 단위를 일치시키도록 주의하여야 한다.

3.3 이축 방향 인장/압축 하중

이축 방향으로 인장/압축 하중(biaxial tension and compression)이 작용하는 부재에 대한 문제는 주로 판 또는 셸 구조물에 작용하는 하중에 해당한다. 또한 이들의 해석도 일축 방향 하중의 경우처럼 하나의 간단한 대수함수로 표현되지 않으며, 2개 이상의 연립방정식을 다루어야 하는 형태를 취하게 되어 비교적 복잡한 문제에 해당한다. 일반적으로 논하면 판/셸 이론(plate and shell theory)을 적용하여야 하므로 재료역학의 범주를 벗어나는 내용이 될 수 있지만, 얇은 두께를 갖는 압력용기와 같이 특수한 경우에는 앞에서 기술한 재료역학적인 방법으로 해석이 가능하다. 특히 얇은 두께를 갖는 막 부재(membrane structure)에 서로 수직한 방향의 하중이 동시에 작용하는 문제가 이와 같은 경우에 해당되며, 고무풍선이나 얇은 압력용기가 대표적인 예이다.

3.3.1 하중과 형상에 따른 모델링

그림 3-6(a)와 같은 압력용기가 있다. 다음과 같은 가정이 적용될 수 있다면 우리는 이용기에 발생하는 응력을 막응력(membrane stresses)이라 부르고 간단한 평형조건으로 응력산출이 가능함을 볼 수 있을 것이다.

가정[1] ① 용기의 두께 t가 곡률반경에 비해 매우 작다.

$$(t/r_x,\ t/r_y \ll 1,\ \text{실제 응용에서 } t/r \leq \frac{1}{1000})$$

② 용기의 벽 두께에는 굽힘 저항이 없으며, 응력은 중립면에 접선 방향으로 벽두께 전체에 걸쳐 균일하게 작용하며, 중립면에 수직인 단면은 변형 후에도 유지된다.

③ 수직응력 σ_z와 변형률 ϵ_z, γ_{xz}, γ_{yz}는 무시한다.

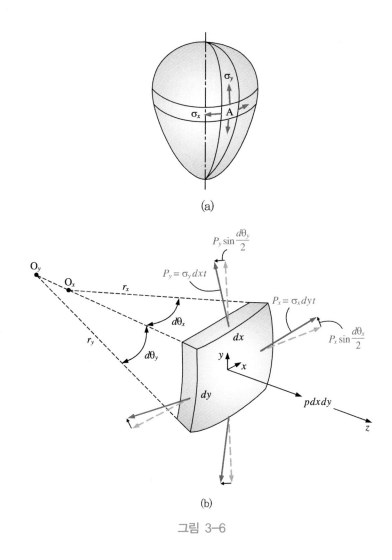

(a)

(b)

그림 3-6

3.3.2 하중-응력 평형조건

그림 2-34 재료역학 해석과정 중 1단계인 관계식 유도과정을 보면 관계식들의 간략화 (변형률-변위 관계식, 응력-변형률 관계식)와 하중-응력 평형조건의 적용순서로 기술되어 있음을 알 것이다. 그리고 3.2절의 일축 방향 인장/압축에서도 이와 같은 순서에 따라 서술하였음을 또한 알 수 있을 것이다. 그러나 여러분들이 방정식의 해법을 잘 이해하고 있다면 이들 두 항의 순서가 명시되어 있는 만큼의 큰 의미를 갖지 않음을 알 수 있을 것이다. 즉 2.7절의 탄성론의 해석방법에서처럼 변형률-변위 관계식, 응력-변형률 관계식,

---

1) A. C. UGUAL, *Stresses in Plates and Shells*, pp. 198, McGraw-Hill Book Company, 1981.

하중-응력 평형조건에서 유효한 관계식들만을 남겨놓고, 그들 중 미지항과 기지항의 관계식을 도출하는 것이 일반적인 해법이기 때문이다. 이들이 일축 방향 인장/압축과 같이 서로 독립되어 있다면 순서가 관계식 유도에 불편함을 초래하지는 않게 된다는 뜻이다. 따라서 이축 방향 인장/압축 하중의 경우에도 이들 관계식 유도가 독립적으로 가능하다. 하중-응력 평형조건에서 하중과 응력의 관계식을 먼저 유도하고 응력-변형률 관계식에서 변형률을 살펴본 다음, 변형률-변위 관계에서 변위를 살펴보는 순서를 택하여 기술하고자 한다. 그러나 이 장(인장/압축)과는 달리 4장 비틀림이나 7장의 굽힘에서와 같이, 하중-응력의 평형조건에서 곧바로 하중-응력의 관계식이 도출되지 않고 변형률-변위 관계식과 응력-변형률 관계식이 함께 사용되어 하중-응력 관계식이 도출되는 경우에는 그림 2-34의 관계식 유도과정의 순서를 따르는 것이 편리함을 알 수 있을 것이다.

그림 3-6(b)와 같이 미소요소 A 위에 작용하고 있는 모든 힘들을 표시하고 평형조건을 적용해보자. 이 경우는 3.2.6절의 2)항 얇은 링의 경우를 확대 적용하면 간편하게 이해할 수 있을 것이다.

• 외력과 내력의 평형조건

$$\Sigma\,F_z = p\,dx\,dy\,-\,2P_x \sin\frac{d\theta_x}{2}\,-\,2P_y \sin\frac{d\theta_y}{2} = 0 \qquad (3\text{-}17)$$

$d\theta \ll 1$이면 $\sin d\theta \fallingdotseq d\theta$이므로 식 (3-17)은 다음과 같이 쓸 수 있다.

$$P_x\,d\theta_x\,+\,P_y\,d\theta_y = p\,dx\,dy \qquad (3\text{-}18)$$

여기서 p는 압력으로 주어진 외력이며 P_x, P_y는 벽 두께 단면에 발생하는 경선 방향과 위선 방향의 내력이다. 따라서 식 (3-18)은 외력과 내력의 평형조건을 나타낸다.

다음으로 우리는 내력과 응력의 평형조건을 다음과 같이 기술할 수 있으며, 식 유도를 위해 필요한 기하학적 관계 또한 기술할 수 있다.

• 내력과 응력의 평형조건(내력 = 응력의 결과력)

내력과 응력의 평형조건은 엄밀하게 설명하면 '내력 = 응력의 결과력'의 방정식을 의미한다. 즉, 내력이 응력의 결과력이 되고 응력의 결과력이 곧 내력이 된다는 것을 수식으로 나타낸 것이 내력과 응력의 평형조건이다.

$$\begin{aligned} P_x &= \sigma_x\,dy\,t \\ P_y &= \sigma_y\,dx\,t \\ dx &= r_x\,d\theta_x \end{aligned} \qquad (3\text{-}19)$$

$$dy = r_y \, d\theta_y$$

내력과 응력의 평형조건[식 (3-19)]을 외력과 내력의 평형조건[식 (3-18)]에 대입하면 응력과 외력의 관계를 다음과 같이 얻을 수 있다.

- 응력과 외력의 관계

$$\frac{\sigma_x \, dx \, dy \, t}{r_x} + \frac{\sigma_y \, dx \, dy \, t}{r_y} = p \, dx \, dy \tag{3-20}$$

$$\frac{\sigma_x}{r_x} + \frac{\sigma_y}{r_y} = \frac{p}{t}$$

식 (3-20)은 응력과 외력의 관계를 맺어주는 간편한 식이지만 미지 응력이 σ_x, σ_y로 2개가 존재한다. 따라서 엄밀하게 임의의 형상에 대해서는 관계식이 1개 더 필요함을 알 수 있을 것이다. 그러나 축대칭으로 회전된 몇 가지 특수한 경우의 셸에 있어서는 식 (3-20)이 유효하게 적용될 수 있음을 예제를 통하여 알 수 있을 것이다.

3.3.3 응력-변형률 관계식

하중과 형상에 따른 모델링의 가정에서 $\sigma_z = 0$, $\gamma_{xz} = \gamma_{yz} = 0$으로 하였으므로 응력-변형률 관계식은 다음과 같이 간략화된다.

$$\epsilon_x = \frac{1}{E}\left[\sigma_x - \nu\sigma_y\right]$$

$$\epsilon_y = \frac{1}{E}\left[\sigma_y - \nu\sigma_x\right] \tag{3-21}$$

$$\gamma_{xy} = \frac{\tau_{xy}}{G}$$

이와 같은 막응력 문제에 있어서는 경선 방향과 위선 방향의 응력, 변형률, 변위가 관심의 대상이 되고, 이 절에서 경선 방향(meridional direction)을 하첨자 x, 위선 방향(hoop direction)을 하첨자 y로 표현하였으므로 식 (3-21)은 다음과 같이 다시 쓸 수 있다.

$$\epsilon_x = \frac{1}{E}\left[\sigma_x - \nu\sigma_y\right]$$

$$\epsilon_y = \frac{1}{E}\left[\sigma_y - \nu\sigma_x\right] \tag{3-22}$$

3.3.4 변형률-변위 관계식

이와 같이 간단한 경우의 막응력 문제에 있어서 변형률-변위의 관계식은 일축 방향의 인장/압축의 경우를 적용할 수가 있다. 이것이 평면응력 문제나 평면변형률 문제에서처럼 적합조건이 필요한 경우와 크게 다른 점이 된다.[2] 따라서 식 (3-15)를 경선 방향과 위선 방향으로 각각 적용하면 다음과 같이 기술할 수 있다.

$$\delta_x = L_x\, \epsilon_x$$
$$\delta_y = L_y\, \epsilon_y$$

(3-23)

여기서 L_x, L_y는 경선 방향 및 위선 방향의 부재 길이를 뜻하며, 만약 완전한 구형 셸(spherical shell)이나 원통형 셸(circular cylindrical shell)에서 반경 방향 변위에 관심이 있다면 식 (3-16)에서처럼 다음과 같이 산출할 수 있다.

$$\delta_r = r \cdot \epsilon_x$$

여기에서 δ_r은 반경 방향으로 늘어난 반경의 변위를 나타내고, r은 구형 셸이나 원통형 셸의 반경을, ϵ_x은 원통형 셸에서 원주 방향 변형률을 나타낸다. 구형 셸에서는 $\epsilon_x = \epsilon_y$이므로 어느 쪽을 선택하여도 관계가 없다.

예제 3-6 얇은 벽 두께 t, 반경 r을 갖는 구형 셸에 내압 p가 작용하고 있다. 막응력 σ_x, σ_y를 구하고 반경 방향으로 늘어나는 변위 δ_r을 구하라.

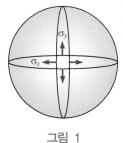

그림 1

[풀이] ① 문제 정의: 생략
　　　　② 자유물체도: 그림 1
　　　　③ 미지외력 산출: 생략
　　　　④ 부재 내력 산출: 생략
　　　　⑤ 관계식 사용:

---

2) A. C. UGURAL, *Stress in Plates and Shells*, pp. 205, McGraw-Hill Book Company, 1981, or W. Flügge, *Stresses in Shells*, Springer, 1962.

(i) 하중-응력 관계식

$\dfrac{\sigma_x}{r_x} + \dfrac{\sigma_y}{r_y} = \dfrac{p}{t}$ 에서 구형 셸의 경우에는

$\sigma_x = \sigma_y = \sigma$, $r_x = r_y = r$ 이므로

$$\sigma = \frac{p\,r}{2\,t} \tag{1}$$

(ii) 응력-변형률 관계식

$$\epsilon_x = \frac{1}{E}[\sigma_x - \nu\sigma_y] \tag{2}$$

$\epsilon_y = \dfrac{1}{E}[\sigma_y - \nu\sigma_x]$ 에서

$$\epsilon_x = \epsilon_y = \epsilon = \frac{1}{E}[\sigma - \nu\sigma]$$

$$= \frac{pr}{E \cdot 2t}[1 - \nu]$$

(iii) 변형률-변위 관계식

$\delta_r = r \cdot \epsilon$ 에서 $\qquad\qquad$ (3)

$$\delta_r = \frac{r}{E}[\sigma - \nu\sigma]$$

$$= \frac{pr^2}{E \cdot 2t}(1 - \nu)$$

예제 3-7 그림 1과 같이 얇은 벽 두께 t, 반경 r, 길이 L을 갖는 원통형 압력용기에 내압 p가 작용하고 있다. 막응력 σ_x, σ_y를 구하고, 반경 방향 변위 δ_r과 길이 방향 변위 δ_L을 구하라.

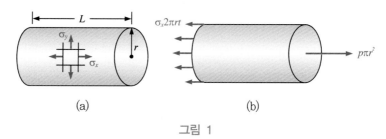

그림 1

[풀이]　① 문제 정의: 생략

② 자유물체도: 그림 1

③ 미지외력 산출: 생략

④ 부재 내력 산출: 그림 1(b)의 x 방향 하중-응력 평형조건으로 대체

⑤ 관계식 사용:

(i) 하중-응력 관계식

$$\frac{\sigma_x}{r_x} + \frac{\sigma_y}{r_y} = \frac{p}{t} \text{에서 } r_x = \infty, \; r_y = r \text{이므로}$$

$$\sigma_y = \frac{pr}{t} \tag{1}$$

이와 같은 문제를 보면, 앞에서 언급하였듯이 미지응력이 σ_x, σ_y로 두 개인데 관계식이 식 (3-20)과 같이 하나가 주어져 있으므로 엄밀하게 하나의 관계식이 더 필요하다는 것을 알 수 있을 것이다. 그러나 $r_x = \infty$와 같이 특수한 경우에는 곧바로 하나의 응력을 산출할 수 있으며, 다른 하나의 응력은 그림 1(b)에서 하중-응력 평형조건으로 산출이 가능하다. 즉

$$\sigma_x \, 2\pi r t = p\pi r^2 \text{에서}$$

$$\sigma_x = \frac{pr}{2t} \tag{2}$$

식 (1)과 (2)를 비교하면 원통형 압력용기에서 원주 방향 응력이 길이 방향 응력의 2배가 됨을 알 수 있으며, 주의하여 기억할 필요가 있다.

(ii) 응력-변형률 관계식

$$\begin{aligned}
\epsilon_x &= \frac{1}{E}[\sigma_x - \nu\sigma_y] \\
&= \frac{pr}{Et}\left[\frac{1}{2} - \nu\right] \\
\epsilon_y &= \frac{1}{E}[\sigma_y - \nu\sigma_x] \\
&= \frac{pr}{Et}\left[1 - \frac{\nu}{2}\right]
\end{aligned} \tag{3}$$

(iii) 변형률-변위 관계식

$$\delta_r = r \cdot \epsilon_y, \; \delta_L = L \cdot \epsilon_x \text{에서}$$

$$\begin{aligned}
\delta_r &= \frac{r}{E}[\sigma_y - \nu\sigma_x] \\
&= \frac{pr^2}{Et}\left[1 - \frac{\nu}{2}\right] \\
\delta_L &= \frac{L}{E}[\sigma_x - \nu\sigma_y] \\
&= \frac{prL}{Et}\left[\frac{1}{2} - \nu\right]
\end{aligned} \tag{4}$$

01 균일 단면봉이 그림과 같이 두 가지 재료로 만들어졌다. 지름이 $1\,cm$이고, 영률계
수가 각각 $E_1 = 10^6\,\mathrm{kgf/cm^2}$, $E_2 = 2 \times 10^6\,\mathrm{kgf/cm^2}$일 때, 4200 kgf의 인장하중
이 작용할 때, 전체 봉의 변형된 길이를 구하라. 그리고 각 봉에 발생하는 응력, 변
형률은 각각 얼마인가?

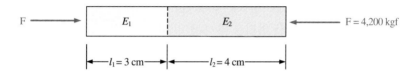

02 균일 단면봉이 그림과 같이 하나의 재료로 만들어졌다. 영률계수는 $E = 10^6\,\mathrm{kgf/cm^2}$
이고 4000 kgf의 인장하중이 작용할 때, 지름이 $3\,cm$인 곳과 $6\,cm$인 곳에서 발생
하는 응력과 변형률 그리고 전체 봉의 변형된 길이를 구하라.

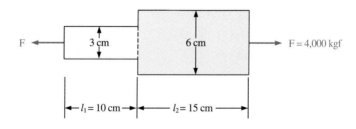

03 균일 단면봉이 그림과 같이 세 가지 재료로 만들어졌다. 주어진 영률계수와 단면
적의 조건하에서 4000 kgf의 인장하중을 받을 때, 전체 봉의 변형된 길이를 구하라
(단면적: $A_1 = 0.1\,cm^2$, $A_2 = 0.2\,cm^2$, $A_3 = 0.3\,cm^2$, 영률계수: $E_1 = 10^6\,\mathrm{kgf/cm^2}$, $E_2 = 2 \times 10^6\,\mathrm{kgf/cm^2}$, $E_3 = 3 \times 10^6\,\mathrm{kgf/cm^2}$).

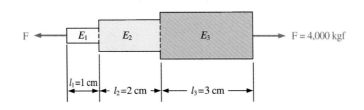

$l_1=1 \text{ cm}$ $l_2=2 \text{ cm}$ $l_3=3 \text{ cm}$

04 그림과 같이 종류가 다른 두 재료(①, ②)의 원
통 부재가 있다. 단면적은 각각 $A_1=1 \text{ cm}^2$,
$A_2=3 \text{ cm}^2$이고 영률계수는 각각 $E_1=10^6 \text{ kgf/}$
cm^2, $E_2=2\times10^6 \text{ kgf/cm}^2$일 때, 4000 kgf
의 외부 압축 하중에 대한 변위를 구하라.

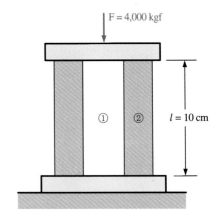

05 그림은 종류가 다른 두 재료(①, ②)로 이루어
진 원통 부재에 압축 하중이 작용하고 있는
것을 보여주고 있다. 재료 ①의 영률계수가
재료 ②의 영률계수의 10배일 때 재료 ①과
재료 ②의 응력비는 얼마인가?

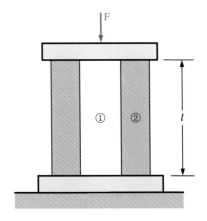

06 그림과 같은 원통 부재가 n 개의 서로 다른 재질로 끼워맞춤되어 있다. 단면적은
각각 $A_1, A_2, \cdots, A_n$이고 영률계수는 $E_1, E_2, \cdots, E_n$이며, 외부하중 $\mathbf{F}$ 를 받고 있
으며, 원통 부재의 길이는 l 이다. 원통 1이 받는 응력, 변형률, 변위를 구하라.

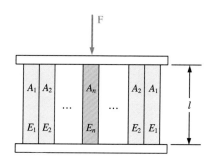

07 그림과 같이 부재가 천장에 매달려 있고 인장하
중 **F** 가 작용하고 있다. 아래쪽에서 임의의 길이
x 에서 발생하는 응력 σ_x 를 구하고 최대 응력이
발생하는 지점과 그 크기를 구하라. 또한 전체 변
위 δ 를 구하라.(단, 단위체적당 중량은 γ 이고, 부
재의 단면적은 A, 부재의 길이는 l, 영률계수는
E 이다.)

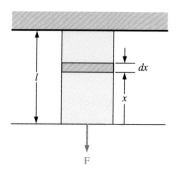

08 그림과 같이 단면적이 $10\ \mathrm{cm}^2$, 길이가 $10\ \mathrm{m}$ 인 부재가 천장에 매달려 있다. 단위
체적당 무게가 $0.01\ \mathrm{kgf/cm}^3$, 안전을 위한 허용인장응력이 $1000\ \mathrm{kgf/cm}^2$ 일 때,
작용할 수 있는 인장하중의 최댓값을 구하라.

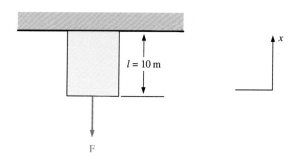

09 중량이 W인 물체를 길이가 l인 부재에 매달려 한다. 부재의 단위체적당 중량이 γ이고, 허용인 장응력이 σ_a일 때, 필요한 부재의 최소 단면적 을 구하라.

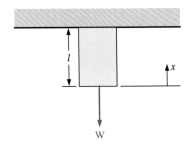

10 높은 절벽에서 단위체적당 중량이 $0.01\,\text{kgf}/\text{cm}^3$, 허용인장응력이 $100\,\text{kgf}/\text{cm}^2$ 인 금속선을 늘어뜨리려 한다. 늘어뜨릴 수 있는 최대 길이를 구하라.

11 고정되어 있는 0℃의 봉에 여름철 30℃의 온도에서 발생하는 열응력은 얼마인 가? (단, 열팽창계수는 $10^{-5}/℃$, 영률계수는 $10^6\,\text{kgf}/\text{cm}^2$이다.)

12 그림과 같이 얇은 벽 두께가 t, 반경이 $1\,\text{m}$인 원통형 압력용기에 내압 $5\,\text{kgf}/\text{cm}^2$가 작용하고 있다. 판의 허용인장응력이 $1000\,\text{kgf}/\text{cm}^2$라 할 때 원통탱크의 최소 판 두께를 구하라.

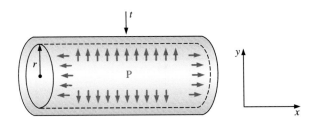

13 그림과 같이 얇은 원통이 각속도 ω로 회전을 하고 있다. 얇은 원통의 단위길이당 질량을 m, 원통 링의 평균 반경을 r, 두께를 t, 축 방향 길이를 l이라 놓았을 때, 원주 방향의 허용인장응력 σ_a에 대한 최대 허용회전수 $\omega_{\max}$을 구하라.

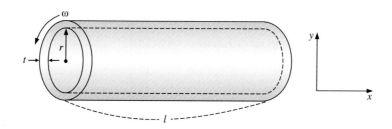

14 그림과 같이 얇은 벽 두께가 t, 반경이 1 m인 구형 압력용기에 내압 5 kgf/cm²가 작용하고 있다. 판의 허용인장응력을 1000 kgf/cm²라 할 때 원형탱크의 최소 판 두께를 구하라.

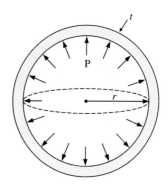

15 그림과 같이 얇은 벽 두께 $t = 0.1$ cm인 원통형 압력용기가 있다. 반경이 10 cm이고 판의 허용인장응력이 1000 kgf/cm²라면, 얼마의 내압까지 견딜 수 있겠는가?

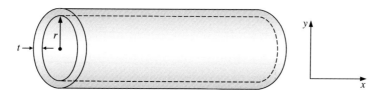

16 겨울철 기차 레일의 온도가 밤에는 $-12\,℃$에서 낮에는 $8\,℃$까지 상승한다. 기차 레일이 가지는 열응력은 얼마인가? [$E = 1.8 \times 10^6$ kgf/cm², $\alpha = 1.0 \times 10^{-5}/℃$]

① 540 kgf/cm²   ② 480 kgf/cm²

③ 360 kgf/cm²   ④ 240 kgf/cm²

17 그림에서 고정된 원형 단면봉에 온도를 변화시키면 내부에 발생되는 압축응력은 얼마인가? [$\alpha = 1.4 \times 10^{-5}/\text{℃}$, $E = 1.84 \times 10^{6} \text{ kgf}/\text{cm}^2$]

① $1488 \text{ kgf}/\text{cm}^2$　② $1368 \text{ kgf}/\text{cm}^2$

③ $1288 \text{ kgf}/\text{cm}^2$　④ $1128 \text{ kgf}/\text{cm}^2$

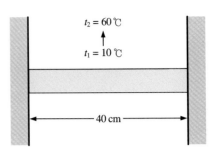

18 그림에서 지름이 5 cm인 봉에 온도 변화를 주었을 때, 봉이 축소되지 않게 하려면 질량 몇 kg의 추를 달면 되는가?

[$E = 2.0 \times 10^{6} \text{ kgf}/\text{cm}^2$, $\alpha = 1.4 \times 10^{-5}/\text{℃}$]

① 19484 kg　　② 18847 kg

③ 17882 kg　　④ 16489 kg

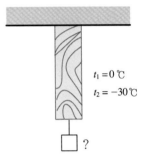

19 종류가 같은 원형봉의 온도가 $t_1 \rightarrow t_2$로 강하되었을 때, A 부재와 B 부재의 응력비 $\sigma_A : \sigma_B$는 얼마인가? [$d_1 = 1.5 \cdot d_2$, x/x=1]

① 1 : 0.66　　② 1 : 0.25

③ 1 : 2.25　　④ 1 : 1.63

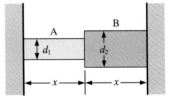

20 반지름이 2.5 cm인 봉의 양 끝을 벽에 고정하고 온도를 10℃에서 40℃로 올렸다. 이때 벽을 미는 힘은 얼마인가? [$E = 1.8 \times 10^{6} \text{ kgf}/\text{cm}^2$, $\alpha = 10 \times 10^{-6}/\text{℃}$]

① 12603 kgf　　② 6603 kgf　　③ 9603 kgf　　④ 10602 kgf

21 인장강도 45 kgf/cm²와 비중 8을 갖는 봉을 안전율 9를 만족하도록 매달 수 있는 최대 길이는 얼마인가?

① 7.45 m ② 6.25 m ③ 5.65 m ④ 4.45 m

22 반지름이 0.5 m이고 허용응력이 950kgf/cm²인 원통형 강판에 압력 30 kgf/cm²이 작용한다면 강판의 두께는 얼마로 해야 하는가?

① 15.8 mm ② 14.4 mm ③ 12.8 mm ④ 16.4 mm

23 얇은 원통에 내압이 0.2 kgf/mm²가 작용할 때, 내압을 견딜 수 있는 원통의 최소두께는 얼마인가? [$\sigma_a = 10$ kgf/mm²]

① 4 mm ② 5 mm

③ 6 mm ④ 7 mm

$d = 40$ cm

24 인장강도 4900 kgf/cm², 두께가 30 mm인 강판이 내압 8 kgf/cm²을 견딜 수 있고 안지름이 52.5 cm라면 안전계수를 얼마로 해야 하는가?

① 8 ② 7 ③ 5 ④ 4

25 지름이 7 cm인 봉이 $t_1 \rightarrow t_2$의 온도 변화 30℃를 가지더라도 길이가 변화하지 않으려면 필요한 힘은 얼마인가? [$E = 2.0 \times 10^6$ kgf/cm², $\alpha = 1.19 \times 10^{-5}$/℃]

① 27 ton ② 26 ton ③ 24 ton ④ 22 ton

26 원통형 압력용기에 내압이 균일하게 작용할 때, 축 방향 응력과 반경 방향 응력비 $\dfrac{\sigma_x}{\sigma_y}$ 는 얼마인가?

① $\dfrac{3}{4}$ 　　② 2 　　③ $\dfrac{2}{3}$ 　　④ 0.5

27 반경이 15 m인 구형 압력용기에 내압 160 kgf/cm²가 작용하고 있다. 판의 허용 인장응력을 3000 kgf/cm²라 할 때, 내압을 견딜 수 있는 원통탱크의 최소 판 두께는 얼마인가?

① 20 cm 　　② 30 cm 　　③ 40 cm 　　④ 50 cm

28 단면적이 1200 mm²인 관의 최대 인장응력이 140 MN/m²이고, 접합부에서의 최대 전단응력이 95000 MN/m²일 때, 최대 허용강도를 갖는 관의 접합부 길이 L은 얼마인가?
[접촉 면적 $=(4.242 \times 10^{-6}) \cdot L$]

① 212.4 mm 　　② 208.4 mm

③ 206.4 mm 　　④ 202.4 mm

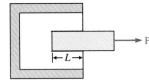

29 내부 반지름이 0.6 m이고 두께가 1.9 cm인 원통형 압력용기에 내부 압력 10 Pa이 작용한다. 내부 압력에 의한 횡방향과 종방향 응력비 $\sigma_x : \sigma_y$는 얼마인가?

① 1 : 1.2 　　② 1 : 0.8 　　③ 1 : 0.6 　　④ 1 : 0.5

30 그림과 같이 50 kN의 하중을 받고 있는 봉이 안전계수 3을 가질 수 있는 최소 직경은 얼마인가? [$\sigma_a = 300\ \mathrm{MPa}$]

① 26.7 mm 　　② 24.7 mm

③ 22.7 mm 　　④ 20.7 mm

04 Chapter

비틀림 하중

4.1 서론

이 장에서는 비틀림 하중이 작용하는 부재의 해석을 다루게 된다. 비틀림 하중이 작용하는 실제 부재의 형상은 다양하게 있을 수 있지만 재료역학 입문서에서 전형적으로 취급하는 것은 축(shaft)을 들 수 있다. 축은 비틀림 하중을 받는 가늘고 긴 부재를 말하며, 동력을 전달하는 데 주로 사용된다. 축 이외에도 구조물에서 스프링과 같이 비틀림 하중 상태에 놓이게 되는 부품들이 있을 수 있다. 이들 비틀림 하중 상태에 놓이게 되는 부재들에 대하여 그림 2-34의 재료역학 해석과정 2단계에 따라 부재의 응력, 변형률, 변위를 해석하는 것이 이 장의 목적이다.

그러나 비틀림 하중을 전달하는 부재에서는 부재의 단면모양(원형, 사각형, 삼각형, 기타)에 따라 해석의 쉽고 어려움이 따르게 된다. 이 책에서는 복잡한 탄성이론의 수학적 어려움을 배제하고 재료역학적으로 접근이 가능한 원형 단면을 갖는 부재의 비틀림 해석을 취급한다. 그리고 얇은 두께를 갖는 중공의 관 부재의 해석도 그림 2-34의 단계에 따라 취급한다. 사각 단면을 갖는 부재에 대해서 탄성론을 배경으로 하는 수학적 기술이 필요하므로 이 책에서는 결과식만 기술하여 설계응용에 활용할 수 있도록 한다. 여러분들이 4장을 공부하고 난 뒤에 기본적으로 알아야 할 중요한 점들은 다음과 같다.

- 원형 단면축에 작용하는 비틀림 하중 관계식 유도과정 및 유도된 관계식
- 원형 단면에서 극관성 모멘트 및 극단면계수
- 동력(power), 회전수(rpm)와 비틀림 모멘트(T)와의 상호변환
- 얇은 관에서의 비틀림 하중과 응력의 관계식
- 전단류(shear flow)
- 비틀림 강성(torsional stiffness)

4.2.1 하중과 형상에 따른 모델링

원형 단면축 부재에 축 방향의 비틀림 하중이 작용할 때 그림 4-1과 같이 이상화할 수 있으며, 다음과 같은 가정을 생각할 수 있다. 또한 원통형 부재의 변형이라는 점을 고려하여 해석의 편의를 위해 원통 좌표계(cylindrical coordinate system)를 사용한다.

가정[1] ① 비틀림 변형량이 작다(소변형).
      ② 수직변형률은 없다)$\epsilon_r = \epsilon_\theta = \epsilon_z = 0$).
      ③ 변형 후에도 축에 수직한 단면은 찌그러짐 없이 변형 전과 같은 평면을 그대로 유지한다. 즉 각 단면은 서로 상대회전만 한다($\gamma_{z\theta} \neq 0$, $\gamma_{zr} = \gamma_{r\theta} = 0$).

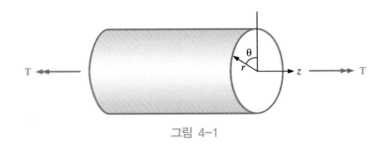

그림 4-1

4.2.2 변형률-변위 관계식(기하학적 변형의 적합성)

원통좌표계(r, θ, z)를 사용하고, 앞의 가정을 도입하면 그림 4-2와 같이 미소요소의 비틀린 기하학적 모양(단면이 상대회전한 모양)을 생각할 수 있다. 원통좌표계를 사용할 때 수직변형률은 ϵ_r, ϵ_θ, ϵ_z가 되고, 전단변형률은 $\gamma_{r\theta}$, γ_{rz}, $\gamma_{z\theta}$가 된다. 가정에서 수직변형률이 없다는 것은 $\epsilon_r = \epsilon_\theta = \epsilon_z = 0$을 나타내고, 단면이 찌그러짐 없이 상대회전만 한다는 것은 $\gamma_{rz} = \gamma_{r\theta} = 0$, $\gamma_{z\theta} \neq 0$을 나타낸다. 즉 그림 4-2(b)에서 r축과 z축의 직각 BFE와 r축과 θ 축의 직각 BFG가 변형 후에도 직각을 유지하며, z 축과 θ 축의 직각 EFG만 변형 후에 변형각 E'FG를 갖는다는 뜻이다. 이것을 그림 4-2(c), (d)에 알기 쉽게 표현하여 놓

---

1) S. H Crandall, N. C. Dahl, T. J. *Lardner, An Introduction to the Mechanics of Solids*, McGraw-Hill Book Company, 2nd Ed, pp 366~371, 1978.

았다. 따라서 6개의 변형률 중 $\gamma_{z\theta}$ 1개만 존재하게 되는데, 우리는 이것을 그림 4-2(a)에서 γ로 나타내었고 다음과 같이 변위와의 관계를 기술할 수 있다.

$$\gamma = \frac{\mathrm{A\,A}'}{\mathrm{A\,B}} = \frac{\mathrm{r}\,\Delta\phi}{\Delta z} = \mathrm{r}\frac{\mathrm{d}\phi}{\mathrm{d}z} \tag{4-1}$$

r: 반경 방향 좌표값

$\mathrm{d}\phi$: 미소요소 dz에서 단면의 비틀림각(rad)

dz: 길이 방향 미소요소

$\dfrac{\mathrm{d}\phi}{\mathrm{d}z}$: 비틀림률(단위길이당 단면 비틀림)

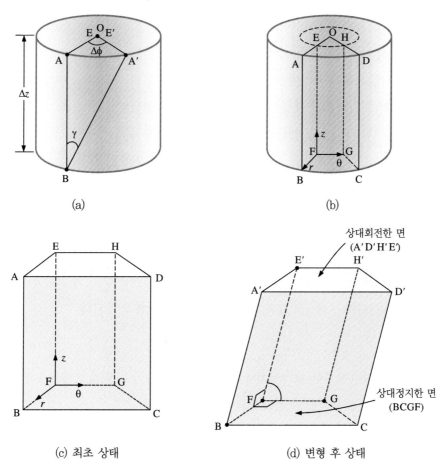

(a)

(b)

(c) 최초 상태

(d) 변형 후 상태

∠BFG = 직각: $\gamma_{r\theta} = 0$, ∠BFE′ = 직각: $\gamma_{rz} = 0$, ∠E′FG ≠ 직각: $\gamma_{z\theta} \neq 0$

그림 4-2

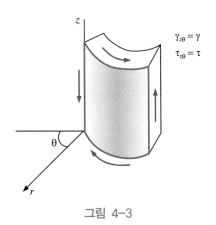

$\gamma_{z\theta} = \gamma$

$\tau_{z\theta} = \tau$

그림 4-3

식 (4-1)에서 전단변형률이 반경 r에 선형적으로 변하고 있음을 주의할 필요가 있다. 이것은 원형 단면 중심 O에서는 전단변형률이 없으며, 반경 방향으로 위치가 옮겨가면서 전단변형률이 선형적으로 커지고 있음을 의미한다. 그림 4-2(c), (d)에서는 직각으로 남는 것과 각이 일그러지는 것만을 알기 쉽게 표현하기 위해 원호(AD, BC, EH, FG)를 직선으로 처리하였기 때문에 반경 방향으로 옮겨가면서 전단변형률($\gamma_{z\theta}$)이 변하는 것을 표현할 수 없었지만 그림 4-2(a)에서 생각해보면 이해할 수 있을 것이다. 즉 그림 4-2(a)에서 AA'에 의한 γ가 EE'에 의한 γ보다 크다는 것을 알 수 있을 것이다$\left(\dfrac{AA'}{AB} > \dfrac{EE'}{AB} \right)$.

4.2.3 응력-변형률 관계식

식 (2-10) Hooke의 법칙에서 $\epsilon_r = \epsilon_\theta = \epsilon_z = \gamma_{r\theta} = \gamma_{rz} = 0$이면 $\sigma_r = \sigma_\theta = \sigma_z = \tau_{r\theta} = \tau_{rz} = 0$이 된다. 그리고 전단변형률 $\gamma_{z\theta}$가 존재하면 그에 대응하는 전단응력 $\tau_{z\theta}$가 그림 4-3과 같이 발생한다. 이를 간단히 γ와 τ로 표기하면, 다음과 같은 관계식이 된다.

$$\tau = G \cdot \gamma \tag{4-2}$$

여기서 G는 전단탄성계수(횡탄성계수)이며, 전단응력 τ가 비틀림 모멘트 T에 의해 원형 단면축에 발생하는 유일한 응력이 된다.

4.2.4 하중-응력 관계식

그림 2-35의 하중-응력 관계식 개요도를 참조하면, 외력과 내력의 평형조건 적용, 내력과 응력의 평형조건 적용의 단계가 해석대상에 따라 적절하게 활용됨을 설명하였다. 비

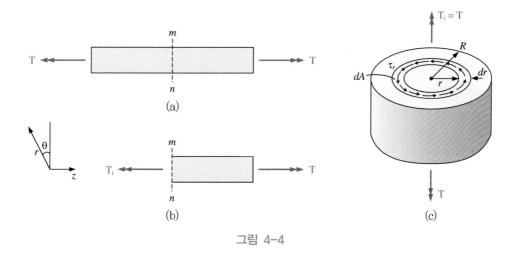

그림 4-4

틀림 하중은 일축 방향 인장/압축 하중과 같이 부재 전체에 걸쳐 외력과 동일한 내력이 발생하며, 내력은 단면에 전단응력으로 분포된다. 이것을 그림 4-4에 나타내었고, 다음과 같이 하중-응력 관계식을 유도할 수 있다.

재료가 변형하여 평형에 이른 뒤 임의 단면 mn에서 발생한 내력은 외부 비틀림 하중 T와 같고, 부재 전체에 걸쳐 동일한 값을 갖는다는 것을 다음 외력과 내력의 평형조건에서 알 수 있을 것이다.

- 외력과 내력의 평형조건[그림 4-4(b)]

$$\Sigma M_z = T - T_i = 0$$
$$\therefore T_i = T$$

(4-3)

- 내력과 응력의 평형조건

원형 단면의 전체 단면적 A에 분포되어 있는 전단응력 τ를 모두 모으면 내력인 비틀림 모멘트 T_i와 같아야 하는 것이 내력과 응력의 평형조건이다. 이 경우에는 전단응력이 단면적 전체에 걸쳐 균일한 값을 갖지 않고, 원점 O에서 반경 방향으로 반경 r에 비례하여 커지므로[식 (4-1)의 변형률-변위 관계에서 변형률이 반경 r에 비례하므로] 다음과 같이 기술할 수 있다.

$$T_i = \int_A r \cdot (\tau_r dA)$$

(4-4)

여기서 r은 임의 반경 위치를, τ_r은 반경 r 위치에서 전단응력을 나타내고, dA는 그 위치에서 미소단면적을 나타내므로, $r \cdot (\tau_r dA)$는 반경 r에서 미소단면적에 발생하는 비틀림 모멘트가 된다. 식 (4-4)는 이것을 전체 단면적 A에 대하여 적분한 것이 되며, 그 단면에서 내력(비틀림 모멘트)과 평형을 이루는 조건이 된다. 반경 r인 지점에 발생하는 전단응력 τ_r은 변형률-변위 관계식[식 (4-1)]을 응력-변형률 관계식[[식 (4-2)]에 대입하여 식 (4-5)와 같이 위치 r과 비틀림률 $\dfrac{d\phi}{dz}$의 함수로 표현할 수 있다.

$$\tau_r = G \cdot r \frac{d\phi}{dz} \tag{4-5}$$

위치의 함수로 표현된 전단응력[식 (4-5)] τ_r을 내력과 응력의 평형조건 관계식 (4-4)에 대입하면 다음을 얻을 수 있다.

$$\begin{aligned} T_i &= \frac{d\phi}{dz} G \int_A r^2 dA \\ &= \frac{d\phi}{dz} G \cdot I_z \\ &= \frac{d\phi}{dz} G \cdot I_p \end{aligned} \tag{4-6}$$

여기서 $\displaystyle\int_A r^2 dA$는 극관성 모멘트를 나타내며 I_z 또는 I_p로 표기하는데, 이 장에서는 I_p로 사용하기로 한다(7장 참조). 식 (4-6)을 다시 쓰면, 단위길이당 단면비틀림각(비틀림률), $\dfrac{d\phi}{dz}$를 내력과의 관계로 식 (4-7)과 같이 얻을 수 있다. 여기에서 $d\phi$는 비틀림각(또는 상대회전각)이 되며, 식 (4-7)은 하중-변위 관계식에 곧바로 적용되는 관계식이 된다.

$$\frac{d\phi}{dz} = \frac{T_i}{GI_p} \tag{4-7}$$

식 (4-7)의 비틀림률-내력 관계를 식 (4-5)의 응력-비틀림률 관계에 대입하면 내력-응력의 관계식을 다음과 같이 얻을 수 있다. 이것은 원형 단면의 비틀림에서 응력과 내력의 관계를 대수함수로 직접 맺어주는 간편한 관계식이며, 비틀림에서는 식 (4-3)에서처럼 외력과 내력이 부재 전체에 걸쳐 동일하므로 곧바로 응력과 외력의 관계로 생각할 수 있게 된다.

- 하중-응력 관계식(응력-내력 관계 = 응력-외력 관계)

$$\tau_r = \frac{T_i \cdot r}{I_p} = \frac{T \cdot r}{I_p} \tag{4-8}$$

τ_r: 원형 단면 반경 r인 위치에서의 전단응력

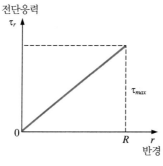
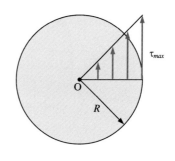

그림 4-5

T_i : 내력 비틀림 모멘트

T : 외부하중인 비틀림 모멘트

r : 구하고자 하는 전단응력이 위치한 반경 방향 거리

I_p : 원형 단면축의 극관성 모멘트$\left(I_p = \dfrac{\pi d^4}{32} \right)$

식 (4-8)에서 원형 단면에 분포되는 전단응력이 반경 방향으로 그림 4-5와 같이 선형적으로 커지며, 단면위의 최대 응력은 최외각($r = R$)에서 발생하고 단면의 중심($r = 0$)에서는 전단응력이 0이 됨을 알 수 있다.

설계에서는 대부분 최대 응력이 관심의 대상이 되므로 원형 단면의 비틀림에서 최대 전단응력은 '극단면계수'라는 개념을 이용하여 다음과 같이 사용한다. 극단면계수란 극관성 모멘트를 원형 단면의 반지름으로 나눈 값으로 설계에서 많이 사용되는 개념이다.

$$\tau_{\max(r=R)} = \frac{T \cdot R}{I_p} = \frac{T}{I_p/R} = \frac{T}{Z_p} \tag{4-9}$$

$$Z_p = \frac{I_p}{R} : 극단면계수 \left(Z_p = \frac{\pi d^3}{16} \right)$$

4.2.5 하중-변위 관계식

그림 4-6은 원형 단면축에서 비틀림 하중 T에 의한 A 단면과 B 단면의 상대회전각(비틀림각) ϕ_L을 나타낸 것이다. A 단면과 B 단면 사이의 길이는 L이며, 여기에서는 비틀림 하중과 비틀림각과의 관계(하중-변위 관계식)를 살펴보고자 한다. 식 (4-7)은 단위길이당 비틀림각(비틀림률)과 내력과의 관계식이다. 비틀림에서 내력과 외력은 부재 전체에 걸쳐 동일하므로 식 (4-10)과 같이 외력과의 관계로 곧바로 맺을 수 있다. 이 식을 적분하

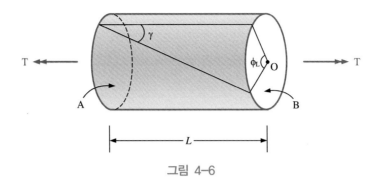

그림 4-6

면 임의 길이 L에서 단면의 총 비틀림각(상대회전각) ϕ_L을 식 (4-11)과 같이 구할 수 있다. 이것을 하중-변위(각 변위) 관계식이라 한다.

$$\frac{d\phi}{dz} = \frac{T_i}{GI_p} = \frac{T}{GI_p} \tag{4-10}$$

$$\int d\phi = \int_0^L \frac{T}{GI_p} dz \tag{4-11}$$

$$\phi_L = \frac{TL}{GI_p}$$

예제 4-1 그림과 같이 한쪽 변이 고정되어 있는 길이 L, 지름 d인 원형 단면축이 비틀림 모멘트 T를 받고 있다. $\frac{L}{2}$ 되는 mn 단면에서의 비틀림각과 그 단면에서 $r = \frac{d}{4}$ 되는 지점에서의 전단응력을 구하라.

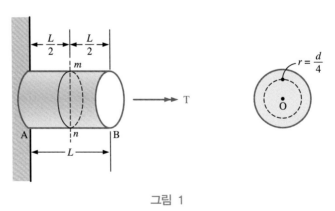

그림 1

그림 2

[풀이]　① 문제 정의: 생략
　　　② 자유물체도 표현: 그림 2
　　　③ 미지외력 산출:

$$\Sigma M_z = T - M_A = 0$$
$$M_A = T$$

④ 부재 내력 산출: 부재 전체에 걸쳐 내력을 외력과 동일[식 (4-3) 참조]
⑤ 관계식 사용:
　(i) 하중-응력 관계식

$$\tau_r = \frac{T \cdot r}{I_p}$$

　원형 단면의 극관성 모멘트 $I_p = \frac{\pi d^4}{32}$

　$r = \frac{d}{4}$ 되는 지점의 전단응력

$$\tau_{r=\frac{d}{4}} = \frac{T \cdot \frac{d}{4}}{\frac{\pi d^4}{32}} = \frac{8T}{\pi d^3}$$

　(ii) 하중-변위 관계식

$$\phi = \frac{TL}{GI_p}$$

　길이 $\frac{L}{2}$ 되는 지점의 단면 비틀림각

$$\phi_{\frac{L}{2}} = \frac{T \cdot \frac{L}{2}}{G \cdot I_p} = \frac{T \cdot \frac{L}{2}}{G \cdot \frac{\pi d^4}{32}} = \frac{16\,T\,L}{G \cdot \pi\, d^4}$$

예제 4-2 그림과 같은 외경 d_o, 내경 d_i인 중공 원형축의 극관성 모멘트(I_p)를 구하고, 비틀림 하중 T가 작용할 때 단면에서 최소 응력과 최대 응력의 크기를 구하여 응력분포를 도시하라.

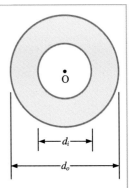

[풀이]   ① 문제 정의: 생략

       ② 자유물체도 표현: 생략

       ③ 미지외력 산출: 생략

       ④ 부재 내력 산출: 생략

       ⑤ 관계식 사용:

         (i) 중공축의 극관성 모멘트는

$$I_p = \int_A r^2 dA = \int_{\frac{d_i}{2}}^{\frac{d_o}{2}} r^2 \cdot 2\pi\, r \cdot dr = \frac{\pi}{32}(d_o^4 - d_i^4)$$

         (ii) 하중-응력 관계식

$$\tau_r = \frac{T \cdot r}{I_p}$$

$r = \dfrac{d_i}{2}$에서 최소 응력, $r = \dfrac{d_o}{2}$에서 최대 응력 발생

$$\tau_{\min} = \frac{T \cdot \dfrac{d_i}{2}}{\dfrac{\pi(d_o^4 - d_i^4)}{32}} = \frac{16\,T d_i}{\pi(d_o^4 - d_i^4)}$$

$$\tau_{\max} = \frac{T \cdot \dfrac{d_o}{2}}{\dfrac{\pi(d_o^4 - d_i^4)}{32}} = \frac{16\,T d_o}{\pi(d_o^4 - d_i^4)}$$

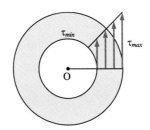

응력분포

4.2.6 원형 단면축 설계응용

비틀림 하중을 받는 원형 단면봉은 대부분 동력을 전달하는 전동축으로 사용된다. 기계요소에서 전동축은 시스템을 이루는 데 매우 중요한 요소로서, 회전 운동의 형태로 동력을 전달하여 에너지의 입출력에 매개체 역할을 한다. 따라서 설계 및 사용에 있어서 전동축은 단위시간당 에너지의 전달능력으로 나타내는 것이 일반적이다. 단위시간당 에너지의 양 (J/s)을 동력(power)이라 하며, 동력의 단위로 와트(W)와 마력(PS)을 사용한다.

대표적인 동력전달축으로 자동차의 구동축, 크랭크축, 모터축, 기선의 프로펠러축을 들 수 있다. 이들 축들을 표시할 때 전달동력 몇 kW(또는 몇 PS), 그리고 회전수 몇 rpm으로 나타낸다. 우리는 앞 절에서 원형 단면축의 비틀림 모멘트(T)와 응력, 변위와의 관계식을 도출하였다. 실제적으로 설계에 응용하기 위해서 전달동력(kW, PS)과 회전수(rpm)로 표시된 양을 비틀림 모멘트(T) 양으로 상호변환하는 것이 필요하다. 이 절에서는 이들의 변환을 다루고 예제를 통한 간단한 축지름 설계를 살펴본다.

동력이란 기계가 일을 할 때 단위시간에 이루어지는 일의 양을 나타내는 것으로 일률 또는 공률이라고도 한다.

<동력의 단위> 와트(W): $1 \text{ W} = 1 \text{ J/s} = 1 \text{ N} \cdot \text{m/s}$

마력(PS): $1 \text{ PS} = 75 \text{ kgf} \cdot \text{m/s}$

- 회전토크 T(N·m), 회전수 ω(rad/s)와 전달동력 P(W)와의 관계

$$\begin{aligned} P &= T(N \cdot m) \cdot \omega(\text{rad/s}) \\ &= T \cdot \omega(W) \end{aligned}$$

(4-12)

- 전달동력 P(kW), 회전수 N(rpm)과 회전토크 T(kN·m)와의 관계

$$\begin{aligned} P &= T \cdot \omega \\ &= T \cdot \frac{2\pi N}{60}(\text{kW}) \end{aligned}$$

(4-13)

$$T = \frac{60 P}{2\pi N}(\text{kN} \cdot \text{m})$$

- 전달동력 P(PS), 회전수 N(rpm)과 회전토크 T(kgf·cm)와의 관계

$$1 \text{ PS} = 75 \text{ kgf} \cdot \text{m/s}$$

이므로

$$P\,(\mathrm{PS}) = P \times 75 \; \mathrm{kgf \cdot m/s} = T \cdot \frac{2\,\pi \mathrm{N}}{60}\;(\mathrm{rad/s})$$

$$T = \frac{60 \times 75}{2\,\pi \mathrm{N}}\,P\,(\mathrm{kgf \cdot m}) \tag{4-14}$$

$$= 71620\,\frac{P}{N}\,(\mathrm{kgf \cdot cm})$$

예제 4-3   모터에서 나오는 동력이 20 kW이고 최대 회전수는 3300 rpm을 갖는 축이 있다. 축의 허용전단응력 $\tau_a = 100$ MPa일 때 축 지름은 얼마로 하는 것이 안전한가?

[풀이]   ① 문제 정의:

주어진 물리량: 전달동력(kW), 회전수(rpm), 허용전단응력

구하려는 물리량: 축지름

필요한 관계식: 전달동력과 회전수-회전토크 관계식, 회전토크(하중)-응력 관계식

설계조건(발생응력 < 허용응력)

② 자유물체도 표현: 생략

③ 미지외력 산출: 생략

④ 부재 내력 산출: 생략

⑤ 관계식 사용:

(i) 동력의 토크로의 변환

$$T = \frac{60\,P}{2\,\pi \mathrm{N}}\,(\mathrm{kN \cdot m}) = \frac{60 \cdot 20}{2\,\pi \cdot 3300}\,(\mathrm{kN \cdot m}) = 0.0579\,(\mathrm{kN \cdot m})$$

(ii) 하중-응력 관계식

$$\tau_{\max} = \frac{T}{Z_p} = \frac{16\,T}{\pi d^3}$$

(iii) 설계조건

설계조건은 $\tau_{\max} < \tau_a$ 이므로

$$\frac{16\,T}{\pi\,d^3} < \tau_a$$

$$d > \left(\frac{16\,T}{\pi\,\tau_a}\right)^{\frac{1}{3}} = \left[\frac{16 \cdot (0.0579\,\mathrm{kN \cdot m})}{\pi \cdot 100 \times 10^3\,(\mathrm{kN/m^2})}\right]^{\frac{1}{3}} = 0.0143\,\mathrm{m} = 14.3\,\mathrm{mm}$$

$$\therefore\; d \geqq 15\,(\mathrm{mm})$$

4.3 사각 단면축의 비틀림

사각 단면을 갖는 축의 비틀림은 기하학적 변형의 적합성이 원형 단면축의 비틀림과는 다른 양상을 보이므로 원형 단면축의 비틀림에서 유도된 관계식들을 그대로 사용할 수 없다. 원형 단면축의 비틀림에서 도입한 가정이 사각 단면축의 비틀림에는 맞지 않는다는 것이다. 이는 사각 단면은 비틀림 변형 후에 원래 평면을 유지하지 못하고 뒤틀어짐(warping)이 발생하기 때문이다. 즉 그림 4-7과 같은 사각형 단면 요소를 비틀었을 때 비틀린 후의 면 ABCD가 평면을 유지하지 못하게 되며, 최초 직선이었던 면 위의 점선들(DB, AC)이 뒤틀려서(warping) 곡선이 된다는 의미이다. 따라서 사각 단면축의 비틀림은 그 기하학적 변형의 적합성에 맞는 새로운 가정과 이것에 합당한 변형률-변위 관계식, 응력-변형률 관계식, 평형방정식을 이용하여 탄성변형의 해를 얻어야 된다. 그러나 사각 단면축의 비틀림에서의 해는 탄성론에 기초한 수학적 기교가 필요하므로 여기서는 하중-응력, 하중-변위에 대한 결과식만 나타내고, 관계식의 활용에 중점을 두고자 한다.

그림 4-8과 같이 단면치수가 $a \geqq b$인 사각 단면축에 비틀림 하중이 작용할 때 하중-응력, 하중-변위의 관계식은 다음과 같다.

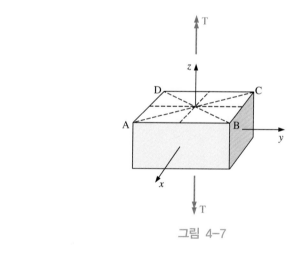

그림 4-7

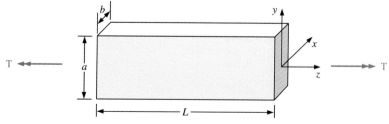

그림 4-8 $a \geqq b$인 사각 단면축에 비틀림 하중이 작용

4.3.1 하중-응력 관계식

사각 단면축의 비틀림에서 최대 전단응력은 단면에서 긴 변 a의 $\dfrac{a}{2}$ 되는 지점에서 발생하고 그 크기는 하중과의 관계식으로 다음과 같다.

$$(\tau_{zy})_{\max} = \alpha \frac{\mathrm{T}}{ab^2} \tag{4-15}$$

α: 표 4-1에서 a/b에 의한 계수

a: 단면에서 긴 변

b: 단면에서 짧은 변

T: 비틀림 하중

$(\tau_{zy})_{\max}$: 단면의 긴 변 중앙에서 발생한 응력

4.3.2 하중-변위 관계식

$$\phi = \frac{\mathrm{T} \cdot \mathrm{L}}{\beta\, G a b^3} \tag{4-16}$$

β: 표 4-1에서 a/b에 의한 계수

a: 단면에서 긴 변

b: 단면에서 짧은 변

G: 횡탄성계수

T: 비틀림 하중

L: 사각 단면축의 길이

ϕ: 길이 L에서의 단면의 총 비틀림각

표 4-1 사각 단면축의 비틀림에 관한 계수

a/b	α	β	a/b	α	β
1	4.81	0.141	3	3.74	0.263
1.5	4.33	0.196	5	3.44	0.291
2	4.06	0.229	10	3.20	0.312

4.4 두께가 얇은 관의 비틀림

4.4.1 하중과 형상에 따른 모델링

이 절에서는 그림 4-9와 같은 단면이 임의의 형상이며 관 두께 t는 매우 얇고 둘레를 따라서 일정하지 않은 중공의 관을 생각해보자.

앞 절에서의 원형 단면축이나 사각 단면축과 같은 결과식들은 변형의 기하학적 적합성(변형률-변위), 응력-변형률 관계식, 하중-응력의 평형방정식을 연립하여 얻은 엄밀해이다. 여기에서는 이와 같은 엄밀한 해석방법이 아닌 근사적인 방법[2])으로 하중-응력의 관계식을 구해보고자 한다. 즉 근사적인 가정을 도입하여 하중-응력의 평형방정식만으로 하중-응력 관계식을 도출하는 것이다.

가정 ① 관의 두께 t는 둘레를 따라 변화하지만 단면에 비하여 충분히 작아 두께의 안쪽 지점과 바깥쪽 지점과의 전단응력분포 변화는 무시할 수 있다.

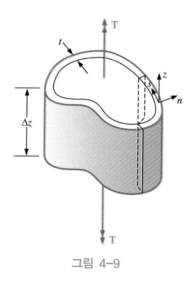

그림 4-9

---

2) Kollbrunner Basler, *Torsion in Structures*, pp.12, Springer-verlag Berlin, Heidelberg, New York, 1969.

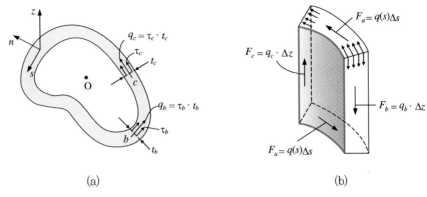

그림 4-10

4.4.2 전단류와 내력-응력 평형조건

가정에서 두께 t가 작아 두께 방향으로 응력 변화가 없다고 하였으므로 그림 4-10(a)의 임의 지점 b에서 두께 전체에 걸쳐 일정한 응력 τ_b, 지점 c에서는 τ_c가 작용함을 생각할 수 있다. 두께 전체에 걸쳐 일정한 응력 τ_b, τ_c가 작용하므로 해당 두께를 곱하면 그림 4-10(a)에서 보듯이 그 지점에서의 단위길이당 힘의 단위를 갖는 물리량이 되며, 이것을 전단류(Shear flow)라 정의하고 '$\mathbf{q}$'로 나타내었다. 그림 4-10(b)는 미소요소 $\varDelta s$, $\varDelta z$에서 전단류에 의한 힘들을 나타내었다. 이 힘들은 미소요소 위에서 평형조건을 만족하여야 하므로 다음과 같은 힘 평형조건을 기술할 수 있다.

- 힘 평형조건

$$\varSigma F_z = F_c - F_b = q_c \varDelta z - q_b \varDelta z = 0$$

$$q_b = q_c$$

(4-17)

b, c는 둘레 s 위에 임의의 지점을 선택하였으므로 식 (4-17)은 둘레 s 위에서 위치에 상관없이 전단류가 일정한 값을 갖는다는 의미가 된다. 즉 전단류 또는 전단흐름(Shear flow)은 얇은 관을 비틀 때 관의 단면에 작용하는 전단응력(τ)과 두께(t)를 곱한 값을 말하며, 관 둘레의 어느 부분에서나 일정한 값을 갖는다. 이 양을 전단류 또는 전단흐름이라 이름한 것은 유체역학에서 얇은 관을 흐르는 유량(flow)은 일정하며 유속과 관 두께의 곱으로 표현되는 것과 흡사하기 때문이다. 이 전단류가 외력에 의해 발생한 내력이 되며, 전단류의 정의에 따라 응력으로 나타나며 다음과 같이 내력과 응력의 평형조건을 기술할 수 있다.

• 내력과 응력의 평형조건

$$q_c = \tau_c t_c = q_b = \tau_b t_b$$

$$q = \tau t = 일정 \tag{4-18}$$

[전단류의 단위: 단위길이당 힘(N/m)]

4.4.3 하중-응력 관계식

외부에서 가해진 비틀림 모멘트는 얇은 관에 전단응력으로 번져서 나타나게 될 것이다. 단면에 비하여 아주 얇으므로 전단응력은 전단류의 형태로 발생하며, 이 전단류에 의해 유발되는 비틀림 모멘트를 모두 합하면 외부에서 가해진 비틀림 모멘트와 평형을 이루어야 한다. 이것이 외력과 내력의 평형조건이며 다음과 같이 기술할 수 있다.

• 외력과 내력의 평형조건

$$T = \int r\,q\,ds$$

$$= q \int r\,ds \tag{4-19}$$

그림 4-11(b)에서 $r \cdot ds$는 △OAB 면적의 2배인 □OABC 면적임을 알 수 있다. 따라서 $\int r\,ds$는 폐곡선 면적의 2배가 될 것이므로, 식 (4-19)는 다음과 같이 간단한 하중-전단류(외력-내력), 하중-응력(외력-응력) 관계로 쓸 수 있다.

$$T = q \cdot 2A$$

$$= 2\tau t A \tag{4-20}$$

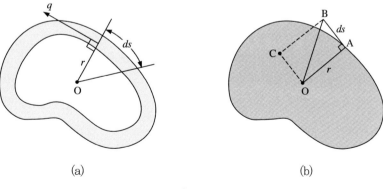

(a)   (b)

그림 4-11

따라서 두께가 얇은 관에 비틀림 모멘트 T가 작용할 때 관 둘레 s 상의 임의 지점에서의 응력과 외력과의 관계는 다음과 같이 간단한 대수함수로 맺어질 수 있다.

- 하중-응력 관계식 (응력-외력 관계)

$$\tau = \frac{T}{2At} \tag{4-21}$$

τ: 구하고자 하는 임의 지점에서의 응력

T: 외력 모멘트(외부하중)

A: 관의 폐곡선 내부 면적

t: 구하고자 하는 임의 지점에서의 관 두께

여기서 A는 엄밀하게 관 두께의 중앙선에 대한 폐곡선의 면적을 나타낸다. 그러나 두께 t가 아주 작다고 가정하였으므로 관의 내측 폐곡선의 면적을 취하나 외측 또는 중앙의 어느 쪽 면적을 택해도 결과값의 차이는 무시할 수 있다. 그러나 외측 또는 내측 면적을 택하여 결과값의 차이가 무시할 수 없을 만큼 크다면 관이 얇다고 가정하여 얻어진 이들 결과식들은 유효하게 사용될 수 없다. 이때에는 다른 방법으로 문제를 해석하여야 할 것이다. 또한 이 절에서는 근사적인 방법으로 하중-응력의 평형조건만을 활용하여 하중-응력의 관계식을 도출하였다. 이 절의 근사적인 접근방법과 지금까지 논의해왔던 벡터적 방법으로는 하중-변형에 대한 관계식을 도출하는 데 한계가 있다. 이것은 에너지법에서 Castigliano 정리를 활용하여 구하는 것이 보다 효과적이다. 따라서 이 절의 얇은 관 비틀림 문제에서는 하중-응력 관계식만으로 기술을 마치고, 하중-변위 관계식은 더 이상 논의를 진전시키지 않을 것이다.

<u>예제 4-4</u> 그림과 같은, 단면의 얇고 균일한 두께 t를 갖는 중공 원형축에 비틀림 하중 T가 작용한다. 4.2절의 엄밀해적 방법에서 구한 응력과 4.4절에서 근사적 해법으로 구한 응력의 값을 비교하여 내경과 외경의 비율(r_i/r_o)에 따른 응력 차이를 퍼센트로 나타내라.

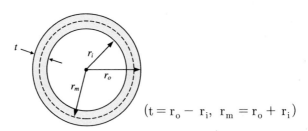

$$(t = r_o - r_i, \quad r_m = r_o + r_i)$$

[풀이]　(i) 엄밀해적 응력

$$\tau = \frac{T \cdot r}{I_p}$$

$$I_p = \frac{\pi}{32}\left(d_0^4 - d_i^4\right) = \frac{\pi}{2}\left(r_o^4 - r_i^4\right)$$

$$\therefore \ \tau_{min} = \frac{2\,Tr_i}{\pi\left(r_o^4 - r_i^4\right)}$$

$$\tau_{max} = \frac{2\,Tr_o}{\pi\left(r_o^4 - r_i^4\right)}$$

(ii) 근사해적 응력

$$\tau' = \frac{T}{2At}$$

$$A = \pi\,r_m^2 = \frac{\pi}{4}\left(r_o + r_i\right)^2$$

$$t = r_o - r_i$$

$$\therefore \ \tau' = \frac{2T}{\pi\left(r_o + r_i\right)^2\left(r_o - r_i\right)}$$

(iii) 응력 비교

$$\frac{\tau'}{\tau_{max}} = \frac{r_o^2 + r_i^2}{r_o^2 + r_o r_i} = \frac{1 + (r_i/r_o)^2}{1 + (r_i/r_o)}$$

$$응력\ 차이(\%) = \left(1 - \frac{\tau'}{\tau_{max}}\right) \times 100$$

r_i/r_o	τ'/τ_{max}	응력 차이 %
0.5	0.83	16.6
0.6	0.85	15
0.7	0.87	12.3
0.8	0.91	8.8
0.9	0.95	4.7
0.95	0.97	2.4
0.99	0.99	0.49

01 지름이 10 cm인 원형 단면의 극관성 모멘트 I_P 와 극단면계수 Z_P를 구하라.

02 그림과 같이 안지름 R_i, 바깥지름 R_o 를 갖는 중공 원형축 의 극관성 모멘트 I_P를 구하라.

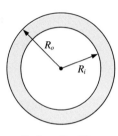

$R_i = 5\,cm,\ R_o = 10\,cm$

03 그림과 같이 한쪽 변이 고정되어 있는, 길이 L, 바깥지름 d_o, 안지름 d_i 인 중공 원형 단면축이 비틀림 모멘트 T를 받고 있다. $z = \dfrac{L}{2}$ 되는 mn 단면에서의 비틀림각과 그 단면에서 $r = \dfrac{d_i + d_o}{4}$ 되는 지점에서의 전단 응력 τ를 구하라.[단, G는 전단탄성계수(횡 탄성계수)]

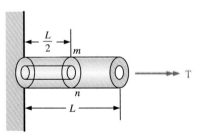

04 그림과 같이 한쪽 변이 고정되어 있는, 길이 L, 지름 d 인 원형 단면축이 비틀림 모멘트 T를 받고 있다. 최대 응력을 계산하고 분포 를 도시하라.(단, G는 횡탄성계수)

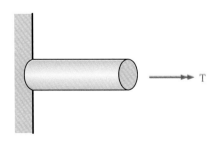

05 1000 kgf·cm의 비틀림 모멘트가 작용하는 지름 5 cm의 원형 단면축의 최대 전단응력을 구하라.

06 바깥지름이 5 cm, 안지름이 3 cm인 중공 원형축에 1000 kgf·cm의 비틀림 모멘트가 작용할 때 발생하는 비틀림응력을 $r = R_i$, $r = R_o$에서 각각 구하라. ($R_o = 2.5$ cm, $R_i = 1.5$ cm)

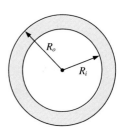

07 바깥지름 d_o, 안지름 d_i인 중공 원형축에 1000 kgf·cm의 비틀림 모멘트가 작용하고 있다. 허용 비틀림응력 $\tau_a = 10$ kgf/cm^2, 바깥지름 $d_o = 10$ cm이면 d_i의 최댓값은 얼마인가? (정수값으로 구하라. 단위는 cm)

08 허용전단응력이 1000 kgf/cm^{2}인 재질로 된 원형축의 지름이 10 cm이다. 2000 rpm으로 회전하고 있을 때 전달 가능한 동력은 몇 마력인가? (단, 1PS = 75 kgf·m/sec)

09 모터에서 나오는 동력이 10 kW이고, 최대 회전수는 3000 rpm을 갖는 축의 허용전단응력이 $\tau_a = 100$ MPa일 때 축 지름의 최솟값을 구하라.(단, 정수값으로 단위는 mm)

10 200 rpm으로 300마력을 전하는 중공 동력축의 안지름과 바깥지름의 비가 1 : 2 일 때, 축 재료의 허용비틀림응력 $\tau_a = 10\,\text{kgf}/\text{mm}^2$를 견디기 위한 안지름의 최솟값을 구하라.(정수값으로 단위는 cm)

11 전단탄성계수가 $10^6\,\text{kgf}/\text{cm}^2$이고 지름이 10 cm인 동력축이 100 rpm으로 회전을 하고 있을 때, 길이 200 cm에 대한 비틀림각이 1°라고 하면 이 축에 일어나는 최대 전단응력은 얼마인가?

12 그림에서 지름이 5 cm인 원형축이 1000 N·m의 회전모멘트를 받고 있다. 재료의 전단탄성계수가 10 GPa일 때 AB 사이의 비틀림각 ϕ를 구하라.

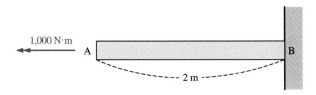

13 그림은 서로 다른 재료로 구성된 단일봉이다. 즉 내부는 재료 A, 외부는 재료 B로 이루어져 있다. 회전모멘트 T에 의해 재료 A에 발생된 회전모멘트를 T_A, 재료 B에 발생된 모멘트를 T_B라 할 때, 재료 A와 재료 B에 작용하는 최대 전단응력과 비틀림각 ϕ를 구하라.(단, l: 봉의 길이, I_A: 재료 A의 극관성 모멘트, I_B: 재료 B의 극관성 모멘트, G_A: 재료 A의 전단탄성계수, G_B: 재료 B의 전단탄성계수)

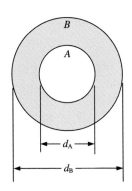

14 그림과 같이 바깥지름이 10 cm, 안지름이 9 cm인 중공 원형축이 있다. 1000 kgf·cm의 비틀림 모멘트가 작용할 때 발생하는 비틀림응력을 $r = R_i$, $r = R_o$에서 각각 구하고, 이 중공 원형축을 두께가 얇은 관으로 가정하여 전단응력을 구하라.($R_i = 4.5$ cm, $R_o = 5$ cm)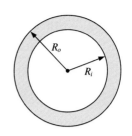

15 그림과 같이 안지름이 20 cm이고 두께가 아주 얇은 중공 원형축이 있다. 1000 kgf·cm의 비틀림 모멘트가 작용하고 있을 때 발생하는 전단응력을 구하라. ($R_i = 10$ cm, $t = R_o - R_i = 0.1$ cm)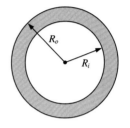

16 그림과 같이 길이 l=2 m인 원형 단면축에 비틀림 모멘트 $T = 300$ kgf·m가 작용하면, 이 원형 단면축의 비틀림각은 얼마인가?

(단, $\tau_a = 250$ kgf/cm^2, $G = 0.4 \times 10^6$ kgf/cm^{2}이다.)

① 0.072 rad   ② 0.027 rad

③ 0.27 rad   ④ 0.72 rad

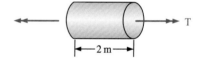

17 길이가 10 cm, 지름이 20 cm인 축과 길이가 20 cm, 지름이 10 cm인 축은 동일 재료로 만들어졌다. 이 두 축을 같은 각도만큼 변형시키는 데 필요한 비틀림 모멘트의 비는 얼마인가?

① 1/4   ② 1/8   ③ 1/16   ④ 1/32

18 그림과 같이 강철 막대를 동력축으로 사용하기 위해 비틀림각 45°에서 최대 전단 응력 $1200\ \mathrm{kgf/cm^2}$ 가 되도록 하려면 막대의 길이 A와 지름 B의 비는 얼마가 되어야 하는가? (단, $G = 6.5 \times 10^6\ \mathrm{kgf/cm^2}$ 이다.)

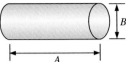

① 14.3   ② 21.3

③ 31.4   ④ 45.2

19 환봉의 길이가 3 m이고 지름이 5 cm이다. 이 환봉의 양단에 비틀림 모멘트 $T =$ $100\ \mathrm{kgf \cdot m}$로 작용할 때 비틀림각은 얼마인가? (단, $G = 2.4 \times 10^6\ \mathrm{kgf/cm^2}$ 이다.)

① 0.02 rad   ② 0.04 rad   ③ 0.06 rad   ④ 0.08 rad

20 그림과 같이 한쪽 단이 고정되어 있고 길이가 2 m, 지름이 8 mm인 원형 단면의 자유단을 30° 비틀었다면 원형 단면 봉에 생기는 최대 전단응력은 얼마가 되겠는가? (단, $G = 4.2 \times 10^6\ \mathrm{kgf/cm^2}$ 이다.)

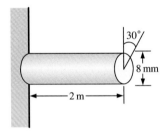

① $268\ \mathrm{kgf/cm^2}$ ② $438\ \mathrm{kgf/cm^2}$

③ $2668\ \mathrm{kgf/cm^2}$ ④ $4398\ \mathrm{kgf/cm^2}$

21 동일 재료와 단면을 갖는 두 개의 축이 있다. 길이가 L인 축에는 비틀림 모멘트 T가 작용하고, 길이가 2L인 축에는 4T가 작용한다면 비틀림각 θ_2를 나타내는 수식은 무엇인가?

① $\theta_1 = 8\theta_2$ ② $\theta_1 = 4\theta_2$ ③ $\theta_2 = 8\theta_1$ ④ $\theta_2 = 4\theta_1$

22 $2500\,\mathrm{kgf\cdot cm}$의 비틀림 모멘트가 지름이 $10\,\mathrm{cm}$인 봉에 작용한다. 이 봉에 생기는 최대 전단응력은 얼마인가?

① $2.7\,\mathrm{kgf/cm^2}$ ② $12.7\,\mathrm{kgf/cm^2}$

③ $22.7\,\mathrm{kgf/cm^2}$ ④ $32.7\,\mathrm{kgf/cm^2}$

23 $180\,\mathrm{kgf\cdot m}$의 비틀림 모멘트를 받는 둥근 축의 허용전단응력이 $600\,\mathrm{kgf/cm^2}$이라고 하면 이 둥근 축의 지름은 얼마인가?

① $2.5\,\mathrm{cm}$ ② $2\,\mathrm{cm}$ ③ $5.3\,\mathrm{cm}$ ④ $0.5\,\mathrm{cm}$

24 전동축이 회전수 $2350\,\mathrm{rpm}$에서 $80\,\mathrm{PS}$를 전달하기 위해서는 지름을 몇 cm로 만들면 되겠는가? (단, 전동축의 허용전단응력은 $\tau_a = 250\,\mathrm{kgf/cm^2}$로 한다.)

① $1.2\,\mathrm{cm}$ ② $2.4\,\mathrm{cm}$ ③ $3.6\,\mathrm{cm}$ ④ $4.8\,\mathrm{cm}$

25 길이가 $1\,\mathrm{m}$이고 지름이 $3\,\mathrm{cm}$인 봉의 일단을 고정하고, 다른 한 끝을 $2180\,\mathrm{kgf\cdot cm}$의 비틀림 모멘트로 작용시킬 때 발생하는 전단응력은 얼마인가?

① $174\,\mathrm{kgf/cm^2}$ ② $221\,\mathrm{kgf/cm^2}$

③ $371\,\mathrm{kgf/cm^2}$ ④ $411\,\mathrm{kgf/cm^2}$

26 지름 $d = 60\,\mathrm{mm}$인 원형축의 허용전단응력 $\tau_a = 200\,\mathrm{kgf/cm^2}$이다. 이 원형축이 $3000\,\mathrm{rpm}$으로 회전하고 있을 때 전달 가능한 동력은 얼마인가?

① $550\,\mathrm{PS}$ ② $355\,\mathrm{PS}$ ③ $1550\,\mathrm{PS}$ ④ $855\,\mathrm{PS}$

27 중실축이 2400 rpm에서 200 PS를 전달할 수 있게 하려면 최소 지름은 얼마로 하면 되는가? (단, 재료 사용전단응력 $\tau_a = 400\ \mathrm{kgf/cm^2}$이다.)

① 4.2 cm   ② 3.1 cm   ③ 2.2 cm   ④ 1.1 cm

28 전단탄성계수가 $100\ \mathrm{kgf/cm^2}$이고 극단면 2차 모멘트가 $200\ \mathrm{cm^4}$인 요소에 비틀림 모멘트 $\mathrm{T} = 150\ \mathrm{kgf \cdot cm}$을 작용시킬 때 하중점에서의 비틀림각은 얼마인가?

① 0.14 rad   ② 0.28 rad

③ 0.36 rad   ④ 0.48 rad

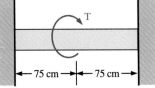

29 그림과 같이 지름이 4 cm인 중실축 양단이 고정되어 있고 A 위치에 고정되어 있는 요소가 있다. 이때 60 MPa의 허용전단응력으로 요소에 가할 수 있는 최대 허용비틀림각은 몇 rad인가? (단, $G = 80\ \mathrm{GPa}$이다.)

① 0.003   ② 0.001

③ 0.027   ④ 0.01

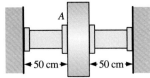

30 그림과 같이 3요소가 동력을 전달하고 있다. 각 축에 발생하는 전단응력이 같아지게 하려면 지름의 비는 얼마로 해야 하는가?

① $1 : \sqrt{6}$ ② $1 : \sqrt[3]{6}$

③ $1 : \sqrt{3}$ ④ $1 : \sqrt[3]{3}$

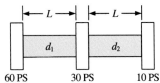

응력과 변형률의 분석

5.1 서론

일반적으로 우리가 '응력 또는 변형률을 해석한다' 함은 어떤 하중 상태에 놓인 부재에 대하여 계산이 손쉬운 방향으로 좌표계를 설정하고, 설정된 좌표축 방향에 따르는 응력 또는 변형률을 계산하는 것을 말한다. 이때 계산된 응력과 변형률은 재료를 구성하고 있는 모든 점들에서 각각의 값을 갖고 표현되며, 재료 내부의 하나의 점과 좌표축에 대응되는 값이다. 우리는 이 점들을 다루기 쉽도록 이상화하여 좌표계상에 놓인 정육면체로 확대하여 생각하게 되고, 최초 설정된 좌표계와 일치시켜 응력이 작용하는 면과 응력의 방향을 나타내도록 표현한다. 이와 같이 좌표축의 방향과 응력이 작용하는 면과 응력의 방향을 일치시켜 점에서의 응력을 요소 형태로 표현하는 것을 응력요소 표현이라 한다. 그림 5-1은 이것을 쉽게 이해시키고자 z축 방향의 응력이 없는 x, y 면과 x, y 방향으로만 작용하는 평면응력을 예로 나타낸 것이다.

그림 5-1(a) xyz 좌표계에서 부재의 응력을 해석하여 점 A를 응력요소로 나타내면 (b), (c)와 같이 나타낼 수 있다. (b)는 정육면체요소로 표현한 것이고, (c)는 이것을 평면요소로 표현한 것이다. 그림 5-1(a) $x_1y_1z_1$ 좌표계에서 응력을 해석하여 점 A를 응력요소로 나타내면 (d)와 같이 나타낼 수 있다. 그림 5-1(c)와 (d)는 동일한 점 A에서의 응력을 좌표계의 방향에 따라 각각 표현한 것이다. 이 둘은 각각의 좌표계(xyz, $x_1y_1z_1$)에서 주어진 부재를 해석하여 얻어질 수도 있지만 어느 한 좌표계에 대하여 해석을 통해 얻어진 응력과 변형률을 변환을 통하여 다른 좌표계의 상태로 나타낼 수도 있다. 실제로 우리가 응력과 변형률을 해석할 때에는 해석이 손쉬운 쪽으로 좌표계를 선정하게 된다. 그림 5-1(a)에서는 xyz 좌표계에서 부재를 해석하는 것이 $x_1y_1z_1$좌표계에서 부재를 해석하는 것보다 훨씬 수월하다. 따라서 임의 방향으로의 응력과 변형률의 상태를 알기 위하여 그 방향으로 좌표계를 설정하고 해석을 처음부터 다시 수행하는 것보다, 해석이 손쉬운 좌표계에

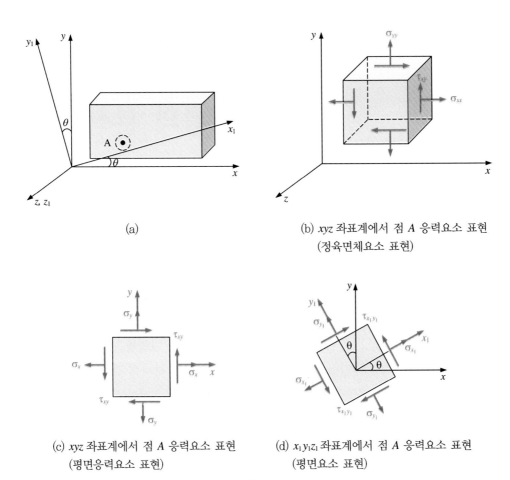

(a)

(b) xyz 좌표계에서 점 A 응력요소 표현
(정육면체요소 표현)

(c) xyz 좌표계에서 점 A 응력요소 표현
(평면응력요소 표현)

(d) $x_1y_1z_1$ 좌표계에서 점 A 응력요소 표현
(평면요소 표현)

그림 5-1

서 응력과 변형률을 계산한 다음, 변환을 통하여 임의 방향으로 응력과 변형률의 상태를 얻는 것이 훨씬 간편하고 효율적이다. 이와 같이 어느 한 좌표계에 대하여 부재 내의 응력과 변형률을 해석하여 알고 있다면, 임의 각도 θ만큼 회전된 좌표축 방향으로 응력과 변형률을 변환시켜 그 방향으로 응력과 변형률 값을 알아내는 것을 '응력과 변형률의 분석'[1] 이라 하며, 이 장에서 취급하고자 하는 내용이다.

그러면 응력과 변형률의 분석은 왜 필요한가? 우리는 재료역학의 목적을 '재료역학은 하중을 받고 있는 고체의 변형거동을 응력, 변형률, 변위의 상태로 나타내어 재료의 변형

---

1) 응력과 변형률의 변환(Transformations of Stress and Strain)이라고도 하고, 또 국내 번역서에서는 '응력과 변형률의 해석'이란 용어도 사용하였다. 이 책에서는 '해석'이라는 용어는 하중을 받고 있는 부재에서 응력이나 변형률의 값을 계산해내는 것으로 사용하고, 이미 계산된 응력에 대하여 좌표 변환뿐만 아니라 여러 경우로 검토하는 의미로 '분석'이라는 용어를 선택하였다.

정도 및 파손 등을 예측하고, 재료의 적절한 설계값을 얻는 데 그 목적을 두는 학문이다'라고 하였다. 재료의 파손을 예측하려면 부재에 작용하는 최대 응력 및 변형률(maximum stress or strain)을 파손이론과 연관 지어야 한다. 이를 위하여 먼저, 부재에 발생하는 최대 응력 및 변형률이 어느 방향으로 얼마만 한 크기로 나타나는지 알아야 한다. 실제로 우리가 응력을 해석할 때에는 해석이 손쉬운 방향으로 좌표계를 선정하기 때문에 이렇게 선정된 좌표계에서 계산된 응력 및 변형률이 최댓값이 발생하는 방향이라고 단정 지을 수 없다. 따라서 '응력과 변형률의 분석'을 통하여 최대 응력과 변형률이 발생하는 방향과 크기를 산출하여야 파손이론과 연관 지어 재료의 파손을 예측할 수가 있다는 뜻이다.

그러면 '응력과 변형률의 분석'은 어떻게 이루어지는가? 분석방법으로 크게 도식적 방법과 해석적 방법으로 나눌 수 있으며, 분석대상으로 1차원, 2차원, 3차원 응력 및 변형률을 들 수 있다. 이 책에서는 도식적 방법을 먼저 설명하고 해석적 방법을 다룰 것이다. 도식적 방법은 1882년 Otto Mohr(1835~1918)가 제안한 것으로 공학적 활용이 간편하여 오늘날에도 그 효용성이 인정되어, 재료역학 책에서도 취급하며 공학현장에서도 많이 활용하는 방법이다. 이 책에서 Mohr의 도식적 방법을 먼저 설명하는 것은 이것이 해석적 방법보다 실용적이며 시각적으로 이해하기 쉽기 때문에, 여러분들이 이 방법을 잘 이해하고 활용하기 바라는 이유에서이다. 해석적 방법은 실용적인 면에서는 도식적 방법보다 못하지만, Mohr의 도식적 방법이 여기에 근거하고 원리를 이해하는 데는 충분한 효용이 있으므로 그 과정을 한 번 밟아볼 필요가 있다. 또한 분석대상으로 이 책에서는 1차원, 2차원 응력과 변형률 문제(평면응력, 평면변형률)만을 취급하고자 한다. 그 이유는, 재료역학에서 취급하는 응력해석은 대부분 2차원 문제까지 해당되며, 3차원 문제는 재료역학적 해석이 수월하지 않기 때문이다. 3차원 문제의 해석은 탄성론 및 고급 재료역학에서 취급하고 대학원 과정에 적당한 내용이므로, 재료역학 입문자를 위하여 기술된 이 책뿐만 아니라 대부분의 재료역학 책에서는 취급하지 않고 있다. 따라서 이 책에서 주로 다루는 부재의 해석(1차원, 2차원)과 응력의 분석(1차원, 2차원)에 일관성을 부여하여 여러분들로 하여금 개념의 파악과 실용적 이해를 우선적으로 돕고자 2차원 문제까지만 분석대상으로 선택하였다. 여러분들이 이 장을 자세히 공부하고 난 뒤에 기본적으로 알아야 할 중요한 점들은 다음과 같다.

- 응력요소(stress elements) 표현
- 응력의 부호규약(2.3.3절 참조)
- 평면응력과 평면변형률

- 주응력(principal stresses)과 주평면(principal plane)
- 최대 전단응력
- Mohr원에서 전단응력의 부호규약
- Mohr원 그리는 방법과 Mohr원의 의미 해석
- 공액전단응력에 관한 정리
- 변형률의 측정과 스트레인 로제트

5.2 Mohr원에 의한 도식적 응력 분석

5.2.1 평면응력과 응력요소 표현

응력과 변형률의 분석은 먼저 어떤 좌표계에서 부재가 해석되어, 부재의 응력 및 변형률의 상태가 알려진 뒤에 진행되는 과정이다. 즉 응력 분석을 하려면 해석된 좌표계상에서 분석하려고 하는 점의 응력 상태가 응력요소 형태 또는 응력값으로 주어져 있어야 된다. 응력값과 응력요소 표현은 이 책의 응력의 부호규약[2.3.3절 3)항, 그림 2-19]에 따라 상호전환이 가능하다(예제 2-6 참조). Mohr원을 이용한 도식적 응력 분석에서는 응력 상태가 응력요소 형태로 표현되어 있는 것이 시각적으로 이해하기 편리하다. 따라서 이 절에서는 이미 알고 있다고 생각되는 부재 내의 한 점에서 평면 응력 상태를 응력요소 형태로 표현하고, 이것을 예로 Mohr원을 그리는 방법을 설명하고, 그려진 Mohr원의 의미를 이해시키고자 한다.

평면응력(plane stress) 상태란 3차원 공간에서 하나의 좌표축 방향으로는 응력이 없는 상태를 말한다. 예를 들어 xyz 좌표계에서 z축 방향의 응력이 없다면 다음과 같은 응력 상태가 평면응력이 된다.

$$\sigma_x \neq 0, \ \sigma_y \neq 0, \ \tau_{xy} \neq 0$$
$$\sigma_z = \tau_{xz} = \tau_{yz} = 0$$

(5-1)

우리는 z축으로 두께가 얇은 평판 부재가 x, y 방향으로 하중을 받을 때 평면응력 상태를 생각할 수 있다. 평면응력 상태에서 변형률은 평면응력 상태 식 (5-1)을 일반화된 Hooke의 법칙[응력-변형률 관계식: 식 (2-10)]에 대입하여 얻게 된다. 따라서 평면응력 상태에서 변형률은 식 (2-11)과 같이 표현되고, 다음과 같이 나타낼 수 있다. 식 (5-2)에

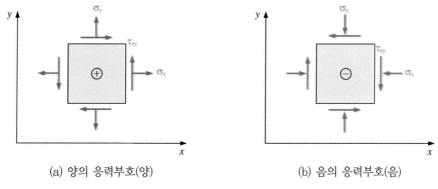

(a) 양의 응력부호(양)   (b) 음의 응력부호(음)

그림 5-2 **평면응력의 응력요소 표현**

서 0이 아니라는 뜻($\epsilon \neq 0$)은 절대로 0이 아니라는 의미가 아니라, 0이 아닌 값을 가질 수가 있다는 뜻으로 이해하여야 한다.

$$\epsilon_x \neq 0, \ \epsilon_y \neq 0, \ \epsilon_z \neq 0, \ \gamma_{xy} \neq 0$$

$$\gamma_{xz} = \gamma_{yz} = 0 \tag{5-2}$$

식 (5-1)과 같은 응력값으로 표현된 평면응력 상태를 2.3.3절의 응력의 부호규약에 따르는 응력요소 표현으로 하면 그림 5-2와 같이 나타낼 수 있다. 우리는 이 중에서 양의 응력 부호의 응력요소 표현을 예로 Mohr원을 설명할 것이다.

5.2.2 평면응력의 Mohr원

평면응력의 Mohr원은 응력요소에서 한 개 면 위의 응력 상태를 Mohr평면상의 원주 위 한 개 점의 좌표값으로 대응시킨 것이다. 여기서 Mohr 평면이란 횡축을 수직응력(σ)축으로 하고, 종축을 전단응력(τ)축으로 하는 좌표평면을 말한다. 평면응력의 응력요소는 두 면의 응력 상태(x축에 수직한 면, y축에 수직한 면)를 가진다. 그러므로 최초 Mohr원을 그릴 때에는 Mohr 평면 위에 두 개의 점[그림 5-3(c)에서 X점, Y점]이 찍히게 된다. 이 두 점을 지름으로 하는 원을 그리면 이것이 Mohr원이 된다(Mohr원에서 원의 방정식에 대한 수학적 배경은 5.3절 해석적 방법에서 언급할 것이므로 관심 있는 사람은 참조하길 바란다). 따라서 원을 그릴 때 처음 찍었던 원주상의 두 점은 최초 응력요소의 방향과 응력값을 나타내며, 이것을 기준점 또는 기준선이라고도 한다.

그림 5-3에 위 설명의 이해를 돕기 위해 간단한 Mohr원을 그려놓았다. 그리고 기준점에서 원주상 임의의 점까지의 회전 방향과 각도는 기준점에 대응하는 응력요소 면이 회전한 각도와 방향을 나타내게 되며, 그 점의 좌표값은 회전된 면에서 응력값을 나타내게

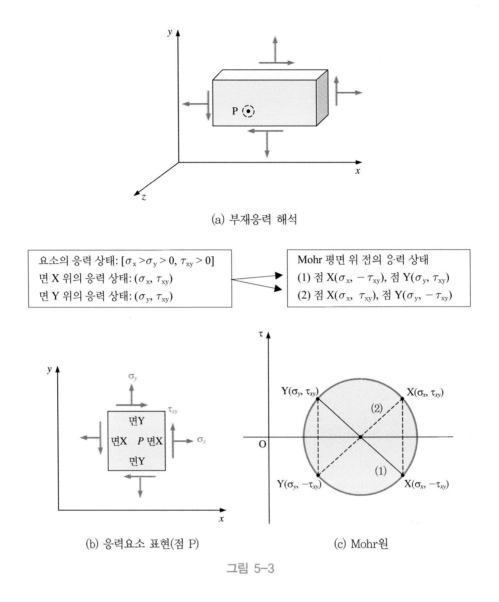

(a) 부재응력 해석

요소의 응력 상태: $[\sigma_x > \sigma_y > 0, \tau_{xy} > 0]$
면 X 위의 응력 상태: (σ_x, τ_{xy})
면 Y 위의 응력 상태: (σ_y, τ_{xy})

Mohr 평면 위 점의 응력 상태
(1) 점 $X(\sigma_x, -\tau_{xy})$, 점 $Y(\sigma_y, \tau_{xy})$
(2) 점 $X(\sigma_x, \tau_{xy})$, 점 $Y(\sigma_y, -\tau_{xy})$

(b) 응력요소 표현(점 P)

(c) Mohr원

그림 5-3

된다. 그러나 이와 같이 간편한 도식적 분석을 하려면 Mohr원에서만 해당되는 전단응력에 대한 새로운 부호규약이 필요하다. 그 이유는 그림 5-3(b)와 (c)를 보면 알 수 있다. 즉 그림 5-3 (b)의 응력요소는 양의 응력 상태($\sigma_x > \sigma_y > 0$, $\tau_{xy} > 0$)를 나타내고 있으므로 면 $X(\sigma_x, \tau_{xy})$와 면 $Y(\sigma_y, \tau_{xy})$의 전단응력 값은 모두 양의 값을 갖는다. 그러나 그림 5-3(c)의 Mohr 원에서는 X면과 Y면이 대치되어 두 전단응력 중 어느 한 개는 음의 값으로 나타내야 좌표계상에 Mohr원을 그릴 수 있다. 따라서 X면과 Y면의 전단응력 중 어느 하나는 재료역학에서의 응력의 부호규약과 다르게 약속하고(수직응력은 응력의 부호규약과 일치) Mohr원을 그려야 한다. 따라서 재료역학 책을 저술하는 학자들은 Mohr원에서 전단응력의 부

표 5-1 Mohr원에서 전단응력의 부호규약

① 요소 시계 방향 회전 전단응력 ↔ Mohr 평면 양의 전단응력
요소 반시계 방향 회전 전단응력 ↔ Mohr 평면 음의 전단응력
: 그림 5-3(c)의 (1): 이 책에서 채택

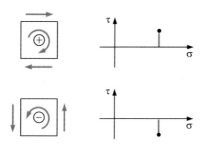

② 요소 시계 방향 회전 전단응력 ↔ Mohr 평면 음의 전단응력
요소 반시계 방향 회전 전단응력 ↔ Mohr 평면 양의 전단응력
: 그림 5-3(c)의 (2)

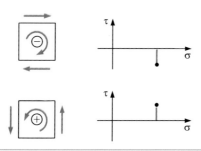

호규약을 표 5-1의 두 가지 방법 중 한 가지를 선택하여 기술한다.[2]

이 책에서는 ①번 부호규약에 따라 Mohr원을 그리고, 그 의미를 해석하는 방법을 기술할 것이다. 왜냐하면 ①번 부호규약에 의한 Mohr원은 Mohr원에서 회전 방향과 실제 평면(physical plane)에서 회전 방향이 일치하여 의미해석을 할 때 혼돈을 줄일 수 있는 장점이 있기 때문이다. 그러나 ②번 부호규약에 의한 Mohr원은 Mohr원에서 회전 방향과 실제 평면에서 회전 방향이 반대가 되므로 혼돈을 초래할 수가 있다. 그러면 ①번 부호규약에 따라 그림 5-3에 표현된 평면응력요소에 대한 Mohr원 그리는 법과 의미해석 방법을 다음에 기술한다.

---

[2] Crandall, Timoshenko, Cook, Beer 등은 (1)번 부호규약으로 기술하였고, Popov는 (2)번 부호규약으로 기술하였다.

1) Mohr원 그리는 순서

표 5-2 Mohr원 그리는 순서

1. Mohr 평면(σ-τ 좌표평면)을 그린다.
2. Mohr 평면 위에 점 A$(\sigma_x, 0)$, 점 B$(\sigma_y, 0)$, 점 C$\left[\dfrac{1}{2}(\sigma_x + \sigma_y), 0\right]$, 점 X$(\sigma_x, -\tau_{xy})$, 점 Y$(\sigma_y, \tau_{xy})$를 찍는다. 여기서 점 X, Y는 응력요소에서 X면, Y면에 각각 대응하는 응력 상태를 나타내는 점들이다.
3. 점 X, 점 Y를 선분으로 잇는다. 선분 XY는 점 C를 통과한다.
4. 선분 XY를 지름으로 하는 원을 그린다(선분 CX 또는 CY를 반지름으로 하는 원을 그려도 됨).

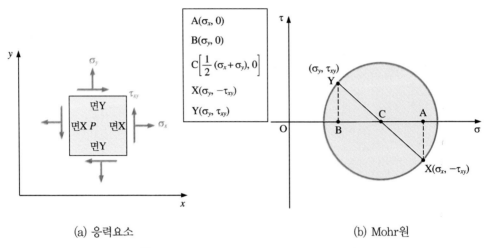

(a) 응력요소   (b) Mohr원

그림 5-4 **Mohr원 그리는 순서에 따른 Mohr원**

2) Mohr원 의미 해석

'응력과 변형률 분석'의 목적은 최초 좌표계에서 해석된 어떤 점의 응력 및 변형률의 상태를 임의 방향(임의 좌표계)으로 변환시켰을 때의 상태를 알고자 하는 것이다. 특히 그림 5-6 Mohr원에서 원주를 따라 회전하다 보면 최대 수직응력(점 D)과 최소 수직응력(점 E), 최대 전단응력(점 F, G)이 나타나는 요소 상태가 존재함을 알 수 있을 것이다. 따라서 Mohr원을 이용하여 기하학적인 계산방법으로 이들의 크기를 산출하고, 최초 요소 상태에서 이들 요소 상태로의 회전 방향과 각도를 알아내는 것이 중요하다. 그렇게 하여야 현재의 좌표계상에서 파손이론(최대 주응력설, 최대 전단응력설, 최대 주변형률설 등)과 연관 지어(주응력과 최대 주응력설, 전단응력과 최대 전단응력설) 부재의 파손여부 및 파손 방향을 예측할 수 있기 때문이다. 또한 최초 요소 상태에서 임의 방향, 임의 각도로 좌표계를 회전시켰을 때 요소의 응력 및 변형률 상태는 어떻게 되는지를 Mohr원을 이용하여 이해하는 것도 필요하다. 이들 중요점을 정리해보면 다음과 같이 요약할 수 있으며, 이들 각 항에 대하여 그림 5-5와 5-6을 이용하여 설명하고자 한다.

표 5-3 Mohr원 의미 해석 중요점

1. Mohr원에서 기준점(점 X, 점 Y)과 임의의 점(점 X_1, 점 Y_1)과의 회전 방향 및 각도, 그리고 실제 응력요소에서 대응관계: 그림 5-5(a), (b), (c)
2. 주응력의 크기 및 방향과 응력요소로의 표현
3. 최대 전단응력의 크기 및 방향과 응력요소로의 표현
4. Mohr원에서 임의의 점(점 $X_1 \sim Y_1$)의 응력의 크기 및 응력요소로의 표현

• **Mohr원과 실제 응력요소와 대응관계**

그림 5-5(a)의 Mohr원에서 점 X와 점 Y 사이의 각도는 180°이고, 원의 중심 C에 대하여 원주상에 대치되어 있다. 반면 그림 5-5(b)의 응력요소에서 X면과 Y면 사이의 각도는 90°이다. 따라서 Mohr원에서 원 주위의 점과 점 사이의 각도는 응력요소에서 면과 면 사이의 각도의 2배가 된다. 이런 이유로 Mohr원에서 각 표시를 할 때 언제나 2배각인 '2θ'로 나타내고, 응력요소에서 각 표시를 할 때에는 그 반각인 'θ'로 나타낸다. 또한 이 책의 Mohr원에서 전단응력의 부호규약을 따르게 되면(표 5-1의 ①) Mohr원에서 점이 원주를 따라 회전하는 방향은 응력요소가 회전하는 방향과 일치한다. 즉 그림 5-5(a)에서 점 X-Y가 임의의 점 X_1-Y_1으로 회전된 상태를 응력요소로 표현하여 이해해보자. Mohr원에서 점 X_1-Y_1은 기준점 X-Y가 반시계 방향으로 2θ만큼 회전되었다. 이것이 그림 5-5(c)에 의하면 최초의 좌표계($x - y$)가 반시계 방향으로 θ만큼 회전되어 새로운 좌표축($x_1 - y_1$)을 구성하고, 응력요소는 새로운 좌표축에 대응하여 그려지며, 점 $X_1 - Y_1$의 좌표값이 부호규약에 따라 응력요소에 응력값으로 표현된다. 만약 임의의 점이 최초 기준점으로부터 시계 방향으로 회전되어 존재한다면 새로운 좌표축은 시계 방향으로 회전시켜 응력요소와 응력값을 표현하면 된다. 이 책에서 Mohr원 전단응력 부호규약으로 ①항(시계 방향 +, 반시계 방향 -)을 선택한 것도 Mohr원에서 회전 방향과 응력요소에서 회전 방향이 일치하는 장점을 취하려는 의도였다.[3]

---

3) Mohr원에서 전단응력 부호규약 ②항(시계 방향 -, 반시계 방향 +)을 따르게 되면 Mohr원에서의 회전 방향과 응력요소에서의 회전 방향은 반대가 된다. 나머지 과정은 동일하다.

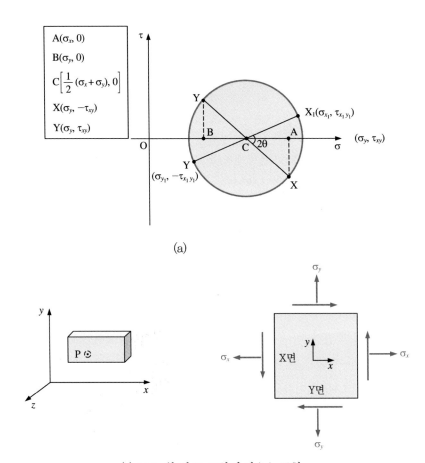

$$A(\sigma_x, 0)$$

$$B(\sigma_y, 0)$$

$$C\left[\frac{1}{2}(\sigma_x + \sigma_y), 0\right]$$

$$X(\sigma_y, -\tau_{xy})$$

$$Y(\sigma_y, \tau_{xy})$$

(a)

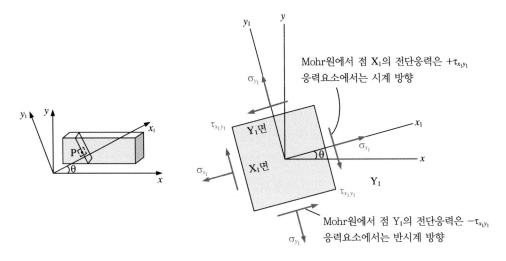

(b) Mohr원 점 X–Y의 응력요소 표현

Mohr원에서 점 X_1의 전단응력은 $+\tau_{x_1 y_1}$
응력요소에서는 시계 방향

Mohr원에서 점 Y_1의 전단응력은 $-\tau_{x_1 y_1}$
응력요소에서는 반시계 방향

(c) 임의의 각도 θ만큼 반시계 방향으로 회전된 좌표계에서 응력요소 표현

그림 5–5 Mohr원과 실제 응력요소와 대응관계

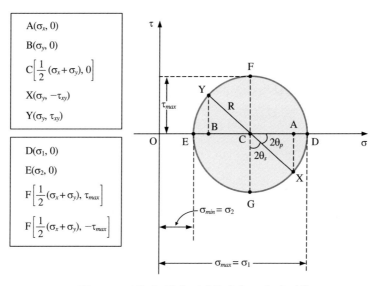

$A(\sigma_x, 0)$

$B(\sigma_y, 0)$

$C\left[\dfrac{1}{2}(\sigma_x + \sigma_y), 0\right]$

$X(\sigma_y, -\tau_{xy})$

$Y(\sigma_y, \tau_{xy})$

$D(\sigma_1, 0)$

$E(\sigma_2, 0)$

$F\left[\dfrac{1}{2}(\sigma_x + \sigma_y), \tau_{max}\right]$

$F\left[\dfrac{1}{2}(\sigma_x + \sigma_y), -\tau_{max}\right]$

$\sigma_{min} = \sigma_2$

$\sigma_{max} = \sigma_1$

그림 5-6 **주응력, 최대 전단응력의 크기 및 방향**

- 주응력의 크기 및 방향과 응력요소 상태

그림 5-6의 Mohr원을 보면 원주상의 점들 가운데 수직응력(σ)이 가장 큰 점(점 D)과 가장 작은 점(점 E)이 서로 180° 대치되어 존재함을 알 수 있다. 이 두 점에서는 전단응력의 좌표값은 0이 되어 존재하지 않고, 오직 수직응력의 좌표값만 존재한다. 이와 같이 전단응력이 존재하지 않고 수직응력이 최대, 최소가 되는 수직응력을 주응력(principal stresses)이라 부르고, 주응력이 발생하는 면을 주평면(principal planes)이라 한다. 그리고 주응력이 발생하는 방향을 주축(principal axes) 또는 주응력 방향(principal directions)이라 하며, 그림 5-7(a)에서 좌표축 x', y'으로 나타내었다. 파손이론에서 최대 주응력설에 따르면 주응력이 인장강도를 넘게 되면 파손이 일어나며, 파손되는 방향은 주평면을 따라 절개된다고 한다. 따라서 우리는 주응력의 크기와 방향을 Mohr원에서 기하학적 계산으로 알아내는 것이 중요하다. 그림 5-6에서 주응력을 가리키는 점은 점 D, E이다. 그러므로 주응력의 크기는 점 D, E의 좌표값인 σ_1, σ_2가 되고, 방향은 최초 기준점 X-Y가 점 D-E로 회전되는 방향(여기에서는 반시계 방향)이며, 각의 크기는 Mohr원에서는 $2\theta_p$이지만 응력요소에서는 θ_p가 된다. 그림 5-6과 식 (5-3)~(5-7)에 주응력의 크기 및 방향을 기하학적으로 산출하는 식을 나타내었다. 그리고 그림 5-7(a)에 주응력을 응력요소 상태로 나타내었다. 실제로 여러분들은 주응력의 크기와 방향을 모두 구하고 그림 5-7(a)와 같이 주응력을 실제 평면에서 응력요소 형태로 표현할 줄 알아야 Mohr원을 완전히 이해하였고 주응력을 완전히 분석하였다고 할 수 있다.

$$\sigma_{1,2} = \overline{OC} \pm \overline{CD} = \overline{OC} \pm \overline{CX}$$
$$= \overline{OC} \pm \sqrt{(\overline{CA})^2 + (\overline{AX})^2} \tag{5-3}$$

$$R = \overline{CD} = \overline{CX} = \overline{CE} = \sqrt{(\overline{CA})^2 + (\overline{AX})^2}$$

$$\overline{OC} = \frac{1}{2}(\sigma_x + \sigma_y), \quad \overline{CA} = \frac{1}{2}(\sigma_x - \sigma_y) \tag{5-4}$$

$$\overline{AX} = \tau_{xy}$$

$$\sigma_1 = \frac{1}{2}(\sigma_x + \sigma_y) + \sqrt{\left[\frac{1}{2}(\sigma_x - \sigma_y)\right]^2 + \left[\tau_{xy}\right]^2}$$

$$\sigma_2 = \frac{1}{2}(\sigma_x + \sigma_y) - \sqrt{\left[\frac{1}{2}(\sigma_x - \sigma_y)\right]^2 + \left[\tau_{xy}\right]^2} \tag{5-5}$$

$$\tan 2\theta_p = \frac{\overline{AX}}{\overline{CA}} = \left[\frac{\tau_{xy}}{\frac{1}{2}(\sigma_x - \sigma_y)}\right] \tag{5-6}$$

$$\theta_p = \frac{1}{2}\tan^{-1}\left[\frac{\tau_{xy}}{\frac{1}{2}(\sigma_x - \sigma_y)}\right] \tag{5-7}$$

● 최대 전단응력의 크기 및 방향과 응력요소 상태

그림 5-6의 Mohr원을 보면 전단응력이 최대가 되는 점은 점 F와 점 G이다. 최대 전단응력의 크기는 Mohr원의 반지름 R과 같으며 방향은 점 X에서 점 F로는 반시계 방향이지만, 점 G로는 시계 방향으로 $2\theta_s$ 이동한 것을 알 수 있다. 최대 전단응력이 발생하는 면의 좌표축 방향을 최대 전단응력축(axes of maximum shear stresses)이라 하며, 그림 5-7(b)에서 좌표축 x″, y″으로 나타내었다. 그림 5-6 밑에 주응력과 함께 최대 전단응력의 크기 (τ_{max})와 방향의 각 크기(θ_s)를 구하는 식을 나타내었다. 결론적으로 최대 전단응력이 발생하는 점은 Mohr원에서 F, G로 그 좌표값은 F(σ_s, τ_{max}), G(σ_s, $-\tau_{max}$)가 되며, 응력요소에서 회전 방향은 θ_s가 된다. 이들 값은 식 (5-8)~(5-10)에서 각각 구할 수 있으며, Mohr원에서 전단응력의 부호규약에 따라 응력요소로 표현하면 그림 5-7(b)와 같이 된다. 특히 최대 전단응력이 발생하는 두 면의 수직응력 값은 언제나 $\sigma_c = \frac{1}{2}(\sigma_x + \sigma_y)$로 같다는 것을 알 수 있다.

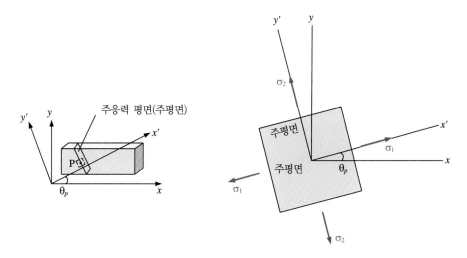

(a) 주응력 발생면의 응력요소 표현

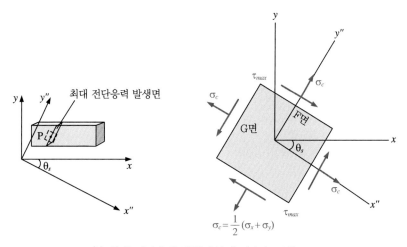

(b) 최대 전단응력 발생면의 응력요소 표현

그림 5-7 주응력, 최대 전단응력의 응력요소 표현

$$\tau_{\max} = \overline{CF} = R$$

$$\tau_{\max} = \sqrt{\left[\frac{1}{2}(\sigma_x - \sigma_y)\right]^2 + \left[\tau_{xy}\right]^2}$$

$$(5\text{-}8)$$

$$2\theta_s = \frac{\pi}{2} \pm 2\theta_p \,(\text{점 F, G})$$

$$(5\text{-}9)$$

$$\theta_s = \frac{\pi}{4} \pm \theta_p$$

최대 전단응력이 발생하는 점 F, G에서 수직응력값은 점 C의 횡축 좌표값으로 다음과 같다.

$$\sigma_c = \overline{OC}$$

$$= \frac{1}{2}(\sigma_x + \sigma_y) \tag{5-10}$$

또한 최대 전단응력은 언제나 주응력 차의 $\frac{1}{2}$이고, 방향은 언제나 주응력 방향과 45°를 이루는 것을 알 수 있는데 이것은 중요한 특징이므로 기억하기 바란다.

$$\tau_{\max} = \frac{1}{2}(\sigma_1 - \sigma_2) \tag{5-11}$$

• Mohr원에서 임의의 점(점 X_1-Y_1)의 응력 크기

Mohr원에서 임의의 점(점 X_1-Y_1)은 기준좌표계가 임의의 각도 θ만큼 회전한 좌표축에 수직한 면의 응력 상태를 나타내는 응력요소를 가리킨다. 이것은 그림 5-8에서 점 X_1, Y_1의 좌표값에 해당하며 기하학적으로 다음과 같이 계산됨을 알 수 있다. 응력요소로의 표현은 그림 5-5(c)에 나타낸 것과 동일하다.

$$\sigma_{x_1} = \overline{OC} + \overline{CX_1}\cos(2\theta - 2\theta_p)$$

$$= \frac{1}{2}(\sigma_x + \sigma_y) + R\cos(2\theta - 2\theta_p) \tag{5-12}$$

$$\tau_{x_1 y_1} = R\sin(2\theta - 2\theta_p)$$

여기서

$$R = \sqrt{\left[\frac{1}{2}(\sigma_x - \sigma_y)\right]^2 + \left[\tau_{xy}\right]^2}$$

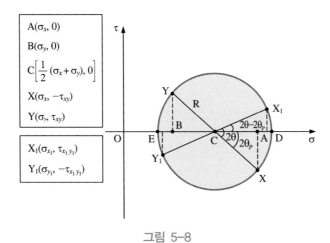

그림 5-8

예제 5-1 어떤 하중을 받고 있는 부재를 해석하였더니 부재 내의 한 점 P에서 $\sigma_x = 40$, $\sigma_y = -10$, $\tau_{xy} = -20$(MPa)인 응력이 발생하였다. Mohr원을 이용한 도식적인 방법으로 부재 내의 P점에서 주응력, 최대 전단응력의 크기와 방향을 구하고 각각 응력요소로 표현하라. 또한 최초 좌표계를 30° 시계 방향으로 회전하여 부재를 해석하였다면 점 P에서의 응력은 회전된 좌표계에서 얼마가 되는가? 이것을 Mohr원을 이용하여 구하고, 기준 응력요소의 변환으로 응력요소를 표현하라.

[풀이]   Mohr원에 의한 응력 분석 순서는 다음 번호순과 같다.

(1) 기준응력요소 표현

    최초 좌표계에서 해석된 응력 상태를 재료역학의 응력부호규약에 따라 응력요소로 표현한다.

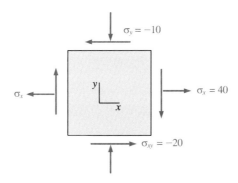

그림 1 **기준 응력요소**

(2) Mohr원을 그린다.

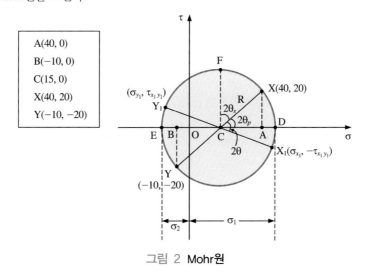

그림 2 **Mohr원**

(3) 주응력, 최대 전단응력의 크기 및 방향을 구한다.

주응력의 크기는

$$\sigma_{1,2} = \overline{OC} \pm R$$

$$= \frac{1}{2}(\sigma_x + \sigma_y) \pm \sqrt{\left[\frac{1}{2}(\sigma_x - \sigma_y)\right]^2 + [\tau_{xy}]^2}$$

$$= 15 \pm \sqrt{1025}$$

$$= 15 \pm 32$$

$$\sigma_1 = 47\,(\text{MPa})$$

$$\sigma_2 = -17\,(\text{MPa})$$

주응력의 방향은

$$\tan 2\theta_p = \frac{\overline{AX}}{\overline{CA}} = \frac{\tau_{xy}}{\frac{1}{2}(\sigma_x - \sigma_y)} = \frac{20}{25}$$

$$\theta_p = \frac{1}{2}\tan^{-1}\left(\frac{20}{25}\right)$$

$$= 19.3°\,(\text{시계 방향 회전})$$

$$\therefore\ \text{주응력 크기 } \sigma_1 = 47\,(\text{MPa})$$

$$\sigma_2 = -17\,(\text{MPa})$$

주응력 방향 기준좌표계에서 시계 방향 $\theta_p = 19.3°$

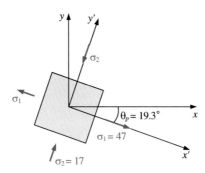

그림 3 **주응력발생면 응력요소 표현**

최대 전단응력의 크기는 반지름 R과 같다.

$$\tau_{max} = \overline{CF} = R = \sqrt{\left[\frac{1}{2}(\sigma_x - \sigma_y)\right]^2 + [\tau_{xy}]^2}$$

$$\tau_{max} = 32\,(MPa)$$

최대 전단응력이 발생하는 면에서 수직응력은 중심 C의 σ좌표값이다.

$$\sigma_c = \overline{OC} = \frac{1}{2}(\sigma_x + \sigma_y) = 15\,(\text{MPa})$$

최대 전단응력이 발생하는 점 F까지 회전각도 $2\theta_s$는

$$2\theta_s = 90° - 2\theta_p\quad(\text{반시계 방향})$$

$$\theta_s = 45° - \theta_p = 45° - 19.3° = 25.7°$$

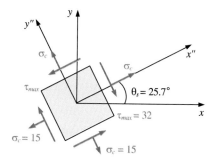

그림 4 **최대 전단응력발생면 응력요소 표현**

(4) 최초 좌표계를 $\theta = 30°$ 시계 방향 회전 시 응력 변환

Mohr원에서 기준점 X–Y를 시계 방향으로 $2\theta = 60°$ 회전한 점 X_1-Y_1의 응력 상태와 같다.

그림 2 Mohr원에서

$$\sigma_{x_1, y_1} = \overline{OC} \pm R\cos(2\theta - 2\theta_p)$$
$$= 15 \pm 32\cos(60° - 38.6°)$$
$$= 15 \pm 29.7$$
$$\therefore \sigma_{x_1} = 44\,(\text{MPa})$$
$$\sigma_{y_1} = -14.7\,(\text{MPa})$$
$$\tau_{x_1 y_1} = R\sin(2\theta - 2\theta_p)$$
$$= 32\sin(60° - 38.6°)$$
$$= 11.6\,(\text{MPa})$$

변환된 방향에 대하여 응력요소로 나타내면 그림 5와 같다.

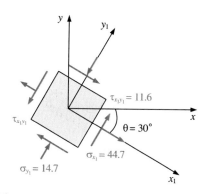

그림 5 $\theta = 30°$ **시계 방향 회전한 변환 응력요소**

5.2.3 부재해석과 Mohr원 응력분석 응용 예

1) 일축 방향 인장하중

3.2절의 일축 방향 인장하중에 대한 응력분석을 Mohr원을 이용하여 해보자. 먼저 하

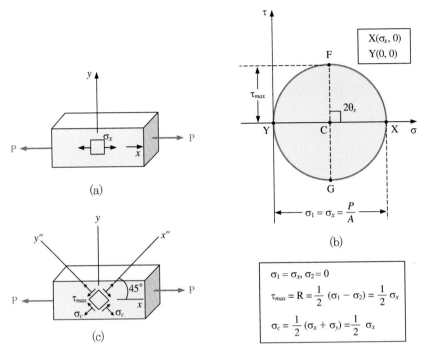

그림 5-9 **일축 방향 인장하중과 Mohr원**

중에 대한 응력해석과 Mohr원을 그려보면 그림 5-9와 같다.

그림 5-9(a)에서 요소의 응력 상태는 $\sigma_x = \dfrac{P}{A}$, $\sigma_y = 0$, $\tau_{xy} = 0$이다. 그림 5-9(b)의 Mohr원에서 보면 기준점 X-Y가 주응력이 되며, 최대 전단응력이 발생하는 점까지의 각도가 90°임을 알 수 있다. 즉 최초 응력요소가 주응력 상태를 나타내고, 최대 전단응력 상태를 나타내는 응력요소는 그림 5-9(c)가 되며 이 요소의 응력 상태는 $\sigma_c = \dfrac{1}{2}\sigma_x = \dfrac{1}{2}\dfrac{P}{A}$, $\tau_{\max} = R = \dfrac{1}{2}\sigma_x = \dfrac{1}{2}\dfrac{P}{A}$이다. 만약 부재가 압축 하중을 받는다면 응력 σ_x는 음의 값으로 되며, 여러분들은 그림 5-9(b)를 y축에 대칭으로 한 Mohr원을 그릴 수 있을 것이다. 최대 전단응력의 방향도 인장과 반대가 되어 그림 5-9(c)에서 응력의 방향이 반대로 나타나는 응력요소를 그릴 수 있을 것이다.

우리는 이것을 파손이론과 연관 지어 재료의 파손 방향을 생각할 수 있다. 일축하중을 받는 부재에서, 재료가 인장/압축에서보다 전단에 훨씬 약한 경우에는, 비록 최대 전단응력이 주응력의 $\dfrac{1}{2}$ 값에 불과하지만 최대 전단응력에 의해 파손이 이루어질 수 있다. 이러한 전단파손의 한 예가 그림 5-10에 주어져 있다. 이것은 축 방향 압축 하중을 받는 나무 기둥이 45° 방향(최대 전단응력 방향)으로 전단파손을 일으킨 모양을 보이고 있다. 이와 관련된 양상이 인장을 받는 연강(mild steel)재에서도 나타난다. 즉 표면을 연마한 저탄소

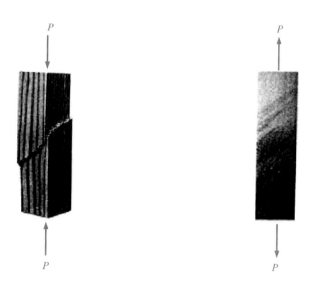

그림 5-10 **목재블럭의 45° 최대 전단응력 방향 파손**[6]   그림 5-11 **슬립밴드(Lüders bands)**

강 평판재로 인장시험을 하면 판재 표면에 '축 방향과 45°를 이루는 방향'으로 슬립밴드(slip bands)가 나타나는 것을 볼 수 있다(그림 5-11). 이 밴드들은 재료가 최대 전단응력이 발생하는 면을 따라서 파손되고 있다는 것을 나타낸다. 이러한 밴드는 1842년 G. Piobert와 1860년 W. Lüders가 관찰하였으며, 오늘날 이것을 Lüders bands 또는 Piobert's bands라 부른다.[4][5] 이 밴드들은 식 (5-13)과 같이 부재의 최대 전단응력이 항복응력(yield stress)의 $\frac{1}{2}$값을 초과할 때 나타나기 시작한다(파손이론 중 최대 전단응력설).

$$\tau_{\max} = \frac{1}{2}(\sigma_1 - \sigma_2) = \frac{1}{2}\sigma_{yp} \qquad (5\text{-}13)$$

2) 이축 방향 인장하중

그림 5-12(a)와 같은 원통형 압력용기(예제 3-7)에 대하여 Mohr원을 이용하여 응력분석을 해보자. 예제 3-7에서 응력해석을 수행하였고, 요소의 응력 상태는 $\sigma_x = \frac{Pr}{2t}$, $\sigma_y = \frac{Pr}{t}$, $\tau_{xy} = 0$임을 알고 있다. 기준좌표계에 대한 응력요소의 Mohr원을 그리면 그림 5-12

---

4) Fell, E. W., *The Piobert Effect in Iron and Soft Steel*, The Journal of the Iron and Steel Institute, Vol. 132, No. 2, 1935, pp. 75~91.

5) Turner, Th.H., and Jevons, J.D., *The Detection of Strain in Mild Steels*, The Journal of the Iron and Steel Institute, Vol. 111, No. 1, 1925, pp. 169~189.

6) J. M. Gere and S. P. Timoshenko, *Mechanics of Materials*, 4th Ed., pp. 106, PWS Publishing Company, 1997.

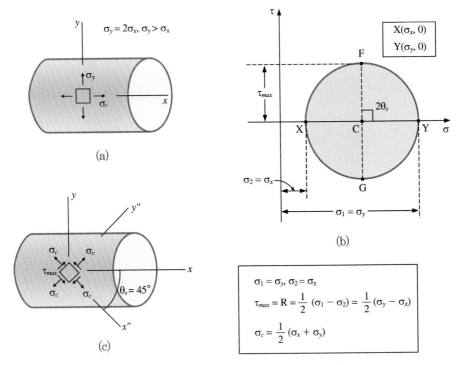

그림 5-12 **이축 방향 인장 Mohr원 응력분석**

(b)와 같이 된다. 주응력의 응력요소 상태는 최초 기준응력요소와 같고, 최대 전단응력의 응력요소는 그림 5-12(c)에 표현되어 있다.

3) 원형 단면봉의 비틀림

그림 5-13(a)와 같이 원형 단면봉이 비틀림 하중을 받고 있는 경우에 Mohr원을 이용하여 응력분석을 해보자. 4.2절에 응력해석에 대해 기술되어 있으므로 요소의 응력 상태는 $\sigma_x = \sigma_y = 0$, $\tau_{xy} = \dfrac{Tr}{I_p}$ 임을 알고 있다. 기준좌표계에 대한 응력요소의 Mohr원을 그리면 그림 5-13(b)와 같이 된다. 최대 전단응력의 요소 상태는 최초 기준응력요소와 같고, 주응력의 응력요소는 그림 5-13(c)에 표현되어 있다.

5.3 해석적 응력분석

이 절에서는 응력변환(transformations of stress)에 대하여 해석적 방법으로 접근하는 것을 다루고자 한다. 해석적 방법은 도식적 방법보다 실용적인 간편성이 뒤떨어지고 상

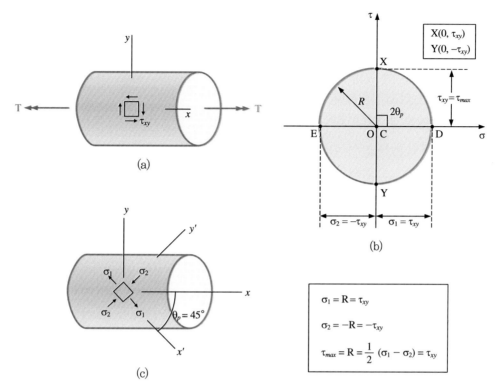

그림 5-13 **원형 단면봉 비틀림 응력분석**

대적으로 어려운 느낌이 들지만 원리를 이해하는 데 충분한 효용이 있으므로 필요한 독자들은 이 절을 공부하기 바란다. 두 가지 방법으로 접근할 것이며, 하나는 평형조건을 이용하는 것이고 다른 하나는 텐서변환 방정식 (tensor transformation equations)을 이용하는 것이다. 텐서변환은 텐서기호(tensor notation)를 사용하는 고급수학에 해당되고 탄성론에서 쓰이지만, 이 기회를 통하여 간단히 소개하여 필요한 독자들의 기초를 넓히고자 한다. 또한 앞에서 설명 없이 사용하였던 $\tau_{xy} = \tau_{yx}$, $\tau_{xz} = \tau_{zx}$, $\tau_{yz} = \tau_{zy}$에 대한 증명을 미소요소의 평형조건을 이용하여 증명하고, 공액응력(conjugate stress)의 개념을 기술할 것이다. 그리고 응력변환의 해석적 방법의 결과와 Mohr원의 도식적 방법 사이의 관계를 간단히 기술할 것이다.

5.3.1 부재 내부 임의의 미소요소의 평형

만일 어떤 부재가 평형상태에 있다면, 그 부재의 일부분을 뜯어내어 고립시켜놓고 생각하여도 고립부는 평형상태를 유지하여야 한다(1.7절 참조). 어느 정도 크기를 갖는다고 생각되는 부재의 한 고립 부분을 정육면체로 생각하고, 평면응력이 발생한다고 할 때 각 면의 응력을 그림 5-14(a) 같이 표기하는 것이 일반적이다. 여기에서는 지금까지 증명 없이 사용하였던 $\tau_{xy} = \tau_{yx}$를 인정하지 않고, 본래의 전단응력성분 τ_{xy}, τ_{yx}를 있는 그대로 표시하여 논의를 진행한다.

응력성분은 부재 내부의 어느 한 점에서 다른 점으로 위치가 옮겨가면 그 크기가 변한다. 따라서 그림 5-14는 어느 정도 크기(Δx, Δy, Δz)를 갖는다고 생각되는 정육면체 고립부를 나타내므로 음의 x면에서 양의 x면으로 옮겨가면 σ_x, τ_{xy}에서 $\sigma_x{}'$, $\tau_{xy}{}'$로, 음의 y면에서 양의 y면으로 옮겨가면 σ_y, τ_{yx}에서 $\sigma_y{}'$, $\tau_{yx}{}'$로 그 값이 변한다. 이 변화된 값을 나타낼 때, 옮겨간 거리가 매우 작다면 우리는 다음과 같은 수학적 표현을 보편적으로 사용한다.

$$\sigma_x{}' = \sigma_x + \Delta\sigma_x = \sigma_x + \frac{\partial\sigma_x}{\partial x}\Delta x$$

$$\tau_{xy}{}' = \tau_{xy} + \Delta\tau_{xy} = \tau_{xy} + \frac{\partial\tau_{xy}}{\partial x}\Delta x$$

$$\sigma_y{}' = \sigma_y + \Delta\sigma_y = \sigma_y + \frac{\partial\sigma_y}{\partial y}\Delta y \qquad (5\text{-}14)$$

$$\tau_{yx}{}' = \tau_{yx} + \Delta\tau_{yx} = \tau_{yx} + \frac{\partial\tau_{yx}}{\partial y}\Delta y$$

여기서 $\frac{\partial\sigma_x}{\partial x}$는 'x에 관한 σ_x의 편미분계수'라 부르고, 수학적 의미로는 σ_x가 x와 y의 함수로 표현될 때 x 방향으로 이동함에 따른 σ_x 값의 변화율을 나타낸다. 따라서 $\frac{\partial\sigma_x}{\partial x}\Delta x$

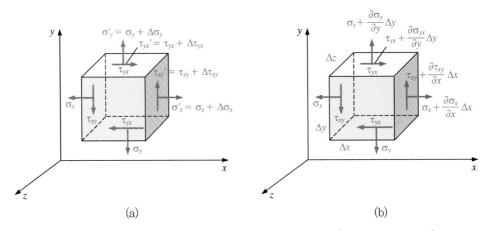

그림 5-14 **정육면체 고립부에서 응력성분의 일반적 표현(평면응력에 대하여)**

는 그 변화율에 x 방향으로 이동한 양 Δx를 곱한 것이므로, Δx만큼 이동했을 때 σ_x의 미소변화량($\Delta \sigma_x$)을 나타내게 된다. 그림 5-14(b)는 편미분계수를 이용하여 고립시킨 정육면체요소의 응력성분을 다시 표현한 것이다.

부재가 평형상태에 있다면 고립시킨 부재의 일부분도 평형상태를 유지하여야 하므로, 평형조건 $\Sigma \mathbf{M}$=0, $\Sigma \mathbf{F}$=0을 만족하여야 한다. 평면응력 상태에서 평형조건을 고려하고, 요소의 중심점에 관하여 모멘트 평형을 취하면 다음과 같은 평형방정식을 세울 수 있다.

$$\Sigma M = (\tau_{xy}\Delta y\Delta z)\frac{\Delta x}{2} + \left[\left(\tau_{xy} + \frac{\partial \tau_{xy}}{\partial x}\Delta x\right)\Delta y\Delta z\right]\frac{\Delta x}{2} \tag{5-15}$$
$$- (\tau_{yx}\Delta x\Delta z)\frac{\Delta y}{2} - \left[\left(\tau_{yx} + \frac{\partial \tau_{yx}}{\partial y}\Delta y\right)\Delta x\Delta z\right]\frac{\Delta y}{2} = 0$$

$$\Sigma F_x = \left(\sigma_x + \frac{\partial \sigma_x}{\partial x}\Delta x\right)\Delta y\Delta z + \left(\tau_{yx} + \frac{\partial \tau_{yx}}{\partial y}\Delta y\right)\Delta x\Delta z \tag{5-16}$$
$$- \sigma_x\Delta y\Delta z - \tau_{yx}\Delta x\Delta z = 0$$

$$\Sigma F_y = \left(\sigma_y + \frac{\partial \sigma_y}{\partial y}\Delta y\right)\Delta x\Delta z + \left(\tau_{xy} + \frac{\partial \tau_{xy}}{\partial x}\Delta x\right)\Delta y\Delta z \tag{5-17}$$
$$- \sigma_y\Delta x\Delta z - \tau_{xy}\Delta y\Delta z = 0$$

식 (5-15), (5-16), (5-17)을 정리하면 다음과 같이 쓸 수 있다.

$$\tau_{xy} + \frac{\partial \tau_{xy}}{\partial x}\frac{\Delta x}{2} - \tau_{yx} - \frac{\partial \tau_{yx}}{\partial y}\frac{\Delta y}{2} = 0 \tag{5-18}$$

$$\frac{\partial \sigma_x}{\partial x} + \frac{\partial \tau_{yx}}{\partial y} = 0 \tag{5-19}$$

$$\frac{\partial \tau_{xy}}{\partial x} + \frac{\partial \sigma_y}{\partial y} = 0$$

식 (5-18)에서 Δx와 Δy가 0에 가까울 정도로 작다면 τ_{xy}와 τ_{yx} 항을 제외하고 모두 0에 가깝게 되므로 무시할 수 있다. 따라서 식 (5-18)은 다음과 같이 정리된다.

$$\tau_{xy} = \tau_{yx} \tag{5-20}$$

식 (5-20)은 공액전단응력에 관한 정리(theorem of conjugate shear stresses)라 부르며 한 점에서 응력을 분석하는 데 매우 중요한 의미를 갖는다. 즉 두 면이 직교할 때 수직한 두 면에 발생하는 전단응력은 크기가 같고 방향은 두 면이 이루는 교선 쪽으로 모이거나, 교선에서 각각 떠나가는 방향이 된다는 것이다. 이것은 3차원 응력요소에도 확장할 수 있으며 같은 방법으로 $\tau_{xz} = \tau_{zx}$, $\tau_{yz} = \tau_{zy}$를 증명할 수 있다. 그러므로 공액응력에 관한 정리는 물체 내의 임의 요소의 응력 상태가 모멘트 평형조건 $\Sigma M = 0$을 만족하기 위하여 성립하여야 하는 필요조건이다.

또 하나의 필요조건으로 힘의 평형조건, $\Sigma F = 0$에서 유도되는 식 (5-19)를 들 수 있다. 이것은 2.7절 탄성론의 해석방법에서 식 (2-16)에 해당되는 것으로, 식 (2-16)은 식 (5-19)를 3차원 요소에서 유도한 것이며 체력(body force)를 추가한 것이 된다.

5.3.2 요소의 평형조건에 의한 응력 변환

그림 5-15(a)와 같이 평면응력 상태에 있는 응력성분 σ_x, σ_y, τ_{xy}인 응력요소를 생각해 보자. 이 요소를 그림 5-15(b)와 같이 z축에 관하여 각 θ만큼 회전시켜, 회전시킨 요소의 응력성분 σ_{x_1}, σ_{y_1}, $\tau_{x_1y_1}$을 σ_x, σ_y, τ_{xy} 및 θ의 항으로 표현하는 것을 응력변환(transformation of stresses)이라 한다. 응력변환의 도식적 방법은 Mohr원을 이용하여 앞에서 상세히 기술하였다. 여기서는 해석적 방법 중 요소의 평형조건을 적용하여 응력변환을 보이고자 한다. 이와 같이 요소의 평형조건을 이용할 때에는 그림 5-15(c)와 같이 최초 정육면체요소를 절단한 삼각프리즘 요소에서 생각하는 것이 편리하다.

삼각프리즘의 경사면 면적을 ΔA라 하면 수직면과 수평면은 각각 $\Delta A \cos\theta$와 $\Delta A \sin\theta$가 되며, 평형조건을 적용하기 위하여 힘성분으로 표현하면 그림 5-16과 같이 된다.

그림 5-16(b)에 대하여 x_1, y_1 좌표축 방향으로 힘평형조건을 적용하면 다음과 같다.

$$\begin{aligned}
\Sigma F_{x_1} &= \sigma_{x_1}\Delta A - \sigma_x(\Delta A \cos\theta)\cos\theta - \tau_{xy}(\Delta A \cos\theta)\sin\theta \\
&\quad - \sigma_y(\Delta A \sin\theta)\sin\theta - \tau_{xy}(\Delta A \sin\theta)\cos\theta = 0 \\
\Sigma F_{y_1} &= \tau_{x_1y_1}\Delta A + \sigma_x(\Delta A \cos\theta)\sin\theta - \tau_{xy}(\Delta A \cos\theta)\cos\theta \\
&\quad - \sigma_y(\Delta A \sin\theta)\cos\theta + \tau_{xy}(\Delta A \sin\theta)\sin\theta = 0
\end{aligned} \tag{5-21}$$

식 (5-21)을 σ_{x_1}, $\tau_{x_1y_1}$에 대하여 정리하면 x_1축에 관한 응력변환(x_1축에 수직인 면의 응력값)을 다음과 같이 얻을 수 있다.

$$\sigma_{x_1} = \sigma_x\cos^2\theta + \sigma_y\sin^2\theta + 2\tau_{xy}\sin\theta\cos\theta \tag{5-22}$$

$$\tau_{x_1y_1} = -(\sigma_x - \sigma_y)\sin\theta\cos\theta + \tau_{xy}(\cos^2\theta - \sin^2\theta) \tag{5-23}$$

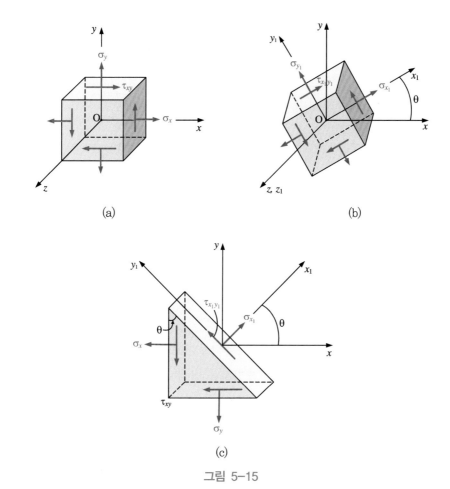

(c)

그림 5–15

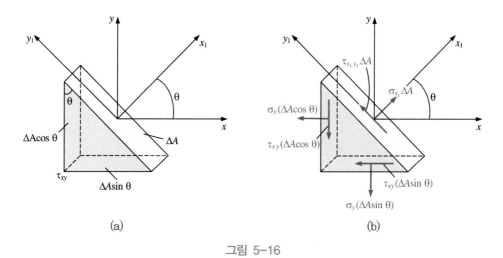

그림 5–16

식 (5-22), (5-23)은 최초 좌표축이 θ만큼 회전하였을 때 x-x$_1$축에 대한 응력변환(x면이 θ만큼 회전하여 x$_1$면이 되었을 때)을 가리킨다. y$_1$축에 수직인 면에 대한 응력변환공식은 y$_1$축에 수직한 면을 빗면으로 하는 삼각프리즘을 다시 생각하고 평형조건을 또 한 번 적용하여야 한다. 이렇게 하면 결과식으로 다음을 얻게 된다.

$$\sigma_{x_1} = \sigma_x \sin^2\theta + \sigma_y \cos^2\theta + 2\tau_{xy}\sin\theta\cos\theta \tag{5-24}$$

$$\tau_{y_1 x_1} = -(\sigma_x - \sigma_y)\sin\theta\cos\theta + \tau_{xy}(\cos^2\theta - \sin^2\theta) = \tau_{x_1 y_1} \tag{5-25}$$

이렇게 x$_1$면과 y$_1$면 각각에 대하여 삼각프리즘의 평형조건을 각각 적용하게 되면 식 (5-23)과 식 (5-25)는 같게 되고, $\tau_{x_1 y_1} = \tau_{y_1 x_1}$ 이 되어 공액전단응력에 관한 정리를 만족하는 응력 상태를 구할 수 있다.

그러나 또 한 번의 삼각프리즘에 대한 평형조건의 적용과정을 번거롭게 느끼는 경우에는 식 (5-22), (5-23)의 θ에 $\theta = \theta + 90°$를 대입하는 것을 생각할 수 있다. 이것은 x$_1$축과 y$_1$축이 90°를 갖는 것을 이용하는 것으로, x축이 $\theta + 90°$만큼 회전한 x$_1$면의 응력을 x축이 θ만큼 회전했을 때의 y$_1$면의 응력으로 생각하는 것이다. 그러나 이 과정의 결과식의 해석에는 다음과 같은 주의가 필요하다. 먼저 $\theta = \theta + 90°$를 식 (5-22), (5-23)에 대입한 결과식은 다음과 같다.

$$\sigma_{x_1(\theta + 90°)} = \sigma_x \sin^2\theta + \sigma_y \cos^2\theta - 2\tau_{xy}\sin\theta\cos\theta \tag{5-26}$$

$$\tau_{x_1 y_1(\theta + 90°)} = (\sigma_x - \sigma_y)\sin\theta\cos\theta - \tau_{xy}(\cos^2\theta - \sin^2\theta) \tag{5-27}$$

여기서 x축을 θ회전한 x$_1$면의 응력 식 (5-22), (5-23)을 x축을 $\theta + 90°$ 회전한 x$_1$면의 응

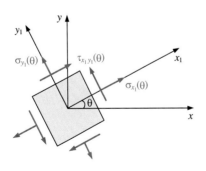

(a) $x_1 - y_1$축에 대한 양의 전단응력

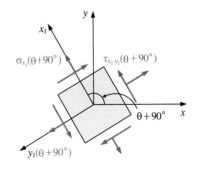

(b) $x_1 - y_1$축에 대한 음의 전단응력

그림 5-17

력, 식 (5-26), (5-27)과 비교하면 식 (5-28)과 같이 된다. 이 경우에는 $\tau_{x_1y_1(\theta)} = -\tau_{x_1y_1(\theta+90°)}$로 전단응력의 부호가 반대가 되는데 그 이유를 그림 5-17을 이용하여 설명한다.[7]

$$\sigma_{y_1(\theta)} = \sigma_{x_1(\theta+90°)}$$

$$\tau_{x_1y_1(\theta)} = -\tau_{x_1y_1(\theta+90°)}$$

(5-28)

즉 그림 5-17(a)에서 y_1면과 그림 5-17(b)에서 x_1면을 비교하면 수직응력은 같지만 전단응력은 반대부호를 갖는다는 뜻이다. 다시 설명하면 그림 5-17에서 x_1, y_1축을 기준으로 전단응력의 부호를 살펴보면 (a)는 양의 전단응력을 나타내지만, (b)는 음의 전단응력을 나타내고 있다. 따라서 좌표축을 $(\theta+90°)$ 회전시켜 구한 x_1면의 전단응력을[그림 5-17(b)] θ 회전시킨 요소의[그림 5-17(a)] y_1면에 나타내려면, 부호를 바꾸어 주어야 실제 응력요소의 도식적 표현에서 동일하게 나타내진다. 이것은 Mohr원을 그릴 때 더욱 분명해진다. Mohr원은 대응되는 두 점(X-Y, X_1-Y_1)에서 전단응력의 부호가 반대이다. 그 이유는 Mohr원은 하나의 변환공식에서 θ를 변화시켜 모든 면에 응력 상태를 표현한 것이다(5.3.3절 참조). 따라서 대응되는 두 점은 실제 요소로 바꾸면 공액면을 나타내고 공액전단응력의 정리에 따라 하나의 전단응력값으로 표현되지만 Mohr원에서는 $\tau_{x_1y_1}(\theta)$와 $\tau_{x_1y_1}(\theta+90)$의 값을 각각 나타내는 것이다. 그러므로 그림 5-17(a), (b)에서 x_1y_1축에 대한 전단응력의 부호가 (a)는 양, (b)는 음이 되어 서로 반대가 되는 것이다. 즉 Mohr원에서 X_1점은 그림 (a)의 x_1면을, Y_1점은 그림 (b)의 x_1면을 나타낸다는 뜻이다. 그림 (a), (b)의 응력요소에 표현된 응력 방향은 동일한 것 같지만, 좌표축을 기준으로 하는 응력부호 규약으로는 부호가 서로 다름을 알 수 있을 것이다.

주응력, 최대 전단응력을 해석적인 방법으로 구할 수 있다. 그러나 Mohr원에서 도식적인 방법에 따르는 것이 해석적인 방법보다 훨씬 간편하므로 여기에서는 간단히 그 방법만 기술한다. 주응력과 최대 전단응력은 해석적으로 식 (5-22), (5-23)을 θ에 대해 미분하여 최대, 최소치를 결정하는 방법으로 구한다. 즉 $\dfrac{d\sigma_{x_1}}{d\theta} = 0$에서 주응력과 주응력의 방향을, $\dfrac{d\tau_{x_1y_1}}{d\theta} = 0$에서 최대 전단응력과 최대 전단응력의 방향을 다음과 같이 구할 수 있다.

---

7) 국내 몇몇 재료역학 서적에, 이와 같이 부호가 반대로 되는 것을 공액전단응력이라 하고 두 직교평면 위에 크기가 같고 방향이 반대인 전단응력이 존재한다고 기술되어 있는데, 이것은 잘못된 기술이다. 여러분들은 이 책을 통하여 올바른 공액전단응력의 정리[식 (5-20)]와 식 (5-28)과 같이 부호가 반대로 되는 이유를 올바로 이해하기 바란다.

$$\frac{\mathrm{d}\sigma_{x_1}}{\mathrm{d}\theta} = -(\sigma_x - \sigma_y)\sin2\theta + 2\tau_{xy}\cos2\theta = 0$$

$$\therefore \tan2\theta_p = \frac{2\tau_{xy}}{\sigma_x - \sigma_y} \tag{5-29}$$

$$\frac{\mathrm{d}\tau_{x_1y_1}}{\mathrm{d}\theta} = -(\sigma_x - \sigma_y)\cos2\theta - 2\tau_{xy}\sin2\theta = 0$$

$$\therefore \tan2\theta_s = \frac{-(\sigma_x - \sigma_y)}{2\tau_{xy}} \tag{5-30}$$

식 (5-29), (5-30)은 각각 두 개의 값을 갖게 되는데, 각각 최대 수직응력(σ_1), 최소 수직응력(σ_2) 그리고 최대 전단응력(+, −)에 대응되는 값들이다. 또한 이 둘의 관계는 다음과 같음을 알 수 있다.

$$\tan2\theta_s = -\frac{1}{\tan2\theta_p} = -\cot2\theta_p \tag{5-31}$$

삼각함수에서 $\tan(\alpha \pm 90°) = -\cot\alpha$이므로 $\alpha = 2\theta_p$라면 다음 관계가 성립한다.

$$2\theta_s = 2\theta_p \pm 90°$$

$$\theta_s = \theta_p \pm 45°$$

즉 최대 전단응력이 작용하는 면과 주응력이 작용하는 면은 45° 각을 이루고 있다는 의미이다.

5.3.3 Mohr원과의 관계

식 (5-24), (5-25)를 보다 간편하게 배각으로만 표현하기 위하여 다음 삼각함수의 배각 공식을 이용하여 식 (5-33), (5-34)와 같이 쓸 수 있다.

$$\cos^2\theta = \frac{1+\cos2\theta}{2} , \ \sin^2\theta = \frac{1-\cos2\theta}{2}$$
$$\cos^2\theta - \sin^2\theta = \cos2\theta , \ 2\sin\theta\cos\theta = \sin2\theta \tag{5-32}$$

$$\sigma_{x_1} = \frac{1}{2}(\sigma_x + \sigma_y) + \frac{1}{2}(\sigma_x - \sigma_y)\cos2\theta + \tau_{xy}\sin2\theta \tag{5-33}$$

$$\tau_{x_1y_1} = -\frac{1}{2}(\sigma_x - \sigma_y)\sin2\theta + \tau_{xy}\cos2\theta \tag{5-34}$$

식 (5-33), (5-34)는 θ에 관한 원의 방정식이다. 두 식에서 θ를 소거하면 원의 방정식을 얻게 된다. 즉 식 (5-33)에서 $\frac{1}{2}(\sigma_x + \sigma_y)$를 좌변으로 이항하여 양변을 제곱하고, 식 (5-34)를 양변 제곱하여 두 식의 변끼리 서로 합하면 다음과 같이 된다.

$$\left[\sigma_{x_1} - \frac{1}{2}(\sigma_x + \sigma_y)\right]^2 + \tau_{x_1 y_1}^2 = \left[\frac{1}{2}(\sigma_x - \sigma_y)\right]^2 + \tau_{xy}^2 \qquad (5\text{-}35)$$

여기에 σ_c, R을 식 (5-36)과 같이 놓으면 식 (5-35)는 식 (5-37)과 같은 원의 방정식으로 쉽게 표현되며, 그림 5-18, 그림 5-19와 같이 기준점(X-Y)이 다른 두 개의 원을 그릴 수 있다. 이것이 Mohr원이 되며, 표 5-1 전단응력의 부호규약에 따라 선택적으로 활용하게 된다. 특히 이 Mohr원은 식 (5-33), (5-34)의 x_1축에 수직한 면의 응력 상태를 θ를 변화시켜서 얻은 것이므로, Mohr원에서 y_1축에 수직한 면에 관한 응력은(변환식에 $\theta = \theta + 90°$대입) 식 (5-28)과 같이 표현하게 된다. 따라서 중복설명이 되지만, Mohr원에서 X_1점과 Y_1점의 전단응력은 식 (5-28)과 같이 부호가 반대로 나타나게 되는 것이다. 그러나 이것이 응력요소로 표현될 때에는 Mohr원에서 전단응력의 부호규약에 따라 하나의 전단응력으로 표현된다. 그림 5-3을 다시 참조해보고 식 (5-36), 식 (5-37)과 그림 5-19를 보면 이해가 쉽게 된다.

$$\sigma_c = \frac{1}{2}(\sigma_x + \sigma_y)$$

$$R = \sqrt{\left[\frac{1}{2}(\sigma_x - \sigma_y)\right]^2 + [\tau_{xy}]^2} \qquad (5\text{-}36)$$

$$(\sigma_{x_1} - \sigma_c)^2 + \tau_{x_1 y_1}^2 = R^2 \qquad (5\text{-}37)$$

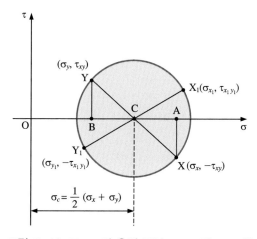

그림 5-18 표 5-1의 ①번 규약으로 그린 Mohr원

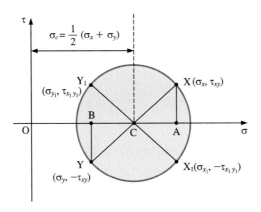

그림 5-19 **표 5-1의 ②번 규약으로 그린 Mohr원**

5.3.4. 텐서변환

1) 합산규약

상대성이론을 발표한 물리학자 A. Einstein(1879~1955)은 다음과 같이 간편한 합산규약(summation convention)을 제안하였다. 즉 하나의 항에 첨자지표가 1개가 나오면 이것을 자유지표(free index)라 하고, 두 개가 반복해서 나오면 합산지표(summation index)라 하여 각 자유지표에 대하여 합산지표를 반복해서 합산한다.

$a_{ij}x_j = b_i$에서 i는 자유지표, j는 합산지표가 되며, i, j = 1, 2, 3으로 바뀐다면 다음과 같이 기술할 수 있다.

$$a_{11}x_1 + a_{12}x_2 + a_{13}x_3 = b_1 \ (i = 1)$$
$$a_{21}x_1 + a_{22}x_2 + a_{23}x_3 = b_2 \ (i = 2)$$
$$a_{31}x_1 + a_{32}x_2 + a_{33}x_3 = b_3 \ (i = 3)$$

합산규약의 대표적인 표현으로는 다음과 같은 것들이 있을 수 있다.

$$A_i B_i \equiv A_1 B_1 + A_2 B_2 + A_3 B_3$$
$$C_{jj} \equiv C_{11} + C_{22} + C_{33}$$
$$\frac{\partial f_k}{\partial x_k} \equiv \frac{\partial f_1}{\partial x_1} + \frac{\partial f_2}{\partial x_2} + \frac{\partial f_3}{\partial x_3}$$
$$\equiv f_{k,k} \equiv f_{1,1} + f_{2,2} + f_{3,3}$$

하나의 항에 합산지표가 두 번 나와야 상기 규약이 적용되므로 $(A_i + B_i)$와 같은 것은 합산규약이 적용될 수 없다. 또한 하나의 항에 세 번 나오는 $A_iB_iC_i$와 같은 것도 적용될 수 없는 의미 없는 것이 된다. 그리고 사용된 첨자가 무엇이냐는 중요하지 않다. 즉 $A_iB_i \equiv A_jB_j \equiv A_kB_k$, $C_{ii} \equiv C_{kk} \equiv C_{jj}$와 같이 된다는 것이다. 일반적으로 첨자는 i, j, k를 많이 사용하고 있지만 그 외 어느 것도 상관은 없다. 이 합산규약은 규칙적으로 전개되는 복잡한 수식을 간단히 표기할 수 있고, 굳이 $\sum\limits_{i=1}^{n}$이라는 표현을 사용하지 않아도 된다. 따라서 오늘날 여러 분야에서 쓰이고 있으므로 여러분들은 알아둘 필요가 있다. 식 (2-16)도 합산규약을 이용하면 다음과 같이 간단히 나타낼 수 있다(x, y, z는 1, 2, 3으로 대치).

$$\frac{\partial \sigma_{ij}}{\partial x_i} + f_j = 0 \equiv \partial \sigma_{ij,i} + f_j = 0$$

여기서 i는 하나의 항에 두 번 나와서 합산지표가 되고, j는 한 번 나와서 자유지표가 된다.

$$\frac{\partial \sigma_{11}}{\partial x_1} + \frac{\partial \sigma_{21}}{\partial x_2} + \frac{\partial \sigma_{31}}{\partial x_3} + f_1 = 0 \ (j = 1)$$

$$\frac{\partial \sigma_{12}}{\partial x_1} + \frac{\partial \sigma_{22}}{\partial x_2} + \frac{\partial \sigma_{32}}{\partial x_3} + f_2 = 0 \ (j = 2)$$

$$\frac{\partial \sigma_{13}}{\partial x_1} + \frac{\partial \sigma_{23}}{\partial x_2} + \frac{\partial \sigma_{33}}{\partial x_3} + f_3 = 0 \ (j = 3)$$

2) 좌표축 회전과 텐서변환

텐서(tensor)란 벡터의 개념을 보다 확장한 기하학적인 양을 말하고, 탄성론의 'tension(인장력)'에 그 어원을 두고 있다. 텐서를 보다 쉽게 다음과 같이 설명할 수 있다. 자연과학에서 물리법칙에 근거하여 현상을 해석할 때 관측계, 즉 좌표계의 선택이 필요하다. 선택된 좌표계에서 물리법칙에 따라 현상을 해석하면 구하고자 하는 물리량(위치, 속도, 가속도, 응력, 변형률 등)을 얻을 수 있다. 그러나 이때 선택된 좌표계는 해석의 편의를 위해 선정된 것이며 절대적인 것이 아니다. 그러므로 편의상 선정된 좌표계가 이리저리 바뀐다 하여도 물리법칙 자체가 달라져서는 안 되며, 어떤 관측계에서도 불변으로 적용되어야 한다. 물론 물리법칙 자체는 불변으로 적용되었지만 관측계가 바뀌게 되면 관측된 양은 다른 모습으로 나타날 것이다. 이와 같이 관측계(좌표계)에 관계없이 언제나 불변으로 존재하고 적용되는 물리법칙(방정식)을 텐서방정식(tensor equation)이라 하고, 텐서방정식에서 구해지는 물리량을 텐서 또는 텐서량(tensor quantity)이라 한다. 관측계에 따라 그 관측된 양(텐서량)이 다른 값으로 나타나지만 좌표계의 변환에 대하여 텐서량이 변환되는 법칙은 식 (5-38) ~ (5-40)과 같이 유일하게 표현된다. 우리는 텐서방정식이 불변이고, 즉 좌표계에 관계없이 유일하게 표현되고, 텐서량도 좌표계에 관계없이 유일하게 표현되는 변환법칙으로 나타내지므로 텐서를 형태 불변(form invariance)이라고 말한다.

이와 같이 형태불변의 원칙은 텐서방정식의 필요조건이며, 많은 고전역학의 기본 방정식들이 형태불변의 텐서방정식으로 표현된다. 앞에서 합산규약으로 표현된 식 (2-6)의 응력의 평형방정식 $\sigma_{ij,i} + f_j = 0$도 형태불변의 텐서방정식이다. 즉 좌표계가 달라져도 $\sigma_{i'j',i'} + f_{j'} = 0$와 같이 표현되어 그 형태는 바뀌지 않는다는 뜻이다. 합산규약은 형태불변의 텐서방정식을 표현하는 데 매우 중요하게 사용된다. 이런 이유로 합산규약의 표기방법을 텐서표기법(tensor notation)이라고도 한다.

우리는 응력과 변형률 텐서를 텐서변환법칙에 따라 관측계(좌표계)가 바뀔 때 그 바뀐 관측량을 계산하려고 하는 것이다. 텐서변환법칙을 사용하면 물리량의 좌표변환에 대한 변환량을 기하학적 도움 없이 체계적으로 손쉽게 구할 수 있다.

좌표축 회전에 따르는 방향여현(direction cosines)은 다음과 같이 표현된다. 논의를 쉽게 하기 위하여 그림 5-20과 같이 x_3축에 관해 θ만큼 회전시켜서 새로운 좌표축 x_1', x_2', x_3'을 생성하였다면 그에 따른 방향여현은 표 5-4와 같이 된다. 표 5-4에서 $a_{11'}$는 x_1축과 x_1'축 사이의 방향여현이고, $a_{1'1}$은 x_1'축과 x_1축 사이의 방향여현이므로 둘은 서로 같다.

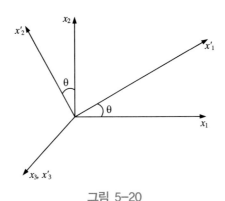

그림 5-20

표 5-4 **좌표축 회전과 방향여현(그림 5-20)**

	x_1'	x_2'	x_3'			x_1'	x_2'	x_3'
x_1	$a_{11'} = a_{1'1}$	$a_{12'} = a_{2'1}$	$a_{13'} = a_{3'1}$		x_1	$\cos\theta$	$\cos(\theta+90)$ $=-\sin\theta$	$\cos90°=0$
x_2	$a_{21'} = a_{1'2}$	$a_{22'} = a_{2'2}$	$a_{23'} = a_{3'2}$	$\equiv$	x_2	$\cos(90-\theta)$ $=\sin\theta$	$\cos\theta$	$\cos90°=0$
x_3	$a_{31'} = a_{1'3}$	$a_{32'} = a_{2'3}$	$a_{33'} = a_{3'3}$		x_3	$\cos90°=0$	$\cos90°=0$	$\cos0°=1$

이때 좌표축 회전에 대한 방향여현과 텐서변환법칙과는 다음과 같은 관계가 있다. 변환법칙에서 T는 텐서량을, 프라임(prime)은 회전된 새 좌표축을, 언프라임(unprime)은 회전되기 전 좌표축을, $a_{i'i}$는 새 좌표축과 구 좌표축 사이의 방향여현을 나타낸다.

- 0차 텐서(tensor of order zero)

성분은 1개이고, 스칼라량이 되며 변환법칙은

$$T' = T \tag{5-38}$$

로 되어 좌표변환에 관계없다.

- 1차 텐서(tensor of order one)

성분은 3개(x, y, z 또는 x_1, x_2, x_3)이고, 벡터량(위치벡터, 속도, 가속도 등)이며, 변환법칙은

$$T_i{}' = a_{i'i} T_i \tag{5-39}$$

- 2차 텐서(tensor of order two)

성분은 9개($x_{11}, x_{12}, \cdots, x_{33}$)이고, 벡터량으로 응력, 변형률이 해당되며, 변환법칙은

$$T_{i'j'} = a_{i'i} a_{j'j} T_{ij} \tag{5-40}$$

와 같이 된다.

3) 응력의 텐서변환

응력과 변형률은 2차 텐서에 해당하므로 식 (5-40)을 이용하여 응력의 변환을 해보자. 평면응력을 취급하므로 표 5-4 방향여현을 생각할 수 있다. 또한 텐서량으로 응력을 생각하였으므로 T 대신 σ를 넣어 합산규약에 따라 식 (5-40)을 풀어보면 변환량을 얻을 수 있다. 2차 텐서는 성분이 9개이므로 9개 모두에 대해서($\sigma_{xx}, \sigma_{yy}, \sigma_{zz}, \tau_{xy}, \tau_{yx}, \tau_{xz}, \tau_{zx}, \tau_{yz}, \tau_{zy}$) 변환량을 조사할 수 있지만, 여기에서 우리의 관심은 $\sigma_{x_1}, \tau_{x_1 y_1}$ 두 개이므로 이 두 개에 관하여 다음과 같이 변환량을 알아본다.

$$\sigma_{1'1'} = a_{1'1}a_{1'1}\sigma_{11} + a_{1'2}a_{1'1}\sigma_{21} + a_{1'1}a_{1'2}\sigma_{12} + a_{1'2}a_{1'2}\sigma_{22}$$

$$= \cos^2\theta\,\sigma_{11} + 2\cos\theta\sin\theta\,\sigma_{12} + \sin^2\theta\,\sigma_{22}$$

$$\sigma_{1'2'} = a_{1'1}a_{2'1}\sigma_{11} + a_{1'2}a_{2'1}\sigma_{21} + a_{1'2}a_{2'2}\sigma_{22} + a_{1'1}a_{2'2}\sigma_{12}$$

$$= -\cos\theta\sin\theta\,\sigma_{11} - \sin^2\theta\,\sigma_{21} + \sin\theta\cos\theta\,\sigma_{22} + \cos^2\theta\,\sigma_{12}$$

$$= -(\sigma_{11} - \sigma_{22})\sin\theta\cos\theta + (\cos^2\theta - \sin^2\theta)\sigma_{12}$$

$i'j'$의 첨자는 새로운 좌표계를 나타내고 $\sigma_{1'1'} = \sigma_{x_1}$, $\sigma_{1'2'} = \tau_{x_1y_1}$, $\sigma_{11} = \sigma_x$, $\sigma_{22} = \sigma_y$, $\sigma_{12} = \sigma_{21} = \tau_{xy}$를 대입하면 다음을 얻을 수 있다.

$$\sigma_{x_1} = \sigma_x\cos^2\theta + \sigma_y\sin^2\theta + 2\tau_{xy}\sin\theta\cos\theta \tag{5-41}$$

$$\tau_{x_1y_1} = -(\sigma_x - \sigma_y)\sin\theta\cos\theta + \tau_{xy}(\cos^2\theta - \sin^2\theta) \tag{5-42}$$

이 식은 삼각프리즘의 평형조건에서 얻은 식 (5-22), (5-23)과 동일하다. 따라서 이와 같이 텐서변환을 통하면 임의의 각도로 좌표변환된 텐서량을 기하학적 도움 없이 쉽게 얻을 수 있다. 1차텐서인 좌표값(위치벡터), 속도, 가속도 등은 식 (5-39)의 1차텐서변환법칙을 이용하고, 2차텐서인 응력, 변형률은 식 (5-40)의 2차텐서변환법칙을 이용하게 된다.

예제 5-2 그림과 같은 $x_1x_2x_3$ 좌표계에서 좌표값이 (5, 10, 0)일 때 x_3축을 중심으로 30° 회전시킨 새로운 $x_1'y_1'z_1'$ 좌표계에서 좌표값은 얼마가 되는가?

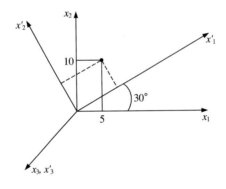

[풀이]   좌표값은 1차 텐서에 해당되므로
$$T_i' = a_{i'i}T_i$$
$$x_1' = a_{1'1}x_1 + a_{1'2}x_2$$
$$= (\cos 30°)(5) + [\cos(90° - 30°)](10)$$
$$= 9.33$$
$$x_2' = a_{2'1}x_1 + a_{2'2}x_2$$
$$= [\cos(90° + 30°)](5) + (\cos 30°)(10)$$
$$= 6.16$$

5.4 평면변형률의 변환

5.4.1 평면변형률

평면변형률(plane strain) 상태란 3차원 공간에서 하나의 좌표축 방향으로는 변형률이 없는 상태를 말한다. 예를 들어 xyz 좌표계에서 z축 방향의 변형률이 없다면 다음과 같은 변형률 상태가 평면변형률이 된다.

$$\epsilon_x \neq 0, \epsilon_y \neq 0, \gamma_{xy} \neq 0$$
$$\epsilon_z = \gamma_{yz} = \gamma_{xz} = 0 \tag{5-43}$$

z 방향으로 두께가 매우 두꺼운 부재가 x, y 방향으로 하중을 받을 때(터널 같은 경우) 평면변형률 상태로 간주할 수 있다. z 방향으로 두께가 매우 두꺼우면 z 방향 변형량이 조금 있다 하여도 변형률은 0에 가깝게 되므로 무시할 수 있다는 뜻이다. 평면변형률 상태에서 응력 상태는 식 (5-43)을 응력-변형률 관계식에 대입하여 얻을 수 있으며, 다음과 같이 나타낼 수 있다. 식 (5-44)에서 0이 아니라는 뜻은($\sigma \neq 0$) 절대로 0이 아니라는 의미가 아니라, 0이거나 0이 아닌 값을 가질 수 있다고 이해하여야 한다.

$$\sigma_x \neq 0, \ \sigma_y \neq 0, \ \sigma_z \neq 0, \ \tau_{xy} \neq 0$$
$$\tau_{xz} = \tau_{yz} = 0 \tag{5-44}$$

그림 5-21과 같은 하중 상태에 놓인 부재가 실제로 '평면응력 상태에 있다' 또는 '평면변형률 상태에 있다'고 엄밀하게 구분하여 말하는 것은 어렵다.

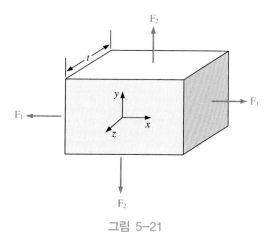

그림 5-21

일반적으로 그림 5-21에서 두께 t 가 두꺼우면 평면변형률 상태, 얇으면 평면응력 상태로 간주하고 해석을 수행한다. 그러나 정량적으로 두께 t 가 얼마 이상일 때 또는 얼마 이하일 때라는 임계값을 분명히 말할 수 없다. 이것은 실제 물리현상에서는 이들이 식 (5-1), (5-2)와 식 (5-43), (5-44)와 같이 분명히 구별되지 않음에도 불구하고 해석의 편의를 위해 우리가(모델러) 가정을 도입하여 세운 개념과 식이라는 것을 이해하여야 한다. 따라서 어떤 부재를 해석할 때 평면응력 상태로 가정하고 해석을 수행할 것인가, 아니면 평면변형률 상태로 가정하고 해석을 수행할 것인가의 판단은 전적으로 해석자인 여러분들의 몫이다. 여러분들이 부재의 물리현상을 잘 관찰하여 어느 쪽에 가깝게 거동하는지를 판단하여 결정할 문제이다.

5.4.2 평면변형에서 변형률과 변위 관계

변형률 성분에 대하여 앞에서 기술한 정의(2.4절)를 적용하면 그림 5-22로부터 다음을 얻을 수 있다.

$$\epsilon_x = \lim_{\Delta x \to 0} \frac{O'C' - OC}{OC} = \lim_{\Delta x \to 0} \frac{[\Delta x + (\partial u/\partial x)\Delta x] - \Delta x}{\Delta x} = \frac{\partial u}{\partial x}$$

$$\epsilon_y = \lim_{\Delta y \to 0} \frac{O'E' - OE}{OE} = \lim_{\Delta y \to 0} \frac{[\Delta y + (\partial v/\partial y)\Delta y] - \Delta y}{\Delta y} = \frac{\partial v}{\partial y} \tag{5-45}$$

$$\gamma_{xy} = \lim_{\substack{\Delta x \to 0 \\ \Delta y \to 0}} \left(\frac{\pi}{2} - \angle C'O'E'\right) = \lim_{\substack{\Delta x \to 0 \\ \Delta y \to 0}} \left\{\frac{\pi}{2} - \left[\frac{\pi}{2} - \frac{(\partial v/\partial x)\Delta x}{\Delta x} - \frac{(\partial u/\partial y)\Delta y}{\Delta y}\right]\right\}$$

$$= \frac{\partial v}{\partial x} + \frac{\partial u}{\partial y}$$

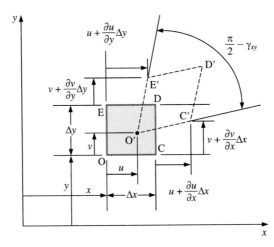

그림 5-22

식 (5-45)를 요약하여 정리하면 다음과 같다.

$$\epsilon_x = \frac{\partial u}{\partial x}$$

$$\epsilon_y = \frac{\partial v}{\partial y} \qquad (5\text{-}46)$$

$$\gamma_{xy} = \frac{\partial u}{\partial y} + \frac{\partial v}{\partial x}$$

식 (5-46)을 텐서기호를 이용하여 간단히 표기하면

$$\epsilon_{ij} = \frac{1}{2}\left(\frac{\partial u_i}{\partial x_j} + \frac{\partial u_j}{\partial x_i}\right)$$

$$\epsilon_{11} = \frac{\partial u_1}{\partial x_1} \equiv \epsilon_x = \frac{\partial u}{\partial x} \qquad (5\text{-}47)$$

$$\epsilon_{22} = \frac{\partial u_2}{\partial x_2} \equiv \epsilon_y = \frac{\partial v}{\partial y}$$

$$\epsilon_{12} = \frac{1}{2}\left(\frac{\partial u_1}{\partial x_2} + \frac{\partial u_2}{\partial x_1}\right) \equiv \frac{1}{2}\gamma_{xy} = \frac{1}{2}\left(\frac{\partial u}{\partial y} + \frac{\partial v}{\partial x}\right)$$

식 (5-46)과 (5-47)에서 각도 변화로 정의한 전단변형률 γ_{xy}는 텐서기호로 정의한 전단변형률 ϵ_{12}의 2배임을 알 수 있다. 여기서 γ_{xy}를 공학적 전단변형률이라 부르고, ϵ_{12}를 이론적 전단변형률이라고 부른다.

5.4.3 평면변형률의 텐서변환과 Mohr원

변형률도 응력과 같이 2차 텐서에 해당된다. 따라서 그림 5-20과 같이 임의 각도 θ만큼 회전한 새로운 좌표축에 대한 변형률 성분은 응력과 같이 식 (5-40), 2차 텐서변환식과 표 5-4, 방향여현 값을 사용하면 다음과 같이 된다.

$$\begin{aligned}
\epsilon_{1'1'} &= a_{1'1}a_{1'1}\epsilon_{11} + a_{1'2}a_{1'1}\epsilon_{21} + a_{1'1}a_{1'2}\epsilon_{12} + a_{1'2}a_{1'2}\epsilon_{22} \\
&= \cos^2\theta\,\epsilon_{11} + 2\cos\theta\sin\theta\,\epsilon_{12} + \sin^2\theta\,\epsilon_{22} \\
\epsilon_{1'2'} &= a_{1'1}a_{2'1}\epsilon_{11} + a_{1'2}a_{2'1}\epsilon_{21} + a_{1'2}a_{2'2}\epsilon_{22} + a_{1'1}a_{2'2}\epsilon_{12} \\
&= -\cos\theta\sin\theta\,\epsilon_{11} - \sin^2\theta\,\epsilon_{21} + \sin\theta\cos\theta\,\epsilon_{22} + \cos^2\theta\,\epsilon_{12} \\
&= -(\epsilon_{11} - \epsilon_{22})\sin\theta\cos\theta + (\cos^2\theta - \sin^2\theta)\epsilon_{12}
\end{aligned}$$

$i'j'$의 첨자는 새로운 좌표축을 나타내고, $\epsilon_{1'1'} = \epsilon_{x_1}$, $\epsilon_{1'2'} = \epsilon_{x_1y_1}$, $\epsilon_{11} = \epsilon_x$, $\epsilon_{22} = \epsilon_y$, $\epsilon_{12} = \epsilon_{21} = \epsilon_{xy}$를 대입하면 다음을 얻을 수 있다.

$$\epsilon_{x_1} = \epsilon_x\cos^2\theta + \epsilon_y\sin^2\theta + 2\epsilon_{xy}\sin\theta\cos\theta \qquad (5\text{-}48)$$

$$\epsilon_{x_1y_1} = -(\epsilon_x - \epsilon_y)\sin\theta\cos\theta + \epsilon_{xy}(\cos^2\theta - \sin^2\theta) \qquad (5\text{-}49)$$

5.4.2절에서 텐서기호에 의한 이론적 전단변형률 ϵ_{xy}는 공학적 전단변형률 γ_{xy}의 $\frac{1}{2}$배라 하였다. 따라서 $\epsilon_{xy} = \frac{1}{2}\gamma_{xy}$를 식 (5-48), (5-49)에 대입하여 정리하면 다음과 같다.

$$\epsilon_{x_1} = \epsilon_x\cos^2\theta + \epsilon_y\sin^2\theta + 2\epsilon_{xy}\sin\theta\cos\theta \qquad (5\text{-}50)$$

$$\frac{1}{2}\gamma_{x_1y_1} = -(\epsilon_x - \epsilon_y)\sin\theta\cos\theta + \frac{1}{2}\gamma_{xy}(\cos^2\theta - \sin^2\theta) \qquad (5\text{-}51)$$

식 (5-32)의 삼각함수 배각공식을 위 식에 적용하면 다음과 같다.

$$\epsilon_{x_1} = \frac{1}{2}(\epsilon_x + \epsilon_y) + \frac{1}{2}(\epsilon_x - \epsilon_y)\cos 2\theta + \frac{1}{2}\gamma_{xy}\sin 2\theta \qquad (5\text{-}52)$$

$$\frac{1}{2}\gamma_{x_1y_1} = -\frac{1}{2}(\epsilon_x - \epsilon_y)\sin 2\theta + \frac{1}{2}\gamma_{xy}\cos 2\theta \qquad (5\text{-}53)$$

위의 식은 평면응력에 대한 식 (5-33), 식 (5-34)에 대응하며, 표 5-5와 같이 대응변수를 생각하면, 평면응력과 똑같이 Mohr원을 이용한 도식적 분석을 할 수가 있다.

표 5-5 평면응력과 평면변형률의 대응변수

평면응력	평면변형률
σ_x	ϵ_x
σ_y	ϵ_y
τ_{xy}	$\frac{1}{2}\gamma_{xy}$
σ_{x_1}	ϵ_{x_1}
$\tau_{x_1y_1}$	$\frac{1}{2}\gamma_{x_1y_1}$

● 평면변형률의 Mohr원

$\epsilon_x, \epsilon_y, \gamma_{xy}$의 평면변형률의 상태를 Mohr원을 이용하여 주변형률(principal strains)과 최대 전단변형률(maximum shear strains)을 구해보자. 응력의 Mohr원과 동일한 과정을 밟으며 다만 대응변수를 조심하여 그림 5-23과 같이 그릴 수 있고, 구하고자 하는 값들은 식 (5-54) ~ (5-56)과 같이 얻을 수 있다.

최대 전단변형률: F, G점

$$\frac{1}{2}\gamma_{\max} = R = \sqrt{\left[\frac{1}{2}(\epsilon_x - \epsilon_y)\right]^2 + \left[\frac{1}{2}\gamma_{xy}\right]^2}$$
$$\theta_s = 45° \pm \theta_p \tag{5-54}$$

주변형률: D, E점

$$\epsilon_{1,2} = \frac{1}{2}(\epsilon_x + \epsilon_y) \pm \sqrt{\left[\frac{1}{2}(\epsilon_x - \epsilon_y)\right]^2 + \left[\frac{1}{2}\gamma_{xy}\right]^2}$$
$$\tan 2\theta_p = \frac{\gamma_{xy}}{\epsilon_x - \epsilon_y} \tag{5-55}$$

임의의 방향에 대한 변환: X_1, Y_1점

$$\epsilon_{x_1} = \frac{1}{2}(\epsilon_x + \epsilon_y) + R\cos(2\theta - 2\theta_p)$$
$$\frac{1}{2}\gamma_{x_1 y_1} = R\sin(2\theta - 2\theta_p) \tag{5-56}$$

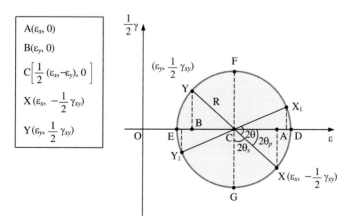

그림 5-23 **평면변형률의 Mohr원**

5.4.4 변형률의 측정

우리는 3장과 4장에서 하중을 받고 있는 부재에 대하여 모델링을 하고 응력과 변형률을 이론적으로 해석하는 방법을 공부해왔다. 그러나 이와 같은 이론적인 모형해석의 결과가 실제의 응력과 변형률 상태와 얼마나 근사한가를 평가하기 위해서는 실험(physical experiment)이 필요하다. 하중의 상태와 부재의 형상이 매우 복잡하여 이론적으로 해석하기 어려울 때에는 더욱더 실험의 필요성이 대두된다. 실험에는 응력의 측정실험과 변형률의 측정실험을 생각할 수 있다. 실제로 응력을 물체에서 직접 측정하는 것은 마그네틱을 이용하여 물체 표면의 접촉응력을 측정하는 몇 가지 경우를 제외하고는 거의 불가능하다. 다만 광탄성법(photoelasticity)[8]이라 하여 물체와 똑같은 수지(epoxy) 모형을 만들어 주변형률과 주응력을 측정하는 방법이 있다. 이것은 응력을 측정하고 응력의 분포를 시각적으로 살펴볼 수 있는 유일한 방법으로서, 컴퓨터가 널리 보급되기 전까지의 지난 반세기 동안 많은 학자들이 광탄성법에 몰두하였다. 또 하나의 방법으로 스트레인 게이지(strain gauge)를 이용하여 변형률을 측정하는 실험을 생각할 수 있다. 변형률을 측정하면 응력-변형률의 관계식에서 응력을 역산할 수가 있고, 손쉽게 실제 물체의 필요한 부위에 게이지를 부착하여 실험할 수 있는 장점을 지니고 있다.

오늘날은 컴퓨터와 유한요소법(Finite Element Method)의 발달로 아주 복잡한 형상의 부재에 대해서도 이론적 해석방법을 그대로 적용하여 엄밀해(exact solution)에 근사한 해를 얻을 수 있게 되었다. 광탄성법에 몰두하였던 많은 학자들은 컴퓨터가 등장한 이후로는 유한요소법에 집중하였고, 이제는 부재 내의 임의의 위치에서 응력과 변형률의 분포를 그래픽에 의한 시각적, 또 정량적인 값으로 손쉽게 알 수 있게 되었다. 이와 같은 컴퓨터에 의한 응력해석은 수치해석(computational analysis) 또는 수치실험(computational experiment)이라 하여 실물실험(physical experiment)과 구별하는 용어를 낳았다. 따라서 오늘날에는 광탄성실험은 그 번거로움으로 인해 많이 하지 않고, 스트레인 게이지를 이용한 변형률 측정실험이 그 간편성으로 인해 수치실험과 함께 많이 활용되고 있는 실정이다.

그러므로 이 절에서는 스트레인 게이지를 이용하여 변형률을 측정하는 방법을 설명하고자 한다. 또한 측정한 변형률을 앞에서 공부한 변형률의 분석방법에 의해 원하는 방향에 대한 변형률, 최대 전단변형률, 주변형률 등을 분석하는 것을 설명하고자 한다. 사실

---

8) James W. Dally and William F. Riley, *Experimental Stress Analysis*, pp. 406, McGraw-Hill, Inc., 1978.

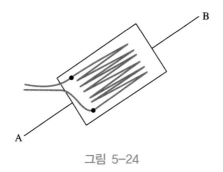

그림 5-24

앞에서 공부한 변형률의 변환이나 Mohr원에 의한 분석 등은 이 절에서의 측정결과를 분석하는 데 중요하게 활용되는 것이다.

스트레인 게이지의 형태로는 기계식, 광학식, 전기식 등이 존재하지만 오늘날은 전기식 (electrical) 스트레인 게이지가 널리 쓰이고 있다. 전기식에는 전기저항식(electrical resistance)과 반도체(semiconductor) 스트레인 게이지를 생각할 수 있는데, 여기서는 전기저항식에 대해 설명하고자 한다. 전기저항식 스트레인 게이지는 그림 5-24와 같이 가는 철사(thin wire)가 얇은 막 사이에 접합되어 있다.

부재의 AB 방향의 변형률 ϵ_{AB}를 측정하려면 게이지의 길이 방향(AB 방향)을 부재의 AB 방향으로 놓고 표면에 접착시킨다. 부재가 늘어나면 철사의 길이는 늘어나고 지름은 줄어들어, 게이지의 전기저항을 증가시킨다. 이 변화를 계측기에서 읽어 수직변형률 ϵ_{AB}를 측정할 수 있다. 여기에서 중요한 점은 변형률의 측정에서는 어느 방향으로나 수직변형률만 측정 가능하다는 것이다. 전단변형률(γ_{xy})은 측정할 수 없기 때문에 측정한 수직변형률을 이용하여 전단변형률을 다음과 같이 계산하고, 이에 의한 한 점에서의 평면변형률ϵ_x, ϵ_y, γ_{xy}를 이용하여 변형률 분석을 하게 된다.

그림 5-25와 같이 임의 각도 θ_1, θ_2, θ_3의 세 방향에 대한 수직변형률을 측정하여 알게 된다면 식 (5-50)을 이용하여 ϵ_x, ϵ_y, γ_{xy}에 대한 다음 연립방정식을 세울 수 있다.

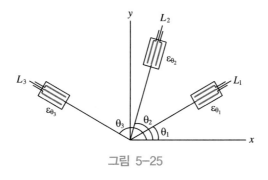

그림 5-25

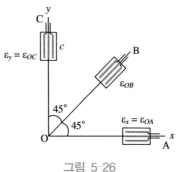

그림 5-26

$$\epsilon_{\theta_1} = \epsilon_x \cos^2\theta_1 + \epsilon_y \sin^2\theta_1 + \gamma_{xy}\sin\theta_1\cos\theta_1$$

$$\epsilon_{\theta_2} = \epsilon_x \cos^2\theta_2 + \epsilon_y \sin^2\theta_2 + \gamma_{xy}\sin\theta_2\cos\theta_2 \qquad (5\text{-}57)$$

$$\epsilon_{\theta_3} = \epsilon_x \cos^2\theta_3 + \epsilon_y \sin^2\theta_3 + \gamma_{xy}\sin\theta_3\cos\theta_3$$

ϵ_{θ_1}, ϵ_{θ_2}, ϵ_{θ_3}는 측정을 통하여 알고 있으므로 식 (5-57)을 풀면 ϵ_x, ϵ_y, γ_{xy}를 알 수 있고, 변형률 분석을 통한 주변형률 및 최대 전단변형률 등을 분석할 수 있다. 계산이 쉽도록 θ_1, θ_2, θ_3가 결정되어 세 방향으로 배열된 특수한 게이지를 스트레인 로제트(strain rosette)라 한다. 그림 5-26과 같은 45° 로제트와 60° 로제트가 주로 이용되는데, 45° 로제트는 다음과 같이 한 번의 계산으로 전단변형률 γ_{xy}를 계산할 수 있다.

$$\epsilon_{OB} = \frac{1}{2}\epsilon_x + \frac{1}{2}\epsilon_y + \frac{1}{2}\gamma_{xy}$$

$$\epsilon_x = \epsilon_{OA}, \epsilon_y = \epsilon_{OC} \qquad (5\text{-}58)$$

$$\gamma_{xy} = 2\epsilon_{OB} - (\epsilon_x + \epsilon_y)$$

예제 5-3   45° 로제트를 사용하여 각 방향 수직변형률을 다음과 같이 측정하였다. 전단변형률을 계산하고 Mohr원을 이용하여 주변형률의 크기와 방향을 구하라.

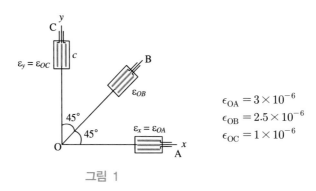

$$\epsilon_{OA} = 3 \times 10^{-6}$$
$$\epsilon_{OB} = 2.5 \times 10^{-6}$$
$$\epsilon_{OC} = 1 \times 10^{-6}$$

그림 1

[풀이]　(i) 전단변형률은 다음과 같이 계산된다.

$$\epsilon_{OB} = \frac{1}{2}\epsilon_x + \frac{1}{2}\epsilon_y + \frac{1}{2}\gamma_{xy}$$

$\epsilon_x = \epsilon_{OA}$, $\epsilon_y = \epsilon_{OC}$이므로

$$\gamma_{xy} = 2\epsilon_{OB} - (\epsilon_x + \epsilon_y) = 1 \times 10^{-6}$$

$$\therefore\ \epsilon_x = 3 \times 10^{-6},\ \epsilon_y = 1 \times 10^{-6},\ \gamma_{xy} = 1 \times 10^{-6}$$

(ii) Mohr원은

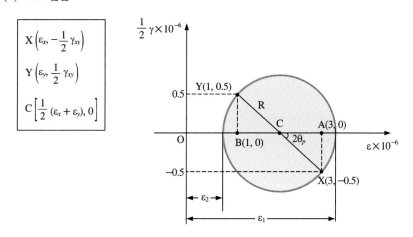

$$X\left(\epsilon_x, -\frac{1}{2}\gamma_{xy}\right)$$

$$Y\left(\epsilon_y, \frac{1}{2}\gamma_{xy}\right)$$

$$C\left[\frac{1}{2}(\epsilon_x + \epsilon_y), 0\right]$$

(iii) 주변형률과 방향은

$$\epsilon_{1,2} = \overline{OC} \pm R$$

$$= \frac{1}{2}(\epsilon_x + \epsilon_y) \pm \sqrt{\left[\frac{1}{2}(\epsilon_x - \epsilon_y)\right]^2 + \left[\frac{1}{2}\gamma_{xy}\right]^2}$$

$$= (2 \pm \sqrt{1.25}) \times 10^{-6}$$

$$2\theta_p = \tan^{-1}\left(\frac{\frac{1}{2}\tau_{xy}}{\frac{1}{2}(\epsilon_x - \epsilon_y)}\right) = \tan^{-1}\left(\frac{1}{2}\right) = 26.5°$$

5.5 파손이론

　지금까지 이 장에서 응력과 변형률의 분석을 통해 최대 주응력과 최대 전단응력 그리고 최대 주변형률과 최대 전단변형률을 산출하는 방법에 관해 공부하였다. 이것의 목적은 서론에서도 밝혔듯이 파손이론과 연관 지어 재료의 적절한 설계값을 얻기 위함이다. 따라서 '응력과 변형률의 분석' 방법을 배운 이 시점이 파손이론을 논의하기에 가장 적

합한 때라 할 수 있다. 여기에서 최대 주응력설, 최대 전단응력설, 최대 주변형률설, 최대 변형에너지설의 네 가지 파손이론에 대하여 간략히 설명하기로 한다.

파손이론은 재료물성치 중에서 항복강도(σ_y)와 연관 지어야 파손에 대한 논의가 가능하다. 따라서 파손에 대한 논의를 할 때에는 재료를 함께 생각하지 않으면 안 된다. 재료에는 크게 연성(ductile) 재료와 취성(brittle) 재료가 있다. 재료가 어느 정도 영구 변형을 허용하며 파손에 이를 때 '연성 재료'라 한다. 연강, 구리 등이 대표적인 연성 재료라 할 수 있다. 재료가 파손되기 전에 아주 작은 영구변형(5 % 미만)을 허용할 때 취성 재료라 한다. 대표적인 취성 재료는 시멘트, 유리 등을 생각할 수 있다. 연성 재료는 전단강도에 약하고, 취성 재료는 인장강도에 약하다. 사용하는 재료의 특성을 먼저 파악한 뒤 다음에 설명하는 네 가지 파손이론 중 하나를 선택하여 파손을 예측하거나 설계에 적용하게 된다.

파손이론과 연관 짓는 항복강도(σ_y)는 일축 인장/압축 시험에서 결정되는 항복강도(yielding stress)를 말한다. 인장시험에서 항복강도를 σ_{yt}라 표기하고, 압축시험에서 항복강도를 σ_{yc}라 표기하기로 한다. 재료가 인장과 압축시험에서 동일한 항복강도를 가지면 $\sigma_y = \sigma_{yt} = \sigma_{yc}$가 된다.

1) 최대 주응력설

최대 주응력(σ_1, σ_2)이 인장 또는 압축 항복강도를 넘어설 때 파손이 시작된다는 이론이며, 취성 재료에 많이 적용된다.

$$\text{파손조건: } |\sigma_1| \geqq \sigma_{yt} \text{ 또는 } |\sigma_2| \geqq \sigma_{yc} \tag{5-59}$$

2) 최대 전단응력설

최대 전단응력이 일축 인장시험의 항복강도(σ_y)로부터 산출되는 최대 전단응력값을 넘어설 때 파손이 시작된다는 이론이다. 일축 인장시험에서 항복강도를 σ_y라 하면 이것에 의한 최대 전단강도는 식 (5-13)에서 보듯이 $\tau_y = \frac{1}{2}\sigma_y$가 된다. 계산되는 최대 전단응력은 $\tau_{\max} = \frac{1}{2}(\sigma_1 - \sigma_2)$이므로 파손조건은 다음과 같이 된다.

$$\text{파손조건: } \tau_{\max} \geqq \tau_y$$
$$|\sigma_1 - \sigma_2| \geqq \sigma_y \tag{5-60}$$

3) 최대 주변형률설

최대 주변형률(ϵ_1, ϵ_2)이 인장/압축 항복변형률을 넘어설 때 파손이 시작된다는 이론이다. 최대 주변형률은 $\epsilon_{\max} = -\dfrac{1}{E}(\sigma_1 - \nu\sigma_2)$이고, 인장/압축 항복변형률은 $\epsilon_y = \dfrac{1}{E}\sigma_y$ 이므로 다음과 같이 인장, 압축 각각에 대하여 기술할 수 있다.

$$\text{파손조건: } |\sigma_1 - \nu\sigma_2| \geqq \sigma_{yt}$$
$$|\sigma_2 - \nu\sigma_1| \geqq \sigma_{yc}$$

(5-61)

4) 최대 변형에너지설

폰 미제스 응력(Von-Mises stress)이 인장/압축 시험의 항복강도를 넘어설 때 파손이 시작된다는 이론이다. 폰 미제스 응력은 단위체적당 변형에너지를 나타내는데 이 이론을 폰 미제스 응력설이라고도 한다.

$$\text{파손조건: } \left(\sigma_1^2 - \sigma_1\sigma_2 + \sigma_2^2\right)^{\frac{1}{2}} \geq \sigma_y$$

(5-62)

최대 주응력설은 취성 재료에 대해 실험결과와 잘 맞는 것으로 알려져 있어 취성 재료를 사용하는 설계에 일반적으로 사용되고 있다. 최대 전단응력설은 적용하기 간편하고 안정된 결과를 준다는 이유로 설계 코드에 넓게 적용되고 있다. 최대 주변형률설은 실험 결과로 뒷받침되지 못하고 있으며 연성 재료에는 적합하지만 취성 재료에는 적합하지 못한 것으로 알려져 있다. 그리고 최대 변형에너지설은 연성 재료에서 실험결과와 가장 잘 일치하는 이론으로 설계에서 사용이 증가하고 있다. 참고로 최대 주응력설과 최대 전단응력설에서는 항복강도(σ_y) 대신 극한강도(인장강도) σ_u를 사용하여 파손조건을 적용하는 경우도 있다.

※ 어떤 하중을 받고 있는 부재를 해석하였더니 부재 내의 한 점 P 에서 σ_x, σ_y, τ_{xy} 의 값이 다음 그림과 같았다. 각 경우에 대하여 Mohr원을 이용한 도식적인 방법으로 부재 내의 점 P 에서 주응력(σ_1, σ_2), 최대 전단응력($\tau_{\max}$)의 크기와 방향을 구하고 각각 응력요소로 표현하라.(모든 응력의 단위는 MPa) (문제 1~7)

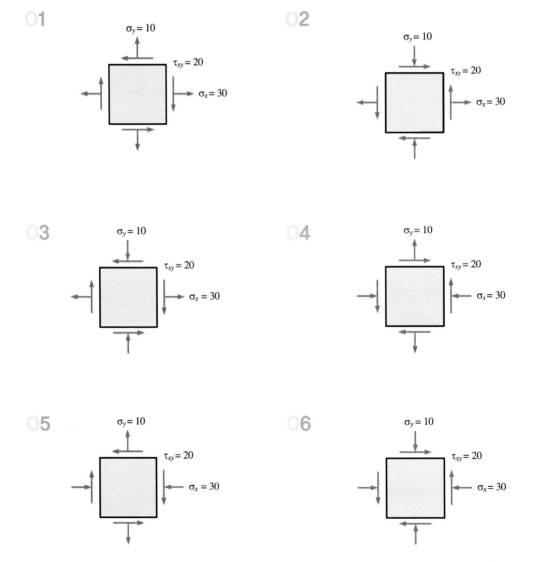

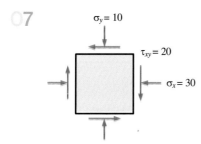

08 어떤 하중을 받고 있는 부재를 해석하였더니 부재 내의 한 점 P에서 $\sigma_x = 40[\mathrm{MPa}]$, $\sigma_y = 15[\mathrm{MPa}]$, $\tau_{xy} = 10[\mathrm{MPa}]$이었다. 반시계 방향으로 각 $\theta = 45°$ 회전한 요소에 작용하는 응력을 결정하여 응력요소에 응력을 표시하라.(Mohr원에 의한 도식적 응력분석을 이용하라.)

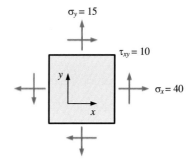

09 문제 8을 해석적 응력분석을 이용하여 다시 풀라.

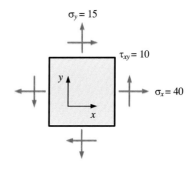

10 해석적 응력분석을 이용하여, σ'_{11}, σ'_{22}, σ'_{12}를 σ_{11}, σ_{22}, σ_{12}, θ로 표현하라.

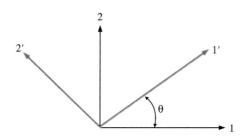

11 하중을 받고 있는 부재 내의 한 점 P에서 $\sigma_x = 10\,[\mathrm{MPa}]$, $\sigma_y = -40\,[\mathrm{MPa}]$, $\tau_{xy} = -50\,[\mathrm{MPa}]$ 이었다. Mohr원을 이용한 도식적인 방법으로 부재 내의 점 P에서의 주응력, 최대 전단응력의 크기와 방향을 구하고, 각각 응력요소로 표시하라. 또한 최초의 상태에서 반시계 방향으로 θ^*만큼 회전시킨 요소에 작용하는 응력을 θ^*함수로 표현하라.(단, $\theta^* > 0$)

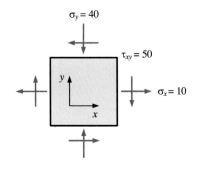

12 45° 스트레인 로제트를 이용하여 측정한 값이 $\epsilon_a = 10^{-6}$, $\epsilon_b = 2 \times 10^{-6}$, $\epsilon_c = 8 \times 10^{-6}$ 이었다. 주변 형률의 크기를 구하라.

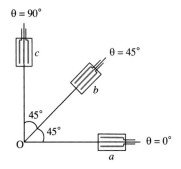

13 45° 스트레인 로제트를 이용하여 측정한 값이 $\epsilon_a = 10^{-6}$, $\epsilon_b = 4 \times 10^{-6}$, $\epsilon_c = 6 \times 10^{-6}$ 이었다. 주변 형률의 크기를 구하라.

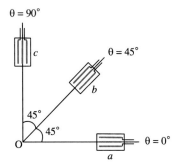

14 $60°$ 스트레인 로제트를 이용하여 측정한 값이 $\epsilon_a = 10^{-6}$, $\epsilon_b = 2 \times 10^{-6}$, $\epsilon_c = 3 \times 10^{-6}$ 이었 다. $\epsilon_x, \epsilon_y, \gamma_{xy}$ 를 구하라.

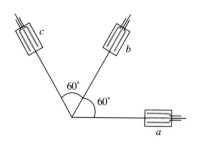

15 $60°$ 스트레인 로제트를 이용하여 측정한 값이 $\epsilon_a = 6 \times 10^{-6}$, $\epsilon_b = 7 \times 10^{-6}$, $\epsilon_c = 2 \times 10^{-6}$ 이었다. 주변형률의 크기를 구하라.

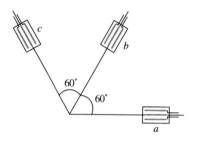

16 그림과 같은 사각형에 $\sigma_x = 450 \, \mathrm{kgf/m^2}$, $\sigma_y = 250 \, \mathrm{kgf/m^2}$의 인장응력이 작용할 때 최대 전단응력의 값은 얼마인가?

① $50 \, \mathrm{kgf/m^2}$　　② $100 \, \mathrm{kgf/m^2}$

③ $150 \, \mathrm{kgf/m^2}$　　④ $200 \, \mathrm{kgf/m^2}$

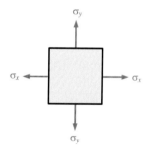

17 원형 단면봉의 지름이 $2 \, \mathrm{cm}$이다. 이 원형 단면봉에 $1.5 \, \mathrm{ton}$의 압축 하중을 적용시 킬 때 내부에 발생하는 전단응력의 최댓값은 얼마인가?

① $1873 \, \mathrm{kgf/cm^2}$　　　　　　② $796 \, \mathrm{kgf/cm^2}$

③ $238 \, \mathrm{kgf/cm^2}$　　　　　　④ $196 \, \mathrm{kgf/cm^2}$

18 그림은 σ_x, σ_y, τ_{xy} 가 작용하고 있는 상태에서 최대 주응력의 크기를 구하기 위한 Mohr의 응력원을 나타낸 것이다. 이 그림에서 최대 주응력과 최소 주응력의 크기를 나타내는 것은 무엇인가?

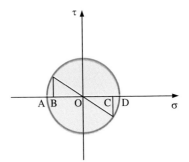

① CD, BA   ② AD, AB

③ OD, OA   ④ OA, OB

19 $\sigma_x = 350\,\text{kgf/m}^2$, $\sigma_y = 200\,\text{kgf/m}^2$, $\tau = 150\,\text{kgf/m}^2$의 응력이 발생하는 재료의 최대 주응력은 얼마인가?

① $243\,\text{kgf/m}^2$ ② $352.7\,\text{kgf/m}^2$ ③ $442.7\,\text{kgf/m}^2$ ④ $510\,\text{kgf/m}^2$

20 $\sigma_x = 800\,\text{kgf/m}^2$, $\sigma_y = 300\,\text{kgf/m}^2$, $\tau_{xy} = -400\,\text{kgf/m}^2$의 응력이 발생하는 재료의 최대 주응력과 최소 주응력의 값은 얼마인가?

① $\sigma_{\max} = 1021\,\text{kgf/m}^2$, $\sigma_{\min} = 78\,\text{kgf/m}^2$

② $\sigma_{\max} = 1221\,\text{kgf/m}^2$, $\sigma_{\min} = -122\,\text{kgf/m}^2$

③ $\sigma_{\max} = 1749\,\text{kgf/m}^2$, $\sigma_{\min} = 63\,\text{kgf/m}^2$

④ $\sigma_{\max} = 1922\,\text{kgf/m}^2$, $\sigma_{\min} = 51\,\text{kgf/m}^2$

21 인장하중을 받는 봉에서 임의의 경사 단면에 발생하는 최대 전단응력($\tau_{\max}$) 단면의 경사각은 얼마인가?

① $\theta = 60°$ ② $\theta = 45°$ ③ $\theta = 30°$ ④ $\theta = 15°$

22 Mohr 원에서 $\sigma_x = 1500 \, \mathrm{kgf/m}^2$, $\sigma_y = 1500 \, \mathrm{kgf/m}^2$인 2축 응력 상태에서 최대 전단응력 $\tau_{\max}$의 값은 얼마인가?

① $\tau = 4$ 　　② $\tau = 2$ 　　③ $\tau = 1$ 　　④ $\tau = 0$

23 그림과 같이 $\sigma_x = 1500 \, \mathrm{kgf/m}^2$, $\sigma_y = -700 \, \mathrm{kgf/m}^2$, $\tau_{xy} = 600 \, \mathrm{kgf/m}^2$의 응력이 작용할 때 발생하는 최대 주응력과 최소 주응력의 값은 각각 얼마인가?

① $\sigma_{\max} = 922 \, \mathrm{kgf/m}^2$, $\sigma_{\min} = -422 \, \mathrm{kgf/m}^2$

② $\sigma_{\max} = 632 \, \mathrm{kgf/m}^2$, $\sigma_{\min} = -240 \, \mathrm{kgf/m}^2$

③ $\sigma_{\max} = 1652 \, \mathrm{kgf/m}^2$, $\sigma_{\min} = -852 \, \mathrm{kgf/m}^2$

④ $\sigma_{\max} = 1862 \, \mathrm{kgf/m}^2$, $\sigma_{\min} = 781 \, \mathrm{kgf/m}^2$

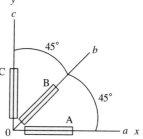

24 $\epsilon_a = 300 \times 10^{-6}$, $\epsilon_b = 400 \times 10^{-6}$, $\epsilon_c = 700 \times 10^{-6}$인 45° 스트레인 로제트의 주변형률의 크기는 얼마인가?

① $\epsilon_1 = 5 \times 10^{-6}$, $\epsilon_2 = 3 \times 10^{-6}$ 　　② $\epsilon_1 = 3 \times 10^{-6}$, $\epsilon_2 = 1 \times 10^{-6}$

③ $\epsilon_1 = 5 \times 10^{-6}$, $\epsilon_2 = 1 \times 10^{-6}$ 　　④ $\epsilon_1 = 4 \times 10^{-6}$, $\epsilon_2 = 3 \times 10^{-6}$

25 두께가 2.5 cm이고 지름이 2 m인 원통이 20 kgf/cm²의 내압을 받고 있을 때 이 얇은 원통에 발생되는 최대 전단응력은 얼마인가?

① $405 \, \mathrm{kgf/cm}^2$ 　　② $320 \, \mathrm{kgf/cm}^2$

③ $200 \, \mathrm{kgf/cm}^2$ 　　④ $125 \, \mathrm{kgf/cm}^2$

26 x, y축의 각 방향으로 작용하는 수직응력이 $\sigma_x = 350\,\mathrm{kgf/m^2}$, $\sigma_y = -450\,\mathrm{kgf/m^2}$ 일 때 $\theta = 45°$ 단면에서 발생하는 최대 주전단응력은 얼마인가?

① $400\,\mathrm{kgf/m^2}$ ② $250\,\mathrm{kgf/m^2}$

③ $200\,\mathrm{kgf/m^2}$ ④ $150\,\mathrm{kgf/m^2}$

27 순수 전단인 재료에 직교하는 2축 응력 $\sigma_x = 850\,\mathrm{kgf/m^2}$, $\sigma_y = -450\,\mathrm{kgf/m^2}$가 작용할 때 전단변형률 γ의 크기는 얼마인가?
(단, 전단탄성계수 $G = 0.4 \times 10^6\,\mathrm{kgf/m^2}$이며 경사각 $\theta = 45°$이다.)

① $\gamma = 1.1 \times 10^{-3}$ ② $\gamma = 1.3 \times 10^{-3}$

③ $\gamma = 1.4 \times 10^{-3}$ ④ $\gamma = 1.6 \times 10^{-3}$

28 다음 중에서 공액응력의 개념을 옳게 나타낸 수식은 무엇인가?

① $\sigma_x + \sigma_x{}' = 0$ ② $\tau + \tau' = 0$

③ $\sigma_x - \sigma_x{}' = 0$ ④ $\tau = \tau'$

29 그림과 같이 사각형 요소에 $\sigma_x = 400\,\mathrm{kgf/m^2}$, $\sigma_y = 200\,\mathrm{kgf/m^2}$가 작용할 때 요소 내에 발생하는 최대 전단응력과 $\tau_{\max}$의 방향은 무엇인가?

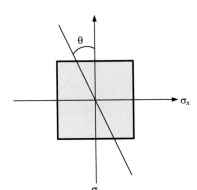

① $\tau_{\max} = 50\,\mathrm{kgf/m^2}$, $\theta = 45°$

② $\tau_{\max} = 100\,\mathrm{kgf/m^2}$, $\theta = 45°$

③ $\tau_{\max} = 50\,\mathrm{kgf/m^2}$, $\theta = 0°$

④ $\tau_{\max} = 100\,\mathrm{kgf/m^2}$, $\theta = 0°$

30 사각형 축의 표면에 그림과 같은 응력이 작용한다면 주응력의 크기는 얼마인가?

① 31 kgf/cm^2

② 48 kgf/cm^2

③ 52 kgf/cm^2

④ 60 kgf/cm^2

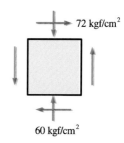

72 kgf/cm^2

60 kgf/cm^2

06 Chapter
외력과 내력

6.1 서론

우리가 지금까지 외력이 작용하는 부재에 대하여 재료역학적 해석을 공부하였던 것은 3장과 4장, 인장/압축 하중과 비틀림 하중이 전부였다. 이 두 가지 경우는 작용한 외력과 내력이 부재 전체에 걸쳐서 같고 일정하다는 전제로 논의가 진행되었다. 따라서 내력을 구하는 방법에 대하여 특별한 설명 없이, 간단하게 평형방정식을 적용하여[식 (3-3)과 같이] 내력을 구하는 절차만 밟고 논의를 전개하였다.

그러나 대부분의 외력을 지탱하고 있는 재료역학적 부재는 이와는 달리 부재 내부의 위치에 따라 내력의 값이 변한다. 우리는 이 변하는 내력의 값을 위치의 함수 형태로 알아내어야 원하는 위치에서 응력을 해석할 수 있게 된다. 이 장에서는 외력을 받고 있는 부재의 내력에 대하여 자세하고도 집중적으로 기술하고자 한다. 특히 여기에서는 내력으로 전단력과 굽힘 모멘트가 동시에 발생하는 보(beam) 부재를 중점적으로 다루고자 한다.

보에서 발생하는 내력인 전단력과 굽힘 모멘트를 구하는 방법으로 크게 세 가지를 들 수 있다. 첫째는 평형조건을 적용하여 전단력과 굽힘 모멘트를 구하는 것이다. 둘째는 분포하중, 전단력, 굽힘 모멘트의 미분관계를 이용하여 그 미분방정식을 풀고 경계조건을 적용하여 전단력과 굽힘 모멘트를 구하는 것이다. 셋째는 특이함수(singularity function)를 이용하여 전단력과 굽힘 모멘트를 구하는 것이다. 첫 번째 방법은 그 방법의 정형성으로 인하여 약간의 시간과 반복되는 계산과정만 거치면 해결이 가능한, 우리가 지금까지 일관되게 공부해왔던 재료역학의 보편적인 해법의 일환이다. 그러나 두 번째와 세 번째의 방법은 미분방정식의 해법과 불연속함수에 대한 수학적 지식을 필요로 하는 방법이다. 만약 이와 같은 수학적 지식이 충분하다면 세 번째 방법이 많은 번거로움과 시간을 줄일 수 있는 매우 유용한 방법으로 추천될 수 있다. 하지만 재료역학에 입문하는 시점에서는 이와 같은 수학적 지식이 완비되지 않은 상태일 수 있음을 감안하여 이 장에서는 첫 번째와 두 번째 방법만을 기술하기로 한다. 특히 두 번째 방법은 미분방정식이 공학에서 응용되는 예를 보여주는 것으로 그 의미를 부여할 수 있지만, 하중이 불연속적으로 작용하는 부재에 있어서는 경계조건 적용의 번거로움으로 실용적이라 할 수는 없다. 그리고 세 번째 방법은 '9장 보의 처짐'에서 취급하기로 한다.

본래 내용의 편제상 이 장은 응력의 해석이 시작되기 전인 3장 앞에 놓여야 타당하다고 할 수 있다. 그러나 그렇게 되면 여러분들은 '응력해석'이라는 재료역학의 본질적인 맛을 보기도 전에 그 주변을 두드리다 지쳐버릴 것이 염려되었다. 그래서 이 장의 이해 없이도 논의 진행이 가능한 3장 인장/압축 하중과 4장 비틀림 하중으로 '응력해석'이란 재료역학 본래의 맛을 느끼게 한 후, 그것을 바탕으로 재료역학에서 아주 중요한 '응력과 변형률의 분석'을 충분하고도 자세하게 기술하였던 것이다. 이제 여러분들이 이 장을 공부하고 나면 구조물 부재로 널리 쓰이고, 초급 재료역학에서 취급하는 마지막 단계라 할 수 있는 '보의 해석'에 진입할 수 있게 된다. 이 장은 보의 해석에 필수적으로 선행되는 과정이며 내용이므로 편제를 바로 그 앞으로 하여 연관성을 강조하려고 하였다. 여러분들이 이 장을 공부하고 난 뒤에 기본적으로 알아야 할 중요한 점들은 다음과 같다.

- 내력의 부호규약
- 내력의 도식적 표현과 해석적 표현
- 내력의 계산과정
- 평형조건에 의한 SFD, BMD
- 분포하중, 전단력, 굽힘 모멘트 사이의 미분관계

6.2 평형조건에 의한 SFD, BMD

6.2.1 내력의 부호규약

외부하중이 부재에 작용할 때 재료 내부에 발생하는 힘과 모멘트를 내력(internal forces & moments)이라 한다. 내력은 재료 내부의 각 점으로 전파되어 응력을 발생시키므로 응력을 유발하는 직접적인 요인이다. 재료 단면의 모든 점들에 퍼진 응력을 모두 모으면 다시 내력이 되는데, 이런 이유로 내력을 다른 말로 응력의 결과력(stress resultant)[1]이라고도 한다. 이들 내력은 다음 그림(그림 1-19 반복)에서와 같이 외력과 달리 동일선상에서 크기가 같고 방향이 반대인 두 벡터로 표시된다.

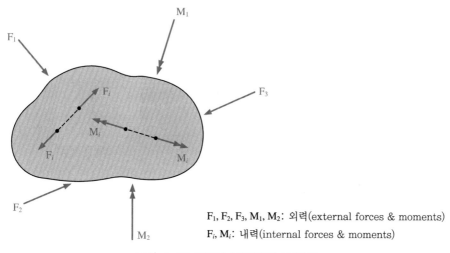

F_1, F_2, F_3, M_1, M_2: 외력(external forces & moments)

F_i, M_i: 내력(internal forces & moments)

그림 1-19 **외력과 내력(반복 표현함)**

즉 내력은 응력과 같이 언제나 한 쌍이 하나의 내력으로 표현되는 특징이 있고, 부재를 잘랐을 때의 단면상에 표현된다. 따라서 내력의 부호규약은 정역학적 힘과 모멘트의 부호규약[2]과 달리 응력의 부호규약처럼 별도로 약속해주어야 해석에 일관성이 부여된다.

내력의 부호규약은 응력의 부호규약과 동일한 방법으로 하는 것이 합리적이며, 혼돈을 줄일 수 있는 방법이다.[3] 그림 6-1과 같이 부재를 절단하면 두 개의 면이 나타난다. 단면의 바깥쪽으로 향하는 수직벡터가 좌표축의 양의 방향을 향하고 있는 절단면을 양의 면(positive face), 음의 방향을 향하고 있는 면을 음의 면(negative face)이라 한다.

하나의 단면상에(엄밀하게는 단면상의 도심점) 발생할 수 있는 모든 내력은 6개이다. F_{xx}, F_{xy}, F_{xz}, M_{xx}, M_{xy}, M_{xz}가 그것이다. 첫 번째 첨자는 단면을 가리키고, 두 번째 첨자는 힘과 모멘트의 작용 방향을 나타내는데, 여기서는 x축에 수직한 단면상에(첫 번째 첨자 x)

---

1) stress resultant를 '합응력'이라는 용어로 기술한 책들도 있다. 이 책에서는 6.3.2절에 결과력(resultant)에 대하여 설명해놓았다. 여기에서 'resultant of distributed load'를 분포하중의 결과력이라 하고, 'stress resultant'를 응력의 결과력이라 하여 용어와 개념에 일관성을 부여하고자 하였다.
2) 정역학적 힘과 모멘트의 부호규약은 좌표계에서 힘과 모멘트의 방향이 양의 방향이면 양의 부호, 음의 방향이면 음의 부호가 된다.
3) 부호규약은 책 전체에 걸쳐 수식 전개, 결과식 등에 영향을 미치는 중요한 약속이다. 이 책의 응력과 내력의 부호규약은 S. H. Crandall의 *An Introduction to the mechanics of solid*에서 채택하였던 규약을 사용하고 있음을 밝혀둔다. 이 방법은 좌표계와 연관 지어서 전개하는 합리적인 방법이며, 3차원 공간에서도 일관성이 부여되어 여러분들이 컴퓨터 응용구조 해석 프로그램을 이용할 때에도 똑같이 적용하여 활용할 수 있다. 아울러 전단력의 부호규약에 있어 이 책과 다르게 규약하고 기술한 책들이 있는데 대표적인 것이 Gere & Timoshenko의 *Mechanics of Materials*이다. 여러분들이 어떤 책을 선택하여 볼 때에는 응력과 내력의 부호규약을 먼저 살펴보고 수식 전개 및 결과식을 이해하여야 한다는 것을 다시 한 번 강조한다.

각 방향으로 있을 수 있는 힘과 모멘트를 표시한 것이다. 이들 각각의 내력들은 부재를 변형시키려는 특징이 각각 달라, 다음과 같은 특별한 명칭을 부여하고 있다.

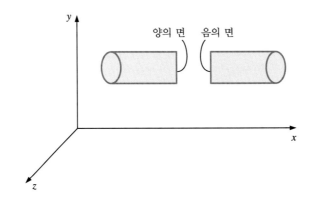

그림 6-1 **절단면의 양과 음**

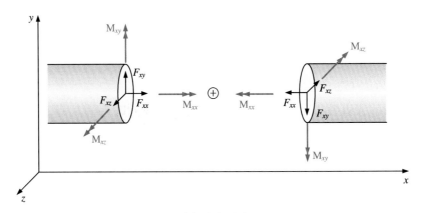

(a) 양의 내력

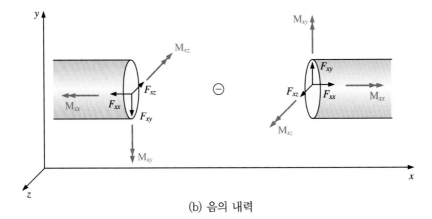

(b) 음의 내력

그림 6-2 **내력의 부호규약(절단면)**

- F_{xx}: 축하중(axial force). 축 방향으로 인장/압축 변형을 유발
- F_{xy}, F_{xz}: 전단력(shear force). 부재의 전단 변형을 유발하고, V 또는 V_x, V_y로도 표시함.
- M_{xx}: 비틀림 모멘트(torsion, twisting moment). 부재의 비틀림 변형을 유발하고, T 또는 T_x, T_y로도 표시함.
- M_{xy}, M_{xz}: 굽힘 모멘트(bending moment). 부재의 굽힘 변형을 유발하고, M으로도 표시함.

양의 면에 양의 방향, 음의 면에 음의 방향으로 발생하는 내력은 양의 부호(positive)가 되며, 면과 내력의 방향 부호가 서로 다르면 그 내력은 음의 부호(negative)가 된다. 그림 6-2에 절단면에서 양의 내력, 음의 내력에 대한 표현을 해놓았고 그림 6-3에 절단된 요소 상에서 내력의 부호를 표현해놓았다. 그림 6-2, 그림 6-3과 같이 나타내는 것을 내력의 도식적 표현이라 하고, 이때에는 화살표가 방향을 나타내므로 내력의 크기만 나타내주게

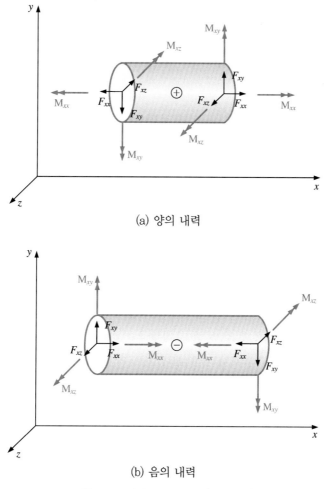

(a) 양의 내력

(b) 음의 내력

그림 6-3 **내력의 부호규약(절단요소)**

된다(힘과 모멘트의 도식적 표현, 응력요소의 표현과 같이). 다른 하나는 내력의 해석적 표현이라 하여 내력의 표현값 자체에 방향과 크기를 모두 포함하도록 나타내는 것이다. 응력을 계산할 때에는 해석적 방법으로 계산된 응력값을 응력요소에 도식적으로 표현하였지만(예제 2-6 참조), 내력을 계산할 때에는 도식적 해법에 의해 계산하는 것이 편리하므로 계산결과는 1차적으로 내력의 도식적 표현이 된다. 그러나 내력의 부호규약에 따라 이것을 다시 내력의 해석적 표현으로 전환시키는 것이 필요할 때가 있다.

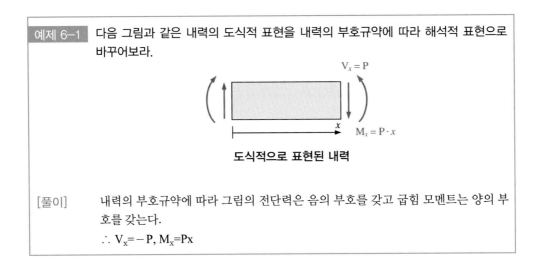

예제 6-1 다음 그림과 같은 내력의 도식적 표현을 내력의 부호규약에 따라 해석적 표현으로 바꾸어보라.

도식적으로 표현된 내력

[풀이] 내력의 부호규약에 따라 그림의 전단력은 음의 부호를 갖고 굽힘 모멘트는 양의 부호를 갖는다.

∴ $V_x = -P$, $M_x = Px$

6.2.2 내력의 계산과정

내력의 계산은 부재 외부에 작용하고 있는 모든 외력을 알고 있을 때 외력과 내력 사이에 평형조건을 적용하여 계산한다. 1.8.2절에서 모델링과 평형조건을 이용한 외력의 계산을 자세하게 다루었고, 표 1-5에 그 과정을 단계별로 요약해놓았다. 내력의 계산은 이 과정에 한 단계를 더 추가하여 이루어지는 것이다. 이들 과정이 매우 중요하므로 표 6-1에 '외력과 내력의 평형조건 적용'의 한 단계를 추가하여 다시 나타낸다.

평형조건은 이와 같이 곳곳에서 적용되는 매우 중요한 개념임을 여러분들은 이 책을 통해 알 수 있으리라 생각된다. 그런 이유로 1.7절에서 평형과 평형조건이라는 제목으로 자세하게 기술하였던 것이다. 평형조건에 대한 이해가 부족한 사람은 1.7절로 돌아가 자세히 읽어보고 충분히 숙지하기 바란다. 1.7절에서 평형조건의 적용에는 두 가지 방법이 있다고 하였다. 하나는 도식적 해법에 의한 평형조건의 적용(스칼라방정식)이고, 다른 하나는 해석적 방법에 의한 평형조건의 적용(벡터방정식)이다. 도식적 해법이 해석적 방법보다 간편하고 시각적으로 이해하기 쉬우므로 이 책뿐만 아니라 대부분의 서적에서 이것을 이용하고 있다. 미지내력을 계산하는 여기에서 도식적 해법에 의한 평형조건의 적용방법을 상기시키는 의미로 중복 기술이 되지만 다시 한 번 그 과정을 표 6-2에 정리하여 나타낸다.

표 6-1 모델링과 외력, 내력의 산출 단계

---

1) 해석대상(계)의 선정
2) 해석대상(계)의 이상화
   • 가정의 도입
   • 지점 형태의 이상화 표현(표 1-4 활용)
3) 해석대상(계)에 작용하는 모든 외력의 표현
   (알고 있거나 모르고 있는 모든 작용력, 지점반력)
4) 평형조건의 적용으로 모르는 외력을 알아냄: 표 6-2 적용
   (모르는 외력의 개수가 평형조건식보다도 많아서 부정정계가 될 경우에는 변형에 관한 추가적인 조건식을 찾아보든지 2)항에서 가정을 보다 과감하게 도입하여 정정계로 다시 이상화한다.)
5) 외력과 미지내력 사이의 평형조건 적용 : 표 6-2 적용
   (관심 있는 단면에서 부재를 가상 절단하고, 두 조각 중 어느 하나의 절단면에 미지내력(힘과 모멘트)을 표시한 후 그 조각에 작용하는 외력과 함께 평형조건을 적용한다. 이 경우 내력의 부호규약이 아닌 힘과 모멘트의 정역학적 부호규약에 따라 표 6-2에 의해 크기와 방향이 계산되어 올바르게 표현되면 이것이 내력의 도식적 표현 상태가 된다. 필요한 경우 내력의 부호규약에 따라 해석적 표현으로 전환한다.)

표 6-2 도식적 해법에 의한 평형조건 적용 과정

---

1) 계에 힘과 모멘트를 표시할 때 알고 있는 힘과 모멘트는 정확하게 방향과 크기를 표시한다.
2) 구하고자 하는 힘과 모멘트는 방향과 크기 모두 모르는 벡터이기 때문에, 계에 표시할 때 크기는 변수(문자)로, 방향은 임의로 나타낸다.
3) 양의 벡터, 음의 벡터를 고려하여 $\Sigma F_x=0$, $\Sigma F_y=0$, $\Sigma M=0$의 스칼라 평형방정식을 세운다.
4) 평형방정식을 풀어서 미지의 힘과 모멘트를 구한다.
   이때 구해진 값이 양(+)이면 최초에 표시한 방향은 올바른 것이며, 음($-$)이면 최초에 표시한 방향은 실제 방향과 반대로 예측된 것이다.
5) 계에 작용하는 모든 힘과 모멘트의 방향과 크기를 올바르게 다시 나타낸다.

| 예제 6-2 | 그림 1과 같은 양단지지 보에 집중하중 P가 작용하고 있다. 부재 내부 mn 단면에 발생하는 내력을 계산하라. |

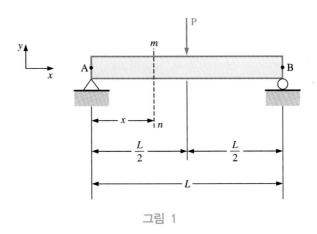

그림 1

[풀이]   이 예제는 표 6-1에서 2)단계까지 완료되어 제시된 문제이므로, 3)단계부터 5)단계까지 이 풀이에서 수행하여야 한다.

(1) 미지외력 계산: 표 1-4에 의한 미지 지점반력과 모든 작용하중을 그림 2와 같이 나타내고 평형방정식을 적용하면 다음과 같이 된다.

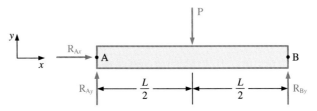

그림 2 **임의로 표현된 지점반력**

$$\Sigma F_x = R_{Ax} = 0 \tag{1}$$
$$\Sigma F_y = R_{Ay} + R_{By} - P = 0 \tag{2}$$
$$\Sigma M_A = R_{By}L - P\frac{L}{2} = 0 \tag{3}$$

평형방정식 (1) ~ (3)을 연립하여 풀면 다음과 같다.

$$
\begin{aligned}
R_{Ax} &= 0 \\
R_{Ay} &= \frac{P}{2} \\
R_{By} &= \frac{P}{2}
\end{aligned}
\tag{4}
$$

계에 작용하는 모든 외력(작용하중, 지점반력)을 올바르게 다시 나타내면 그림 3과 같이 된다.

(2) 내력 계산: 그림 3에서 mn 단면을 가상 절단하여 절단면에 미지내력을 표시하면 그림 4와 같이 된다. 그림 4에서 ①번 조각 ②번 조각에 각각 표시된 미지내력은

한 쌍으로 서로 같은 것이다. 두 조각 중 하나를 선택하여 평형조건을 적용하여 미지내력을 계산한다. 여기서는 ①번 조각을 선택한다.

$$\Sigma F_x = 0 \tag{5}$$

$$\Sigma F_y = \frac{P}{2} - V_x = 0 \tag{6}$$

$$\Sigma M_A = -V_x x - M_x = 0 \tag{7}$$

평형방정식 (5) ~ (7)을 연립하여 풀면 다음과 같다.

$$V_x = \frac{P}{2}$$
$$M_x = -\frac{P}{2}x \tag{8}$$

미지내력 값 (8)에서 $M_x = -\dfrac{P}{2}x$로 음의 값이 나왔으므로 그림 4에서 임의로 표시하였던 방향이 잘못 예측된 것이다. 방향을 바꾸어 올바르게 표시하면 그림 5와 같이 되어 mn 단면에서 미지내력을 계산하였다. 내력의 부호규약에 따르면 전단력 V_x는 음의 값, 굽힘 모멘트 M_x는 양의 값을 각각 나타낸다. 그림 5(a)는 도식적으로 바르게 표현된 외력과 내력이고 (b)는 mn 단면의 내력의 해석적 표현이다.

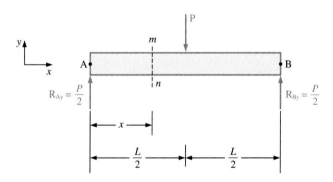

그림 3 바르게 표현된 외력(작용하중, 지점반력)

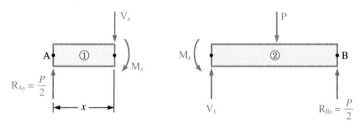

그림 4 바르게 표현된 외력과 임의로 표현된 내력

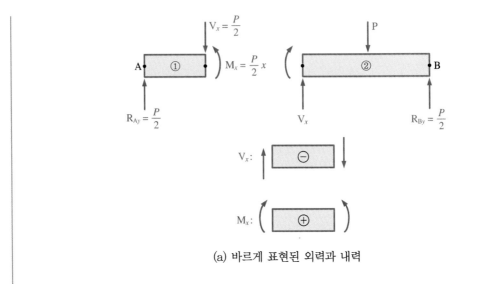

$$V_x = -\frac{P}{2}, \quad M_x = \frac{P}{2}x$$

(b) 내력의 해석적 표현

그림 5 **내력 계산 결과**

예제 6-3 그림 1과 같은 부재에 집중하중 P가 작용하고 있다. 부재 내부 mn 단면과 m'n' 단면에 발생하는 내력을 계산하라.

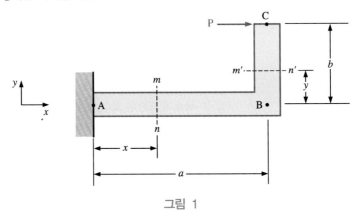

그림 1

[풀이]　　(1) 미지외력 계산: 표 1-4에 의한 미지 지점반력과 모든 외력을 그림 2와 같이 나타내고 평형방정식을 적용하면 다음과 같이 된다.

$$\Sigma F_x = R_{Ax} + P = 0 \tag{1}$$
$$\Sigma F_y = R_{Ay} = 0 \tag{2}$$
$$\Sigma M_A = -M_A - Pb = 0 \tag{3}$$

평형방정식 (1) ~ (3)을 연립하여 풀면 다음과 같다.

$$R_{Ax} = -P, \ R_{Ay} = 0, \ M_A = -Pb \tag{4}$$

계산된 미지반력이 음의 값을 갖는 것은 그림 2에서 임의로 표현하였던 지점반력의 방향이 반대로 표현되어야 올바로 표현됨을 의미한다(표 6-2 참조). 계에 작용하는 모든 외력을 올바르게 다시 나타내면 그림 3과 같이 된다.

(2) 내력계산: 그림 3에서 mn 단면과 m'n' 단면을 가상 절단하여 절단면에 미지내력을 표시하면 그림 4와 같이 된다. 그림 4에서 ①번 조각과 ②번 조각, 또 ②번 조각과 ③번 조각에 쌍으로 표시된 내력은 응력과 같이 서로 같은 하나의 내력을 의미한다.

편의상 mn 단면의 내력을 구하기 위하여 ①번 조각에 평형조건을 적용하고 m'n' 단면의 내력을 구하기 위하여 ③번 조각에 평형조건을 적용한다.

(i) ①번 조각의 평형조건: mn 단면 내력

$$\Sigma F_x = -P + F_x = 0 \tag{5}$$

$$\Sigma M_A = Pb - M_x = 0 \tag{6}$$

평형방정식 (5), (6)을 연립하여 풀면 다음과 같다.

$$F_x = P, \ M_x = Pb \tag{7}$$

(ii) ③번 조각의 평형조건: m'n' 단면 내력

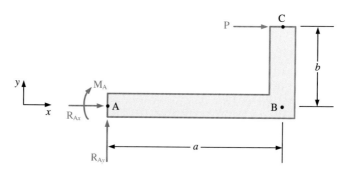

그림 2 **임의로 표현된 지점반력**

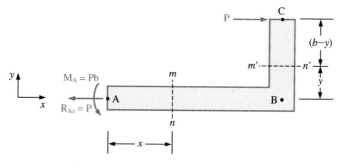

그림 3 **바르게 표현된 외력(작용하중, 지점반력)**

$$\Sigma F_x = P - V_y = 0 \tag{8}$$
$$\Sigma M_C = M_y - V_y(b-y) = 0 \tag{9}$$

평형방정식 (8), (9)를 연립하여 풀면 다음과 같다.

$$V_y = P, \ M_y = P(b-y) \tag{10}$$

임의로 표현된 내력을 계산된 (7), (10)의 결과에 따라 올바르게 다시 나타내면 그림 5와 같다. 여기에서는 평형방정식을 푼 결과가 모두 양이므로 그림 4에서 임의로 표현하였던 내력의 방향이 올바르게 예측된 것이다.

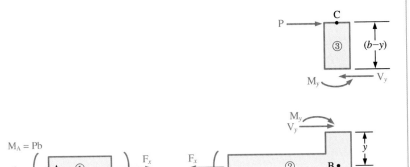

그림 4 **바르게 표현된 외력과 임의로 표현된 내력**

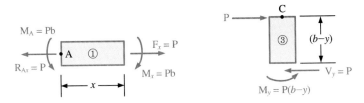

(a) 바르게 표현된 외력과 내력

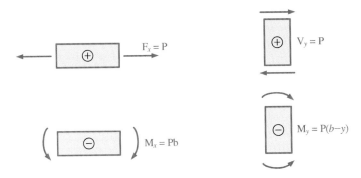

(b) 내력의 도식적 표현

그림 5 **내력 계산 결과(계속)**

$$F_x = P \qquad\qquad V_y = P$$
$$M_x = -Pb \qquad\qquad M_y = -P(b-y)$$

(c) 내력의 해석적 표현

그림 5 내력 계산 결과

6.2.3 SFD와 BMD

BMD(Bending Moment Diagram)는 굽힘 모멘트 선도라 하고, SFD(Shear Force Diagram)는 전단력선도라 한다. 굽힘 모멘트와 전단력은 모두 부재 내부의 임의점(또는 임의 단면)에서 내력을 지칭하는 용어이다. 내력은 부재 내부의 위치에 따라 그 값이 달라질 수 있기 때문에 내력의 값을 위치에 따른 그래프로 표현한 것을 선도(diagram)라 한다. 6.2.2절의 예제에서 보았듯이 내력은 임의의 단면에서 계산되므로 위치의 함수로 표현됨을 알 수 있다. 이와 같이 위치의 함수로 표현된 굽힘 모멘트의 변화를 그래프로 나타낸 것을 굽힘 모멘트 선도, 전단력의 변화를 그래프로 나타낸 것을 전단력선도라 한다. 또한 축 방향 내력의 변화는 축 방향 내력선도(axial-force diagram), 비틀림 모멘트의 변화는 비틀림 모멘트 선도(twisting moment diagram)라 하여 사용된다.

구조물 부재에 가장 많이 사용한다고 할 수 있는 보에서는 굽힘 모멘트와 전단력에 의해 응력이 산출되므로 임의의 위치에서 이 두 값을 아는 것이 매우 중요하다. 그리고 설계를 할 때에는 최대의 굽힘 모멘트와 최대의 전단력이 발생하는 위치와 그 값이 필요할 때가 있기 때문이다. 따라서 이 절에서는 임의의 위치에서 내력을 계산하고, 위치의 함수로 표현된 내력을 그래프로 나타내어, 부재 전체에서 내력의 분포 상황을 일목요연하게 파악할 수 있는 BMD, SFD를 그리는 방법에 대하여 예제를 통해 설명하고자 한다. BMD와 SFD는 내력의 값을 세로축으로, 위치를 가로축으로 나타내는 것이다. 내력의 값을 부호규약에 따라 양과 음의 위치에 올바르게 표현하는 것이 중요하다.

예제 6-4 그림 1과 같은 보에서 BMD, SFD를 그려보아라.

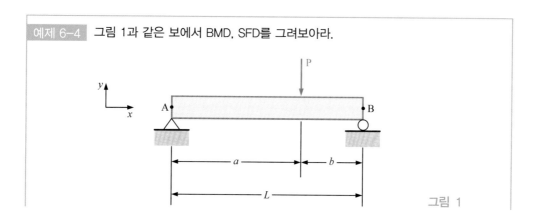

그림 1

[풀이] (1) 미지외력 계산: 그림 2와 같이 미지 지점반력과 외력을 나타내고 평형방정식을 적용하여 미지 지점반력을 구한다.

$$\Sigma F_x = R_{Ax} = 0 \qquad\qquad (1)$$

$$\Sigma F_y = R_{Ay} + R_{By} - P = 0 \qquad\qquad (2)$$

$$\Sigma M_A = R_{By} \cdot L - P \cdot a = 0 \qquad\qquad (3)$$

평형방정식 (1) ~ (3)을 풀면 다음과 같이 되며, 결과값들이 모두 양이므로 그림 2에 표현된 지점반력은 올바르게 예측된 것들이다.

$$R_{Ax} = 0, \ R_{Ay} = \frac{b}{L}P, \ R_{By} = \frac{a}{L}P \qquad\qquad (4)$$

계에 작용하는 모든 외력(작용하중, 지점반력)을 올바르게 다시 표현하면 그림 3과 같이 된다. 이 문제에서 BMD, SFD를 그리기 위해서는 그림 3에서처럼 mn 단면과 m'n' 단면 두 곳에서 내력을 계산하여야 한다. 외력이 불연속적으로 변하는 곳에서는 내력도 불연속적으로 변하므로 단면을 다시 생각하여 새로운 조각에서 평형조건을 적용하고 내력을 구하여야 한다.

(2) 내력계산: 외력이 x = a에서 불연속을 보이므로 mn 단면은 0 < x < a 사이의 내력을, m'n' 단면은 a < x < L 사이의 내력을 나타내게 된다.

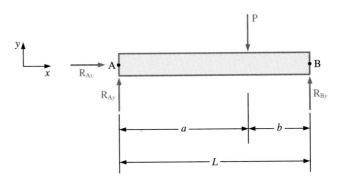

그림 2 **임의로 표현된 지점반력**

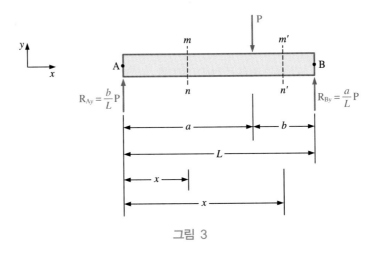

그림 3

(i) 0 < x < a : mn 단면

mn 단면을 가상절단하여 왼쪽 조각을 선택하여 평형조건을 적용하면 다음과 같다.

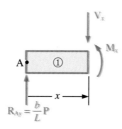

그림 4 단면 mn에서 미지내력 임의 방향 표현

$$\Sigma F_y = \frac{b}{L}P - V_x = 0 \tag{5}$$

$$\Sigma M_A = M_x - V_x \cdot x = 0 \tag{6}$$

$$\therefore V_x = \frac{b}{L}P, \ M_x = \frac{b}{L}Px \tag{7}$$

평형방정식 (5), (6)을 푼 결과가 모두 양의 값을 나타내므로 그림 4에 임의로 나타냈던 방향은 올바른 것이다. 내력의 부호규약에 따라 그림 4에 표현된 내력을 검토하면 다음 (8)과 같다.

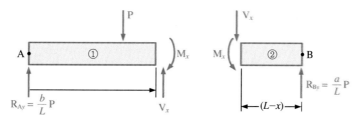

$$\tag{8}$$

해석적 표현으로는 $V_x = -\frac{b}{L}P, \ M_x = \frac{b}{L}Px$

(ii) a < x < L: m'n' 단면

m'n' 단면을 가상 절단하면 그림 5와 같이 두 조각이 된다. ②번 조각을 선택하여 평형조건을 적용하는 것이 훨씬 간편하다.

그림 5 단면 m'n'에서 미지내력 임의 방향 표현

$$\Sigma F_y = -V_x + \frac{a}{L}P = 0 \tag{9}$$

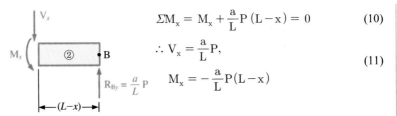

$$\Sigma M_x = M_x + \frac{a}{L}P(L-x) = 0 \tag{10}$$

$$\therefore V_x = \frac{a}{L}P,$$

$$M_x = -\frac{a}{L}P(L-x) \tag{11}$$

평형방정식 (9), (10)을 푼 결과, 전단력 V_x는 양, 굽힘 모멘트 M_x는 음의 값
이므로 굽힘 모멘트의 방향 예측이 잘못된 것이다. 올바르게 다시 나타내면
그림 6과 같이 되고 내력의 부호규약에 따른 굽힘 모멘트와 전단력은 다음 식
(12)와 같다.

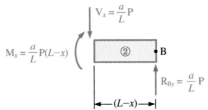

그림 6 **올바르게 표현된 m'n' 단면 내력**

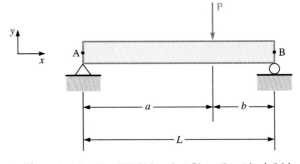

$$(12)$$

해석적 표현으로는 $V_x = \frac{a}{L}P,\ M_x = \frac{a}{L}P(L-x)$

(3) BMD, SFD: BMD와 SFD는 내력을 위치의 함수로 표현한 그래프이므로 내력의
해석적 표현에 의해 그려지는 것이 보다 합리적이다. 내력 계산에서 얻은 결과식
(13)과 (14)를 이용하여 위치에 따른 전단력과 굽힘 모멘트를 그리면 그림 7과 같
이 된다.

$$0 < x < a: V_x = -\frac{b}{L}P, \qquad M_x = \frac{b}{L}Px \tag{13}$$

$$a < x < L: V_x = \frac{a}{L}P, \qquad M_x = \frac{a}{L}P(L-x) \tag{14}$$

그림 7 **예제 6-4의 전단력선도와 굽힘 모멘트 선도(계속)**

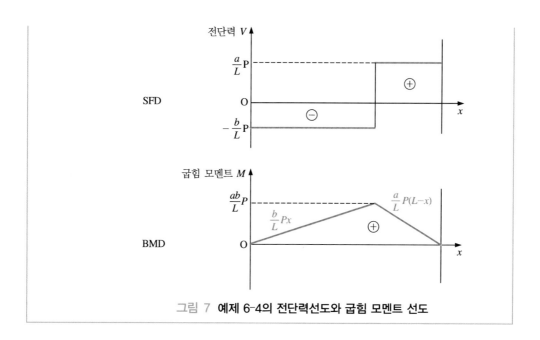

그림 7 예제 6-4의 전단력선도와 굽힘 모멘트 선도

예제 6-5 예제 6-3의 내력계산 결과를 이용하여 부재 전체에 대한 BMD, SFD, AFD(Axial Force Diagram)를 그려라.

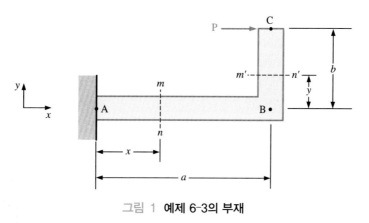

그림 1 예제 6-3의 부재

[풀이] 예제 6-3의 내력계산 결과는 예제 6-3의 그림 5에 나타나 있고, 내력의 해석적 표현 결과를 이용하여 선도를 그리면 그림 2와 같이 된다.

(i) AB 사이 내력: $F_x = P$, $M_x = -Pb$

(ii) BC 사이 내력: $V_y = P$, $M_y = -P(b-y)$

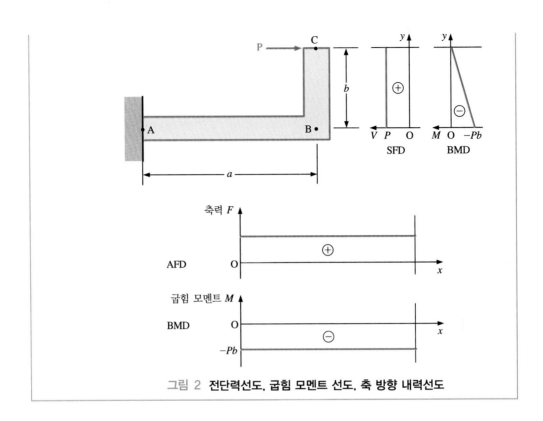

그림 2 **전단력선도, 굽힘 모멘트 선도, 축 방향 내력선도**

예제 6-6 그림 1과 같이 우리가 일상생활에서 많이 사용하고 있는 죔핀에 담긴 재료역학적 사실들을 검토해보자. 표 6-1에 모델링의 단계에서부터 미지외력 및 부재 내력을 구하는 단계까지 단계별로 설명하고 SFD, BMD를 그려보라.

그림 1 **죔핀**

[풀이] (1) 해석대상(계)의 선정: 해석대상은 그림 1의 죔핀.
(2) 해석대상(계)의 이상화: 죔핀을, 그림 2와 같이 부재의 탄성변형으로 죔력을 유발하는 것과 탄성변형을 일으키게 하는 보로 생각할 수 있다. 보는 죔핀에 힌지(A점)와 롤러(B점) 형태의 지점으로 이상화할 수 있다. 편의상 명칭을 죔핀과 죔핀 지렛대로 구별하여 생각한다.

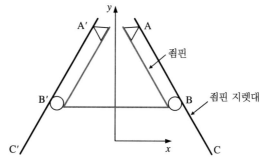

그림 2 **이상화된 죔핀**

(3) 해석대상에 작용하는 모든 외력의 표현: 죔핀은 y축에 대하여 대칭이므로 한 쪽만을 고려하여 외력 P와 미지지점반력을 나타내면 그림 3과 같이 된다.

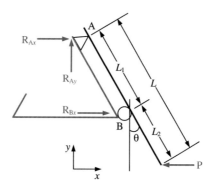

그림 3 **바르게 표현된 외력과 임의로 표현된 미지반력**

(4) 미지외력 계산: 평형조건을 적용하면 다음과 같이 된다.

$$\begin{aligned}
&\Sigma F_x = R_{Ax} + R_{Bx} - P = 0 \\
&\Sigma F_y = R_{Ay} = 0 \\
&\Sigma M_A = R_{Bx} L_1 \cos\theta - P(L_1 + L_2)\cos\theta = 0
\end{aligned} \tag{1}$$

식 (1)을 풀면 다음과 같이 된다.

$$R_{Ax} = -P \cdot \frac{L_2}{L_1}, \; R_{Ay} = 0, \; R_{Bx} = P\left(\frac{L_1+L_2}{L_1}\right) = P \cdot \frac{L}{L_1} \tag{2}$$

평형방정식을 푼 결과, R_{Ax}가 음의 부호이므로 그림 3에서 예측한 방향이 잘못되었다. 모든 외력을 올바르게 나타내면 그림 4와 같이 되고 왼쪽(A', B', C')에도 크기가 같고 방향이 반대인 힘들이 존재하게 된다. 결국 죔핀지렛대 C점의 외력 P가 A점에서 $R_{Ax} = P \cdot \dfrac{L_2}{L_1}$의 반력이 되고, 이 힘이 죔핀에서 방향을 바꾸어 죔핀의 탄성변형을 일으키는 외력으로 다시 작용하고 외력 P를 제거하면 복원력에 의한 죔력이 된다.

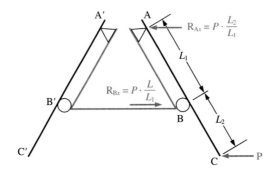

그림 4 바르게 표현된 죔핀 지렛대의 외력과 지점반력

(5) 죔핀 자체의 내력 계산: 죔핀에 작용하는 외력은 죔핀 지렛대의 반력 R_{Ax}, R_{Bx}가 방향을 바꾸어 그림 5와 같이 죔핀을 변형시키려는 외력으로 나타난다. 엄밀하게 AB 부재의 경사진 정도를 고려하면 R_{Ax}의 분력으로 인해 AB 부재는 압축, 전단력, 굽힘 모멘트의 내력이 발생하지만, 여기서는 경사진 정도에 의한 압축력을 무시하고 전단력과 굽힘 모멘트만 고려하여 계산한다.

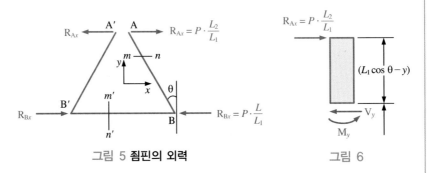

그림 5 죔핀의 외력   **그림 6**

(i) mn 단면의 내력: 그림 6에 평형조건을 적용하여 풀면 mn 단면의 내력은 도식적 표현으로 식 (4)와 같이 된다.

$$\Sigma F_x = P \cdot \frac{L_2}{L_1} - V_y = 0$$
$$\Sigma M_y = M_y - P \cdot \frac{L_2}{L_1}(L_1\cos\theta - y) = 0$$

(3)

식 (3)을 풀면 도식적 표현으로 식 (4)와 같이 된다.

$$V_y = P \cdot \frac{L_2}{L_1} :$$

$$M_y = P \cdot \frac{L_2}{L_1}(L_1\cos\theta - y) :$$

(4)

식 (4)의 mn 단면 내력의 도식적 표현을 해석적 표현으로 고치면 식 (5)와 같다.

$$V_y = P \cdot \frac{L_2}{L_1}, \ M_y = -P \cdot \frac{L_2}{L_1}(L_1 \cos\theta - y) \tag{5}$$

(ii) m'n' 단면의 내력: B점을 절단하고 m'n' 단면을 절단하여 그 조각에 모든 내력과 외력을 나타내면 그림 7과 같이 된다. 그림 7에 평형조건을 적용하여 내력을 구하면 식 (7)과 같은 도식적 표현 결과를 얻게 된다.

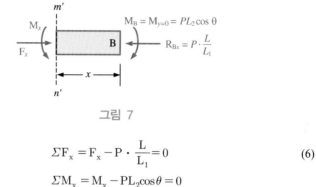

그림 7

$$\Sigma F_x = F_x - P \cdot \frac{L}{L_1} = 0 \tag{6}$$

$$\Sigma M_x = M_x - PL_2\cos\theta = 0$$

식 (6)을 풀면 식 (7)과 같은 도식적 표현 결과를 얻게 된다.

$$F_x = P \cdot \frac{L}{L_1} \quad \longrightarrow \quad \boxed{\ominus} \quad \longleftarrow$$

$$M_x = PL_2\cos\theta \quad \left(\quad \boxed{\ominus} \quad\right) \tag{7}$$

식 (f)의 m'n' 단면 내력의 도식적 표현을 해석적 표현으로 고치면 식 (8)과 같다.

$$F_x = -P\frac{L}{L_1}, \ M_x = -PL_2\cos\theta \tag{8}$$

(6) SFD, BMD: 식 (5)와 (8)의 mn 단면과 m'n' 단면 내력의 해석적 표현을 이용하여 그래프를 그리면 SFD, BMD를 그림 8과 같이 그릴 수 있다.

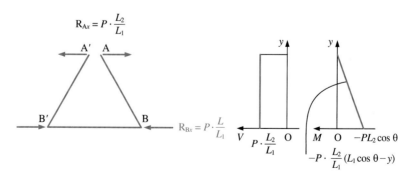

그림 8 **찜핀의 SFD, BMD(계속)**

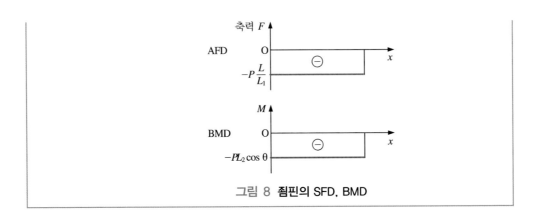

그림 8 **죔핀의 SFD, BMD**

6.3 분포하중과 결과력

6.3.1 분포하중

우리는 2.2절에서 하중에 대하여 공부하였다. 작용시간에 따른 분류, 작용부위에 따른 분류 그리고 재료변형 형태에 따른 분류를 통하여 하중의 종류에 대하여 전반적으로 고찰하였다. 2.2절에서 공부한 하중의 종류를 토대로 재료역학에서 지금까지 공부한 하중으로는 작용시간에 따른 분류에서는 정하중을, 작용부위에 따른 분류에서는 집중하중을, 재료변형 형태에 따른 분류에서는 인장/압축 하중, 비틀림 하중에 대하여 집중적으로 공부하였다는 것을 알 수 있다. 이 절에서는 작용부위에 따른 하중 분류에서 분포하중(distributed load)에 대하여 심도 있게 살펴보고자 한다. 그리고 앞으로 공부할 재료변형 형태에 따른 분류에서 전단하중과 굽힘 하중을 다루기 위하여 '외력과 내력'이라는 이 장의 철저한 이해가 필요하다는 것을 말하고자 한다.

분포하중은 하중이 작용하는 부위가 어느 정도 영역을 갖는 것이라 하였다. 그리고 분포하중에는 선분포하중(line load), 면분포하중(area load), 체적분포하중(body force)으로 구별된다고 하였다. 이 장에서는 선분포하중을 예로 하여 결과력(resultant)의 개념과 분포하중을 받고 있는 부재의 외력과 내력을 구하는 방법에 대하여 설명하고자 한다.

그림 6-4(a)는 선분포하중이 위치에 따라 변하는 일반적인 양태를 나타낸 것이다. 이때 임의 위치에서 선분포하중 w를 하중밀도(intensity of loading)라 하며 x의 함수 w(x)로 표현되고, 단위는 단위길이당 힘(N/m)으로 나타낸다. 만약 면분포하중의 경우라면 하중밀도는 x와 y의 함수 w(x, y)로 표현되며, 단위는 단위면적당 힘(N/m^2)으로 나타내짐을 확장하여 이해할 수 있을 것이다. 일반적으로 논하는 것과 별도로 대부분의 공학문제에

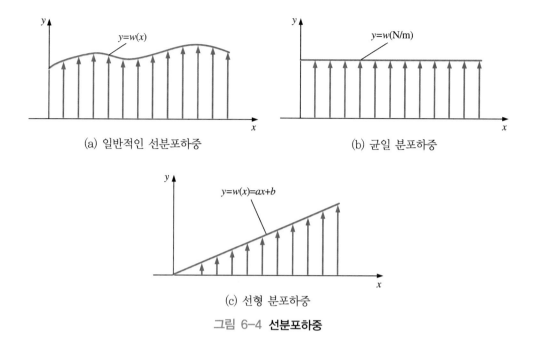

(a) 일반적인 선분포하중   (b) 균일 분포하중

(c) 선형 분포하중

그림 6-4 **선분포하중**

서는 그림 6-4(b), (c)와 같이 하중밀도가 균일하거나 선형적으로 변하는 대상이 실제로 많이 취급되고 있다. 재료역학에서는 자중이나 압력이 주로 분포하중의 대상으로 취급되는데, 이들은 대부분 균일분포 상태 또는 선형분포 상태를 갖는다.

6.3.2 결과력

분포되어 있는 힘계를 하나의 힘이나 모멘트로 대치할 수 있을 때 대치되는 등가의 힘이나 모멘트를 결과력(resultant)이라 한다. 분포되어 있는 힘계라 하면 분포하중뿐만 아니라 응력(stress)도 해당된다. 분포하중을 하나의 힘으로 대치할 때 '분포하중의 결과력(resultant of distributed load)'이라 말하고, 응력을 하나의 힘이나 모멘트로 대치할 때 '응력의 결과력(stress resultant)'이라 말한다. 응력의 결과력은 우리가 지금까지 사용해왔던 내력(internal forces and moments)과 동일한 것이며, 특히 보(beam)와 판(plate) 이론에서 보다 많이 사용되는 용어이다.

이들 결과력은 평형조건을 이용하여 그 크기와 작용위치를 산출한다. 여기에서는 그림 6-5와 같은 선분포하중에 대하여 평형조건을 이용한 결과력의 크기와 작용위치를 살펴보자.

그림 6-5(a)는 보에 작용하는 선분포하중을 나타내고, (b)는 그것에 등가인 결과력의 크기 및 방향 R과 작용위치 $\bar{x}$를 나타낸다. 우리는 그림 6-5(a)와 (b)가 같아야 된다(동일

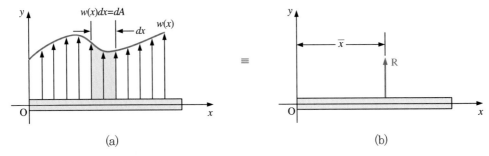

그림 6-5 **선분포하중과 결과력**

한 효과를 발생한다)는 개념에 근거하여 다음과 같은 평형조건을 기술할 수 있다.

$$\Sigma F_y = \int w(x)dx - R = 0 \tag{6-1}$$

$$\Sigma M_0 = \int x \cdot w(x)dx - \bar{x} \cdot R = 0$$

식 (6-1)의 평형조건을 풀면 결과력의 크기 R과 작용위치 $\bar{x}$를 다음과 같이 얻을 수 있다.

$$R = \int w(x)dx \tag{6-2}$$

$$\bar{x} = \frac{\int x \cdot w(x)dx}{R} = \frac{\int x \cdot w(x)dx}{\int w(x)dx} \tag{6-3}$$

여기서 w(x)dx는 선분포하중선도에서 미소면적 dA를 나타내므로 식 (6-2), (6-3)은 다음과 같이 표현된다.

$$R = \int dA = A$$

$$\bar{x} = \frac{\int x\,dA}{\int dA} = \frac{\int x\,dA}{A} \tag{6-4}$$

따라서 결과력의 크기 R은 선분포하중선도의 전체 면적과 같고, 작용위치 $\bar{x}$는 선도의 도심이 됨을 알 수 있다[7장 평면도형의 성질에서 도심(centroid) 참조].

이와 같은 방법을 xy평면 위에 작용하는 압력과 같은 면분포하중(area load)에 확장하여 적용하면 결과력에 대하여 다음과 같이 기술할 수 있다.

$$R = \int w(x, y)dx\,dy = \int w(x, y)dA = \int dV = V \tag{6-5}$$

$$\bar{x} = \frac{\int x\, dV}{\int dV}, \quad \bar{y} = \frac{\int y\, dV}{\int dV}$$

이것은 면분포하중의 결과력은 면분포하중선도의 체적과 같고, 작용위치는 작용면의 도심($\bar{x}, \bar{y}$)이 됨을 의미한다. 면분포하중은 응력과 동일한 차원을 가지므로 응력의 결과력(stress resultant)도 여기에 따른다. 즉 여러분들은 3.2절 일축 방향 인장/압축의 가정(assumptions)에서 '하중 P는 단면의 도심에 작용하고'를 도입했던 것을 기억할 것이다. 우리는 이 가정을 토대로 외력과 내력의 평형조건, 그리고 내력과 응력의 평형조건을 적용하였던 것을 기억할 것이다. 이때의 내력이 곧 응력의 결과력이 되는 것이며, 작용위치는 외력이 도심에 작용한다는 가정에 따라 작용위치에 대한 특별한 수학적 언급 없이 내력의 크기(결과력의 크기)만을 갖고 평형조건에 의해 응력의 분포 상태를 고찰하였던 것이다. 이제 여러분들은 보의 해석에서 보의 단면에 발생하는 응력이 응력의 결과력으로 나타날 때 그 작용위치에 대하여 살펴볼 기회가 있을 것이다. 또한 물체에 작용하는 중력(자중)과 같은 체적분포하중에 대하여 확대 적용하면 결과력의 크기는 물체의 무게가 되며, 작용위치는 체심(centroid of volume)이 됨을 다음에 기술하고 이때의 체심은 곧 무게중심(center of gravity)이 된다.

$$R = \int \gamma\, dV$$

$$\bar{x} = \frac{\int x\, \gamma\, dV}{\int \gamma\, dV}, \quad \bar{y} = \frac{\int y\, \gamma\, dV}{\int \gamma\, dV}, \quad \bar{z} = \frac{\int z\, \gamma\, dV}{\int \gamma\, dV}$$

(6-6)

6.3.3 분포하중 부재의 외력과 내력

분포하중이 작용하는 부재에서 미지외력과 내력을 산출할 때 근본적인 방법에 있어 집중하중의 경우와 다를 바가 없다. 다만 분포하중의 결과력을 이용하면 적분의 수고로움에서 벗어나 간편하게 취급할 수 있는 장점이 있을 뿐이다. 분포하중의 결과력의 이용은 계 전체의 분포하중에 대한 결과력으로 미지외력(지점반력 등)을 산출할 수 있다. 그러나 전체 분포하중의 결과력으로 부재의 임의 단면에서 내력을 계산할 수는 없다. 전체 분포하중의 결과력은 계 전체의 평형에는 기여하지만 임의 위치에서 절단된 조각의 평형에는 기여하지 못하기 때문이다. 임의 단면에서의 내력은 그 단면에서 절단된 조각 위에 있는 분포하중의 결과력을 다시 고려하여 평형조건을 적용하여야 한다. 다음 예제를 통하여 이것을 자세히 살펴보자.

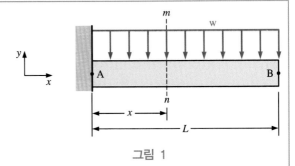

예제 6-7 다음 그림 1과 같은 균일 분포하중이 작용하는 외팔보의 임의 단면 mn에서 내력을 구하고 BMD와 SFD를 그려라.

그림 1

[풀이 1]   분포하중의 결과력에 의한 방법

(1) 미지외력 계산: 미지지점반력과 작용하중을 분포하중의 결과력으로 그림 2와 같이 나타내고 평형방정식을 적용하면 다음과 같다. 분포하중은 균일하므로 높이 w, 길이 L의 직사각형 도형이 되며 결과력의 크기는 면적 wL과 같고, 위치는 도심 $\overline{x} = \dfrac{L}{2}$이 된다.

$$\Sigma F_x = R_{Ax} = 0$$
$$\Sigma F_y = R_{Ay} - wL = 0 \qquad\qquad (1)$$
$$\Sigma M_A = M_A - wL \cdot \frac{L}{2} = 0$$

평형방정식 (1)을 풀면 미지외력은 다음과 같이 계산된다.

$$R_{Ax} = 0, \ R_{Ay} = wL, \ M_A = \frac{1}{2}wL^2 \qquad\qquad (2)$$

평형방정식에서 계산된 미지외력의 부호가 모두 양이므로 그림 2에 나타낸 미지외력의 방향은 올바르게 예측된 것이다.

(2) mn 단면 내력 계산: 그림 2에서의 결과력은 전체 분포하중의 결과력이므로 지점반력을 구하는 데는 사용할 수 있지만 임의 단면의 내력을 구하는 데는 사용할

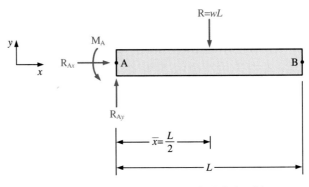

그림 2 **미지반력과 분포하중의 결과력 표현**

수 없다고 하였다. 임의 단면의 내력은 그 단면을 자른 조각 위에 분포하중을 실어 그 분포하중의 결과력으로 다시 표현한 후 평형조건을 이용하여 구한다고 하였다. 따라서 mn 단면을 절단한 조각에 분포하중을 주어 지점반력과 함께 표현하면 그림 3과 같이 된다.

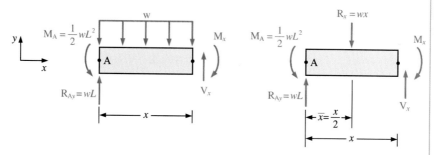

그림 3 **절단된 조각에서 분포하중과 결과력, 그리고 임의로 표현된 내력**

$$\Sigma F_y = wL - wx + V_x = 0$$
$$\Sigma M_x = \frac{1}{2}wL^2 - wL \cdot x + wx \cdot \frac{x}{2} - M_x = 0 \tag{3}$$

평형조건 (3)을 풀면 mn 단면에서 전단력과 굽힘 모멘트는

$$V_x = -w(L-x)$$
$$M_x = \frac{1}{2}w(L-x)^2 \tag{4}$$

평형방정식 (3)에서 계산된 내력에서 전단력의 부호가 음이므로 그림 3에서 예측한 전단력 V_x의 방향은 잘못 예측된 것이다. 방향을 올바로 표현하고, 내력의 부호규약에 따라 나타내면 그림 4와 같이 된다.

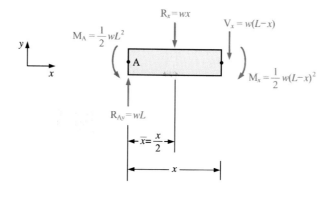

(a) 바르게 표현된 외력과 내력

그림 4 **내력 계산 결과(계속)**

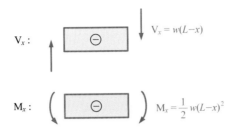

$$V_x : \qquad V_x = w(L-x)$$

$$M_x : \qquad M_x = \frac{1}{2}w(L-x)^2$$

(b) 내력의 도식적 표현

$$V_x = -w(L-x)$$

$$M_x = -\frac{1}{2}w(L-x)^2$$

(c) 내력의 해석적 표현

그림 4 **내력 계산 결과**

(3) BMD, SFD: 내력계산 결과에서 해석적 표현이 그림 4(c)와 같으므로 SFD, BMD 를 그림 5와 같이 그릴 수 있다.

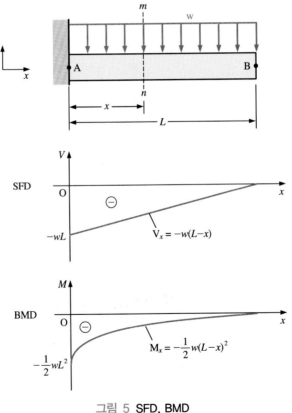

그림 5 **SFD, BMD**

[풀이 2] 분포하중 자체를 이용한 일반적인 방법

(1) 미지외력 계산:

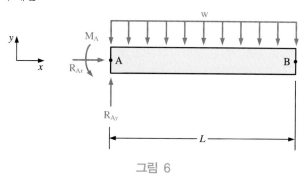

그림 6

$$\Sigma F_x = R_{Ax} = 0$$

$$\Sigma F_y = R_{Ay} - \int_0^L w \, dx = 0 \qquad (5)$$

$$\Sigma M_A = M_A - \int_0^L x \cdot w \, dx = 0$$

식 (5)에서 보듯이 평형방정식에 적분항이 존재한다. 이것을 풀면 (2)와 동일한 결과가 된다.

$$R_{Ax} = 0, \ R_{Ay} = wL, \ M_A = \frac{1}{2}wL^2 \qquad (6)$$

(2) mn 단면 내력 계산: 그림 3에서 분포하중으로 나타낸 조각을 선택하여 평형조건을 적용한다.

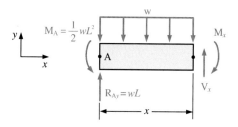

$$\Sigma F_y = wL - \int_0^x w \, dx + V_x = 0$$
$$\qquad (7)$$
$$\Sigma M_x = \frac{1}{2}wL^2 - wL \cdot x + \int_0^x x \cdot w \, dx - M_x = 0$$

식 (7)을 풀면 결과는 다음과 같고 이것은 앞의 결과력을 이용한 식 (4)와 같게 된다.

$$V_x = -w(L-x)$$
$$M_x = \frac{1}{2}w(L-x)^2 \qquad (8)$$

그 이후의 나머지 과정과 BMD, SFD를 그리는 과정은 풀이 1과 같다.

이상의 풀이 1과 풀이 2의 비교에서 알 수 있듯이 분포하중을 받고 있는 부재의 외력과 내력의 계산에는 두 가지 방법이 있다. 풀이 1과 같이 결과력을 이용하는 것과 풀이 2와 같이 일반적인 방법을 그대로 적용하는 것이다. 결과력을 이용하는 장점은 단지 풀이 2에서와 같이 평형방정식 안에 포함되어 있는 적분의 수고로움을 줄이는 것임을 다시 한 번 강조한다. 따라서 여러분들은 두 가지 방법 중 보다 편리하다고 생각되는 것을 선택하여 사용하면 된다.

6.4 분포하중, 전단력, 굽힘 모멘트 사이의 관계

보에 하중이 작용하면 전단력과 굽힘 모멘트가 발생하므로 이들 사이에는 어떤 관계가 존재한다. 이들 서로 간의 관계를 알아보기 위하여 그림 6-6(a), (b)와 같은 보에 분포하중과 집중하중이 작용하는 경우를 생각해보자. 이해를 돕기 위하여 예제 6-4와 예제 6-7에서 계산하였던 BMD와 SFD를 함께 놓고 설명하고자 한다.

그림 6-6(a)와 (b)는 보에서 집중하중과 분포하중이 작용할 때 전단력과 굽힘 모멘트의 변화를 각각 나타내는 것으로, 작용하중과 전단력과 굽힘 모멘트와의 관계를 일목요연하게 보여주는 그림이다. 그림 6-6(a)에서 우리가 알 수 있는 것은 집중하중이 작용하는 점(C점)에서는 전단력과 굽힘 모멘트가 미분 불가능한 상태, 불연속(C1-C1')과 특이점(singular point) C_2가 된다는 것이다. 그림 6-6(b)의 분포하중 구간에서는 하중이 연속적으로 존재하므로 전단력과 굽힘 모멘트가 미분 가능하고 연속이 됨을 알 수 있다. 우리가 하중과 전단력과 굽힘 모멘트 사이의 관계를 조사할 때에는 미분이 가능한 연속인 구간에서 조사하여야 그 의미를 찾을 수가 있게 된다. 그러므로 이 절에서는 분포하중에 대하여 하중, 전단력, 굽힘 모멘트 사이의 관계를 조사하고, 그 의미를 살펴보고 미분 관계의 활용을 위한 토대로 삼고자 한다.

평형조건은 역학에서 인자들 상호 간의 관계를 찾아낼 때 많이 이용된다. 우리는 5.3.1절 부재 내부 임의의 미소요소의 평형에서 공액전단응력에 관한 정리 $\tau_{xy} = \tau_{yx}$를 찾아내었다. 여기에서도 분포하중, 전단력, 굽힘 모멘트 사이의 관계를 찾기 위해 그림 6-7과 같은 보의 미소요소에 평형조건을 적용해보자.

분포하중에 의해 x 방향으로 미소량 Δx 이동한 단면에서 전단력과 굽힘 모멘트의 변화가 미소량 ΔV, ΔM만큼 발생한다고 생각한다. 계 전체가 평형이라면 미소요소를 뜯어내어도 평형조건을 만족하여야 하므로 다음과 같이 기술할 수 있다. 적분의 번거로움을 줄이기 위하여 그림 6-7(b)의 분포하중의 결과력에 대하여 적용한다.

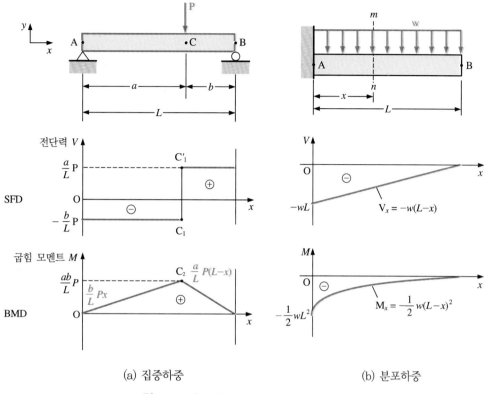

(a) 집중하중

(b) 분포하중

그림 6-6 **집중하중과 분포하중의 SFD, BMD**

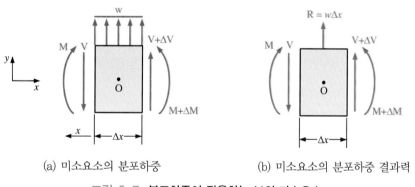

(a) 미소요소의 분포하중

(b) 미소요소의 분포하중 결과력

그림 6-7 **분포하중이 작용하는 보의 미소요소**

$$\Sigma F_y = -V + w\Delta x + (V + \Delta V) = 0$$

$$\Sigma M_x = -M + w\Delta x \cdot \frac{\Delta x}{2} + (V + \Delta V) \cdot \Delta x + M + \Delta M = 0$$

(6-7)

미소량의 2차항을 무시하고 식 (6-7)을 정리하면 다음과 같이 기술할 수 있다.

$$\frac{\Delta V}{\Delta x} + w = 0 \tag{6-8}$$

$$\frac{\Delta M}{\Delta x} + V = 0$$

Δx가 무한히 0에 가까워지면 ΔV, ΔM도 0에 가까워지므로 식 (6-8)은 다음과 같이 미분계수를 이용하여 다시 쓸 수 있다.

$$\frac{dV}{dx} + w = 0 \tag{6-9}$$

$$\frac{dM}{dx} + V = 0 \tag{6-10}$$

식 (6-9)는 분포하중과 전단력의 관계, 식 (6-10)은 전단력과 굽힘 모멘트 사이의 관계가 되며, 하중이 연속인 구간에서만 적용되는 미분관계식이다. 다음 예제를 통하여 이들 관계식의 유용성을 살펴보기로 하자.

예제 6-8 그림 6-6(a)의 집중하중이 작용하는 보의 SFD, BMD에서 식 (6-9), (6-10)의 미분관계가 성립함을 보여라.

[풀이] 식 (6-9), (6-10)의 미분 관계는 하중이 연속되는 구간에서만 성립하므로 하중이 연속되는 구간별로 구분하여 적용하여야 한다.

AC구간:

$$w = 0, \ V = -\frac{b}{L}P, \ M = \frac{b}{L}Px$$

$$\frac{dV}{dx} + w = 0 \text{에서}$$

$$w = -\frac{dV}{dx} = -\frac{d}{dx}\left(-\frac{b}{L}P\right) = 0$$

따라서 AC 구간에는 분포하중이 없음.

$$\frac{dM}{dx} + V = 0 \text{에서}$$

$$V = -\frac{dM}{dx} = -\frac{d}{dx}\left(\frac{b}{L}Px\right) = -\frac{b}{L}P$$

CB 구간:

$$w = 0, \ V = \frac{a}{L}P, \ M = \frac{a}{L}P(L-x)$$

$$\frac{dV}{dx} + w = 0 \text{에서}$$

$$w = -\frac{dV}{dx} = -\frac{d}{dx}\left(\frac{a}{L}P\right) = 0$$

CB구간도 분포하중 없음.

$$\frac{dM}{dx} + V = 0 \text{에서}$$

$$V = -\frac{dM}{dx} = -\frac{d}{dx}\left(\frac{a}{L}P(L-x)\right)$$

$$= \frac{a}{L}P$$

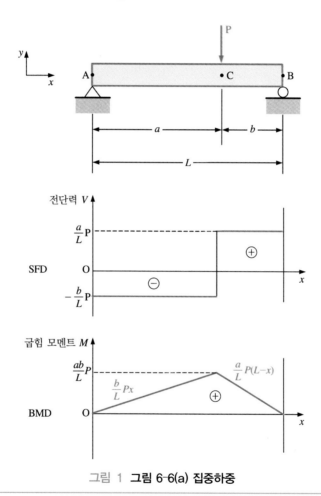

그림 1 **그림 6-6(a) 집중하중**

예제 6-9 | 그림 6-6(b)의 분포하중이 작용하는 외팔보의 SFD, BMD에서 식 (6-9), (6-10)의 미분 관계가 성립함을 보여라.

[풀이] 분포하중, 전단력, 굽힘 모멘트를 해석적 표현으로 기술하면 다음과 같다.

$$w = -w_0, \ V = -w_0(L-x)$$

$$M = -\frac{1}{2}w_0(L-x)^2$$

$\dfrac{dV}{dx}+w=0$ 에서

$$w = -\frac{dV}{dx}$$

$$= -\frac{d}{dx}\big(-w_0(L-x)\big)$$

$$= -w_0$$

$\dfrac{dM}{dx}+V=0$ 에서

$$V = -\frac{dM}{dx}$$

$$= -\frac{d}{dx}\left(-\frac{1}{2}w_0(L-x)^2\right)$$

$$= -w_0(L-x)$$

따라서 예제 6-8, 예제 6-9에서 보듯이 하중이 연속인 구간에서 식 (6-9), (6-10)의 미분관계가 성립함을 알 수 있다.

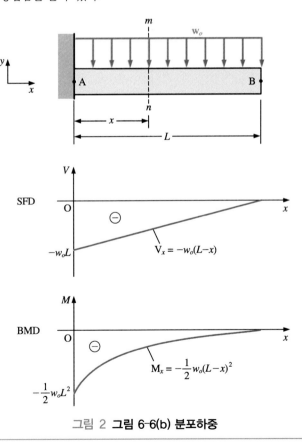

그림 2 **그림 6-6(b) 분포하중**

분포하중, 전단력, 굽힘 모멘트의 미분 관계에 대한 지금까지의 설명과 예제 6-8, 예제 6-9를 통하여 SFD, BMD에서 다음과 같은 몇 가지 정성적 특징을 생각할 수 있다. ① 굽힘 모멘트 선도의 기울기는 전단력선도의 부호를 바꾸어 놓은 것과 같다. ② 전단력선도의 기울기는 하중선도의 부호를 바꾸어 놓은 것과 같다. ③ 전단력이 0인 단면에서 굽힘 모멘트는 최댓값 $\left(\dfrac{dM}{dx}=0\right)$을 갖는다. ④ 집중하중이 작용하는 점을 경계로 왼편과 오른편의 전단력의 차는 그 집중하중과 같다.

6.5 미분방정식에 의한 SFD, BMD

이 절에서는 식 (6-9), (6-10)의 분포하중, 전단력, 굽힘 모멘트 사이의 미분관계식을 이용하여 도식적 도움 없이 순수한 해석적 방법으로 전단력과 굽힘 모멘트를 구하여 SFD, BMD를 그리는 방법에 대하여 설명하고자 한다. 이것은 이 책 전체를 통하여 처음으로 나오는 미분방정식을 이용한 공학문제의 해법이고, 미분방정식은 앞으로 여러분들이 계속해서 접하게 되는 수학적 도구가 될 것이다. 다음 예제를 통하여 알게 되겠지만 미분방정식을 이용하여 전단력과 굽힘 모멘트를 구하는 것은 부재 전체를 통하여 하중이 연속인 경우는 양단의 경계조건으로 쉽게 적분상수를 구할 수 있어 편리한 점이 있다. 그러나 부재 전체에 걸쳐 하중이 불연속적으로 작용되는 점들이 많으면 구간별로 적분상수가 발생하여 경계조건 또한 많이 찾아내어야 하며, 이 점이 미분방정식에 의한 SFD, BMD 산출의 번거로운 점이 된다.

예제 6-10   예제 6-7과 같이 분포하중이 작용하는 외팔보에 대하여 미분방정식을 이용하여 내력을 구하고 SFD, BMD를 그려라.

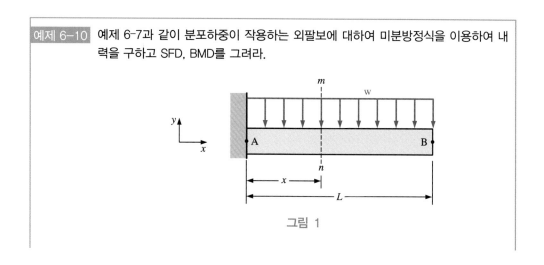

그림 1

[풀이] 미분방정식에 의한 BMD, SFD에서는 분포하중, 전단력 굽힘 모멘트의 표현이 모두 해석적으로 표현되어야 한다. 따라서 그림 1에서는 분포하중이 도식적으로 나타나 있지만 이것을 w(x)=−w로 표현하여야 한다.

$\dfrac{dV}{dx}+w(x)=0$에서 w(x)=−w이므로 $\dfrac{dV}{dx}-w=0$이 되고 양변을 적분하면 다음과 같이 된다.

$$V-wx=C_1$$
$$V=wx+C_1 \tag{1}$$

$\dfrac{dM}{dx}+V(x)=0$에서 $V(x)=wx+C_1$이므로 $\dfrac{dM}{dx}+wx+C_1=0$이 되고 양변을 적분하면 다음과 같다.

$$M+\frac{1}{2}wx^2+C_1x=C_2$$
$$M=-\frac{1}{2}wx^2-C_1x+C_2 \tag{2}$$

식 (1), (2)에서 적분상수가 C_1, C_2 두 개 나왔으므로 이들 적분상수를 결정해주기 위해 두 개의 경계조건이 필요하다. 경계조건 ① x=L에서 V=0, 경계조건 ② x=L에서 M=0임을 알 수 있으므로, 이 두 조건을 경계조건으로 이용하여 C_1, C_2를 구한다.

x=L에서 V=0을 식 (1)에 대입하면

$$C_1=-wL$$

x=L에서 M=0을 식 (2)에 대입하면

$$C_2=-\frac{1}{2}wL^2 \tag{3}$$
$$\therefore V=wx-wL=-w(L-x)$$
$$M=-\frac{1}{2}wx^2+wLx-\frac{1}{2}wL^2=-\frac{1}{2}W(L-x)^2$$

식 (3)은 그림 1의 AB 구간 내에서 임의 단면에 발생하는 내력(전단력과 굽힘 모멘트)을 나타내는 것이며, 방향과 크기가 위치에 따라 모두 표현된 해석적 표현 결과 식이다. 이것을 그대로 그래프로 그리면 그림 2와 같은 SFD, BMD가 된다. 이것은 예제 6-7의 평형조건을 이용하여 얻어진 SFD, BMD와 동일한 결과임을 알 수 있다.

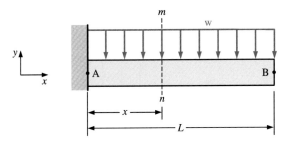

그림 2 **미분방정식에 의한 SFD, BMD(계속)**

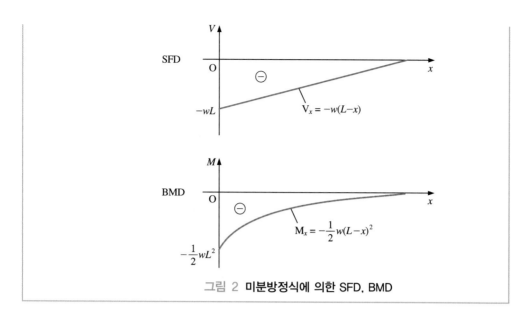

그림 2 **미분방정식에 의한 SFD, BMD**

예제 6-4의 집중하중 P가 작용하는 단순 지지보에 대하여 미분방정식을 이용하여 SFD, BMD를 그려라.

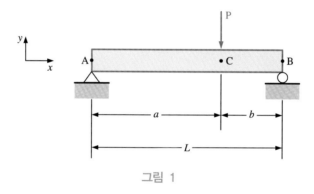

그림 1

[풀이]   식 (6-9), (6-10)의 미분관계식은 하중이 연속인 구간에서만 성립한다. 따라서 그림 1과 같이 집중하중 P가 작용하는 점 C에서 하중이 불연속이 되는 경우에는 구간별로 나누어 적용한다.

AC구간: $w = 0$

$\dfrac{dV_{AC}}{dx} + w_{AC} = 0$에서 $w_{AC} = 0$이므로 $\dfrac{dV_{AC}}{dx} = 0$이 되고 양변을 적분하면 다음과 같다.

$$V_{AC} = C_1 \tag{1}$$

$\dfrac{dM_{AC}}{dx} + V_{AC} = 0$에서 $V_{AC} = C_1$이므로 $\dfrac{dM_{AC}}{dx} + C_1 = 0$이 되고 양변을 적분하면

다음과 같다.

$$M_{AC} + C_1 x = C_2$$
$$M_{AC} = -C_1 x + C_2 \qquad (2)$$

CB구간: $w_{CB} = 0$

$\dfrac{dV_{CB}}{dx} + w_{CB} = 0$에서 $w_{CB} = 0$이므로 $\dfrac{dV_{CB}}{dx} = 0$이 되고 양변을 적분하면 다음과 같다.

$$V_{CB} = C_3 \qquad (3)$$

$\dfrac{dM_{CB}}{dx} + V_{CB} = 0$에서 $V_{CB} = C_3$이므로 $\dfrac{dM_{CB}}{dx} + C_3 = 0$이 되고 양변을 적분하면 다음과 같다.

$$M_{CB} + C_3 x = C_4$$
$$M_{CB} = -C_3 x + C_4 \qquad (4)$$

식 (1)~(4)에서 적분상수가 4개가 나왔으므로 이들을 결정해주기 위하여 4개의 경계조건이 필요하며 다음과 같은 4개의 경계조건을 생각할 수 있다.

① $x = 0$에서 $M_{AC} = 0$

② $x = L$에서 $M_{CB} = 0$

③ $V_{AC} - V_{CB} = -P$ (집중하중이 작용하는 점의 왼쪽과 오른쪽의 전단력의 차는 그 집중하중과 같다는 특성을 이용)

④ $x = a$에서 $M_{AC} = M_{CB}$

경계조건 ①을 식 (2)에 적용하면

$$C_2 = 0 \qquad (5)$$

경계조건 ②를 식 (4)에 적용하면

$$-C_3 L + C_4 = 0 \qquad (6)$$

경계조건 ③을 식 (1)~(3)에 적용하면

$$C_1 - C_3 = -P \qquad (7)$$

경계조건 ④를 식 (2), (4)에 적용하면

$$-C_1 a + C_2 = -C_3 a + C_4 \qquad (8)$$

식 (5)~(8)을 연립하여 풀면

$$C_1 = -\frac{b}{L}P, \; C_2 = 0, \; C_3 = \frac{a}{L}P, \; C_4 = Pa \qquad (9)$$

식 (9)를 식 (1)~(4)에 대입하면

AC구간: $V_{AC} = -\dfrac{b}{L}P$

$$M_{AC} = \frac{b}{L}Px \qquad (10)$$

CB구간: $V_{CB} = \dfrac{a}{L}P$

$$M_{CB} = -\frac{a}{L}Px + Pa$$

$$= \frac{a}{L}P(L-x)$$

(11)

식 (10), (11)은 하중이 연속인 구간 AC, CB 구간에서 임의 단면에 발생하는 내력(전단력과 굽힘 모멘트)을 나타내는 것이며, 방향과 크기를 모두 표현한 해석적 표현이다. 이것을 그대로 그래프로 그리면 그림 2와 같은 SFD, BMD가 된다. 이것은 예제 6-4의 평형조건을 이용하여 얻어진 SFD, BMD와 동일한 결과임을 알 수 있다.

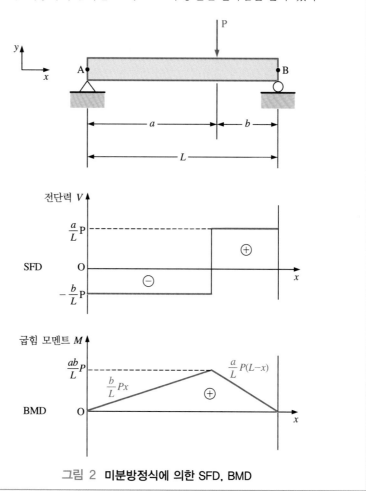

그림 2 **미분방정식에 의한 SFD, BMD**

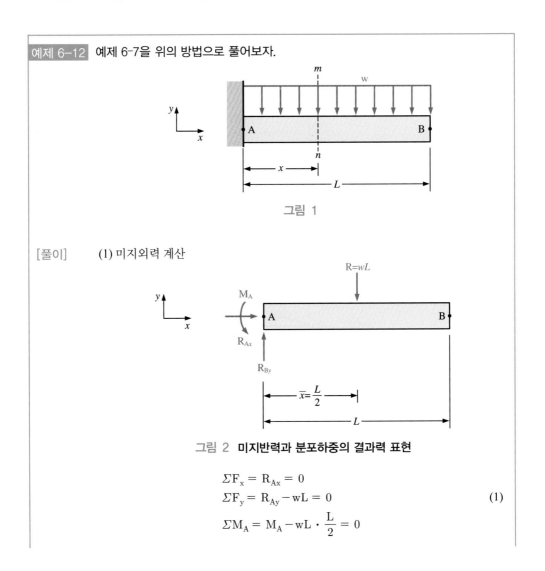

실용 요점

• 평형방정식에 의한 내력 산출방법 정리

지금까지 6장에서 평형조건을 이용하여 내력(전단력, 굽힘 모멘트)을 구할 때 임의 단면에서 V, M을 임의로 표시하고 평형조건을 푼 결과가 양이냐 음이냐에 따라 V, M의 방향을 도식적 표현으로 올바르게 나타낸 후 부호규약에 따라 해석적 표현으로 전환하여 SFD, BMD를 그렸다. 이것은 여러분들에게 내력의 부호규약과 그에 따른 도식적 표현을 철저히 익히게 하기 위한 방편이었다. 그러나 여기에서는 평형조건을 푼 결과가 곧바로 내력의 해석적 표현이 되어 도식적 표현 없이 결과식을 그래프로 그리면 SFD, BMD가 되는 방법을 설명하겠다.

일반적으로 미지력을 구할 때 미지력을 양의 상태로 놓고 평형조건을 적용하여 풀면 그 결과는 곧바로 해석적 표현이 된다. 따라서 앞으로 여러분들은 미지내력을 양의 상태로 놓고 평형조건을 적용하면, 그 결과는 그대로 내력의 크기와 방향을 모두 나타내는 해석적 표현이 된다.

예제 6-12 예제 6-7을 위의 방법으로 풀어보자.

그림 1

[풀이]   (1) 미지외력 계산

그림 2 **미지반력과 분포하중의 결과력 표현**

$$\Sigma F_x = R_{Ax} = 0$$
$$\Sigma F_y = R_{Ay} - wL = 0 \qquad (1)$$
$$\Sigma M_A = M_A - wL \cdot \frac{L}{2} = 0$$

평형방정식 (1)을 풀면 미지외력은 다음과 같이 계산된다.

$$R_{Ax} = 0, \ R_{Ay} = wL, \ M_A = \frac{1}{2}wL^2 \tag{2}$$

(2) mn 단면 내력 계산

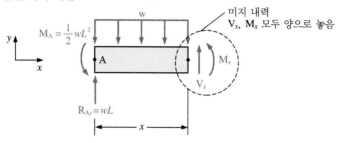

그림 3 **절단된 조각에서 내력을 모두 양의 상태로 놓음**

$$\Sigma F_y = wL - wx + V_x = 0$$
$$\Sigma M_x = \frac{1}{2}wL^2 - wLx + wx\,\frac{x}{2} + M_x = 0 \tag{3}$$

평형조건을 풀면

$$V_x = -w(L-x)$$
$$M_x = -\frac{1}{2}w(L-x)^2 \tag{4}$$

여기에서 계산된 V_x, M_x는 곧바로 크기와 방향을 모두 나타내는 내력의 해석적 표현이 되어 예제 6-7의 그림 4의 (c)식과 같다. 물론 평형방정식을 푼 결과가 음이 나왔으므로 그림 3에서 예측한 내력의 방향은 바뀌어야 올바르게 된다. 하지만 방향을 올바르게 놓고 내력의 부호규약을 생각해보면 결과가 식 (4)와 같음을 알 것이다. 따라서 이것을 그대로 그래프로 그리면 SFD, BMD가 된다.

(3) SFD, BMD

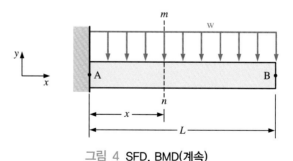

그림 4 SFD, BMD(계속)

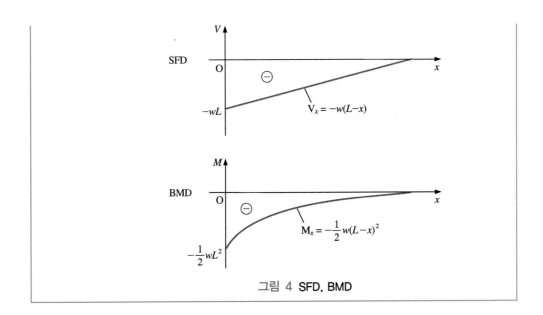

Material Mechanics

※ 문제의 그림들은 보에 집중하중이 작용하고 있는 경우를 보여주고 있다. 각 경우에 대하여 모든 외력(작용하중, 반력)을 구하고, SFD(Shear Force Diagram)와 BMD(Bending Moment Diagram)를 그려라. (문제 1~5)

01
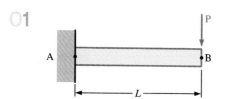

02
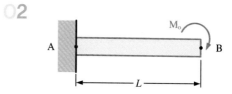

03
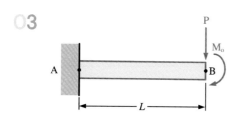

04
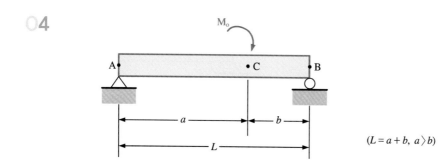

$(L = a + b, \ a \rangle b)$

05

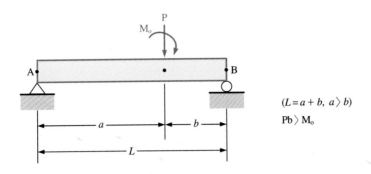

$(L = a + b, \ a > b)$

$Pb > M_o$

06 그림에서 보에 대한 모든 외력을 구하
고, SFD와 BMD를 그려라.

$$\left[w(x) = -\frac{w_o}{L}x \right]$$

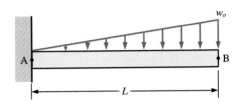

07 그림에서 보에 대한 모든 외력을 구하
고, SFD와 BMD를 그려라.

$$\left[\omega(x) = \frac{w_o}{L}(x - L) \right]$$

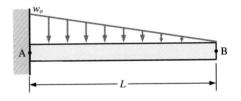

08 그림에서 보에 대한 모든 외력을 구
하고, SFD와 BMD를 그려라.

$$[w(x) = -w]$$

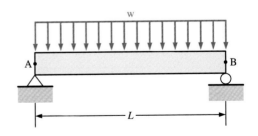

09 그림에서 보에 대한 모든 외력을 구하고, SFD와 BMD를 그려라.

$$\left[w(x) = -\frac{w_o}{L}x\right]$$

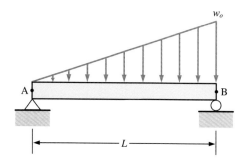

10 그림에서 보에 대한 모든 외력을 구하고, SFD와 BMD를 그려라.

$$\left[w(x) = \frac{w_o}{L}(x-L)\right]$$

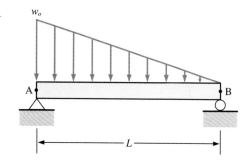

11 문제 6에서 구한 결과를 미분방정식 $w = -\frac{dV}{dx}$, $V = -\frac{dM}{dx}$을 이용하여 다시 풀고, 그 결과를 비교하라.

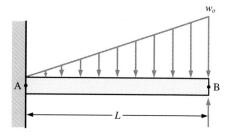

12 그림에서 보에 대한 모든 외력을 구하고, SFD와 BMD를 그려라. 또한 $w = -\frac{dV}{dx}$와 $V = -\frac{dM}{dx}$이 성립함을 보여라.$(2w_o\,a > P)$

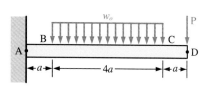

13 그림에서 보에 대한 모든 외력을 구하고, SFD와 BMD를 그려라. 또한 $w = -\dfrac{dV}{dx}$ 와 식 $V = -\dfrac{dM}{dx}$ 이 성립함을 보여라.($2\,w_o a > P$)

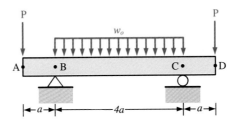

14 그림에서 보에 대한 모든 외력을 구하고, SFD와 BMD를 그려라. 또한 $w = -\dfrac{dV}{dx}$ 와 $V = -\dfrac{dM}{dx}$ 이 성립함을 보여라.

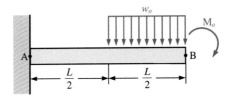

15 그림에서 보에 대한 모든 외력을 구하고, SFD와 BMD를 그려라. 또한 $w = -\dfrac{dV}{dx}$ 와 $V = -\dfrac{dM}{dx}$ 이 성립함을 보여라.($L = a + b,\ a > b$)

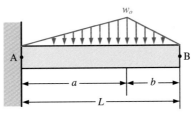

16 그림과 같은 단순 지지보의 반력 R_a, R_b의 크기는 얼마인가?

① $R_a = 230\,\text{kgf}$, $R_b = 200\,\text{kgf}$

② $R_a = 450\,\text{kgf}$, $R_b = 650\,\text{kgf}$

③ $R_a = 550\,\text{kgf}$, $R_b = 850\,\text{kgf}$

④ $R_a = 650\,\text{kgf}$, $R_b = 800\,\text{kgf}$

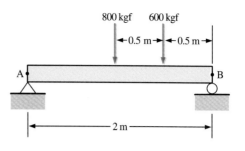

17 그림과 같은 균일 분포하중을 받는 단순보 중에서 반력 R_A의 크기는 얼마인가?

① 25 kgf   ② 35 kgf

③ 75 kgf   ④ 90 kgf

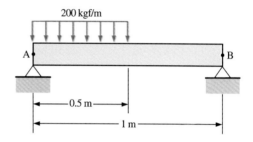

18 외팔보에 그림과 같이 집중하중 $P = 45\,\text{kgf}$이 각각 작용하고 있다. 이때 고정단에서의 최대 굽힘 모멘트는 얼마인가?

① 87.2 kgf·m   ② 67.5 kgf·m

③ 34.5 kgf·m   ④ 13.5 kgf·m

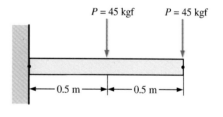

19 그림과 같이 외팔보의 자유단에 하중 $P = 450\,\text{kgf}$와 자유단으로부터 7 m 떨어진 위치까지 200 kgf/m의 균일 분포하중이 작용하고 있다. 이때 A 위치에서의 전단력은 얼마인가?

① $-500\,\text{kgf}$ ② $-950\,\text{kgf}$

③ $-1300\,\text{kgf}$ ④ $-1850\,\text{kgf}$

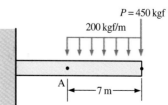

20 그림과 같이 길이가 1 m인 단순 지지보가 있다. 이 때 10 kgf/cm의 분포하중을 받는다면 보의 중앙에서의 굽힘 모멘트는 얼마인가?

① 65.5 kgf·m ② 125 kgf·m

③ 265 kgf·m ④ 315 kgf·m

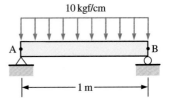

21 그림과 같이 외팔보에 집중하중이 작용할 때 P 위치에서의 굽힘 모멘트의 크기는 얼마인가?

① 15 kgf·m ② 35 kgf·m

③ 45 kgf·m ④ 50 kgf·m

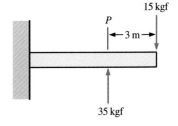

22 길이가 1 m인 단순 지지보에 균일 분포하중 $\omega = 25$ kgf/cm가 작용할 때 생기는 최대 전단력은 얼마인가?

① 25 kgf ② 250 kgf ③ 1250 kgf ④ 2500 kgf

23 그림과 같이 단순 지지보 위에 균일 분포하중이 작용하고 있을 때 C의 지점에서 생기는 전단력은 얼마인가?

① 90 kgf ② 150 kgf

③ 250 kgf ④ 300 kgf

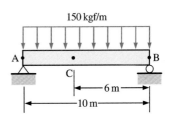

24 그림과 같이 단순보에 등변분포하중이 작용하고 있다. 이때 A점에서 생기는 반력은 얼마인가?

① 583.3 kgf ② 61.78 kgf

③ 166.66 kgf ④ 113.25 kgf

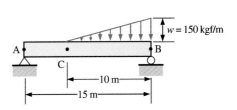

25 다음과 같이 균일 분포하중이 작용하는 단순보의 A점에서부터 30 cm 떨어진 위치에 생기는 모멘트와 최대 굽힘 모멘트가 발생하는 지점은 A에서부터 얼마 되는 곳인가?

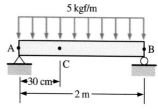

① 957.5 kgf · m, 1 m

② 127.5 kgf · m, 1 m

③ 97.5 kgf · m, 0.3 m

④ 127.5 kgf · m, 0.3 m

26 그림과 같은 형태로 하중 $\omega = 10\,\text{kgf/m}$를 받는 단순보의 최대 굽힘 모멘트 값은 얼마인가?

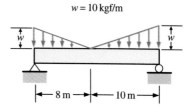

① 620 kgf · m   ② 420 kgf · m

③ 200 kgf · m   ④ 180 kgf · m

27 그림과 같이 균일 분포하중을 받는 단순 지지보에 대한 전단력 선도(SFD) 형태는 무엇인가?

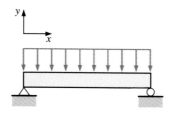

①
```
A ⊏⊏⊏⊏⊏⊏⊏⊏⊏⊏⊏⊐
O
-A
```

②
```
A ⟍
O  ⟍
-A  ⟍
```

③
```
A
O
-A ⊏⊏⊏⊏⊏⊏⊏⊏⊏
```

④
```
A
O   ⟋
-A ⟋
```

28 그림과 같이 불균일 분포하중이 작용하는 단순보의 전단력 선도(SFD)의 그래프는 어느 것인가?

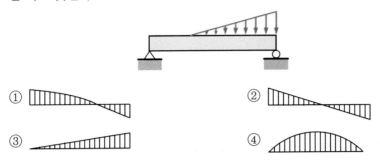

① ②

③ ④

29 그림과 같이 보에 집중하중 P가 작용하고 있을 때 굽힘 모멘트 선도(BMD)는 어느 것인가?

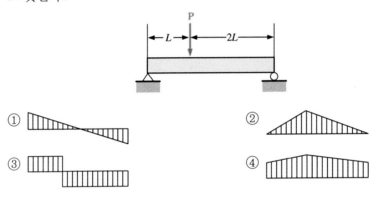

① ②

③ ④

30 다음 그림과 같이 단순보의 양 지점에 집중하중이 작용할 때 보의 굽힘 모멘트 선도(BMD)의 모양은 어느 것인가?

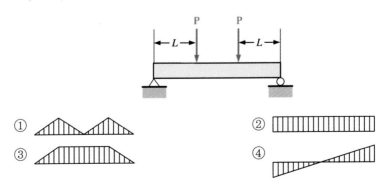

① ②

③ ④

07 Chapter

면적모멘트와 도심

7.1 서론

재료역학에서 관계식을 유도하다 보면 그림 7-1과 같은 부재를 길이 방향에 수직하게 자른 임의 단면 그림 7-2에서 $\int y dA$, $\int x dA$, $\int y^2 dA$, $\int x^2 dA$, $\int xy dA$와 같은 항들이 나타나는 것을 볼 수 있다.

우리는 이들 항에 물리적 의미를 부여하고 정형화하여 재료역학에서의 관계식들을 보다 간편하게 사용할 필요가 있다. 따라서 이 장에서 이들 항들이 어떻게 정의되고, 몇몇의 정형화된 도형에서 어떻게 공식화되어 간편히 계산되는가를 설명하고자 한다. 그리고 여러분들은 8장에서 관계식을 유도할 때 이 장에서 정의하고 공부한 내용이 곧바로 활용되는 것을 보게 될 것이다.

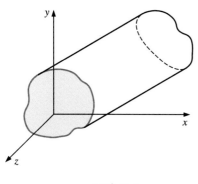

그림 7-1

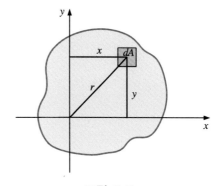

그림 7-2

7.2 면적 1차 모멘트와 도심

7.2.1 면적 1차 모멘트

모멘트는 원래 힘에 의해 발생되는 회전을 일으키는 작용요소로, 회전의 중심에서부터 힘이 작용하는 작용선까지의 수직거리와 힘의 크기와의 곱으로 모멘트의 크기를 나타낸다. 이 개념을 확장하여 힘 대신에 면적을, 회전중심에서 힘의 작용선까지의 수직거리 대신에 좌표축에서 면적까지의 좌표값의 1차항으로 대체하여 면적의 1차 모멘트(first moment of the area)를 정의할 수 있다.

그림 7-3(a)에서 회전중심 O에 관한 힘에 의한 모멘트는 다음과 같고,

$$M_0 = r \cdot F \tag{7-1}$$

그림 7-3(b)에서 회전축 y축에 관한 면적 dA에 의한 면적 1차 모멘트를, 회전축 x축에 관한 면적 dA에 의한 면적 1차 모멘트는 다음과 같이 생각할 수 있다.

$$dQ_x = y \cdot dA \tag{7-2}$$

$$dQ_y = x \cdot dA \tag{7-3}$$

dQ_x, dQ_y에서 하첨자 x, y는 회전축을 의미한다. 따라서 그림 7-3(c)와 같은 임의 도형의 x, y축에 관한 면적 1차 모멘트는 다음과 같이 정의된다.

$$Q_x = \int y \cdot dA = \sum_{i=1}^{n} y_i \, \Delta A_i \tag{7-4}$$

$$Q_y = \int x \cdot dA = \sum_{i=1}^{n} x_i \, \Delta A_i \tag{7-5}$$

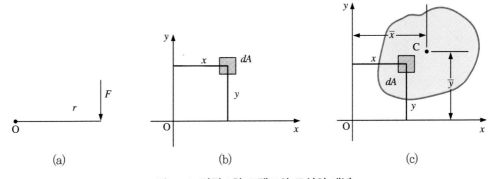

그림 7-3 **면적 1차 모멘트와 도심의 개념**

7.2.2 도심

도형의 면적이 어느 한 점에 집중되어, 분포되어 있는 면적 1차 모멘트와 동일한 값을 갖게 되는 어느 한 점을 도심(centroid)이라 한다. 그림 7-3(c)에서 분포되어 있는 면적의 1차 모멘트와 전체 면적 A가 집중되어 있다고 생각되는 어느 한 점 $(\bar{x}, \bar{y})$과 전체 면적의 1차 모멘트를 같게 놓으면 식 (7-6), (7-7)과 같이 된다.

$$Q_x = \int_A y\,dA = \sum_{i=1}^{n} y_i \Delta A_i = \bar{y} \cdot A \tag{7-6}$$

$$Q_y = \int_A x\,dA = \sum_{i=1}^{n} x_i \Delta A_i = \bar{x} \cdot A \tag{7-7}$$

식 (7-6), (7-7)에서 도심의 위치는 다음과 같이 산출된다.

$$\bar{x} = \frac{\int_A x\,dA}{A} = \frac{\sum_{i=1}^{n} x_i \cdot \Delta A_i}{\sum_{i=1}^{n} \Delta A_i} \tag{7-8}$$

$$\bar{y} = \frac{\int_A y\,dA}{A} = \frac{\sum_{i=1}^{n} y_i \cdot \Delta A_i}{\sum_{i=1}^{n} \Delta A_i} \tag{7-9}$$

도심이란 면적 1차 모멘트에서 전체 면적이 집중되어 있다고 생각되는 한 점이다. 그러므로 도형의 도심에 좌표축을 옮겨 놓으면 그림 7-4와 같이 좌표축의 방향을 어디로 회전시켜도 면적 1차 모멘트의 값은 0이 된다.

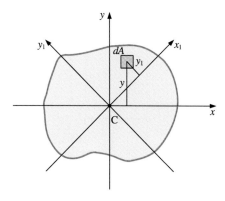

그림 7-4 **임의 도형의 도심을 지나는 좌표축**

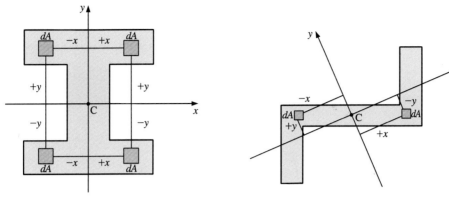

| 그림 7-5 **선대칭 도형** | 그림 7-6 **점대칭 도형** |

$$Q_x = \int y \cdot dA = Q_{x_1} = \int y_1 \, dA = 0$$

$$Q_y = \int x \cdot dA = Q_{y_1} = \int x_1 \, dA = 0$$

이것은 점을 통과하는 힘이 그 점을 회전중심으로 할 때 그 점에서 힘의 작용선까지 거리(팔길이)가 0이므로 모멘트가 0인 것과 같다. 또한 그림 7-5, 그림 7-6과 같은 선대칭, 점대칭 도형에서는 대칭축을 중심으로 미소면적 dA가 양의 위치 (+x, +y)와 음의 위치 (−x, −y)에 대칭적(선대칭, 점대칭)으로 분포되어 있으므로 대칭축에 대한 면적 1차 모멘트는 서로 상쇄되어 0이 되는 것을 알 수 있다. 따라서 선대칭, 점대칭은 도형의 대칭점이 곧바로 면적 1차 모멘트가 0이 되는 도심이 된다.

예제 7-1 다음 그림 1과 같은 좌표축 위의 사각도형에 대한 면적 1차 모멘트와 도심의 위치를 구하라.

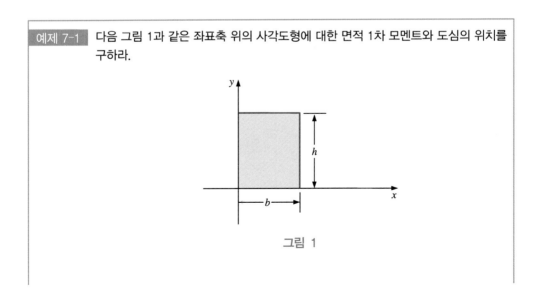

그림 1

단면 1차 모멘트 Q_x

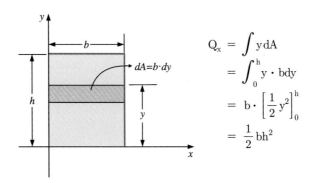

$$Q_x = \int y \, dA$$
$$= \int_0^h y \cdot b \, dy$$
$$= b \cdot \left[\frac{1}{2} y^2 \right]_0^h$$
$$= \frac{1}{2} bh^2$$

단면 1차 모멘트 Q_y

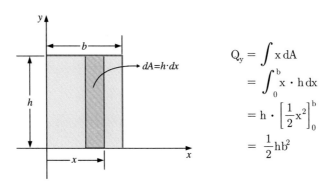

$$Q_y = \int x \, dA$$
$$= \int_0^b x \cdot h \, dx$$
$$= h \cdot \left[\frac{1}{2} x^2 \right]_0^b$$
$$= \frac{1}{2} hb^2$$

도심의 위치 $\overline{x}$, $\overline{y}$

식 (7-8), (7-9)에서 사각도형의 면적 A=bh이므로

$$\overline{x} = \frac{Q_y}{A} = \frac{\int x \, dA}{A} = \frac{\frac{1}{2} hb^2}{bh} = \frac{b}{2}$$

$$\overline{y} = \frac{Q_x}{A} = \frac{\int y \, dA}{A} = \frac{\frac{1}{2} bh^2}{bh} = \frac{h}{2}$$

그러므로 문제의 좌표축상에서 사각도형의 도심의 좌표값은 그림 2와 같이 $(\overline{x} , \overline{y}) = \left(\frac{b}{2}, \frac{h}{2} \right)$ 가 된다. 그리고 이 점은 사각도형의 대칭점이 되며 좌표축을 이 점으로 옮겼을 때에는 단면 1차 모멘트의 값이 0이 된다는 것을 앞에서 설명하였다.

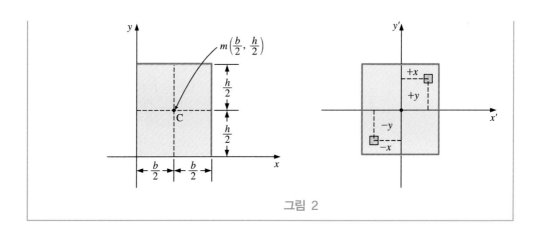

그림 2

예제 7-1과 같이 적분계산을 이용하여 면적 1차 모멘트와 도심을 계산하는 것은 몇 가지 기본 도형에 있어서만 유리하다. 그러나 도형이 복잡해지면 적분 계산에 의한 산출이 쉽지 않으며 오히려 수치적분방식이 효율적이 된다. 수치적분방식은 몇 가지 기본 도형이 복합되어 있는 경우에도 유효하게 적용되며 다음 식을 활용한다.

$$Q_x = \sum_{i=1}^{n} y_i \, \Delta A_i$$

$$Q_y = \sum_{i=1}^{n} x_i \, \Delta A_i$$

$$\bar{x} = \frac{\sum x_i \, \Delta A_i}{\sum \Delta A_i}$$

$$\bar{y} = \frac{\sum y_i \, \Delta A_i}{\sum \Delta A_i}$$

(7-10)

예제 7-2 다음 그림과 같은 좌표축 위의 복합 도형에 대한 면적 1차 모멘트와 도심의 위치를 구하라. 단, 이 도형은 세 조각의 기본 도형(사각모양)으로 나누어 생각할 수 있으며 각 기본 도형 조각에 대한 면적과 도심은 그림과 같다.

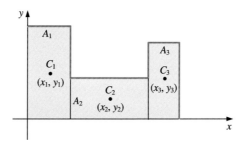

[풀이] 이와 같이 기본 도형이 복합되어 있는 경우에는 기본 도형의 면적과 도심을 이용한 수치적분방식이 편리하다.

면적 1차 모멘트

$$Q_x = \sum_{i=1}^{3} y_i \, \Delta A_i = (y_1 A_1 + y_2 A_2 + y_3 A_3)$$

$$Q_y = \sum_{i=1}^{3} x_i \, \Delta A_i = (x_1 A_1 + x_2 A_2 + x_3 A_3)$$

도심

$$\bar{x} = \frac{\displaystyle\sum_{i=1}^{3} x_i \Delta A_i}{\displaystyle\sum_{i=1}^{3} \Delta A_i} = \frac{(x_1 A_1 + x_2 A_2 + x_3 A_3)}{(A_1 + A_2 + A_3)}$$

$$\bar{y} = \frac{\displaystyle\sum_{i=1}^{3} y_i \Delta A_i}{\displaystyle\sum_{i=1}^{3} \Delta A_i} = \frac{(y_1 A_1 + y_2 A_2 + y_3 A_3)}{(A_1 + A_2 + A_3)}$$

7.3 면적 2차 모멘트(면적 관성 모멘트)

7.3.1 면적 2차 모멘트

그림 7-7에서 면적 1차 모멘트 Q_x, Q_y는 면적과 좌표축에서 면적까지 좌표값의 1차항의 곱으로 정의되었다. 면적 2차 모멘트(second moment of area)는 그림 7-7에서 면적과 좌표축에서 면적까지 좌표값의 2차항(제곱항)의 곱으로 다음과 같이 정의한다.

$$I_x = \int y^2 \, dA \tag{7-11}$$

$$I_y = \int x^2 \, dA \tag{7-12}$$

면적 2차 모멘트는 면적의 관성 모멘트(moment of inertia of the area)라고도 부르며, 좌표값의 제곱항을 면적에 곱하게 되므로 좌표계상의 어디에 위치하여도 언제나 양의 값을 갖게 된다. 즉 면적의 관성 모멘트는 면적의 1차 모멘트와 달리 좌표축을 어디에 갖다놓고 계산하여도 음의 값이나 0은 나올 수 없고, 언제나 양의 값만 나온다는 것을 주의할 필요가 있다.

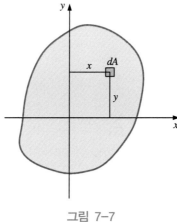

그림 7-7

다음 그림과 같은 사각형에 대한 면적의 관성 모멘트를 도심을 지나는 AA축에 대하여 구하고, 또 BB축에 대하여 구하라.

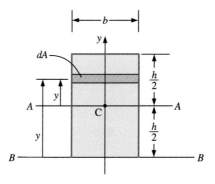

[풀이]   AA축에 대하여

$$I_{AA} = \int y^2 dA$$

$dA = bdy$이고, AA축에 대한 적분구간은 $-\dfrac{h}{2}$ 에서 $\dfrac{h}{2}$ 이므로

$$I_{AA} = \int_{-\frac{h}{2}}^{\frac{h}{2}} y^2 \cdot bdy = b \cdot \left[\frac{1}{3}y^3 \right]_{-\frac{h}{2}}^{\frac{h}{2}} = \frac{bh^3}{12}$$

BB축에 대하여

$$I_{BB} = \int y^2 dA$$

좌표축의 이동으로 적분구간이 0에서 h로 바뀌어

$$I_{BB} = \int_{0}^{h} y^2 bdy = b \cdot \left[\frac{1}{3}y^3 \right]_{0}^{h} = \frac{bh^3}{3}$$

7.3.2 회전반경

도형의 면적이 어느 한 점에 집중되어, 분포되어 있는 면적 2차 모멘트(면적 관성 모멘트)와 동일한 값을 갖게 되는 어느 한 점을 회전반경(radius of gyration)이라 한다. 면적 관성 모멘트가 음의 값이나 0의 값을 갖지 않고 항상 양의 값을 갖기 때문에 회전반경 또한 언제나 양의 값을 갖게 된다. 분포면적 관성 모멘트와 집중면적 관성 모멘트를 같게 놓으면 식 (7-13), (7-14)가 된다.

$$I_x = \int y^2 dA = r_y^2 \cdot A \tag{7-13}$$

$$I_y = \int x^2 dA = r_x^2 \cdot A \tag{7-14}$$

식 (7-13), (7-14)에서 회전반경 r_x, r_y를 구하면 다음과 같다.

$$r_x = \sqrt{I_y/A} = \sqrt{\int x^2 dA / A} \tag{7-15}$$

$$r_y = \sqrt{I_x/A} = \sqrt{\int y^2 dA / A} \tag{7-16}$$

예제 7-4 예제 7-3에서의 AA축과 BB축에 대한 회전반경을 각각 구하라.

[풀이]   AA축에 대하여

$$I_{AA} = \frac{bh^3}{12} = r_y^2 \cdot A$$

전체 면적 A = bh이므로

$$I_{AA} = \frac{bh^3}{12} = r_y^2 \cdot bh$$

$$\therefore r_y = \sqrt{\frac{h^2}{12}}$$

BB축에 대하여

$$I_{BB} = \frac{bh^3}{3} = r_y^2 \cdot bh$$

$$r_y = \sqrt{\frac{h^2}{3}}$$

7.3.3 면적 관성 모멘트에 대한 평행축 정리

예제 7-3에서 기준축이 AA일 때와 BB일 때의 면적 관성 모멘트가 달라지는 것을 보았다. AA축은 도형의 도심을 지나는 축(도심축)이며, BB축은 AA축(도심축)과 평행한 축이다. 이와 같이 도심을 지나는 축에 대한 면적 관성 모멘트와 도심축과 평행한 임의축에 대한 면적 관성 모멘트는 아래와 같은 관계식으로 서로 맺어질 수 있다. 이 관계식을 평행축의 정리라 하며 다음과 같다.

그림 7-8에서와 같이 도심을 지나는 축 x_c, y_c와 이 축으로부터 임의의 거리만큼 평행 이동된 축 x, y축에 대한 면적 관성 모멘트의 상호 관계식을 생각해보자.

먼저 x축에 대한 면적 관성 모멘트 I_x는 다음과 같이 쓸 수 있다.

$$\begin{aligned}
I_x &= \int y^2 dA \\
&= \int (y_c + D_y)^2 dA \\
&= \int y_c^2 dA + 2D_y \int y_c dA + D_y^2 \int dA
\end{aligned} \qquad (7\text{-}17)$$

식 (7-17)의 첫 번째 항 $\int y_c^2 dA$는 도심축 x_c에 대한 면적 관성 모멘트를 나타내므로 I_{xc}라 표기할 수 있다. 두 번째 항 $2D_y \int y_c dA$는 $\int y_c dA$가 도심축 x_c에 대한 면적 1차 모멘트이므로 $\int y_c dA = 0$이 된다. 따라서 두 번째 항 $2D_y \int y_c dA = 0$이 되어 없어진다. 세 번째항 $D_y^2 \int dA$는 전체 면적($\int dA = A$)과 두 평행축 사이의 거리제곱(D_y^2)을 곱한 값이 된다.

따라서 앞의 식은 식 (7-18)과 같이 되며, 같은 방법으로 y축에 대한 면적 관성 모멘트는 식 (7-19)와 같이 된다.

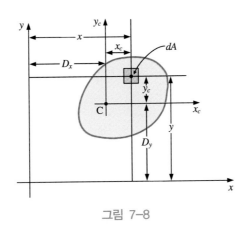

그림 7-8

$$I_x = I_{xc} + D_y^2 A \tag{7-18}$$

$$I_y = I_{yc} + D_x^2 A \tag{7-19}$$

즉 평행축의 정리는 도심축에 대한 면적 1차 모멘트가 0이 된다는 조건($\int x_c dA = \int y_c dA$ = 0)을 이용하여, 도심축과 도심축에 평행한 임의축에 대한 면적 관성 모멘트의 상호관계식을 얻을 수 있으며, 이 간편한 관계식을 말한다.

식이 유도되는 과정에서 알 수 있듯이 두 평행한 축 가운데 1개는 도심을 지나는 축이어야 한다는 것을 기억하여야 하며, 식에서 알 수 있듯이 면적 관성 모멘트는 도심축에서 가장 작은 값을 갖고 도심에서 거리가 멀면 멀수록 값이 커짐을 알 수 있다.

평행축의 정리는 기본 도형이 복합되어 있는 복합 도형의 면적 관성 모멘트를 구할 때 유용하게 사용될 수 있으며, 두 축 중 어느 하나의 축에 대한 면적 관성 모멘트는 알고 있어야 다른 하나의 축에 대한 면적 관성 모멘트를 계산할 수 있다는 것을 명심하여야 한다.

예제 7-5 예제 7-3에서 BB축에 대한 면적 관성 모멘트를 평행축 정리를 이용하여 계산해 보라.

[풀이] 도심을 지나는 AA축에 대한 면적 관성 모멘트

$$I_{xc} = I_{AA} = \frac{bh^3}{12}$$

도심축 AA에서 구하고자 하는 축 BB까지의 거리와 전체 면적은

$$D_y = \frac{h}{2}, \ A = bh$$

$$I_x = I_{xc} + D_y^2 \cdot A \text{이므로}$$

$$\therefore I_{BB} = I_{AA} + \left(\frac{h}{2}\right)^2 \cdot bh$$

$$= \frac{bh^3}{12} + \frac{bh^3}{4}$$

$$= \frac{bh^3}{3}$$

7.4 면적 극관성 모멘트

7.4.1 면적 극관성 모멘트

7.3절의 면적 2차 모멘트는 평면상의 축 x, y에 대한 면적의 2차 모멘트를 나타내었다. 면적 극관성 모멘트(polar moment of inertia of the area)는 평면에 수직한 축(z 방향축)에 대한 면적의 2차 모멘트를 나타내며, 우리는 이것을 다른 말로 면적 극관성 모멘트라 하며 I_p로 나타낸다. 첨자 p는 polar의 첫 글자를 의미하고 그림 7-9에서 면적 극관성 모멘트는 z축에서 미소면적까지의 거리 r의 제곱과 미소면적의 곱으로 정의되며 전체 면적에 대하여는 적분으로 나타낸다.

$$I_p = \int r^2 dA \qquad (7\text{-}20)$$

면적 극관성 모멘트(I_p)는 면적 관성 모멘트(I_x, I_y)와 상호 관계식으로 나타낼 수 있으며 다음과 같다.

그림 7-9에서 $r^2 = x^2 + y^2$이므로

$$I_p = \int r^2 dA = \int (x^2 + y^2) dA \qquad (7\text{-}21)$$
$$\therefore I_p = I_x + I_y$$

즉 x, y, z축의 직교좌표계에서 xy 평면상의 도형에 대한 면적 2차 모멘트는 x, y축에 대한 것으로 I_x, I_y를, z축에 대한 것으로 I_p를 생각할 수 있다. 여기에서 I_x, I_y를 면적 관성 모멘트 또는 면적 2차 모멘트라 부르고, I_p를 면적 극관성 모멘트라 부르며 이들은 식 (7-21)

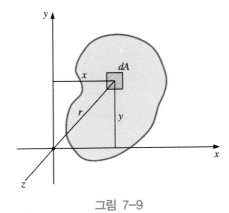

그림 7-9

과 같은 관계를 가진다. 도형에서 극관성 모멘트를 식 (7-20)과 같이 적분을 하여 구하는 일이 쉽지 않다. 따라서 원과 같이 특별한 형태가 적분을 이용한 직접적인 계산이 가능하고, 대부분의 도형에서는 식 (7-21)에 의한, 즉 x, y 두 축의 면적 관성 모멘트의 합으로 계산된다.

7.4.2 극관성 모멘트에 대한 평행축 정리

그림 7-10에서 면적 관성 모멘트에 대한 평행축의 정리를 활용하여 극관성 모멘트에 대한 평행축 정리를 간단하게 유도할 수 있다.

식 (7-18), (7-19)

$$I_x = I_{xc} + D_y^2 A$$

$$I_y = I_{yc} + D_x^2 A$$

를 식 (7-21)

$$I_p = I_x + I_y$$

에 대입하면 다음과 같이 된다.

$$I_p = (I_{xc} + I_{yc}) + (D_x^2 + D_y^2)A \tag{7-22}$$

$I_{pc} = I_{xc} + I_{yc}$, $D^2 = D_x^2 + D_y^2$라 하면 식 (7-22)은 다음과 같이 쓸 수 있다.

$$I_p = I_{pc} + D^2 A \tag{7-23}$$

이 식을 면적 극관성 모멘트의 평행축 정리라 하며, 여기서 I_p는 z축에 대한 극관성 모멘트 I_{pc}는 도심축(Z_c축)에 대한 극관성 모멘트, D^2은 좌표계 원점과 도심까지의 거리의 제곱, A는 도형의 전체 면적을 나타낸다.

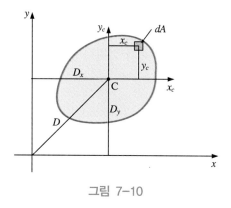

그림 7-10

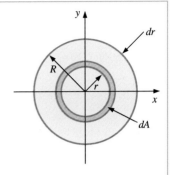

예제 7-6 | 다음과 같은 반경 R인 원의 극관성 모멘트를 구하라. 그리고 원의 대칭성에 의한 면적 관성 모멘트를 극관성 모멘트를 이용하여 구하라.

[풀이]

$$I_p = \int_0^R r^2 dA$$

$dA = 2\pi r\, dr$이므로

$$I_p = 2\pi \int_0^R r^3 dr$$

$$= \frac{\pi R^4}{2} = \frac{\pi D^4}{32}$$

면적 관성 모멘트와 극관성 모멘트의 관계는 $I_p = I_x + I_y$이며 원의 대칭성으로 $I_x = I_y$이므로, 원에서는 $I_p = 2I_x = 2I_y$가 된다.

$$\therefore I_x = I_y = \frac{I_p}{2} = \frac{\pi R^4}{4} = \frac{\pi D^4}{64}$$

7.5 면적 관성 상승 모멘트

7.5.1 면적 관성 상승 모멘트

그림 7-9에서 미소면적 dA를 좌표값 x, y의 상호곱에 곱한 값의 면적 관성 상승 모멘트(product moment of inertia of the area)가 정의되며, 전체 면적에 적분하여 다음과 같이 나타낸다.

$$I_{xy} = \int_A xy\, dA \tag{7-24}$$

관성 상승 모멘트를 구하고자 하는 좌표계에서 xy축 가운데 어느 한 축이라도 도형의 대칭축과 일치하면, 그 좌표계에서의 관성 상승 모멘트는 0이 된다. 이것은 그림 7-5와 같이 좌표축이 대칭축일 때 미소면적은 +, -의 좌표값에 균등히 대칭적으로 분포하므로 생기는 일이다.

7.5.2 면적 관성 상승 모멘트의 평행축 정리

그림 7-8을 활용하여 식 (7-24)를 다음과 같이 쓸 수 있다.

$$
\begin{aligned}
I_{xy} &= \int xy dA \\
&= \int (x_c + D_x)(y_c + D_y) dA \\
&= \int x_c y_c dA + D_y \int x_c dA + D_x \int y_c dA + D_x D_y \int dA \\
&= \int x_c y_c dA + D_x D_y \int dA
\end{aligned}
\tag{7-25}
$$

식 (7-25)에서 $\int x_c y_c dA = I_{x_c y_c}$, $\int x_c dA = \int y_c dA = 0$, $\int dA = A$ 이므로 면적 관성 상승 모멘트의 평행축 정리는 다음과 같다.

$$
I_{xy} = I_{x_c y_c} + D_x D_y A
\tag{7-26}
$$

01 그림과 같은 좌표축 위의 사각 도형에 대한 면적 1차 모멘트와 도심의 위치를 구하라.

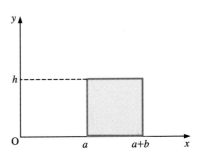

02 그림에서 음영 부분의 면적과 도심의 위치를 구하라.

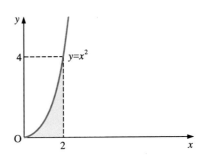

03 그림에서 음영 부분의 면적과 도심의 위치를 구하라.

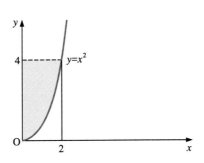

04 그림에서 음영 부분의 면적과 도심의 위치를 구하라. 그리고 부분 면적 A_1, A_2에서 각각 얻은 결과(문제 2, 3)를 이용하여 도심의 위치를 다시 구하고 전체 면적에서 얻은 결과와 비교하라.

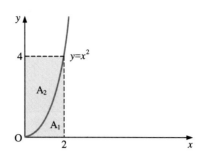

05 그림에서 음영 부분의 면적과 도심의 위치를 구하라.

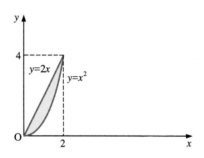

※ 그림에서 음영 부분의 면적과 도심의 위치를 구하라.(문제 6~9)

06

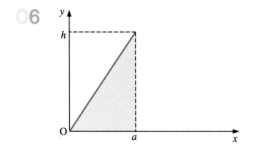

07

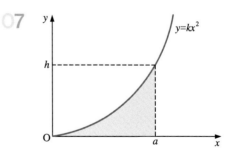

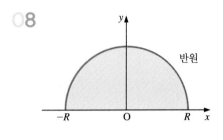

08

반원

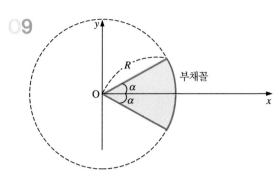

09

부채꼴

10 그림의 사각형에서 y축에 대한 면적 관성 모멘트 I_y 를 구하라. 또한 도심을 지나는 AA축에 대하여 I_y 를 구하라.

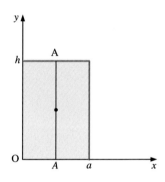

11 그림에서 음영 면적에 대하여, y축에 대한 면적 관성 모멘트 I_y 를 구하라.

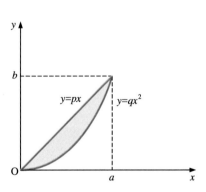

12 그림에서 음영 면적에 대하여, 면적 관성 모멘트 I_x, I_y와 회전반경 r_x, r_y를 구하라. ($n = 2$)

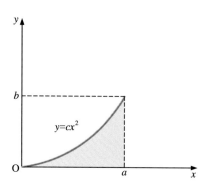

13 그림에서 4분원의 x축에 대한 면적 관성 모멘트 I_x와 y축에 대한 면적 관성 모멘트 I_y를 각각 구하라.

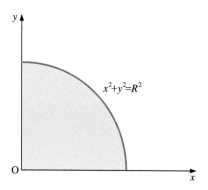

14 그림의 부채꼴에 대하여 x축에 대한 면적 관성 모멘트 I_x, y축에 대한 면적 관성 모멘트 I_y, 면적 극관성 모멘트 I_p를 각각 구하라.

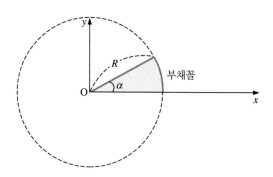

15 그림의 부채꼴에 대하여 x축에 대한 면적 관성 모멘트 I_x, y축에 대한 면적 관성 모멘트 I_y, 면적 극관성 모멘트 I_p를 각각 구하라.

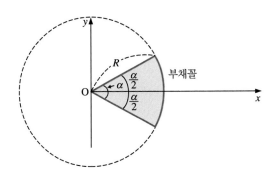

16 그림과 같이 한 변의 길이 L = 6 cm인 정사각형의 $\frac{1}{4}$을 제거한 나머지 면적의 도심 좌표는 무엇인가?

① (7.2, 5)　　　　② (2.5, 14.4)

③ (2.5, 2.5)　　　④ (5, 5)

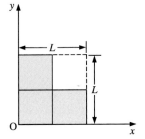

17 중공 원형의 반지름이 각각 15 cm, 5 cm인 단면의 단면계수는 몇 cm^{3}인가?

① 2130　　　　② 2618

③ 3930　　　　④ 3901

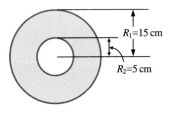

18 도형의 단면 지름이 12 cm일 때 단면의 중립축에 대한 회전반경은 얼마인가?

① 3 cm　　　　② 6 cm

③ 12 cm　　　④ 24 cm

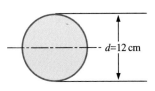

19 그림과 같이 중공 원형 단면의 접선 X-X'에 관한 단면 2차 모멘트의 크기는 몇 cm^4인가?

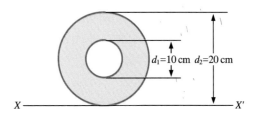

① 1842 ② 6041

③ 13096 ④ 30925

20 한 변의 길이가 12 cm인 정사각형의 대각선에 평행하고, 한 꼭지점을 지나는 축에 대한 단면 2차 모멘트를 구하면 얼마인가?

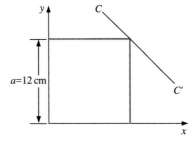

① 1728 ② 5184

③ 10542 ④ 12096

21 그림과 같은 사다리꼴의 도심은 얼마인가?

(단, a = 3 cm, b = 4 cm, h = 5 cm 이다.)

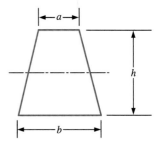

① C = 1.26 ② C = 2.38

③ C = 3.24 ④ C = 4.02

22 그림과 같은 조건에서 x, y 두 축에 대한 단면 상승 모멘트는 얼마인가?

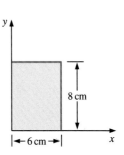

① 275 ② 386

③ 436 ④ 576

23 그림과 같은 직사각형의 y축에 관한 단면 2차 모멘트값이 16일 때 원점 O를 지나는 극단면 2차 모멘트(I_p)는 얼마인가?

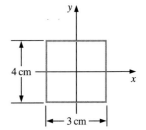

① 25 ② 20

③ 16 ④ 12

24 그림과 같은 삼각형의 꼭지점을 지나는 X-X'에 대한 단면 2차 모멘트는 얼마인가?

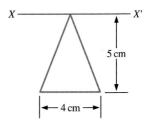

① 100 ② 115

③ 125 ④ 135

25 그림과 같은 L형 단면의 축에 대한 단면 상승 모멘트(I_{xy})는 얼마인가?

(단, b= 4 cm, h = 1 cm 이다.)

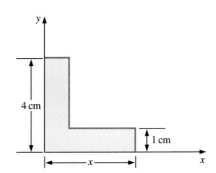

① 3.25 ② 4.75

③ 7.75 ④ 9.25

26 그림과 같이 반지름을 갖는 원의 음영 부분 단면의 A-A'축에 관한 단면 2차 모멘트는 얼마인가?

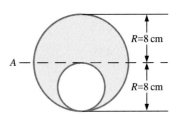

① 1020 ② 1122

③ 2010 ④ 2211

27 한 변의 길이 5 cm이고, 다른 변의 길이가 10 cm인 장방형 단면을 가진 보를 가로로 사용할 때와 세로로 사용할 때의 단면 2차 모멘트의 비는 얼마인가?

① 1 : 4   ② 1 : 3   ③ 1 : 2   ④ 1 : 1

28 단면적 A와 중립축에 대한 이 단면의 2차 모멘트를 I_A, 중립축으로부터 D거리만큼 떨어진 축에 대한 단면 2차 모멘트를 I 라고 하면 다음 중 옳은 수식은 무엇인가?

① $I = \sqrt{I_A} + AD^2$ ② $I_A = I - AD^2$

③ $I = \sqrt{I_A} - AD^2$ ④ $I_A = I + AD^2$

29 그림과 같이 반경 r = 5 cm인 4분원의 O점에 대한 극관성 모멘트는 얼마인가?

① 125   ② 522

③ 245   ④ 500

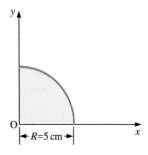

30 그림과 같이 A-A'축에 관한 관성 모멘트는 얼마인가?

① 914.25 cm^4 ② 1001.4 cm^4

③ 1105.25 cm^4 ④ 1914.25 cm^4

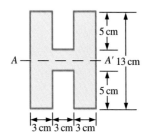

08 | Chapter

보의 응력

Material Mechanics

8.1 서론

그림 8-1과 같이 축 방향에 수직한 하중을 받아, 내력으로 전단력(V)과 굽힘 모멘트(M)를 유발하는 부재를 보 또는 빔(beam)이라 한다. 보는 크게 대칭보(symmetrical beam)와 비대칭보(unsymmetrical beam)로 구별하며, 대칭보는 보의 단면이 대칭이고 하중이 대칭단면에 작용하는 것을 말하고, 비대칭보는 단면이 비대칭이거나 또는 단면이 대칭이라 하더라도 하중이 대칭단면에 작용하지 않는 것을 말한다.[1] 비대칭보의 해석 결과는 일반적인 형태로 표현되므로 대칭보의 해석 결과를 포함하게 된다. 즉 대칭보는 비대칭보의 특수한 경우라 할 수 있다는 의미이다. 비대칭보의 해석은 대칭보 해석의 완전한 이해를 바탕으로 하기 때문에 일반적으로 초급 재료역학에서 대칭보를 취급하고, 고급 재료

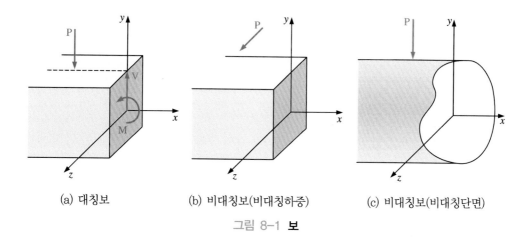

| (a) 대칭보 | (b) 비대칭보(비대칭하중) | (c) 비대칭보(비대칭단면) |

그림 8-1 **보**

---

[1] 대칭보는 대칭단면에 대칭하중(symmetrical loading on symmetrical section), 비대칭보는 비대칭단면(unsymmetrical section) 또는 대칭단면에 비대칭하중(unsymmetrical loading on symmetrical section)을 말한다.

역학(advanced mechanics of materials)에서 비대칭보를 취급하고 있다. 이 장에서도 이를 감안하여 그림 8-1(a)의 대칭보에 한하여 기술하고자 한다.

외부하중 P에 의하여 보의 단면에는 그림 8-1(a)와 같이 내력(전단력 V, 굽힘 모멘트 M)이 발생하며, 내력은 그 단면상에 응력을 유발시킨다. 이 장에서는 이들 전단력과 굽힘 모멘트에 의해 유발되는 보속의 응력에 대하여 기술하고자 하며, 보의 변형에 관계되는 처짐에 대해서는 9장에서 취급하고자 한다. 이 장의 서술 과정도 3장 인장/압축, 4장 비틀림과 같이 그림 2-34 재료역학 해석과정의 1단계(관계식 유도과정)에 준하여 기술될 것이다. 여러분들이 이 장을 공부하고 난 뒤에 기본적으로 알아야 될 중요한 점들은 다음과 같다.

- 내력인 굽힘 모멘트(M)와 굽힘응력의 관계식
- 내력인 전단력(V)과 전단응력의 관계식
- 중립축(neutral axis) 또는 중립면(neutral surface)의 명확한 물리적 의미
- 중립축과 도심의 개념적 차이
- 전단흐름(shear flow)과 전단중심(shear center)의 물리적 의미

8.2 순수 굽힘 모멘트를 받는 보의 응력

8.2.1 하중과 형상에 따른 모델링

그림 8-2(a)와 같은 부재에 그림과 같은 하중이 작용하면 그림 8-2(b)와 같이 변형하게 됨을 경험을 통하여 알 수 있을 것이다.

그림 8-2 BC 부재의 단면에는 그림 8-2(c)와 같이 부재 전체에 걸쳐 동일한 굽힘 모멘트가 발생하며, 이와 같이 전단력이 없고 부재 전체에 걸쳐 동일한 굽힘 모멘트가 발생

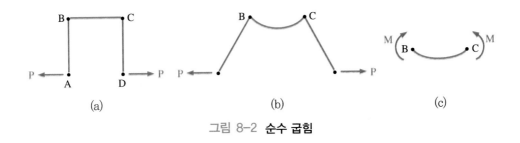

(a)   (b)   (c)

그림 8-2 **순수 굽힘**

하는 상태를 순수 굽힘(pure bending) 상태라 한다. 굽힘 모멘트를 받는 보의 응력을 해석하기 위하여 우리는 이와 같은 순수 굽힘 상태에 놓인 보에서 관계식들을 검토하는 것이 필요하다. 그림 8-2의 하중과 부재의 변형 양태를 보다 자세히 나타내면 그림 8-3과 같은 대칭보에 적용할 수 있으며, 여기에서 다음과 같은 가정을 생각할 수 있다.

가정   ① 대칭면에 수직이었던 보의 단면은 변형 후에도 대칭면에 수직인 평면을 유지하며, 이에 따른 모든 전단변형률은 무시한다($\gamma_{xy} = \gamma_{yz} = \gamma_{xz} = 0$).

② 보는 길이에 비해 폭과 높이가 매우 작으므로 폭과 높이 방향의 수직응력은 무시한다($\sigma_y = \sigma_z = 0$).

③ 변형 전 직선이었던 길이 방향의 선들은 변형 후 곡률반경을 갖는 곡선이 되며, 최초보다 줄어드는 부분, 최초보다 늘어나는 부분, 줄어들지도 늘어나지도 않는 부분이 존재한다.

④ 변형량은 매우 작게 일어난다(소변형).

8.2.2 변형률–변위 관계식 (기하학적 변형의 적합성)

그림 8-3(b), (c)를 보면 가정 ③에서 도입한 최초 길이보다 줄어드는 부분, 최초 길이보다 늘어나는 부분, 늘어나지도 줄어들지도 않는 부분이 표현되어 있음을 알 수 있다. 우리는 이 늘어나지도 줄어들지도 않는 부분의 위치가 단면 위의 어느 곳인지는 지금까지의 논의로는 알 수 없지만 그곳을 중립축(neutral axis)이라 부르기로 하고, 길이 방향의 좌표축인 x축을 그곳에 위치시키기로 하자. 이렇게 하였을 때 가정 ①에 의해 y축에 수직인 xz 평면은 변형 후에도 y축에 수직인 평면을 유지하므로 늘어나지도 줄어들지도 않는 평면으로 남게 된다. 이것을 우리는 중립면(neutral surface)이라 정의하고, 보뿐만 아니라 판구조물이나 셸 구조물에서도 중요한 의미를 갖는 개념이 된다. 양의 굽힘 모멘트가 작용하는 그림 8-3(c)에서 보면 중립면의 윗부분은 최초 상태보다 수축하고, 중립면의 아랫부분은 늘어나는 것을 알 수 있다. 따라서 양의 굽힘 모멘트에서 임의의 양의 위치 y의 좌표상의 변형률은 압축변형률이 되며 다음과 같이 기술할 수 있다.

$$\epsilon_x = \frac{G'H' - GH}{GH} = \frac{G'H' - GH}{EF} = \frac{(\rho - y)\Delta\theta - \rho\,\Delta\theta}{\rho\,\Delta\theta} = -\frac{y}{\rho} \qquad (8\text{-}1)$$

여기서 ρ는 곡률반경을 나타내며, 곡률 κ와 곡률반경 ρ와의 관계는 그림 8-4에서 다음과 같이 정의된다.

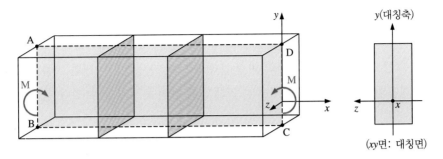

(a) 양의 순수 굽힘 모멘트 상태에 놓인 대칭보

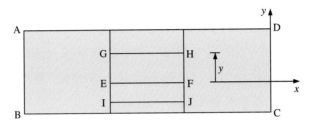

(b) 대칭면에서 보의 변형 전 상태

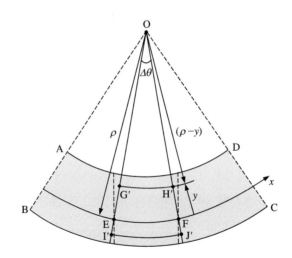

(c) 대칭면에서 보의 변형 후 상태

그림 8-3 순수 굽힘에서 보의 변형 상태

$$\lim_{\Delta s \to 0} \frac{\Delta \theta}{\Delta s} = \frac{1}{\rho}$$

$$\therefore \kappa = \frac{d\theta}{ds} = \frac{1}{\rho}$$

(8-2)

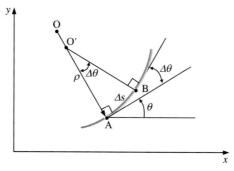

그림 8-4 **곡률과 곡률반경**

식 (8-2)의 곡률과 곡률반경의 관계를 이용하여 식 (8-1)의 변형률-변위 관계를 다시 기술하면 다음 식 (8-3)과 같이 간략화되며, 이 변형률-변위 관계식은 다음 절의 응력-변형률 관계식과 하중-응력의 평형조건과 함께 순수 굽힘 아래의 보속의 응력을 도출하는 데 중요하게 활용될 것이다.

$$\epsilon_x = -\frac{y}{\rho} = -\kappa\, y \tag{8-3}$$

8.2.3 응력-변형률 관계식

앞의 가정 ①에서 모든 전단변형률을 무시하여 $\gamma_{xy} = \gamma_{yz} = \gamma_{xz} = 0$으로 가정하였으므로 이에 대응하는 전단응력 또한 $\tau_{xy} = \tau_{yz} = \tau_{xz} = 0$이 된다. 그리고 가정 ②에서 $\sigma_y = \sigma_z = 0$으로 가정하였으므로 순수 굽힘 모멘트하의 보에서 유일하게 발생하는 응력은 σ_x 하나만 남게 된다는 것을 알 수 있다. 그리고 이 σ_x에 의해 푸아송비(ν)만큼의 y, z 방향 수직변형률이 $\epsilon_y = \frac{1}{E}[-\nu\sigma_x]$, $\epsilon_z = \frac{1}{E}[-\nu\sigma_x]$와 같이 발생한다는 것도 이해할 수 있을 것이다. 따라서 우리는 순수 굽힘 모멘트를 받는 보에서 유일하게 발생하는 응력인 σ_x는 기하학적 변형에 의해 얻어진 식 (8-3)의 길이 방향의 수직변형률 ϵ_x에만 의존되는 것을 파악할 수 있다. 이것을 보다 수학적으로 확인하기 위하여 가정에서 도입한 $\gamma_{xy} = \gamma_{yz} = \gamma_{xz} = 0$, $\sigma_y = \sigma_z = 0$을 식 (2-10)의 일반화된 Hooke의 법칙에 대입하면 다음을 얻을 수 있다.

$$\sigma_x = E\epsilon_x = -\frac{1}{\nu}E\epsilon_y = -\frac{1}{\nu}E\epsilon_z \tag{8-4}$$

그러나 식 (8-4)에서 나타난 $\epsilon_x, \epsilon_y, \epsilon_z$에 대한 기하학적 변형의 관계에서 우리는 ϵ_x에

대한 것만 식 (8-3)과 같이 파악하였고, ϵ_y, ϵ_z에 대한 것은 알지 못하므로 이들은 무시하고 ϵ_x만을 활용하여도 무방함을 식 (8-4)는 보여주고 있다. 따라서 굽힘 모멘트를 받는 보에서 응력-변형률 관계식은 식 (8-3)과 함께 다음과 같이 간략화됨을 알 수 있다.

$$\sigma_x = E\epsilon_x = -E\frac{y}{\rho} = -E\kappa y \tag{8-5}$$

8.2.4 하중-응력 관계식 (하중-응력 평형조건의 적용)

보의 하중-응력 관계식에서 하중은 외부하중(외력)을 의미하는 것이 아니라 내력인 굽힘 모멘트 또는 전단력을 의미한다. 인장/압축(3장)이나 비틀림(4장)에서는 외력과 내력이 부재 전체에 걸쳐 일치하였기 때문에 하중-응력 관계식에서 하중의 의미가 외력과 내력의 어느 것으로 혼용하여도 무방하였다. 그러나 보에서는 외력과 내력은 분명히 다르게 나타나므로 하중-응력 관계식 (하중-응력 평형조건)에서 하중은 내력을 의미한다고 분명히 정의할 필요가 있다.[2]

우리가 지금까지의 논의에서 알 수 있는 것은 굽힘 모멘트 M이 작용하는 대칭보에서 굽힘 모멘트 M은 응력의 결과력(stress resultant)이 되어 단면에 분포되는 응력과 평형상태를 이루고, 중립축이 존재하여 중립축을 기준으로 윗부분과 아랫부분이 서로 상반되는 변형인 수축과 인장을 일으킨다는 사실이다. 그러나 아직까지 우리가 알지 못하는 것은 단면에서 중립축의 위치와 응력의 분포 상태이다. 비록 그림 8-5(b)와 같이 양의 굽힘 모멘트에서 중립축의 윗부분은 수축하므로 압축응력이 나타나고, 아랫부분은 늘어나므로 인장응력이 나타날 것이라고 올바르게 추측한다 하더라도 정량적으로 그 값들을 모르기 때문에 응력의 분포 상태를 모른다고 한다. 즉 방향은 알고 크기를 몰라도 그것은 모르는 것에 해당된다는 뜻이다. 이와 같이 모르는 어떤 응력벡터를 평형조건을 이용하여 구할 때에는 그림 8-5(c)와 같이 요소상의 모든 벡터들을 양(positive)의 상태에 놓고 해석하는 것이 해석 결과를 일반화시킬 수 있는 방법이다. 따라서 그림 8-5(c)에서 응력분포의 결과력이 굽힘 모멘트라는 사실에 평형조건을 적용하면 다음과 같이 기술할 수 있다.

---

[2] 엄밀하게 말하면 하중-응력 평형조건에서 비롯되는 하중-응력 관계식의 하중은 응력의 결과력(stress resultant)을 나타내는 것으로 인장/압축, 비틀림, 굽힘 등 모든 경우에서의 내력을 뜻한다.

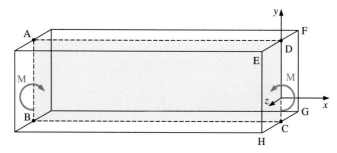

(a) 양의 순수 굽힘 모멘트 상태에 놓인 대칭보

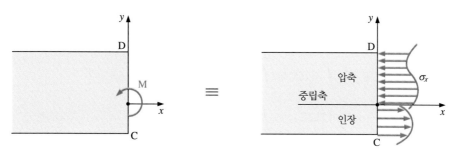

(b) 대칭면(xy면)에서 양의 굽힘 모멘트와 미지 응력분포
(방향은 올바르게 예측된 것이지만 크기의 분포는 아직 모름)

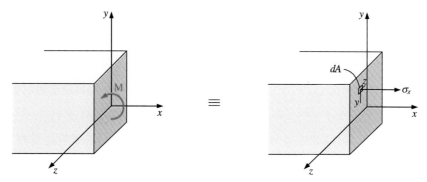

(c) 양의 굽힘 모멘트와 양의 y, z 위치에서의 미지 응력(양의 방향으로 예측)
(해석 결과를 일반화시키기 위하여 모든 벡터의 상태를 양의 상태에 놓고
평형조건 적용)

그림 8-5 **내력 굽힘 모멘트(응력의 결과력)와 응력분포**

• **내력과 응력의 평형조건[3]**

$$\Sigma F_x = \int \sigma_x dA = 0 \qquad\qquad (8\text{-}6)$$

---

3) 1826년 프랑스의 수학자 Navier(1785~1836)는 내력과 응력의 평형조건의 세 식 (8-6), (8-7), (8-8)을 사용
하여 중립축, 대칭축, 응력분포에 관한 세 가지 결론을 식 (8-9), (8-10), (8-13)으로 도출하였다.

$$\Sigma \mathrm{M_y} = \int z\sigma_x dA = 0 \tag{8-7}$$

$$내력 = 응력의 결과력$$

$$\Sigma \mathrm{M_z} = \mathrm{M_z} = - \int y\sigma_x dA \neq 0 \tag{8-8}$$

- **중립축의 위치[(식 (8-6)에서]**

식 (8-5)는 응력-변형률 관계식과 변형률-변위 관계식의 조합으로 응력과 기하학적 변형의 관계라 할 수 있다. 이것을 식 (8-6), (8-7), (8-8)에 각각 대입하면 다음을 얻을 수 있다.

$$\Sigma \mathrm{F_x} = \int \sigma_x dA = \int -\mathrm{E} \cdot \frac{\mathrm{y}}{\rho} dA = -\frac{\mathrm{E}}{\rho} \int ydA = 0 \tag{8-9}$$

$$\frac{\mathrm{E}}{\rho} \neq 0 \text{ 이므로} \qquad \int ydA = 0$$

식 (8-9)는 중립면(xz면)의 위치를 알려주는 식이다. 단면(yz)에서 z축에 대한 단면 1차 모멘트는

$$\mathrm{Q_z} = \int ydA = \mathrm{A} \cdot \mathrm{y_c}$$

로 표현된다. 여기서 $\mathrm{y_c}$는 z축에서 도심까지의 거리를 말하는데, 식 (8-9)에서 $\int ydA = 0$ 이므로 단면 1차 모멘트 $\mathrm{Q_z} = \int ydA = \mathrm{A} \cdot \mathrm{y_c} = 0$을 의미한다. 그러므로 z축에서 단면 도심까지 거리인 $\mathrm{y_c}=0$이 되어 z축은 단면의 도심(centroid)에 위치하게 된다. 즉 굽힘 모멘트를 받는 보는 늘어나지도 줄어들지도 않는 수직변형률이 0인 중립면을 갖게 되는데, 그 위치는 등방성(isotropic)이고 균질한 재료(homogeneous)로 만들어진 경우에는 단면의 도심에 위치한다는 뜻이다. 그러나 만약 보가 한 가지 이상의 재료로 만들어진 합성보이거나, 비등방성(anisotropic)의 비균질 재료(nonhomogenous)인 경우에는 중립면이 도심축에 위치하지 않는 것이 일반적이다(8.4절).

- **대칭축(y축) 설정의 편의성[식 (8-7)에서]**

식 (8-5)를 식 (8-7)에 대입하면 다음과 같다.

$$\Sigma \mathrm{M_y} = \int z(-\mathrm{E}\frac{\mathrm{y}}{\rho})dA = -\frac{\mathrm{E}}{\rho}\int yzdA = 0 \tag{8-10}$$

식 (8-10)에서 $\int yzdA$ 는 면적 관성 상승 모멘트로서 7.5.1절에서 '관성 상승 모멘트

를 구하고자 하는 좌표축에서(여기서 $I_{yz} = \int yz dA$) 어느 한 축이라도 도형의 대칭축과 일치하면, 그 좌표축에서의 면적 관성 상승 모멘트는 0이 된다'고 하였다. 우리는 해석의 편의를 위해 y축을 도형의 대칭축으로 잡았기 때문에 $\int yz dA = 0$이 되어, 식 (8-10)은 그 대로 성립하게 된다.

• **응력의 분포[식 (8-8)에서]**

식 (8-5)를 식 (8-8)에 대입하면 다음과 같다.

$$\Sigma M_z = M - \left(-\int y \left(-E\frac{y}{\rho} \right) dA \right) = 0 \tag{8-11}$$

이것을 정리하여 다시 쓰면

$$M = \frac{E}{\rho} \int y^2 dA = \frac{EI_z}{\rho} \tag{8-12}$$

와 같이 된다. 여기서 $\int y^2 dA = I_z$로 7장에서 설명하였던 z축에 관한 단면 2차 관성 모멘트가 된다. 7장 서론에서 언급하였듯이 재료역학의 관계식을 유도하는 과정에서 나타나는 $\int y^2 dA$와 같은 항을 관성 모멘트로 그 개념을 정의하여 정리하면 식 (8-12)와 같이 곡률반경과 굽힘 모멘트의 관계를 간단히 얻을 수 있게 된다. 식 (8-5)는 곡률반경과 응력의 관계를 표현하고 있으므로 이 두 식에서 곡률반경을 소거하면 굽힘 모멘트와 응력의 관계식을 다음과 같이 얻을 수 있다[식 (8-5), (8-12) 다시 표현함].

$$\sigma_x \propto \frac{1}{\rho}: \ \sigma_x = -\frac{Ey}{\rho} \tag{8-5}$$

$$M \propto \frac{1}{\rho}: \ M = \frac{EI_z}{\rho} \tag{8-12}$$

$$\therefore \quad \sigma_x = -\frac{My}{I_z} \tag{8-13}$$

식 (8-13)은 보에서 굽힘 모멘트와 응력의 관계식을 나타내는 중요한 식이 된다. 여기에서 여러분들이 주의하여 이해하여야 할 부분이 식 (8-13)에 붙어 있는 음의 부호($-$)이다. 이 책에서는 응력해석의 결과를 일반화시키기 위하여 그림 8-5(c)에서 이 책의 모든 부호규약에 따라 양의 굽힘 모멘트, 양의 위치 y, z에 미지응력의 방향을 양의 방향으로 예측하여 모든 상태를 양의 상태에 놓고 평형조건을 적용하였다. 이것은 지금까지 해왔던 도식적 해법에 의한 평형조건의 적용인데, 응력의 값이 음의 부호가 나왔으므로 미지

응력의 방향이 잘못 예측되었음을 의미한다. 즉 식 (8-13)은 중립축을 기준으로 윗부분(+y)은 결과값이 음이므로 응력 방향의 화살표를 반대로 취하여야 하고, 아랫부분($-y$)은 결과값이 양이 되므로 응력 방향의 화살표를 최초 예측한 양의 방향 그대로 취하게 된다는 뜻이다. 이렇게 되면 올바른 응력의 방향은 그림 8-5(b)와 같이 중립축의 윗부분은 압축응력이 되고, 아랫부분은 인장응력이 된다. 식 (8-13)은 그 결과값이 음이면 압축응력, 양이면 인장응력이 나타나는 것을 표현하는 것으로 이 책의 모든 부호규약에 따라 응력의 방향과 크기를 함께 표현하는 해석적 표현이 된다.

식 (8-13)은 y=0의 중립축에서 응력 $\sigma_x = 0$을 나타내며 양의 굽힘 모멘트에서 중립축의 윗부분(+y)과 아랫부분($-y$)에서 압축과 인장, 음의 굽힘 모멘트에서 인장과 압축응력이 선형적으로 분포됨을 그림 8-6과 같이 보여주고 있다.

그림 8-6에서 보면 단면의 y축 양 끝단(y=C_1, y=$-C_2$)에서 인장/압축 응력이 각각 최대가 됨을 알 수 있으며 다음과 같이 기술된다.

$$\sigma_{\max,\min} = -\frac{MC_1}{I_z} = -\frac{M}{I_z/C_1} \tag{8-14}$$

$$\text{또는 } \sigma_{\max,\min} = \frac{MC_2}{I_z} = \frac{M}{I_z/C_2}$$

식 (8-14)에서 굽힘 모멘트 M과 관계없이 단면의 형상으로 이미 결정되는 계수가 I_z/C_1과 I_z/C_2로서, 이것을 단면계수(section modulus)라 하고 이 책에서는 Z로 표기한다.

$$Z_1 = I_z/C_1, \quad Z_2 = I_z/C_2 \tag{8-15}$$

재료역학에서 재료의 파손과 설계에 관점을 두면 최대 응력값이 관심의 대상이고, 단면계수는 최대 응력값을 곧바로 연결시켜주므로 의미가 크다. 단면계수가 클수록 동일한 모멘트에서 발생하는 응력은 작게 되므로 설계에서 많이 취급되는 용어가 된다. 단면이 좌우상하 모두 대칭인 원형, 사각형, 육각형 등의 형태라면 $C_1=C_2=C$가 되어 단면계수를 간단히

$$Z = I_z/C \tag{8-16}$$

로 표현할 수 있다.

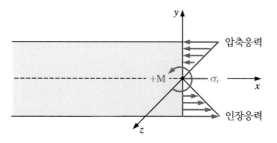
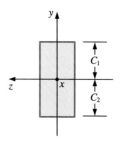

(a) 양의 굽힘 모멘트와 응력분포

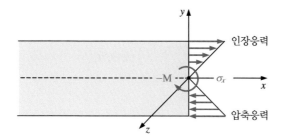
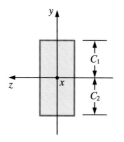

(b) 음의 굽힘 모멘트와 응력분포

그림 8-6 **굽힘 모멘트와 응력의 선형분포** $\left(\sigma_x = -\dfrac{My}{I_z}\right)$

그림과 같이 등방성 균질재료로 된 사각형 단면, 원형 단면, T형 단면의 중립축과 단면계수를 구하라.

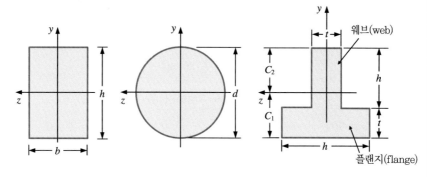

[풀이] 등방성 균질재료로 된 보단면의 중립축은 도심에 위치하며, 사각형 단면과 원형 단면은 좌우상하 대칭이므로 도심은 대칭중심에 위치한다.

(i) 사각형 단면: 단면 2차 관성 모멘트 $I_z = \dfrac{bh^3}{12}$ (예제 7-3)

$$단면계수\ z = \frac{I_z}{C} = \frac{\dfrac{bh^3}{12}}{\dfrac{h}{2}} = \frac{bh^2}{6}$$

(ii) 원형 단면: 단면 2차 관성 모멘트 $I_z = \dfrac{\pi d^4}{64}$

$$단면계수\ Z = \frac{I_z}{C} = \frac{\pi \dfrac{d^4}{64}}{\dfrac{d}{2}} = \frac{\pi d^3}{32}$$

(iii) T형 단면:

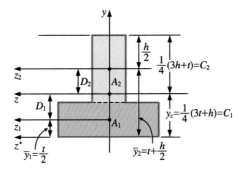

도심의 위치:

$$y_c = \frac{A_1 \overline{y_1} + A_2 \overline{y_2}}{A_1 + A_2}$$

$$= \frac{ht \cdot \dfrac{t}{2} + ht\left(t + \dfrac{h}{2}\right)}{ht + ht}$$

$$= \frac{1}{4}(3t + h)$$

따라서

$$C_1 = \frac{1}{4}(3t + h)$$

$$C_2 = (t + h) - C_1 = (t + h) - \frac{1}{4}(3t + h) = \frac{1}{4}(3h + t)$$

$$D_1 = C_1 - \overline{y_1} = \frac{1}{4}(3t + h) - \frac{t}{2} = \frac{1}{4}(t + h)$$

$$D_2 = C_2 - \frac{h}{2} = \frac{1}{4}(3h + t) - \frac{h}{2} = \frac{1}{4}(t + h)$$

가 된다.

단면 2차 모멘트는 평행축의 정리로부터 (7.3.3절)

$$I_z = (I_{z_1} + A_1 D_1^2) + (I_{z_2} + A_2 D_2^2)$$

$$= \left[\frac{ht^3}{12} + ht\left(\frac{h + t}{4}\right)^2\right] + \left[\frac{th^3}{12} + th\left(\frac{h + t}{4}\right)^2\right]$$

$$= \frac{ht^3}{12} + \frac{th^3}{12} + 2ht\left(\frac{h + t}{4}\right)^2$$

$$= \frac{ht}{24}(5t^2 + 6ht + 5h^2)$$

단면계수 $Z_1 = \dfrac{I_z}{C_1}$, $Z_2 = \dfrac{I_z}{C_2}$ 이므로 C_1, C_2를 대입하여 계산할 수 있다.

이 예제의 T형 단면과 같이 플랜지의 폭과 웨브의 높이가 h로 같고 웨브(web)의 두께와 플랜지의 두께가 t로 같을 때 이 예제의 결과식이 이용될 수 있을 뿐, 만약 웨브와 플랜지의 치수가 모두 다를 때에는 이 예제에서 사용한 방법을 적용하여 다시 계산되어야 하며, 이 예제의 결과식은 의미 없어진다.

예제 8-2 그림 1(a)와 같은 보에서 단면이 그림 1(b)의 사각형일 때와 그림 1(c)의 T형일 때 점 C, D에서 응력을 각각 구하라. 사각 단면과 T형 단면의 단면적은 20 cm²으로 동일하다. 이것은 보에 사용된 총 재료의 양이 동일하다는 뜻이다. 사각 단면과 T형 단면의 C, D점에서 응력의 크기를 비교하고 단면형상이 응력의 크기에 미치는 영향을 또한 검토하라.

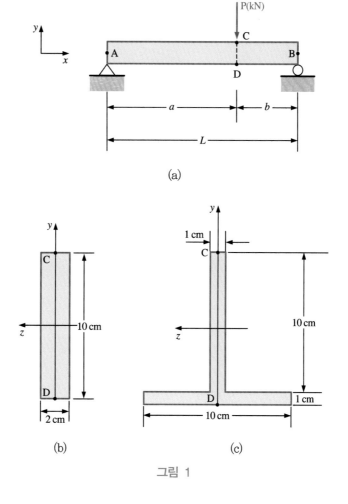

그림 1

[풀이] 보의 응력은 단면의 형상과 굽힘 모멘트에 의존하는데 그림 1(a)의 CD 단면에 발생하는 굽힘 모멘트를 먼저 알아내는 것이 필요하다. 예제 6-4 그림 7에 굽힘 모멘트

선도(BMD)가 표현되어 있으며 이것을 이 예제에서 이용한다.

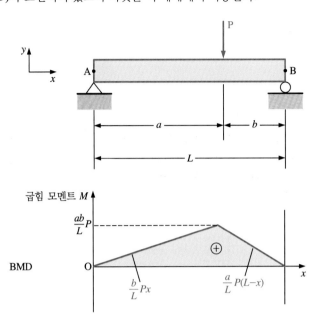

그림 2 **예제 6-4의 굽힘 모멘트 선도(BMD)**

CD 단면의 굽힘 모멘트는 보 전체에서 최대 굽힘 모멘트가 발생하는 지점이며, 그 크기는 양의 값으로 다음과 같다.

$$M_{CD} = \frac{ab}{L}P$$

(단위는 P(kN), a, b, L은 cm)

  (i) 사각 단면: [그림 1(b)]

$$\sigma_x = -\frac{My}{I_z} \text{에서}$$

C점: $M = M_{CD} = \frac{ab}{L}P, \ y = 5\,\text{cm}, \ I_z = \frac{bh^3}{12} = 166\,\text{cm}^4$

D점: $M = M_{CD} = \frac{ab}{L}P, \ y = -5\,\text{cm}, \ I_z = \frac{bh^3}{12} = 166\,\text{cm}^4$

$$\therefore \ (\sigma_C)_R = -\frac{\frac{ab}{L}P(5)}{166} = -0.030\frac{ab}{L}P\,(\text{kN/cm}^2) : \text{압축응력}$$

$$(\sigma_D)_R = -\frac{\frac{ab}{L}P(-5)}{166} = 0.030\frac{ab}{L}P\,(\text{kN/cm}^2) : \text{인장응력}$$

  (ii) T형 단면: [그림 1(c)]

예제 8-1에서 플랜지의 폭과 웨브의 높이가 같고, 두께도 같을 때 얻은 결과식을 이용하면 그림 3과 같이 나타낼 수 있다.

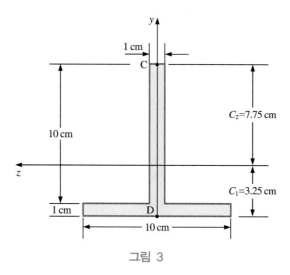

그림 3

$$\sigma_x = -\frac{My}{I_z} \text{에서}$$

C점: $M = M_{CD} = \dfrac{ab}{L}P$, $y = C_2 = 7.75 \text{ cm}$, $I_z = 235.41 \text{ cm}^4$

D점: $M = M_{CD} = \dfrac{ab}{L}P$, $y = -C_1 = -3.25 \text{ cm}$, $I_z = 235.41 \text{ cm}^4$

$$\therefore (\sigma_C)_T = -\frac{\dfrac{ab}{L}P \cdot (7.75)}{235.41} = -0.032\frac{ab}{L}P\,(\text{kN/cm}^2) : \text{압축응력}$$

$$(\sigma_D)_T = -\frac{\dfrac{ab}{L}P \cdot (-3.25)}{235.41} = 0.013\frac{ab}{L}P\,(\text{kN/cm}^2) : \text{인장응력}$$

(iii) 사각 단면과 T형 단면의 응력크기 비교

C점: $(\sigma_C)_T / (\sigma_C)_R = \dfrac{0.032}{0.030} = 1.06$

D점: $(\sigma_D)_T / (\sigma_D)_R = \dfrac{0.013}{0.030} = 0.43$

사각 단면과 T형 단면은 단면적이 20 cm^2으로 동일하므로 보 전체에 걸쳐 사용된 재료도 $V=20L(\text{cm}^3)$으로 똑같다. 그럼에도 불구하고 단면 형상이 달라짐에 따라 발생되는 응력이 크게 달라짐을 이 예제는 보여주고 있다. 즉 C점은 똑같이 압축응력이 나타나는데 T형 단면이 사각 단면과 큰 차이 없는 1.06배 크고, D점은 인장응력이 나타나는데 T형 단면이 사각 단면보다 0.43배나 응력이 현저히 작게 발생한다. 이것은 단면의 형상을 적절히 구현하면 단면계수를 크게 할 수 있고, 단면계수를 크게 한 경우에는 발생하는 응력 크기가 작게 된다는 것을 시사하고 있다.

이 예제에서 사각 단면 단면계수: $Z=33.2(\text{cm}^3)$

    T형 단면 단면계수: $Z_1=72.4$, $Z_2=30.27(\text{cm}^3)$

앞 절에서 우리는 '순수 굽힘 모멘트를 받는 보의 응력'에 대하여 공부하였다. 보에서 순수 굽힘은 '전단력이 없고 부재 전체에 걸쳐 동일한 굽힘 모멘트를 갖는 상태'를 말하며 특별한 경우에 한하며 일반적인 보의 하중 상태라 할 수는 없다. 보는 일반적으로 그림 8-1(a)와 같이 내력으로 전단력과 굽힘 모멘트를 동시에 발생하며, 전단력의 영향으로 굽힘 모멘트는 길이 방향 위치에 따라 그 크기가 변한다. 그러므로 여기에서 먼저 논의되어야 할 점은 다음 두 가지로 요약할 수 있다. 첫째, 전단력의 영향으로 변화하는 굽힘 모멘트에 의한 응력은 어떻게 해석할 것인가? 둘째, 전단력에 의한 응력분포는 어떻게 해석할 것인가? 이 두 가지 문제가 해결되면 일반적인 보의 하중 상태(전단력과 굽힘 모멘트)에서 응력해석이 가능하게 되기 때문에 이 절의 제목을 '전단력과 굽힘 모멘트를 받는 보의 응력'이라 하였다.

결론부터 말하면, 첫 번째 전단력의 영향으로 변화하는 굽힘 모멘트에 의한 응력해석은 앞 절에서 논의된 순수 굽힘 모멘트에 의한 응력해석 결과식 (8-13)이 그대로 유효하게 적용되는 것으로 가정한다. 이 가정의 타당성은 8.3.2절에서 전단력에 의한 전단응력이 굽힘응력에 영향을 미치지 않는 것을 보여줌으로써 다시 한 번 논의될 것이다.

두 번째 '전단력(V)에 의한 응력해석은 어떻게 할 것인가?'가 사실상 이 절에서 기술되는 내용의 핵심이 된다. 엄밀하게 해석하려면 이 경우도 인장/압축(3장), 비틀림(4장), 순수 굽힘 모멘트(8.2절)와 같이 기하학적 변형에 따르는 변형률-변위, 응력-변형률 관계를 포함하여 전단력-응력 관계식을 유도하는 것이 타당하겠지만 앞에서 사용한 재료역학적 모델링 접근방법이 전단력(V)에서는 그렇게 수월하지 않다. 또 하나의 방법으로는 재료역학적 모델링 접근방법을 버리고 탄성론을 이용한 수학적 해석을 생각할 수 있지만 이것도 이 책의 수학적 범주를 벗어나는 방법이다. 따라서 몇 가지 가정과 그 가정에 따르는 평형조건만을 이용하여 전단응력의 분포를 찾아낼 수 있는데, 이 결과는 실험이나 탄성론 해석 결과와 비교하여 공학적 측면에서 유효하게 활용될 수 있어 재료역학에서는 이 방법을 보편적으로 기술하고 가르치고 있다.

8.3.1 전단력-전단응력 관계식

다음과 같이 가정을 통하여 그림 8-7과 같은 횡하중 P를 받아 전단력과 굽힘 모멘트를 발생하는 보를 생각할 수 있다.

가정 ① 순수 굽힘 모멘트에 의해 유도된 응력분포식은 굽힘 모멘트가 변하는 단면
       에서도 유효하게 적용된다.
     ② 전단력에 의해 발생되는 전단응력은 전단력(V)과 평행하다.
     ③ 보의 폭 방향으로는 전단응력의 변화가 없고 균일하다.

　그림 8-7(a) ~ (d)를 보고 함께 기술한 설명을 읽어보면 다음과 같이 요약하여 이해할
수 있다. 보에 횡하중이 작용하여 전단력과 요약하여 이해할 수 있다. 보에 횡하중이 작용
하여 전단력과 굽힘 모멘트를 발생하면 미소요소 단면에 전단력과 평행한 전단응력이 발
생한다. 보의 층간에는 미끄럼이 나타나지만 보가 일체로 되어 있다면 이 미끄럼을 구속
하려는 전단응력이 보의 층간에 존재하게 되고, 이 전단응력 또한 전단력에서 비롯된다.

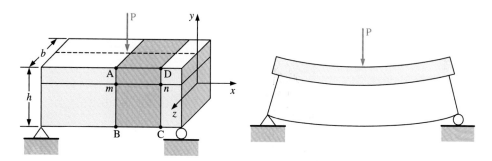

(a) 보에 횡하중이 작용하여 전단력이 생길 때 보가 분리되어 있다면 전단응력에
　　의해 그림과 같이 미끄럼이 생길 것이다. 보가 일체로 되어 있다면 미끄러지
　　지 않고 내부에 전단응력이 발생하여 존재하게 된다.

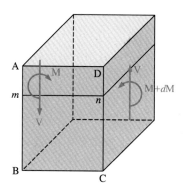

(b) 요소 ABCD에 발생하는 전단력과 모멘트로 전단력은 요소 내 분포하중이
　　없어 양 단면에서 V로 동일하다. 굽힘 모멘트는 전단력의 영향으로 미소
　　량 dM만큼 변화가 있다.

그림 8-7 전단력과 굽힘 모멘트에 의한 보 속의 응력(계속)

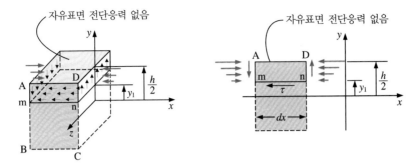

(c) y_1 위치에서 자른 mn 단면부터 보 높이 끝면(자유표면) 요소(AD mn)에
　　서 전단력과 굽힘 모멘트에 의해 발생되는 전단응력과 굽힘응력. 자유표
　　면에는 전단응력이 존재하지 않으므로 보 높이 끝면 부분에는 응력이 표
　　현되지 않았다.

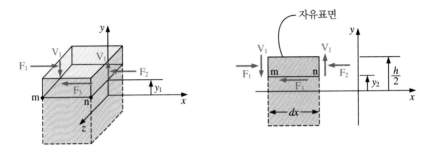

(d) 전단응력과 굽힘응력의 결과력. 굽힘응력의 결과력은 F_1, F_2이고 x 방향으로
　　작용하고, 전단응력의 결과력은 F_3, V_1이다. F_3는 x 방향으로 작용하지만
　　V_1은 양 단면에서 y 방향으로 서로 반대 방향으로 작용하고 크기가 같다.

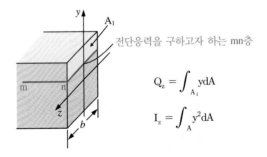

전단응력을 구하고자 하는 mn층

$$Q_z = \int_{A_1} y\,dA$$

$$I_z = \int_A y^2\,dA$$

(e) 전단응력 공식의 적용

그림 8-7 **전단력과 굽힘 모멘트에 의한 보 속의 응력**

또한 굽힘응력도 전단력의 존재로 인하여 양쪽 단면에서 미소량만큼의 차이가 생기게
된다. 미소요소 양 단면에 생긴 전단응력의 결과력은 서로 반대 방향으로 동일한 크기이
므로 상쇄된다. 그러나 양 단면에 차이를 갖고 발생한 굽힘응력과 층간에 생긴 전단응력

의 결과력은 그림 8-7(d)에서 F_1, F_2, F_3로 나타난다. 이들 F_1, F_2, F_3는 mn층 상부의 미소 요소에서 평형조건을 만족하여야 하므로 다음과 같은 평형조건을 생각할 수 있다.

$$\Sigma F_x = F_1 - F_2 - F_3 = 0 \tag{8-17}$$

$$F_1 = \int_{A_1} \sigma_x \, dA = \int_{A_1} \frac{My}{I_z} \, dA$$

$$F_2 = \int_{A_1} (\sigma_x + d\sigma_x) \, dA = \int_{A_1} \frac{(M + dM)y}{I_z} \, dA \tag{8-18}$$

$$F_3 = \tau \, b \, dx$$

식 (8-18)을 식 (8-17)에 대입하여 정리하면 전단응력은 다음과 같이 표현된다.

$$\tau \, b \, dx = - \frac{dM}{I_z} \int_{A_1} y \, dA$$

$$\tau = - \left(\frac{dM}{dx} \right) \frac{1}{I_z \, b} \int_{A_1} y \, dA \tag{8-19}$$

여기서 아래의 전단력과 굽힘 모멘트 사이의 미분 관계[식 (6-10)]와 면적 1차 모멘트를 이용하면

$$\frac{dM}{dx} = -V$$

$$Q_z = \int_{A_1} y \, dA$$

전단력-전단응력의 관계식을 다음과 같이 얻을 수 있다.

$$\tau = \frac{V Q_z}{I_z \, b} \tag{8-20}$$

식 (8-20)에서 V는 단면에 발생한 전단력, Q_z는 그림 8-7(e)의 단면적 A_1에 대한 z축의 단면 1차 모멘트, b는 단면의 폭, I_z는 단면 전체의 z축에 대한 단면 2차 모멘트를 나타낸다. 실제로 전단력-전단응력의 공식은 사용에 제한을 갖게 되는데 보의 처짐이 작은 선형탄성보에서만 유용하고, b가 h보다 작은 경우에 정확도를 보여주며 b가 h에 가까워질수록 오차가 커져서 b = h일 때에 실제 최대 전단응력은 공식 (8-20)에서의 값보다 13 % 정도 큰 값이다. 또한 보의 길이 방향에 따라 전단력이 변화하는 경우에도 오차를 내포하게 되지만 길이가 단면의 높이나 폭에 비해 매우 긴 대부분의 보에 있어서는 이 오차가

매우 작아 유효하게 사용될 수 있다. 그러므로 공학적인 측면에서 보의 길이 방향에 따른 굽힘 모멘트와 전단력이 변화하는 경우에도 식 (8-13)과 식 (8-20)은 유효하게 적용될 수 있다.

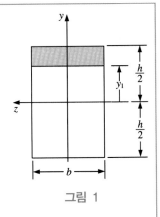

| 예제 8-3 | 그림 1과 같은 직사각형 단면을 갖는 보에서 전단력에 의한 전단응력의 분포를 조사하라. |

그림 1

[풀이] 전단력과 전단응력의 관계식에서 전단력 V, 단면 2차 관성 모멘트 I_z, 단면의 폭 b는 보의 임의 단면에서 상수의 상태로 되며, 단면 1차 모멘트 Q_z만 단면 위에 구하고자 하는 전단응력의 층간 위치 y_1의 함수로 변수가 된다. 단면 1차 모멘트 Q_z를 단면 위의 임의 위치 y_1의 함수로 나타내면 다음과 같다.

$$Q_z = \int y\, dA = \int_{-\frac{b}{2}}^{\frac{b}{2}} \int_{y_1}^{\frac{h}{2}} y\, dy\, dz$$

$$= \int_{y_1}^{\frac{h}{2}} y\, b\, dy = b\left[\frac{1}{2}y^2\right]_{y_1}^{\frac{h}{2}}$$

$$= \frac{b}{2}\left(\frac{h^2}{4} - y_1^2\right)$$

구해진 단면 1차 모멘트 Q_z를 전단응력 공식에 대입하면 다음과 같이 된다.

$$\tau = \frac{VQ_z}{I_z b} = \frac{V}{I_z b}\frac{b}{2}\left(\frac{h^2}{4} - y_1^2\right)$$

$$= \frac{V}{2\,I_z}\left(\frac{h^2}{4} - y_1^2\right)$$

이 전단응력의 결과식은 그림 2와 같이 중립축($y_1 = 0$)에서 최대 전단응력이 생기고 끝단($y_1 = \pm\frac{h}{2}$)에서 최소 전단응력($\tau = 0$)이 됨을 의미하고, 그 사이는 포물선 형태로 변함을 의미한다.
최대 전단응력은 중립축에서 생기며 $I_z = \frac{bh^3}{12}$, 단면적 A=bh를 이용하면 다음과 같이 표현할 수 있다.

$$\tau_{max} = \frac{Vh^2}{8\,I_z} = \frac{3}{2}\frac{V}{A}$$

평균 전단응력은 $\tau_{ave} = \dfrac{V}{A}$ 이므로, 최대 전단응력은 평균 전단응력보다 1.5배 크게 나타남을 알 수 있다.

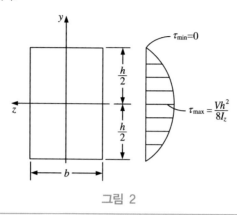

그림 2

예제 8-4 그림 1과 같은 I형 빔에서 전단력에 의한 전단응력을 웨브와 플랜지에서 각각 구하라.

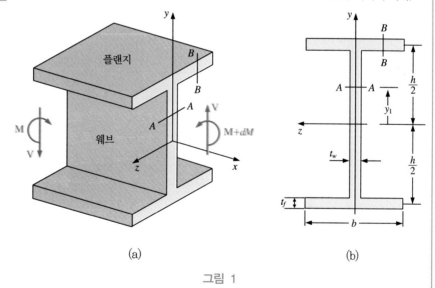

(a)   (b)

그림 1

[풀이] (i) 웨브에서 전단응력은 그림 2를 보면 식 (8-20)에서 $b = t_w$가 되어 다음과 같이 된다. Q_z는 z축에 대한 음영 부분의 단면 1차 모멘트로 다음과 같다.

$$Q_z = bt_f\frac{h}{2} + \frac{t_w}{2}\left[\left(\frac{h}{2}-\frac{t_f}{2}\right)^2 - y_1^2\right] \tag{1}$$

$$\tau_{\mathrm{w}} = \frac{V Q_z}{I_z t_w} \qquad (2)$$

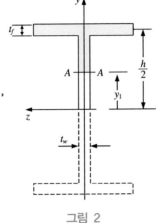

그림 2

여기서 전단응력은 Q_z에 의존하며, Q_z는 y_1의 2차 함수이므로 전단응력 분포는 포물선 모양의 분포를 보인다. $y_1=0$인 중립축에서 최대가 되며, $y_1 = \dfrac{h}{2} - \dfrac{t_f}{2}$ 인 웨브와 플랜지의 접점에서는 $Q_z = b\,t_f\,\dfrac{h}{2}$ 이므로 $\tau_{\mathrm{w}} = \dfrac{V\,b\,t_f\,\dfrac{h}{2}}{I_z\,t_w}$ 의 크기를 갖는다. 전단응력의 방향은 전단력의 방향과 일치하고, t_w가 얇으므로 그림 3과 같이 전단흐름(shear flow)의 형태를 보인다.

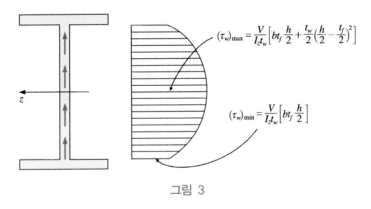

$$(\tau_w)_{\max} = \frac{V}{I_z t_w}\left[b t_f \frac{h}{2} + \frac{t_w}{2}\left(\frac{h}{2} - \frac{t_f}{2}\right)^2 \right]$$

$$(\tau_w)_{\min} = \frac{V}{I_z t_w}\left[b t_f \frac{h}{2} \right]$$

그림 3

(ii) 플랜지에서 전단응력은 그림 4를 보면, 식 (8-20)에서 $b = t_f$가 되어 다음과 같이 된다.

$$\tau_{\mathrm{f}} = \frac{V Q_z}{I_z t_f} \qquad (3)$$

여기서 Q_z는 그림 4의 음영 부분의 z축에 대한 단면 1차 모멘트로 다음과 같다. 따라서 플랜지에서 전단응력은 다음과 같이 s의 1차 함수인 선형분포를 보인다.

$$Q_z = s\, t_f\, \frac{h}{2} \tag{4}$$

$$\tau_f = \frac{V\, s\, t_f\, \dfrac{h}{2}}{I_z\, t_f} = \frac{V\, s\, \dfrac{h}{2}}{I_z} \tag{5}$$

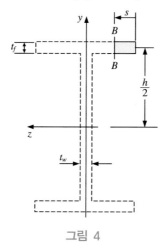

그림 4

최대 전단응력은 $s = \dfrac{b}{2}$ 인 중심선에서 나타나며 크기는

$$(\tau_f)_{\max} = \frac{V\, b\, h}{4\, I_z} \tag{6}$$

가 된다. 만약 웨브와 플랜지의 두께가 같다면 플랜지의 최대 전단응력과 웨브의 최소 전단응력은 비교 가능하며 다음과 같다.

$$\frac{(\tau_f)_{\max}}{(\tau_w)_{\min}} = \frac{\dfrac{V b h}{4\, I_z}}{\dfrac{V b h}{2\, I_z}} = 0.5 \tag{7}$$

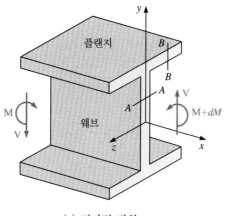

(a) 전단력 방향

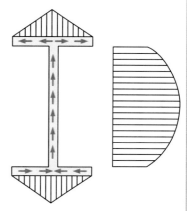

(b) 전단흐름의 방향과 분포

그림 5

즉 플랜지에서 발생하는 최대 전단응력이 웨브에서 발생하는 최소 전단응력의 $\frac{1}{2}$ 밖에 안 된다는 뜻이고, 이것은 플랜지가 부담하는 전단응력은 웨브에 비해 아주 작음을 시사한다. 플랜지에서도 전단응력은 전단흐름의 형태를 보이며 방향은 웨브에서 전단력에 의한 전단응력의 방향을 기준으로 한쪽으로 흐르는 방향이 된다. 그림 5에 I형 빔에서 전단력에 따른 전단흐름의 방향과 전단응력의 분포를 나타내었다.

8.3.2 최대 굽힘응력과 최대 전단응력 크기 비교

보에 횡하중이 작용하면 전단력과 굽힘 모멘트가 나타나고, 굽힘 모멘트에 의한 굽힘응력을, 전단력에 의한 전단응력을 해석하는 방법을 공부하였다. 이들 전단응력과 굽힘응력은 하나의 단면상에서 각각 다른 분포 상태를 보이고, 중립축에서 전단응력은 최대가 되지만 굽힘응력은 0이 되고, 단면 끝단에서 굽힘응력은 최대가 되지만 전단응력은 0이 된다. 또한 중립축과 단면 끝단 사이에서는 굽힘응력과 전단응력이 함께 나타나는 평면 응력 상태를 보인다. 하나의 단면 위에서 이들 두 최대 전단응력과 최대 굽힘응력의 크기를 비교해보면 흥미로운 사실을 알 수 있다. 이것을 위하여 그림 8-8과 같은 직사각형 단면보의 중앙에 집중하중이 작용하는 경우를 전형적인 하나의 예로 선정하여 논의를 진행해보자.

보의 중앙 단면에서 굽힘 모멘트와 전단력은 다음과 같다.

$$M = \frac{PL}{4}$$

$$V = \frac{P}{2}$$

최대 굽힘응력과 최대 전단응력을 구하기 위해 식 (8-13)과 식 (8-20)에서 필요한 값들은 다음과 같다.

$$\sigma_x = -\frac{My}{I_z} : y = -\frac{h}{2}, \ I_z = \frac{bh^3}{12}$$

$$\tau = \frac{VQ_z}{I_z b} : b = b, \ Q_z = \frac{bh^2}{8}, \ I_z = \frac{bh^3}{12}$$

이들을 대입하여 중앙 단면의 중립축에서 최대 전단응력과 높이 끝단에서 최대 굽힘응력을 구하면 다음과 같다.

$$(\sigma_x)_{\max} = \frac{3}{2}\frac{PL}{bh^2}$$

$$(\tau_{xy})_{\max} = \frac{3}{4}\frac{P}{bh}$$

(8-21)

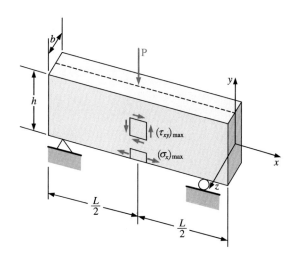

그림 8-8 **중앙에 집중하중을 받는 단순지지 직사각 단면보**

식 (8-21)에서 최대 전단응력과 최대 굽힘응력의 비를 다음과 같이 나타낼 수 있다.

$$\frac{(\tau_{xy})_{\max}}{(\sigma_x)_{\max}} = \frac{1}{2}\frac{h}{L} \tag{8-22}$$

이 결과는 직사각형 단면보에 중앙 집중하중이 작용하는 단순지지보라는 하나의 예에서 얻어진 것에 불과하지만 매우 중요한 점을 보여주고 있다. 즉 보라는 것은 단면의 폭과 높이(b, h)에 비해 길이(L)가 훨씬 큰 부재를 말하므로(L/h > 10 또는 L/h > 20), 식 (8-22)는 최대 전단응력이 최대 굽힘응력에 비해 매우 작게 나타남을 시사하고 있다. 이것은 중립축과 단면 끝단 사이의 점들에서 전단응력과 굽힘응력이 함께 나타나는 경우에도 확대 적용하여 의미를 찾을 수 있으며, 비록 단면의 형상이 바뀌고 하중조건이 달라지면 비례상수가 달라진다 하더라도, 일반적으로 보에서 전단력에 의한 전단응력은 굽힘 모멘트에 의한 굽힘응력에 비해 매우 작은 값을 갖게 된다고 말할 수 있다. 따라서 보의 두께(h)가 두꺼운 경우에는 전단응력의 영향을 무시할 수 없지만(Timoshenko 보), 길이(L)가 두께(h)에 비해 훨씬 긴 경우(Euler 보)에는 전단응력의 영향을 무시할 수 있다.

8.3.3 보 속의 응력 분석

보에서는 중립축과 단면 끝단부를 제외하면 전단응력과 굽힘응력이 함께 나타난다. 우리가 보의 파손과 설계에 관심을 갖는다면 5장 응력과 변형률의 분석에서 수행하였던 응력분석을 통하여 최대 주응력과 최대 전단응력의 크기 및 방향을 조사하여 파손이론

과 연관 지어 검토할 필요가 있다. 그러나 단면 위의 모든 점들에 대하여 이와 같은 응력
분석을 수행해본다는 것은 많은 시간을 필요로 하는 지루한 작업이다. 여기서는 예제를
통하여 보 속의 한 점에서 전단응력과 굽힘응력을 함께 구해보자. 그리고 필요하다면 여
러분들은 5장에서 배운 Mohr원에 의한 응력분석을 통하여 최대 주응력, 최대 전단응력
의 크기 및 방향을 조사해볼 수 있을 것이다.

예제 8-5 그림과 같은 I형 단면보가 중앙에 집중하중을 받으며 단순지지되어 있다. AA 단면에
서 전단응력과 굽힘응력을 구하라.

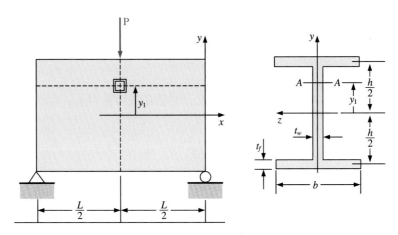

P=50 kN, L=2,000 mm, t_w=t_f=5 mm

h=100 mm, b=100 mm, y_1=30 mm

I형 빔의 치수 및 하중 상태

[풀이]   (i) AA 위치에서 전단응력과 굽힘응력
        보의 중앙에서

$$M = \frac{PL}{4} = \frac{50 \times 2000}{4} \, (kN \cdot mm) = 25000 \, (kN \cdot mm)$$

$$V = \frac{P}{2} = \frac{50}{2} \, (kN) = 25 \, (kN)$$

AA 위치에서 예제 8-4에 의하면

$$Q_z = b\,t_f\,\frac{h}{2} + \frac{t_w}{2}\left[\left(\frac{h}{2} - \frac{t_f}{2}\right)^2 - y_1^2\right]$$

$$= (100)(5)(50) + \frac{5}{2}\left[(50-2.5)^2 - 30^2\right]$$

$$= 28391 \, (mm^3)$$

$$I_z = \frac{b(h+t_f)^3}{12} - \frac{(b-t_w)(h-t_f)^3}{12}$$

$$= \frac{(100)(105)^3}{12} - \frac{(95)(95)^3}{12}$$

$$= 2859322 \, (mm^4)$$

AA 위치에서 전단응력은[예제 8-4의 풀이 식 (2)]

$$\tau_{xy} = \frac{V Q_z}{I_z b} = \frac{V Q_z}{I_z t_w} = \frac{(25\,kN)(28391\,mm^3)}{(2859322\,mm^4)(5\,mm)}$$

$$= 49.6 \times 10^{-3} \, (kN/mm^2) = 49.6 \, MPa$$

굽힘응력은

$$\sigma_x = -\frac{My}{I_z} = \frac{(25000\,kN \cdot mm)(30\,mm)}{(2859322\,mm^4)} = 0.262 \, (kN/mm^2)$$

$$= 262 \, MPa$$

응력해석 결과에서 알 수 있듯이 전단응력은 굽힘응력에 비해 작은 편이지만(예제에서 $\tau \fallingdotseq 50\,MPa$, $\sigma \fallingdotseq 262\,MPa$) 설계 시에는 설계목적에 따라 무시할 수도 있고, 포함시켜 분석할 수도 있다.

8.3.4 두께가 얇은 부재의 전단응력과 전단중심

앞에서 전단력에 의한 전단응력을 산출하는 방법과 관계식을 공부하였다. 사각형 단면과 I형 단면에 대하여 예제를 통하여 심도 있는 논의를 거쳤으며, 이들 논의를 바탕으로 여기에서는 두께가 얇은 부재에 대하여 포괄적으로 언급해보자. 두께가 얇은 부재에서 전단응력은 전단흐름의 형태로 나타나며, 그 크기는 식 (8-20)에서 폭 b 대신 두께 t로 치환하여 생각할 수 있다.

$$\tau = \frac{V Q_z}{I_z t}$$

전단흐름의 형태는 그림 8-9, 그림 8-10과 같이 여러 단면 형상의 채널(두께가 얇은 관 부재)에서 생각할 수 있으며, 크기는 음영 부분에 대한 z축의 단면 1차 모멘트에 의존됨을 알 수 있다.

그림 8-9와 같은 대칭 단면에 하중이 단면의 도심(대칭단면에서는 대칭축)에 작용하면 전단흐름에 의한 비틀림 현상이 발생하지 않지만, 그림 8-10과 같이 비대칭 단면의 경우에는 하중이 단면의 도심에 작용하여도 전단흐름에 의한 비틀림 현상이 발생한다. 두께가 얇은 비대칭 부재에서 전단흐름에 의한 비틀림 현상을 피하려면 하중 작용점이 도심이 아닌 전단중심(shear center)에 위치하여야 한다. 그림 8-10(a)의 ㄷ자형 채널을 예로 전단중심을 설명하면 그림 8-11과 같다.

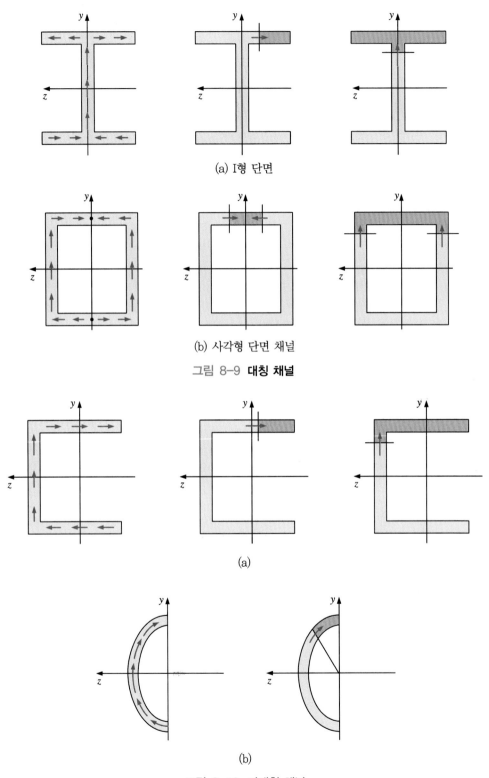

(a) I형 단면

(b) 사각형 단면 채널

그림 8-9 **대칭 채널**

(a)

(b)

그림 8-10 **비대칭 채널**

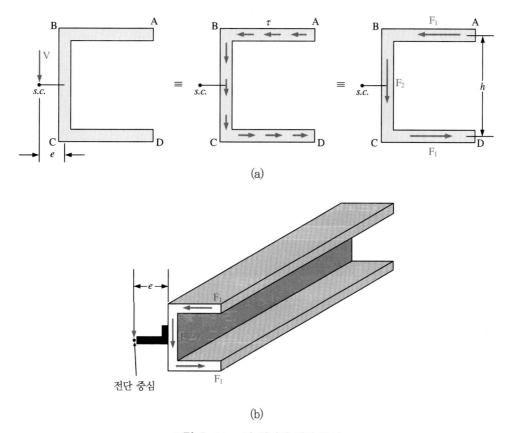

(a)

(b)

그림 8-11 **ㄷ자 채널의 전단 중심**

즉 그림 8-11(a)에서 전단력 V와 전단흐름의 결과력 F_1, F_2 사이에 다음과 같은 힘과 모멘트 평형조건이 성립하여야 한다.

$$\Sigma F_y = F_2 - V = 0$$
$$\Sigma M_{s.c.} = F_2\, e - F_1\, h = 0$$

(8-23)

식 (8-23)에서 다음과 같이 전단중심의 위치를 구할 수 있다.

$$F_2 = V$$
$$e = \frac{F_1\, h}{F_2} = \frac{F_1\, h}{V}$$

(8-24)

여기에서 $F_1 = \displaystyle\int_A^B \tau\, t\, ds$, $F_2 = \displaystyle\int_B^C \tau\, t\, ds$ 가 된다.

그림 1과 같은 ㄷ자 채널에서 전단중심과 전단응력의 분포를 구하여 도시하라.

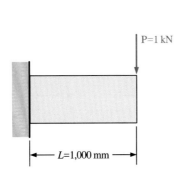

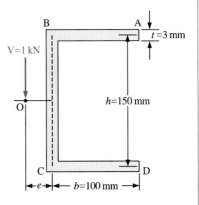

그림 1

[풀이] (i) 전단중심

$$e = \frac{F_1\,h}{V}$$

$$F_1 = \int_0^b \tau\,t\,ds = \int_0^b \frac{V\,Q_z}{I_z}\,ds = \frac{V}{I_z}\int_0^b \left(t\,\frac{h}{2}\,s\right)ds = \frac{V}{I_z}\,\frac{1}{4}\,t\,h\,b^2$$

$$I_z = \frac{t\,h^3}{12} + 2\left(\frac{b\,t^3}{12} + b\,t\cdot\left(\frac{h}{2}\right)^2\right)$$

$$= \frac{3(150)^3}{12} + 2\left[\frac{100(3)^3}{12} + (100)(3)\left(\frac{150}{2}\right)^2\right]$$

$$= 4219200\ (\mathrm{mm}^4)$$

$$\therefore e = \frac{F_1\,h}{V} = \frac{t\,h^2 b^2}{4\,I_z} = \frac{(3)(150)^2(100)^2}{4(4219200)} = 40\ (\mathrm{mm})$$

(ii) 전단응력 분포

$$V = -P = -1\ \mathrm{kN}$$

$$(Q_z)_{AB} = 3\cdot100\cdot\frac{150}{2} = 22500\ (\mathrm{mm}^3)$$

$$(Q_z)_{BC} = 3\cdot100\cdot\frac{150}{2} + 3\cdot75\cdot\left(\frac{150}{2}\cdot\frac{1}{2}\right) = 30937\ (\mathrm{mm}^3)$$

$$I_z = 4219200\ (\mathrm{mm}^4)$$

$$t = 3\ \mathrm{mm}$$

$$(\tau_{AB})_{max} = \frac{V\,Q_z}{I_z\,t} = \frac{(-1\mathrm{kN})(22500)}{(4219200\ \mathrm{mm}^4)(3\ \mathrm{mm})}$$

$$= -1.77\times10^{-3}\ \mathrm{kN/mm}^3 = -1.77\ \mathrm{MPa}$$

$$(\tau_{BC})_{max} = \frac{V\,Q_z}{I_z\,t} = \frac{(-1\mathrm{kN})(30937\ \mathrm{mm}^3)}{(4219200\ \mathrm{mm}^4)(3\ \mathrm{mm})}$$

$$= -2.44\times10^{-3}\ \mathrm{kN/mm}^3 = -2.44\ \mathrm{MPa}$$

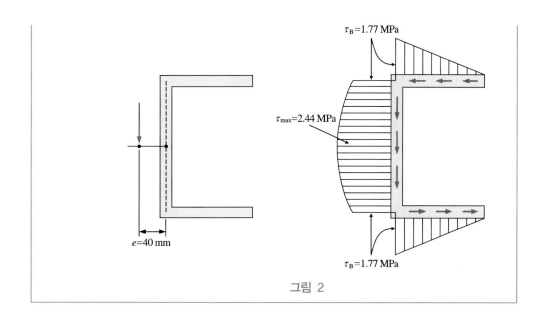

그림 2

8.4 조립보와 합성보

동일 재료로 된 두 개 이상의 부분 부재를 접착제, 못, 리벳, 용접 등의 방법으로 조립하여 보의 역할을 수행하도록 한 것을 조립보(built-up beam)라 한다. 그리고 두 가지 이상의 재료로 구성된 보를 조립보와 구별하여 합성보(composite beam)라 한다. 이들은 건축 및 토목 구조에서 많이 사용되는 것으로 지금까지 공부한 내용의 중요한 응용부분이 된다.

8.4.1 조립보

그림 8-12는 여러 가지 조립보를 보여주고 있다. 이들 조립보에서 중요한 점은 접착제, 못, 리벳, 용접 부위에서 부담하여야 하는 전단력의 크기와 여기에 맞는 접착력, 못 또는 리벳의 간격, 용접 부위의 응력 등의 산출과 설계에 있다. 다음 예제를 통하여 그 응용되는 바를 이해하는 것이 보다 편리할 것이다.

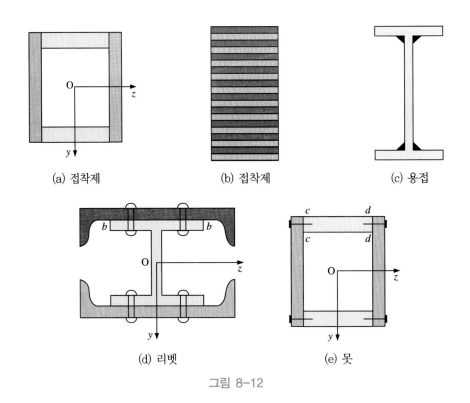

(a) 접착제   (b) 접착제   (c) 용접

(d) 리벳   (e) 못

그림 8-12

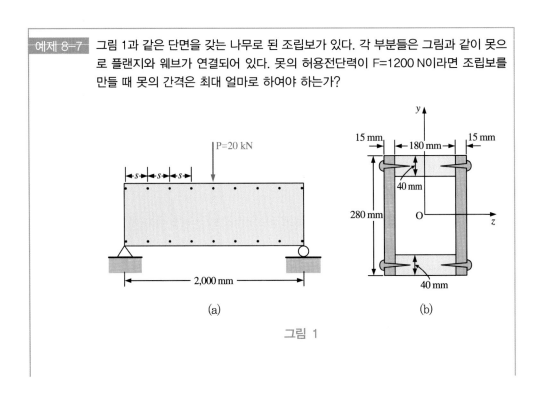

예제 8-7 그림 1과 같은 단면을 갖는 나무로 된 조립보가 있다. 각 부분들은 그림과 같이 못으로 플랜지와 웨브가 연결되어 있다. 못의 허용전단력이 F=1200 N이라면 조립보를 만들 때 못의 간격은 최대 얼마로 하여야 하는가?

그림 1

플랜지와 웨브 사이에 발생하는 전단흐름 f는 그림 1(b)에서 음영 부분의 단면 1차 모멘트를 산출함으로써 계산된다.

$$f = \tau \cdot t = \frac{V Q_z}{I_z} \text{ 에서}$$

$$V = \frac{P}{2} = 10\,\text{kN}$$

$$Q_z = (180)(40)(120) = 864 \times 10^3 \,(\text{mm}^3)$$

$$I_z = \frac{1}{12}(210)(280)^3 - \frac{1}{12}(180)(200)^3 = 264.2 \times 10^6 \,(\text{mm}^4)$$

이므로

$$f = \frac{(10\,\text{kN})(864 \times 10^3\,\text{mm}^3)}{(264.2 \times 10^6\,\text{mm}^4)} = 32.7\,\text{N/mm}$$

보의 전체 길이에 대하여 단위길이당 부담하는 전단력이 f = 32.7 N/mm이므로 s mm 만큼의 간격 사이에 발생하는 모든 전단력을 못 2개(양쪽)가 부담하는 꼴이 된다.

$$s \cdot f = 2F$$

$$s = \frac{2F}{f} = \frac{2(1200\,\text{N})}{32.7\,\text{N/mm}} = 73.3\,\text{mm}$$

이 간격 s는 못의 최대 허용간격을 나타내는데 설계의 편의상 70 mm를 선택하는 것이 편리할 수 있다.

예제 8-8 동일한 두께의 목재 네 조각을 연결하여 박스형 보를 만들 때 그림 1(a), (b) 두 가지 방법을 생각할 수 있다. (a), (b) 두 경우에 치수 b, h와 간격 s가 같고, 하중이 y 방향으로 작용한다면 어느 쪽이 유리한 설계가 되는가?

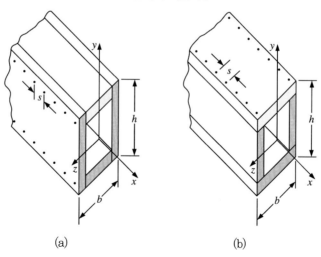

(a)   (b)

그림 1

음영 부분의 단면 1차 모멘트는 $(Q_z)_{(b)} > (Q_z)_{(a)}$이므로 동일한 간격 s가 된다면 (b) 쪽 설계가 보다 큰 전단력을 전달하므로 불리하다.

8.4.2 합성보

그림 8-13은 두 가지 재료로 된 합성보를 보여주고 있다. 합성보에서는 중립축이 단면의 도심에 위치하지 않을 수 있다. 따라서 합성보에서 중요한 점은 중립축의 위치를 찾아내는 것과 각 재료에 발생하는 굽힘응력을 산출하는 것이다. 이것을 설명하기 위하여 그림 8-14와 같은 두 가지 재료로 된 합성보를 생각해보자. 여기에는 순수 굽힘 이론을 두 가지 재료에 모두 정직하게 적용하여 계산하는 방법과 환산단면법이라 하여 두 재료 중 어느 하나의 단면을 다른 재료와의 탄성계수 비율만큼 늘리거나 줄여서 하나의 재료로 된 단면으로 변환시켜 처리하는 방법의 두 가지가 있을 수 있다.

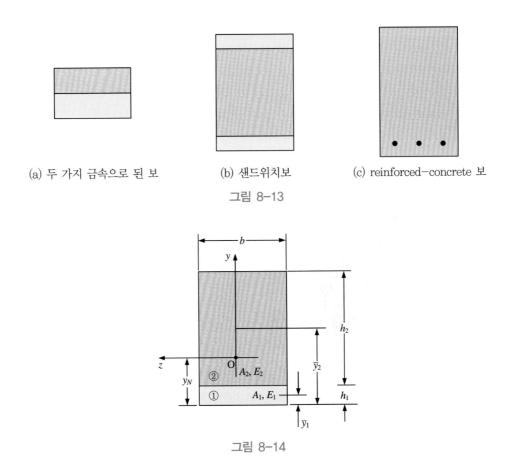

(a) 두 가지 금속으로 된 보　　(b) 샌드위치보　　(c) reinforced-concrete 보

그림 8-13

그림 8-14

1) 순수 굽힘 이론의 적용

순수 굽힘 이론에서 사용하였던 내력과 응력의 평형조건 식 (8-6), (8-8)을 여기에서 그대로 적용하여 중립축의 위치와 응력의 분포식을 찾을 수 있다.

- 중립축의 위치[식 (8-6)에서]

$$\Sigma F_x = \int \sigma_x \, dA = \int_1 \sigma_{x_1} \, dA + \int_2 \sigma_{x_2} \, dA = 0$$

식 (8-5) $\sigma_x = -E \cdot \dfrac{y}{\rho}$를 위 식에 대입하면

$$E_1 \int_1 y \, dA + E_2 \int_2 y \, dA = 0 \tag{8-25}$$

와 같이 표현되고 z축에 관한 재료 1, 재료 2에 대한 단면 1차 모멘트를 식 (8-25)에 표현하면 다음과 같다.

$$E_1 A_1 (\bar{y}_1 - y_N) + E_2 A_2 (\bar{y}_2 - y_N) = 0 \tag{8-26}$$

이 식을 풀어 중립축의 위치 y_N을 구하면 다음과 같다.

$$y_N = \frac{E_1 A_1 \bar{y}_1 + E_2 A_2 \bar{y}_2}{E_1 A_1 + E_2 A_2} \tag{8-27}$$

여기서 $\bar{y}_1$는 1번 재료만의 도심 위치를 밑면에서 나타낸 것이고, $\bar{y}_2$는 2번 재료만의 도심 위치를 밑면에서부터 나타낸 것이다. 그리고 $A_1 = b_1 h_1$, $A_2 = b h_2$로 재료 1, 재료 2의 단면적을 나타낸다.

- 응력의 분포[식 (8-8)에서]

$$\Sigma M_z = M - \left(-\int y \sigma_x \, dA \right) = M + \int_1 y \sigma_{x_1} \, dA + \int_2 y \sigma_{x_2} \, dA = 0$$

식 (8-5) $\sigma_x = -E \dfrac{y}{\rho}$를 위 식에 대입하면

$$M - \frac{1}{\rho} E_1 \int_1 y^2 \, dA - \frac{1}{\rho} E_2 \int_2 y^2 \, dA = 0 \tag{8-28}$$

와 같이 표현되고 z축에 관한 재료 1, 재료 2에 대한 단면 2차 모멘트를 식 (8-28)에 표현

하면 곡률과 모멘트의 관계를 다음과 같이 얻을 수 있다.

$$M - \frac{1}{\rho}(E_1 I_1 + E_2 I_2) = 0$$

$$\frac{1}{\rho} = \frac{M}{E_1 I_1 + E_2 I_2}$$

(8-29)

식 (8-5) $\sigma_x = -E\frac{y}{\rho}$를 재료 1, 재료 2에 대하여 표현하면 $\sigma_{x_1} = -E_1\frac{y}{\rho}$, $\sigma_{x_2} = -E_2\frac{y}{\rho}$ 가 된다. 이것을 식 (8-29)와 연립하여 곡률을 소거하면 재료 1, 재료 2에 대한 응력분포를 다음과 같이 얻을 수 있다.

$$\sigma_{x_1} = -\frac{M y E_1}{E_1 I_1 + E_2 I_2}, \;\; \sigma_{x_2} = -\frac{M y E_2}{E_1 I_1 + E_2 I_2}$$

(8-30)

2) 환산단면법

환산단면법(transformed-section method)은 합성보를 해석하는 데 매우 편리한 방법이다. 이것은 두 가지 이상의 재료로 만들어진 단면을 하나의 재료로 만들어진 단면으로 치환하여 하나의 재료로 된 보에서와 같은 방법으로 해석하는 방법이다.

식 (8-25)를 양변에 E_1으로 나누면 다음과 같다.

$$\int_1 y \, dA + \frac{E_2}{E_1} \int_2 y \, dA = 0$$

여기에서 중립축으로부터의 거리 y는 재료 1, 2에 공통으로 사용되고, 재료 2의 단면적을 식 (8-31)의 탄성계수비율(modular ratio)만큼 늘리거나 줄이면 하나의 재료로 간주하고 해석할 수 있다.

$$n = \frac{E_2}{E_1}$$

(8-31)

즉 그림 8-14의 합성보는 그림 8-15와 같이 재료 2를 n배 늘리거나 줄인 단일 재료 보로 생각할 수 있다. 여기서는 줄여진 그림으로 $E_2 < E_1$에 해당된다.

● 중립축의 위치

탄성계수 E_1의 단일 재료로 된 T형 보에서 중립축의 위치를 결정하면 된다.

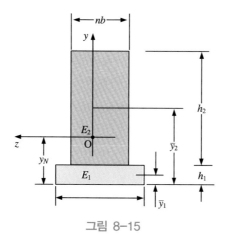

그림 8-15

$$y_N = \frac{bh_1\bar{y}_1 + n\,bh_2\bar{y}_2}{bh_1 + n\,bh_2} \tag{8-32}$$

$A_1 = bh_1,\ A_2 = bh_2,\ n = \dfrac{E_2}{E_1}$ 이므로

$$y_N = \frac{E_1 A_1 \bar{y}_1 + E_2 A_2 \bar{y}_2}{E_1 A_1 + E_2 A_2} \tag{8-33}$$

와 같이 표현되어 식 (8-27) 순수 굽힘 이론의 적용에서 구한 식과 동일한 결과식을 얻을 수 있다. 여러분들은 두 식 중 어느 것을 사용하여도 상관없지만 환산단면법을 이용한다면 굳이 식 (8-33)으로 변환시키는 것은 불필요하고 식 (8-32)에서 중립축의 위치를 찾는 것이 편리할 것이다.

• 응력의 분포

그림 8-15와 같이 재료 1로 치환된 등가단면에 대한 단면 2차 모멘트를 I_{t_1}이라 하면 재료 1에서 응력은 재료 1로 치환된 등가단면 2차 모멘트 I_{t_1}을 그대로 적용하고, 재료 2에서 응력은 재료 1에서 구한 응력에 탄성계수비 n을 곱하여 구한다.

$$I_t = I_1 + n\,I_2 = I_1 + \frac{E_2}{E_1}I_2 \tag{8-34}$$

$$\sigma_{x_1} = \frac{-M\,y}{I_t} = \frac{-M\,y\,E_1}{E_1 I_1 + E_2 I_2}, \quad \sigma_{x_2} = n\,\sigma_{x_1} = \frac{-M\,y\,E_2}{E_1 I_1 + E_2 I_2} \tag{8-35}$$

이와 같이 환산단면법으로 구한 응력분포 식 (8-35)는 순수 굽힘 이론의 적용으로 구한 응력분포식(8-30)과 같음을 알 수 있다.

※ 재료역학에서 재료의 파손과 설계에 관점을 두면, 최대 응력값 σ_{max} 이 관심의 대상이고, 단면의 형상으로 결정되는 단면계수 Z는 최대 응력값과 바로 연결되어 의미가 크다. 그림에서는 외팔보의 자유단에 집중하중 P가 작용하고 있다. 서로 다른 세 가지 형상의 단면에 대하여, 단면의 형상에 따른 단면계수와 최대 굽힘응력을 구하라. (문제 1~3)

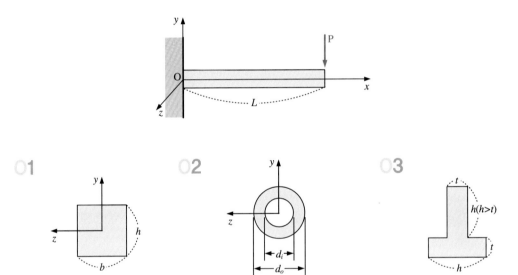

04 그림과 같이 길이가 L, 원형 단면의 지름이 d인 외팔보에 균일 분포하중 w가 작용하고 있다. 고정단에서 발생하는 최대 굽힘응력을 구하라.

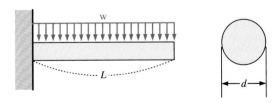

05 그림에서 폭 $b = 10\ \mathrm{cm}$, 높이 $h = 30\ \mathrm{cm}$의 직사각형 단면을 갖는 길이 $L = 1\ \mathrm{m}$의 외팔보가 있다. 허용응력 $\sigma_a = 200\ \mathrm{kgf/cm^2}$일 때, 자유단에 작용시킬 수 있는 최대 집중하중을 구하라.

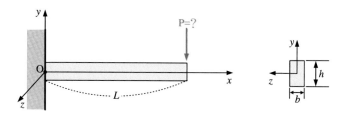

06 보의 굽힘 모멘트가 $1000\ \mathrm{kgf \cdot cm}$, 최대 굽힘응력이 $200\ \mathrm{kgf/cm^2}$이고, 직사각형 단면의 폭이 b, 높이가 h이고, $h = 5b$의 관계를 가질 때, b와 h를 구하라.

07 그림의 단순보에 집중하중 P가 작용할 때, 허용응력 σ_a, 직사각형 단면의 폭 α, 높이 β의 관계를 구하라.

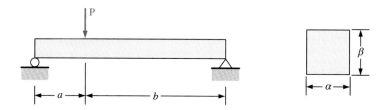

08 그림에서 지름이 t, 종탄성계수가 E인 가는 철사로 지름이 d인 원통을 감았을 때, 철사에 발생하는 굽힘응력을 구하라.

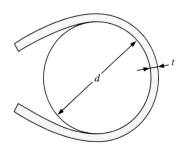

09 그림에서 길이가 L인 단순보에 균일 분포하중이 작용하고 있다. 최대 굽힘응력 $\sigma_{\max} = \sigma_o$일 때, 최대 전단응력 $\tau_{\max}$을 구하라.

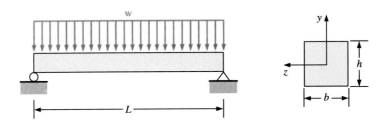

10 그림에서 길이가 L인 단순보에 집중하중 P가 작용하고 있다. 직사각형 단면의 폭이 b, 높이가 h일 때, 최대 굽힘응력 $\sigma_{\max}$, 최대 전단응력 $\tau_{\max}$을 구하라.

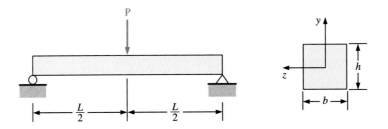

11 그림에서 길이가 L인 단순보에 균일 분포하중 w가 작용하고 있다. 원형 단면의 지름을 d라고 할 때, 최대 전단응력 $\tau_{\max}$을 구하라.

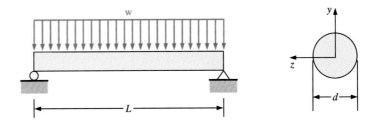

12 그림에서 단순보에 집중하중 P 가 작용하고 있다. 직사각형 단면의 폭이 α, 높이가 β 일 때, 최대 굽힘응력 $\sigma_{\max}$ 과 최대 전단응력 $\tau_{\max}$ 을 구하라.

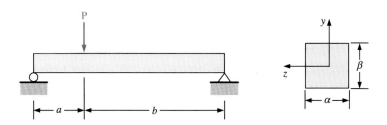

13 그림에서 외팔보에 균일 분포하중 w 가 작용하고 있다. 직사각형 단면의 폭이 α, 높이가 β 일 때, 최대 굽힘응력 $\sigma_{\max}$ 과 최대 전단응력 $\tau_{\max}$ 을 구하라.

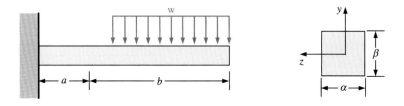

14 그림에서 단순보에 균일 분포하중 w 가 작용하고 있다. 직사각형 단면의 폭이 α, 높이가 β 일 때, 점 C 에서의 굽힘응력과 전단응력을 구하라.

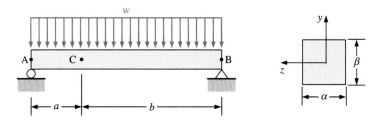

15 크랭크축과 같은 회전축에 굽힘 모멘트 M과 비틀림 모멘트 T가 작용하고 있다. 원형 단면의 지름을 d라 할 때, 최대 굽힘응력 $\sigma_{\max}$, 최대 전단응력 $\tau_{\max}$을 구하고 각각의 작용 위치를 설명하라.

16 반지름 2 cm인 원형 축의 최대 전단응력이 6.4 kgf/cm²일 때 비틀림 모멘트는 얼마인가?

① 8 kgf · mm   ② 7 kgf · mm   ③ 6 kgf · mm   ④ 5 kgf · mm

17 그림에서 집중하중 800 N이 작용하는 단순보의 최대 굽힘응력은 얼마인가?

① 520 N/mm²

② 512 N/mm²

③ 509 N/mm²

④ 506 N/mm²

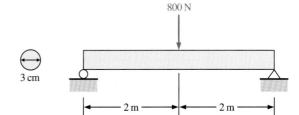

18 그림에서 모멘트 M=150 N·m가 작용하는 보의 최대 굽힘응력은 얼마인가?

① 285 N/mm²

② 265 N/mm²

③ 245 N/mm²

④ 225 N/mm²

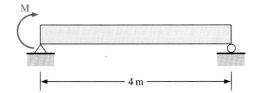

19 그림에서 단순보에 집중하중이 작용할 때, 최대 전단응력은 얼마인가?

① 110.4 N/cm²

② 92.3 N/cm²

③ 84.3 N/cm²

④ 68.4 N/cm²

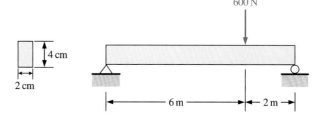

20 그림에서 단면이 4 cm × 6 cm인 단순보에 집중하중 P = 480 N이 작용할 때 보에 작용하는 최대 전단응력은 얼마인가?

① 18 N/cm²

② 15 N/cm²

③ 12 N/cm²

④ 10 N/cm²

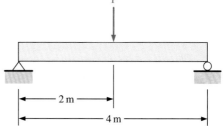

21 그림에서 허용응력 σ_a = 60 kgf/cm²인 외팔보의 단면 폭 b는 얼마인가?

① 18.3 cm

② 16.3 cm

③ 14.3 cm

④ 10.3 cm

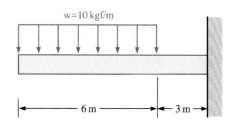

22 보에 집중하중 P=200 N이 작용할 때, 지름 d는 얼마인가? [$\sigma_a = 160 \text{ N/cm}^2$]

① 15.3 cm

② 14.6 cm

③ 11.9 cm

④ 10.3 cm

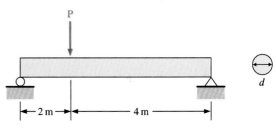

23 철사를 지름이 3 m인 원통에 감았을 때, 철사에 발생하는 최대 굽힘응력은 26315 kgf/cm²이다. 지름은 얼마인가? [$E = 2 \times 10^6 \text{ kgf/cm}^2$]

① 1.5 cm   ② 2 cm   ③ 3.5 cm   ④ 4 cm

24 집중하중을 받는 단순보의 최대 전단응력은 얼마인가? (단면: 20 cm×40 cm)

① 6.2 N/cm²

② 5.6 N/cm²

③ 4.8 N/cm²

④ 2.2 N/cm²

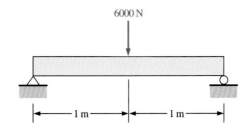

25 그림에서 하중 P=120 N과 모멘트 M=340 Nm가 작용하고 있는 외팔보에서 최대 굽힘 모멘트는 얼마인가?

① 520 Nm

② 540 Nm

③ 550 Nm

④ 560 Nm

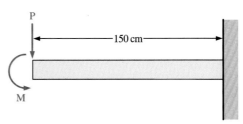

26 단면 15 cm × 20 cm인 보의 중앙에 3000 kgf의 집중하중을 받는 단순보(L=20 m)의 최대 굽힘응력은 얼마인가?

① $125 \ \mathrm{kgf/cm^2}$ ② $215 \ \mathrm{kgf/cm^2}$

③ $435 \ \mathrm{kgf/cm^2}$ ④ $645 \ \mathrm{kgf/cm^2}$

27 그림에서 집중하중을 받는 외팔보의 최대 전단응력은 얼마인가?

① $9.37 \ \mathrm{N/cm^2}$

② $5.36 \ \mathrm{N/cm^2}$

③ $2.78 \ \mathrm{N/cm^2}$

④ $4.25 \ \mathrm{N/cm^2}$

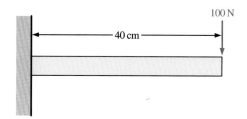

28 반지름이 0.6 mm인 철사를 400 mm의 지름을 가지는 원통에 감을 때, 철사에 걸리는 최대굽힘 응력은 얼마인가? ($E = 2 \times 10^6 \ \mathrm{kgf/cm^2}$)

① $6483 \ \mathrm{kgf/cm^2}$ ② $6282 \ \mathrm{kgf/cm^2}$

③ $5982 \ \mathrm{kgf/cm^2}$ ④ $5839 \ \mathrm{kgf/cm^2}$

29 그림에서 집중하중이 작용하는 보가 굽힘 모멘트에 견디기 위한 최소 단면계수는 얼마인가? ($\sigma_a = 1600 \ \mathrm{kgf/cm^2}$, L=60 cm)

① $15.2 \ \mathrm{cm^3}$

② $14.6 \ \mathrm{cm^3}$

③ $13.8 \ \mathrm{cm^3}$

④ $12.5 \ \mathrm{cm^3}$

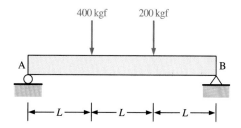

30 그림에서 원형 단순보가 균일 분포하중을 받으며 사용응력이 $600\,\mathrm{kgf/cm^2}$일 때 부재가 안전하지 않은 지름은 어느 것인가?

① 1.64 cm

② 1.54 cm

③ 1.34 cm

④ 1.14 cm

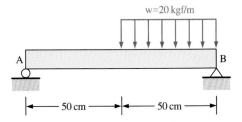

보의 처짐

9.1 서론

8장에서는 하중을 받는 보 속의 응력을 해석하는 방법을 취급하였다. 이것은 설계 관점에서는 강도설계를 위한 해석이 된다. 그러나 실제 설계에 있어서는 처짐을 고려한 설계가 응력을 고려한 설계 못지않게 중요하게 취급될 때가 있다. 예를 들면 공작기계의 고속 주축은 절삭력의 횡하중에 따른 처짐이 과대할 경우 회전운동 및 정밀가공에 큰 문제를 일으키고 공작기계의 파손에 이르게 되므로, 처짐설계를 중요하게 취급한다. 또한 토목 건축 구조설계에서 응력을 고려한 강도설계에만 치중하고 처짐을 고려한 설계를 무시하게 되면 구조골격의 과다한 처짐이 시멘트에 균열을 일으키고, 균열의 성장에 따른 토목 건축 구조물의 파손에 이르게 된다. 따라서 이 장에서는 보의 변형(deformation) 해석에 해당되는 처짐(deflection)을 해석하는 방법을 다루고자 한다. 처짐 해석을 하는 방법에는 크게 두 가지가 있다. 하나는 미분방정식의 적분에 의한 해석적 방법이고, 다른 하나는 도식적 방법에 해당되는 굽힘 모멘트 선도(BMD)를 이용한 모멘트-면적법이다. 이들 모두 그 뿌리는 8장 식 (8-12)의 모멘트-곡률과의 관계식에서 비롯되지만 그 뒷처리가 수학적 방법이냐 도형을 이용한 도식적 방법이냐의 차이에 있을 뿐이다. 이 장에서 취급하는 보의 처짐은 전단력의 영향을 무시한 굽힘 모멘트에만 관계되는 처짐을 대상으로 할 것이다.[1] 그리고 변형이 아주 작은 소변형의 탄성보를 대상으로 할 것이다. 또한 지금까지 우리가 부정정 문제를 취급하지 않았듯이 이 장에서도 정정보에 대하여 취급

---

[1] 보의 처짐에서 전단력의 영향을 고려하는 보를 'Timoshenko 보'라 하며 두께가 두꺼운 보에서 고려한다. 전단력의 영향을 무시하고 굽힘 모멘트만을 고려하는 보를 'Euler 보'라 부르며 길이에 비해 두께가 얇은 보에 주로 해당된다. Timoshenko 보는 탄성론 등의 고급 재료역학에서 취급하고 있으며 전단력을 고려하면 Euler 보로 해석한 경우보다 처짐이 크게 일어난다.

하고, 모든 부정정 문제는 10장 에너지법에서 함께 취급하기로 한다. 여러분들이 이 장을 공부하고 난 뒤에 기본적으로 알아야 할 중요한 점들은 다음과 같다.

- 모멘트-곡률의 관계, 좌표계에서 곡률-처짐과의 미분 관계, 모멘트-처짐의 미분관계식
- 처짐을 산출하는 방법

9.2 모멘트-곡률, 곡률-처짐, 모멘트-처짐의 미분관계식[2]

1) 모멘트-곡률 관계

8장에서 우리는 선형대칭보가 순수 굽힘을 받을 때 중립축의 곡률은 굽힘 모멘트와 다음과 같은 관계가 있음을 공부하였다[식 (8-12) 참조].

$$\frac{1}{\rho} = \lim_{\Delta s \to 0} \frac{\Delta \theta}{\Delta s} = \frac{d\theta}{ds} = \frac{M}{E\,I_z} \tag{9-1}$$

2) 곡률-처짐 관계

곡률을 x, y, z 좌표계상에서 각 방향으로 변형량의 기호인 u, v, w 중 처짐에 해당되는 변형량(그림 9-2에서는 y 방향에 해당되는 v)과 관련을 찾기 위해 다음과 같이 생각할 수 있다. 이해를 쉽게 하기 위해 중립축만을 놓고 생각하기로 한다.

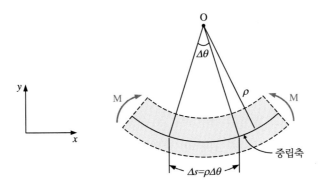

그림 9-1 **곡률-굽힘 모멘트 관계**

---

2) Navier(1785~1836), *Navier's Book on Strength of Materials*, 1826, lst edition.

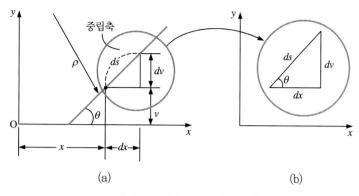

그림 9-2 **곡률-처짐 미분 관계**

그림 9-2에서 x 위치에서 처짐량은 v이고, 미소위치 dx 변화에 대한 미소처짐 변화와 이들 사이의 관계는 그림 9-2(b)에 확대되어 표현되어 있다. 여기에서 간단히 다음 관계를 지을 수 있다.

$$\frac{\mathrm{dv}}{\mathrm{dx}} = \tan\theta \tag{9-2}$$

식 (9-2)에서 곡률의 항 $\dfrac{d\theta}{ds}$ 를 도출하기 위해 양변을 호의 길이 s에 관해 미분하면 다음과 같이 곡률 $\dfrac{d\theta}{ds}$ 에 대해 정리할 수 있다.

$$\frac{\mathrm{d^2v}}{\mathrm{dx}^2}\frac{\mathrm{dx}}{\mathrm{ds}} = \sec^2\theta\,\frac{d\theta}{ds}$$

$$\frac{d\theta}{ds} = \frac{\mathrm{d^2v}}{\mathrm{dx}^2}\frac{\mathrm{dx}}{\mathrm{ds}}\cos^2\theta \tag{9-3}$$

그림 9-2(b)에서

$$\mathrm{ds} = \sqrt{(\mathrm{dx})^2 + (\mathrm{dv})^2} = (\mathrm{dx})\sqrt{1 + \left(\frac{\mathrm{dv}}{\mathrm{dx}}\right)^2}$$

이므로 $\cos\theta$ 는 다음과 같이 표현할 수 있다.

$$\cos\theta = \frac{\mathrm{dx}}{\mathrm{ds}} = \frac{1}{\left[1 + \left(\dfrac{\mathrm{dv}}{\mathrm{dx}}\right)^2\right]^{\frac{1}{2}}} \tag{9-4}$$

식 (9-4)를 식 (9-3)에 대입하면 곡률-처짐의 관계는 다음과 같은 미분 관계를 갖게 된다.

$$\frac{d\theta}{ds} = \frac{d^2v}{dx^2}\frac{dx}{ds}\cos^2\theta = \frac{d^2v}{dx^2}\cos^3\theta = \frac{d^2v}{dx^2}\left(\frac{dx}{ds}\right)^3 \tag{9-5}$$

$$\frac{d\theta}{ds} = \frac{d^2v}{dx^2}\frac{1}{\left[1+\left(\frac{dv}{dx}\right)^2\right]^{\frac{3}{2}}}$$

그림 9-2에 표현된 처짐각 θ가 작을 경우에는 $\frac{dv}{dx}$는 작은 값이 되고, $\left(\frac{dv}{dx}\right)^2$은 더 작은 값이 되어 무시할 수 있게 된다. 예를 들어 θ=5°일 경우 $\tan\theta = \frac{dv}{dx} = 0.087$이 되고, $\left(\frac{dv}{dx}\right)^2 = 0.0076$이 되어

$$\frac{d\theta}{ds} = \frac{d^2v}{dx^2}\left[\frac{1}{\left(1+0.0076\right)^{\frac{3}{2}}}\right] = 0.988\frac{d^2v}{dx^2}$$

와 같이 되어 $\left(\frac{dv}{dx}\right)^2$을 무시한 것과 1.2 % 오차를 보이게 된다. 따라서 아주 작은 변형을 일으키는 대부분의 탄성보에서는 복잡한 식 (9-5)보다는 $\left(\frac{dv}{dx}\right)^2$을 무시한 다음의 근사식이 유용하게 활용될 수 있고, 이것이 곡률-처짐의 관계식이다.

$$\frac{d\theta}{ds} = \frac{d^2v}{dx^2} \tag{9-6}$$

3) 모멘트-처짐의 미분관계식

식 (9-1) 모멘트-곡률 관계와 식 (9-6) 곡률-처짐의 관계에서 곡률을 소거하면 다음과 같이 굽힘 모멘트와 처짐의 미분관계식을 얻게 된다. 식 (9-1), (9-6) 다시 표현

$$\frac{1}{\rho} = \frac{d\theta}{ds} = \frac{M}{E\,I_z} \tag{9-1}$$

$$\frac{d\theta}{ds} = \frac{d^2v}{dx^2} \tag{9-6}$$

$$\frac{d^2v}{dx^2} = \frac{M}{E\,I_z} \tag{9-7}$$

이 식을 모멘트-처짐의 미분관계식이라 하고, 굽힘 모멘트 M이 발생하는 보에서 처짐량 v를 결정하는 기본 관계식이 되며, 일명 탄성처짐곡선의 미분방정식이라고도 한다. 이것을 푸는 방법에 따라 미분방정식의 적분에 의한 해석적 방법과 굽힘 모멘트 선도의 면적을 이용하는 모멘트-면적법이라는 도식적 방법으로 크게 나눌 수 있게 된다.

9.3 모멘트-처짐 미분관계식의 적분에 의한 처짐 계산

6장 외력과 내력에서 공부한 굽힘 모멘트 선도(BMD)는 보의 길이에 따르는 위치의 함수(x의 함수)로 표현되어 있다. 이 굽힘 모멘트 식을 식 (9-7)에 대입하여 적분하고, 적분상수는 적절한 구속조건을 이용하여 구하게 되면 처짐의 곡선을 위치의 함수로 얻을 수 있게 된다.

보 전체에 걸쳐 굽힘 모멘트가 연속으로 변하여 하나의 함수로 표현될 때에는 상기와 같은 일련의 과정으로 해결이 된다(9.3.1절). 그러나 분포하중이 갑자기 변하거나 집중하중의 작용으로 굽힘 모멘트 선도에 미분 불가능한 특이점들이 존재하게 되면 9.3.1절과 같은 일련의 과정으로 해결할 수 없고 구간별로 적분하고 그때마다 나타난 적분상수를 모두 구하여야 하므로 매우 번거롭고 복잡한 작업이 된다. 이것을 간단히 해결하기 위하여 9.3.2절에 특이함수(singularity function)를 소개하고, 특이함수의 미분과 적분을 이용하여 이와 같은 문제들을 해결하는 방법을 설명하고자 한다. 물론 내용의 편제상 특이함수와 굽힘 모멘트 선도는 6장에 편입되는 것이 자연스럽다고 생각한다. 그러나 6장의 외력과 내력에서 굽힘 모멘트와 전단력을 구하는 것은 응력과 처짐 계산을 위한 준비단계일 뿐이다. 준비단계에서 너무 많은 방법들을 소개하여 독자들로 하여금 지루하게 만드는 것보다는 문제를 조금 떠났다가 본질적인 문제와 보다 관련이 깊은 이 장에서 소개하는 것이 부담을 덜어주리라 판단하였다. 여러분들은 특이함수에 의한 방법과 모멘트-면적법에 의한 방법 중 선택적으로 공부하여 처짐을 산출하여도 무방하리라 여겨진다.

9.3.1 굽힘 모멘트가 연속

여러분들은 굽힘 모멘트가 보의 전 구간에서 연속인 문제는 매우 제한적으로 나타나는 특수한 경우임을 이해할 것이다. 그러나 이것은 적분을 통하여 처짐을 해결하는 기본적인 방법이므로 여러분들은 최소한 이 절은 공부하여야 한다. 다음 예제 9-1을 보자.

예제 9-1 그림 1과 같은 외팔보에서 처짐곡선의 방정식을 구하고 최대 처짐량을 구하라.

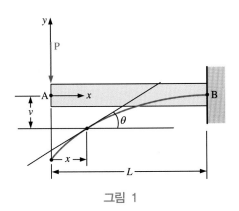

그림 1

[풀이] 보의 전 구간 AB 사이에서 굽힘 모멘트 선도(BMD)는 그림 2와 같다.

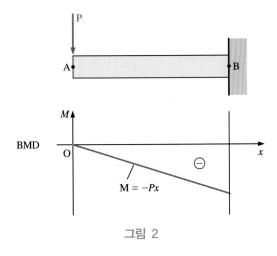

그림 2

굽힘 모멘트 $M = -Px$이므로

$$\frac{d^2v}{dx^2} = \frac{M}{EI_z} = \frac{-Px}{EI_z} \tag{1}$$

x에 관해 두 번 적분하면

$$\frac{dv}{dx} = \theta = -\frac{1}{2}\frac{Px^2}{EI_z} + C_1 \tag{2}$$

$$v = -\frac{Px^3}{6EI_z} + C_1 x + C_2 \tag{3}$$

경계조건으로

$$x = L에서 \ \frac{dv}{dx} = \theta = 0 \tag{4}$$

$$x = L에서 \ v = 0 \tag{5}$$

경계조건 (4), (5)를 (2), (3)에 적용하면

$$C_1 = \frac{1}{2}\frac{PL^2}{EI_z}, \quad C_2 = -\frac{PL^3}{3EI_z}$$

$$\therefore 처짐곡선 \quad v = -\frac{Px^3}{6EI_z} + \frac{1}{2}\frac{PL^2x}{EI_z} - \frac{PL^3}{3EI_z}$$

최대 처짐은 x=0에서 발생하므로

$$v_{max} = v_{x=0} = -\frac{PL^3}{3EI_z}$$

예제 9-2 그림 1과 같은, 분포하중이 작용하는 단순지지보에서 처짐곡선의 방정식을 구하고 최대 처짐량을 구하라.

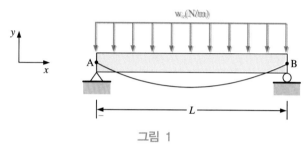

그림 1

[풀이] (i) 굽힘 모멘트 선도(BMD)

보의 전 구간 AB 사이에서 굽힘 모멘트 선도는 그림 2와 같다.

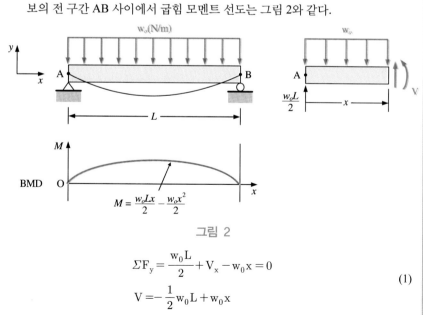

그림 2

$$\Sigma F_y = \frac{w_0 L}{2} + V_x - w_0 x = 0$$

$$V = -\frac{1}{2}w_0 L + w_0 x \tag{1}$$

$$\Sigma M_x = -\frac{1}{2}w_0 L x + \frac{1}{2}w_0 x^2 + M = 0 \tag{2}$$

$$M = \frac{1}{2}w_0 L x - \frac{1}{2}w_0 x^2$$

식 (1), (2)는 전단력과 굽힘 모멘트의 해석적 표현이 된다. 따라서 식 (2)의 그래프를 그리면 곧바로 BMD가 된다.

(ii) 모멘트-처짐 미분관계식의 적분

식 (2)를 모멘트-처짐 관계식에 대입하면

$$EI_z \frac{d^2 v}{dx^2} = M$$

$$EI_z \frac{d^2 v}{dx^2} = \frac{1}{2}w_0 L x - \frac{1}{2}w_0 x^2$$

양변을 x에 관해 두 번 적분하면

$$EI_z \frac{dv}{dx} = \frac{1}{4}w_0 L x^2 - \frac{1}{6}w_0 x^3 + C_1 \tag{3}$$

$$EI_z v = \frac{1}{12}w_0 L x^3 - \frac{1}{24}w_0 x^4 + C_1 x + C_2 \tag{4}$$

경계조건으로

$$x = 0 \text{에서 } v = 0 \tag{5}$$

$$x = L \text{에서 } v = 0 \tag{6}$$

(5), (6)을 (4)에 적용

$$C_2 = 0$$

$$C_1 = -\frac{1}{24}w_0 L^3$$

따라서 처짐곡선 v는

$$\therefore v = \frac{1}{EI_z}\left[-\frac{1}{24}w_0 x^4 + \frac{1}{12}w_0 L x^3 - \frac{1}{24}w_0 L^3 x\right] \tag{7}$$

가 되고, 최대 처짐은 $x = \frac{L}{2}$에서 발생하므로

$$v_{max} = v_{x=\frac{L}{2}} = \left(-\frac{5}{384}w_0 L^4\right)\left(\frac{1}{EI_Z}\right)$$

9.3.2 불연속함수에 의한 처짐 계산

우리는 6.4절에서 분포하중 전단력, 굽힘 모멘트 사이의 미분 관계와 9.2절에서 모멘트-처짐의 미분 관계를 다음과 같이 찾아내었다[식 (6-9), (6-10), (9-7) 다시 표현].

$$\frac{dV}{dx} + w = 0 \tag{6-9}$$

$$\frac{dM}{dx} + V = 0 \tag{6-10}$$

$$\frac{d^2v}{dx^2} = \frac{M}{E\,I_z} \tag{9-7}$$

식 (6-9), (6-10)에서 보의 전 구간에서 분포하중 w를 x의 함수로 표현할 수 있다면 이들의 적분과 경계조건 적용에 의한 적분상수의 계산으로 전단력과 굽힘 모멘트를 도출할 수 있음을 알 수 있을 것이다. 그러나 예제 6-11에서 보았듯이 집중하중이나 분포하중의 불연속이 존재하는 보에서는 분포하중의 단일함수로 표현하는 기법을 배우지 않아서 구간별로 적분하는 번거로움을 경험하였다.

이 절에서는 특이함수를 이용하여 보 전체에 걸쳐 작용하는 집중하중이나 분포하중에 대하여 보의 전 길이에서 분포하중(w)의 단일함수로 표현하는 방법을 설명하고자 한다. 특이함수는 엄밀하게는 불연속함수의 부분에 해당되지만 통상적으로 '특이함수'라는 용어를 사용하여 불연속함수를 나타내곤 한다. 이 절에서는 '불연속함수'라는 용어를 사용하기로 한다. 그리고 일반함수 표시인 '( )'와 구별하여 꺾쇠괄호 '< >'를 사용한다. 그리고 예제를 통하여 단일함수로 표현된 분포하중 w를 적분하여 전단력과 굽힘 모멘트를 도출하는 방법을 기술하고자 한다. 그리고 이 적분방법의 연장선상으로 불연속 함수로 표현된 굽힘 모멘트를 모멘트-처짐 관계식에 대입하여 적분을 통한 처짐의 계산을 설명하고자 한다.

불연속함수는 함수의 성질상 엄밀하게 특이함수(singularity function)와 매콜리 함수(Macaulay function)로 구별하여 표 9-1과 같이 정의한다. 표 9-2에 다섯 개의 불연속함수를 그래프와 함수로 예시하고 그 적분을 함께 나타내었다. 그리고 표 9-3에는 여러 가지 하중을 분포하중 형태의 불연속함수로 나타내는 방법을 예시하였다.

표 9-1 **불연속함수 정의**

명 칭	정 의	적분과 미분
특이함수 $(n=-1,-2,\cdots)$	$f_n(x) = <x-a>^n \begin{cases} 0 & x \neq a \text{일 때} \\ \pm\infty & x = a \text{일 때} \end{cases}$	$\int_{-\infty}^{x} f_n(x)dx = f_{n+1}$
매콜리 함수 $(n=0,1,2,\cdots)$	$f_n(x) = <x-a>^n \begin{cases} 0 & x < a \text{일 때} \\ (x-a)^n & x \geqq a \text{일 때} \end{cases}$	$\int_{-\infty}^{x} f_n(x)dx = \frac{1}{n+1}f_{n+1}$ $\frac{d}{dx}f_n(x) = nf_{n-1} \ (n=1,2,3,\ldots \text{일 때})$

표 9-2 **불연속함수와 그래프**

불연속함수와 그래프	적 분
$f_{-2}(x) = \langle x-a \rangle^{-2}$	$\displaystyle\int_{-\infty}^{x} f_{-2}(x)dx$ $\displaystyle= \int_{-\infty}^{x} <x-a>^{-2}dx = <x-a>^{-1} \to f_{-1}(x)$
$f_{-1}(x) = \langle x-a \rangle^{-1}$	$\displaystyle\int_{-\infty}^{x} f_{-1}(x)dx$ $\displaystyle= \int_{-\infty}^{x} <x-a>^{-1}dx = <x-a>^{0} \to f_{0}(x)$
$f_{0}(x) = \langle x-a \rangle^{0}$	$\displaystyle\int_{-\infty}^{x} f_{0}(x)dx$ $\displaystyle= \int_{-\infty}^{x} <x-a>^{0}dx = <x-a>^{1} \to f_{1}(x)$
$f_{1}(x) = \langle x-a \rangle^{1}$	$\displaystyle\int_{-\infty}^{x} f_{1}(x)dx$ $\displaystyle= \int_{-\infty}^{x} <x-a>^{1}dx = \frac{1}{2}<x-a>^{2} \to f_{2}(x)$
$f_{2}(x) = \langle x-a \rangle^{2}$	$\displaystyle\int_{-\infty}^{x} f_{2}(x)dx$ $\displaystyle= \int_{-\infty}^{x} <x-a>^{2}dx = \frac{1}{3}<x-a>^{3} \to f_{3}(x)$

표 9-3 **여러 가지 불연속하중의 분포하중 표현**

불연속하중	분포하중의 불연속함수로 표현
	$w(x) = M_0 <x-a>^{-2}$
	$w(x) = P <x-a>^{-1}$
	$w(x) = w_0 <x-a>^{0}$

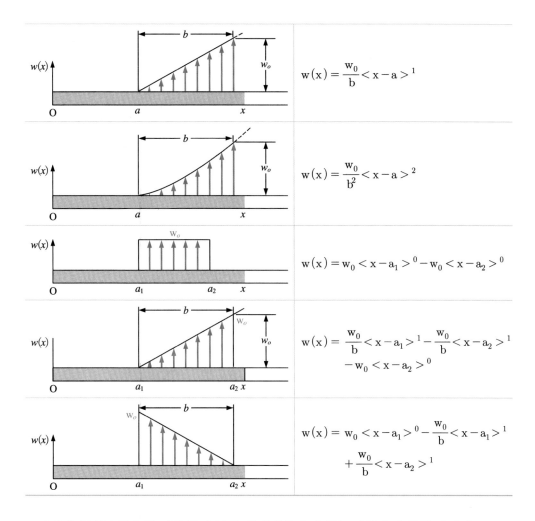

다음은 불연속함수를 이용하여 보의 처짐계산까지 하는 과정을 요약한 것이다.

1) 평형조건을 이용하여 지점반력을 구하여 놓는다(이들 지점반력은 전단력과 굽힘 모멘트의 부호규약에 따라 전단력과 굽힘 모멘트로 표현하여 적분상수를 구할 때 활용된다).
2) 보에 작용하는 하중을 불연속함수의 분포하중으로 나타낸다.
3) 식 (6-9), (6-10)에 대입하고 적분하여 전단력과 굽힘 모멘트를 불연속함수꼴로얻는다(이때 지점반력은 전단력과 굽힘 모멘트로 표현되어 있어 적분상수를 구할 때 경계조건으로 이용한다).
4) 불연속함수꼴로 얻은 굽힘 모멘트를 식 (9-7)에 대입하고 적분하여 처짐곡선을 불연속함수꼴로 얻는다(지점경계조건을 이용하여 적분상수를 구한다).

물론 여기에서 제시한 순서가 해법의 유일한 순서가 아니고, 수학적 처리방법에서 몇 가지 다른 접근방법이 있을 수 있다. 그러나 이 책에서 제시한 방법이 기본 과정을 익히는 데 가장 보편적인 방법이므로 이것만을 소개하고, 나머지는 여러분들의 수학적 응용 능력으로 남겨둔다.

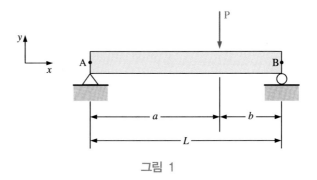

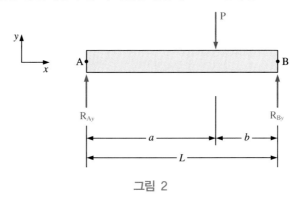

예제 9-3 그림 1과 같은 집중하중이 작용하는 단순지지보(예제 6-11)의 처짐을 불연속함수의 적분으로 구하라.

그림 1

[풀이] 1) 평형조건을 이용한 지점반력

$$\Sigma F_x = R_{Ax} = 0$$
$$\Sigma F_y = -P + R_{Ay} + R_{By} = 0 \qquad (1)$$
$$\Sigma M_A = R_{By}L - Pa = 0$$

평형조건을 풀면 다음과 같고, 이들을 전단력으로 표현하면

그림 2

$$R_{Ax} = 0, \ R_{Ay} = \frac{bP}{L}, \ R_{By} = \frac{aP}{L}$$

전단력의 부호규약에 의해

$$V_A = -R_{Ay} = -\frac{bP}{L}, \ V_B = R_{By} = \frac{aP}{L} \qquad (2)$$

2) 하중을 불연속함수의 분포하중으로 표현

$$w(x) = -P < x-a >^{-1} \qquad (3)$$

3) 분포하중을 적분하여 전단력과 굽힘 모멘트를 구함.
w(x)를 식 (6-9)에 대입하여 적분

$$\frac{dV}{dx} + w = 0 에서$$

$$\frac{dV}{dx} = P < x - a >^{-1}$$

$$V = P < x - a >^0 + C_1 \tag{4}$$

식 (4)를 식 (6-10)에 대입하여 적분

$$\frac{dM}{dx} + V = 0 에서$$

$$\frac{dM}{dx} = -P < x - a >^0 - C_1$$

$$M = -P < x - a >^1 - C_1 x + C_2 \tag{5}$$

경계조건으로 x=0에서

$$V_A = -\frac{bP}{L} \tag{6}$$

x=0에서

$$M_A = 0 \tag{7}$$

식 (6)을 식 (4)에 대입하고, 식 (7)을 식 (5)에 대입하면

$$C_1 = -\frac{bP}{L} \tag{8}$$

$$C_2 = 0 \tag{9}$$

그러므로 식 (8), (9)의 적분상수를 식 (4)와 (5)에 대입하면

$$V = P < x - a >^0 - \frac{bP}{L} \tag{10}$$

$$M = -P < x - a >^1 + \frac{bP}{L} x \tag{11}$$

식 (10), (11)은 불연속함수로 표현된 전단력과 굽힘 모멘트를 가리킨다. 식 (10), (11)의 불연속함수를 구간별로 나타내면 다음과 같고, 예제 6-11의 그림 2와 같은 결과가 된다.

보의 전 구간	$0 \leq x < a$	$a \leq x \leq L$
$V = P < x - a >^0 - \dfrac{bP}{L}$	$-\dfrac{bP}{L}$	$P - \dfrac{bP}{L} = \dfrac{aP}{L}$
$M = -P < x - a >^1 + \dfrac{bP}{L} x$	$\dfrac{bP}{L} x$	$-P(x-a) + \dfrac{bP}{L} x = \dfrac{aP}{L}(L-x)$

4) 불연속함수로 표현된 굽힘 모멘트를 적분하여 처짐을 구함.

$$EI_z \frac{d^2 v}{dx^2} = M 에서 굽힘 모멘트를 대입하면$$

$$EI_z \frac{d^2 v}{dx^2} = -P < x - a >^1 + \frac{bP}{L} x$$

적분하면

$$EI_z \frac{dv}{dx} = -\frac{P}{2}<x-a>^2 + \frac{1}{2}\frac{bP}{L}x^2 + C_3 \tag{12}$$

$$EI_z v = -\frac{P}{6}<x-a>^3 + \frac{1}{6}\frac{bP}{L}x^3 + C_3 x + C_4 \tag{13}$$

경계조건으로

$$x = 0 \text{에서} \ v = 0 \tag{14}$$
$$x = L \text{에서} \ v = 0 \tag{15}$$

경계조건 (14)를 (13)에 대입하면
$$C_4 = 0$$

경계조건 (15)를 (13)에 대입하면

$$0 = -\frac{P}{6}(L-a)^3 + \frac{1}{6}\frac{bP}{L}L^3 + C_3 L$$

$$C_3 = \frac{P}{6}\left[\frac{b^3 - L^2 b}{L}\right]$$

적분상수 C_3, C_4를 식 (13)에 대입하면 처짐곡선은 다음과 같이 된다.

$$v = \frac{P}{6EI_z}\left[-<x-a>^3 + \frac{b}{L}x^3 + \left(\frac{b^3 - L^2 b}{L}\right)x\right]$$

$$= -\frac{P}{6EI_z}\left[\frac{bx}{L}(L^2 - b^2 - x^2) + <x-a>^3\right]$$

예제 9-4 다음 그림 1의 외팔보의 처짐곡선을 불연속함수의 적분으로 구하라.

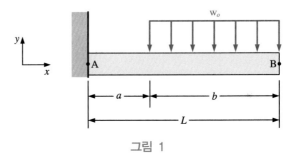

그림 1

[풀이]   1) 그림 2에서 평형조건을 이용한 지점반력을 구하기 위해

$$\varSigma F_y = R_{Ay} - w_0 b = 0$$

$$\varSigma M_A = M_A - w_0 b\left(a + \frac{b}{2}\right) = 0 \tag{1}$$

평형조건 (1)을 풀면 지점반력은 다음과 같고,

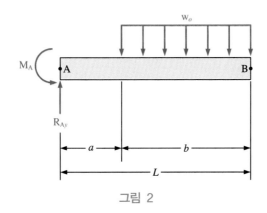

그림 2

$$R_{Ay} = w_0\,b$$

$$M_A = w_0\,b\left(a + \frac{b}{2}\right)$$

전단력, 굽힘 모멘트 부호규약에 의한 A점(x=0)에서 전단력과 굽힘 모멘트는

$$V_A = -\,w_0\,b$$

$$M_A = -\,w_0\,b\left(a + \frac{b}{2}\right) \tag{2}$$

와 같이 표현된다.

2) 하중을 불연속함수의 분포하중으로 표현

$$w(x) = -\,w_0 < x - a >^0 \tag{3}$$

3) 분포하중을 적분하여 전단력과 굽힘 모멘트를 구함.

$$\frac{dV}{dx} = -\,w = w_0 < x - a >^0 \tag{4}$$

$$V = w_0 < x - a >^1 + C_1$$

$$\frac{dM}{dx} = -\,V = -\,w_0 < x - a >^1 - C_1 \tag{5}$$

$$M = -\,\frac{1}{2}w_0 < x - a >^2 - C_1 x + C_2$$

경계조건 $x = 0$에서 $\quad V_A = -\,w_0\,b \tag{6}$

$x = 0$에서 $\quad M_A = -\,w_0\,b\left(a + \frac{b}{2}\right) \tag{7}$

경계조건 식 (6)을 식 (4)에 적용

$$C_1 = -\,w_0\,b \tag{8}$$

경계조건 식 (7)을 식 (5)에 적용

$$C_2 = -\,w_0\,b\left(a + \frac{b}{2}\right) \tag{9}$$

식 (8), (9)의 적분상수를 식 (4), (5)에 대입하면 전단력과 굽힘 모멘트는

$$V = w_0 < x - a >^1 - w_0\,b \tag{10}$$

$$M = -\frac{1}{2}w_0 < x - a >^2 + w_0 bx - w_0 b\left(a + \frac{b}{2}\right) \tag{11}$$

식 (10), (11)을 구간별로 나타내면 다음과 같다.

보의 전 구간	$0 \leq x < a$	$a \leq x \leq L$
$V = w_0 < x - a >^1 - w_0 b$	$-w_0 b$	$\begin{array}{l} w_0(x-a) - w_0 b \\ = -w_0(L-x) \end{array}$
$\begin{array}{l} M = -\frac{1}{2}w_0 < x - a >^2 \\ \quad + w_0 bx - w_0 b\left(a + \frac{b}{2}\right) \end{array}$	$w_0 b\left(x - a - \frac{b}{2}\right)$	$\begin{array}{l} -\frac{1}{2}w_0(x-a)^2 \\ \quad + w_0 b\left(x - a - \frac{b}{2}\right) \end{array}$

4) 굽힘 모멘트를 적분하여 처짐을 구함.

$$EI_z \frac{d^2 v}{dx^2} = M = -\frac{1}{2}w_0 < x - a >^2 + w_0 bx - w_0 b\left(a + \frac{b}{2}\right)$$

적분하면

$$EI_z \frac{dv}{dx} = -\frac{1}{6}w_0 < x - a >^3 + \frac{1}{2}w_0 bx^2 - w_0 b\left(a + \frac{b}{2}\right)x + C_3 \tag{12}$$

$$EI_z v = -\frac{1}{24}w_0 < x - a >^4 + \frac{1}{6}w_0 bx^3 - \frac{1}{2}w_0 b\left(a + \frac{b}{2}\right)x^2 + C_3 x + C_4 \tag{13}$$

경계조건으로

$$x = 0 \text{에서} \quad \frac{dv}{dx} = 0 \tag{14}$$

$$x = 0 \text{에서} \quad v = 0 \tag{15}$$

경계조건 식 (14)를 식 (12)에 대입하면

$$C_3 = 0$$

경계조건 식 (15)를 식 (13)에 대입하면

$$C_4 = 0$$

따라서 처짐곡선은 다음과 같이 된다.

$$v = \frac{1}{EI_z}\left[-\frac{1}{24}w_0 < x - a >^4 + \frac{1}{6}w_0 bx^3 - \frac{1}{2}w_0 b\left(a + \frac{b}{2}\right)x^2\right] \tag{16}$$

여기에서 a=0, b=L이면 외팔보의 전 구간에 걸친 분포하중이고, 이때 x=L에서 처짐은 $-\frac{w_0 L^4}{8EI_z}$ 으로 됨을 알 수 있다.

9.4 모멘트-면적법에 의한 처짐 계산

이 절에서는 보의 처짐을 구하는 또 하나의 방법인 모멘트-면적법을 설명하고자 한다. 이 방법은 굽힘 모멘트 선도(BMD)에 표현된 모멘트의 면적과 처짐곡선의 기하학적 성질을 이용하는 것으로 도식적 방법에 해당된다.

적분에 의한 처짐곡선의 방정식은 보의 전 길이에 대하여 처짐에 대한 정보를 위치의 함수로 제공하지만, 모멘트-면적법은 구하고자 하는 위치에서의 한 점에 대한 처짐 정보만을 알 수 있다. 그러나 보의 전 길이에 대한 굽힘 모멘트 선도(BMD)가 알려진 상태에서는 임의의 한 점에서 간편하게 처짐에 대한 정보를 알 수 있어 쉽고도 편리한 방법이라할 수 있다. 그러나 이 방법의 사용에서는 다음에 설명하는 모멘트 면적 제1정리(first monet-area theorem)와 모멘트 면적 제2정리(second moment-area theorem)가 갖는 의미를 제대로 이해하여야 된다.

9.4.1 모멘트 면적 정리

모멘트 면적 정리(moment-area theorems)는 식 (9-7)의 모멘트-처짐의 미분관계식에서 비롯된다. 그림 9-2와 식 (9-2)에서 θ가 아주 작을 경우에는 다음이 성립한다. 그리고 이 θ는 처짐곡선의 접선이 x축과 이루는 각도(기울기)를 뜻한다는 것을 알 수 있을 것이다.

$$\frac{dv}{dx} = \tan\theta \approx \theta \qquad (9\text{-}8)$$

이것을 식 (9-7)에 대입하면 다음과 같이 쓸 수 있다.

$$\frac{d^2v}{dx^2} = \frac{d\theta}{dx} = \frac{M}{E\,I_z} \qquad (9\text{-}9)$$

식 (9-9)를 적분하면 기울기 θ에 관한 정보를 얻을 수 있음을 알 수 있다. 이것을 도식적으로 이해하기 위하여 그림 9-3을 보자. 그림 9-3은 임의의 하중 상태에서 처짐곡선과 굽힘 모멘트 선도를 나타낸 것이다. 편의를 위해 굽힘 모멘트에 굽힘강성 EI_z를 나누어 선도에 나타내었고, 굽힘강성 EI_z가 보 길이에 걸쳐 변하지 않는 한 굽힘 모멘트 선도(BMD)와 크기 차이만 있을 뿐 똑같은 모양이 된다.

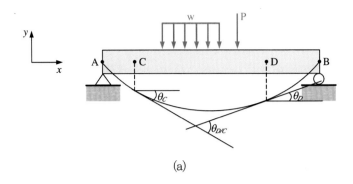

(a)

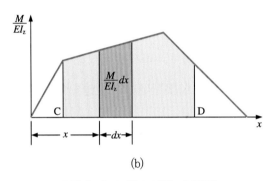

(b)

그림 9–3 **모멘트 면적 제1정리**

$$\int_C^D d\theta = \int_C^D \frac{M}{EI_z} dx$$

$$\theta_D - \theta_C = \int_C^D \frac{M}{EI_z} dx$$

$$\theta_{D/C} = \theta_D - \theta_C = C와\ D\ 사이의\ \frac{M}{EI_z}\ 선도\ 면적 \qquad (9\text{–}10)$$

식 (9-10)은 모멘트 면적 제1정리를 나타내며, 두 지점 간의 처짐곡선의 기울기 차이는 두 지점간의 $\frac{M}{EI_z}$ 선도의 면적과 같다고 표현된다. 기울기 차이 $\theta_{D/C}$는 모멘트 선도와 동일한 부호를 가지며, 기울기는 x축에서 시계 방향으로 회전하면 음의 부호, 반시계 방향으로 회전하면 양의 부호가 된다. 그림 9-3 (a)에서 θ_D는 양, θ_C는 음이 되어 $(\theta_D - \theta_C)$는 두 각의 절대값을 합한 양의 각 $\theta_{D/C}$가 된다. 따라서 모멘트 선도의 면적도 양의 값을 갖고 전체적으로 C에서 D로 움직일 때 접선이 반시계 방향으로 회전하게 된다. 모멘트 면적 제1정리의 적용에서 주의하여야 할 점은 모멘트의 면적으로 계산된 기울기는 언제나 두 지점 간 기울기 차이를 의미하며 한 점의 기울기값이 아니라는 사실이다.

다음으로 모멘트 면적 제2정리를 살펴보자. 모멘트 면적 제2정리는 접선이 탄성선에서 이탈된 양을 알려주는 정리이다. 즉 그림 9-4(a)의 구간 CD에서 D점의 접선이 C점의 탄성선에서 이탈된 양을 $\delta_{C/D}$라 할 때, 이 양을 모멘트 면적 그림 9-4 (b), (c)에서 알려주는 정리가 된다. 처짐이 작다고 가정하면 그림 9-4(a)에서 x_1이 원호 CP_1과 큰 차이가 없다고 생각하여 다음과 같이 쓸 수 있다.

$$d\delta = x_1 \, d\theta$$

식 (9-9)에서 $d\theta = \dfrac{M}{E I_z} dx$를 대입하고, $\dfrac{M}{E I_z} dx$는 모멘트 선도에서 미소면적 dA에 해당하므로 다음과 같이 쓸 수 있다.

$$d\delta = x_1 \frac{M}{E I_z} dx = x_1 \, dA$$

양변을 적분하면 모멘트 면적 제2정리에 관한 식을 얻게 된다.

$$\int_C^D d\delta = \int_C^D x_1 \frac{M}{E I_z} dx = \int_C^D x_1 \, dA \tag{9-11}$$

식 (9-11)에서 $\displaystyle\int_C^D x_1 \, dA$는 면적 1차 모멘트에서 면적×도심의 $A \times \bar{x}_1$과 같다. 따라서

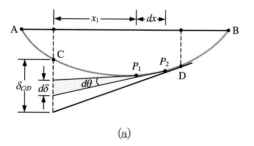

(a)

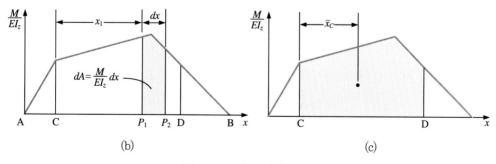

(b) (c)

그림 9-4 **모멘트 면적 제2정리**

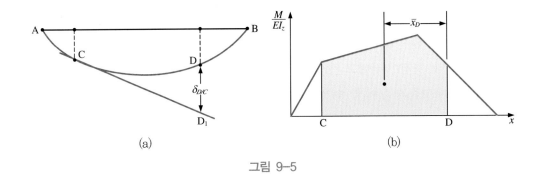

그림 9-5

모멘트 면적 제2정리는 다음과 같이 요약된다.

$$\delta_{C/D} = \left[\int_C^D \frac{M}{EI_z} dx \right] \times \bar{x}_C$$

$$\delta_{C/D} = \left(C와\ D\ 사이의\ \frac{M}{EI_z}선도\ 면적 \right) \times (C에서\ 면적의\ 도심까지\ 거리) \qquad (9\text{-}12)$$

여기서 주의 깊게 이해하여야 할 사항은 다음과 같다.

① $\delta_{C/D}$는 D점에서 접선을 그었을 때 C점에서 탄성선이 D점의 접선과 이격된 거리를 말하고, C점에서 x축으로부터 탄성선의 처짐량을 의미하지 않는다(단, 외팔보에서는 지지점에서 접선이 x축과 일치하므로 D점을 지지점으로 하면 임의의 점 C에서 $\delta_{C/D}$는 곧바로 x축으로부터 탄성선의 처짐을 나타낸다).

② 굽힘 모멘트 면적의 도심까지의 거리 $\bar{x}_C$는 탄성선이 접선과 이격된 정도를 구하고자 하는 위치(C점)로부터 도심까지의 거리를 의미한다. 따라서 $\delta_{C/D}$와 달리 $\delta_{D/C}$는 그림 9-5와 같이 탄성선 D점이 이격된 양 DD_1을 뜻하고, $\delta_{D/C}$를 구하려면 D점에서 도심까지의 거리 $\bar{x}_D$를 사용해야 한다.

9.4.2 모멘트 면적 정리를 이용한 처짐 계산

1) 외팔보에 적용 요령

그림 9-6의 외팔보는 고정지점 A에서 탄성선의 접선이 x축과 일치한다. 따라서 A점에서 접선이 C점에서 탄성선과 이격된 양 $\delta_{C/A}$가 곧바로 x축으로부터 탄성선의 처짐량을 의미한다. 또한 탄성선의 처짐각 차이도 곧바로 그 점에서 x축과 이루는 처짐각이 된다. 그러므로

$$\theta_{C/A} = \theta_C = A_1 \quad (\text{모멘트 면적 제1정리 이용})$$

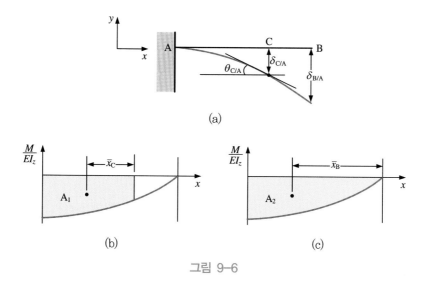

(a)

(b)   (c)

그림 9-6

$$\delta_{C/A} = \delta_C = A_1 \bar{x}_C \text{ (모멘트 면적 제2정리 이용)}$$

$$\delta_{B/A} = \delta_B = A_2 \bar{x}_B \text{ (모멘트 면적 제2정리 이용)}$$

와 같이 간단히 구해진다. 여기에서 $\bar{x}_B$는 B점에서부터 면적 도심까지 거리를, $\bar{x}_C$는 C 점에서부터 면적 도심까지의 거리를 뜻한다.

2) 양단 지지보에 적용 요령

그림 9-7의 양단 지지보에서 C점의 처짐량은 CC_1이다. 이것은 모멘트 면적 정리에서 곧바로 얻을 수 없어 다음과 같은 과정을 필요로 한다.

$$CC_1 = CC_2 - C_1C_2 \tag{9-13}$$

여기서, $CC_2 = \theta_A \cdot x$

$$C_1C_2 = \delta_{C/A} \text{(모멘트 면적 제2정리 이용)}$$

θ_A를 구하기 위해 다음 관계를 이용한다.

$$\theta_A L = \delta_{B/A} \text{(모멘트 면적 제2정리 이용)}$$

$$\theta_A = \frac{\delta_{B/A}}{L}$$

따라서 C점의 처짐 δ_C는 다음과 같이 구할 수 있다.

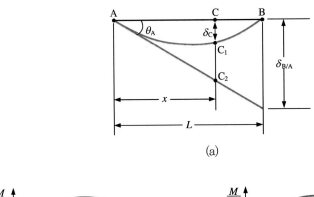

(a)

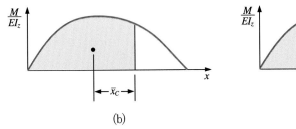

(b)   (c)

그림 9-7

$$\delta_C = \theta_A x - \delta_{C/A}$$

$$= \frac{\delta_{B/A}}{L} x - \delta_{C/A}$$

3) 기본 도형에 대한 면적과 도심

표 9-4에 기본 도형의 면적과 도심을 나타내었다.

표 9-4

형상	면적	도심	형상	면적	도심
(직사각형, 변 b, h, c)	$A = bh$	$c = \dfrac{b}{2}$	(삼각형, 변 b, h, c)	$A = \dfrac{bh}{2}$	$c = \dfrac{b}{3}$
($y = ax^2$, 변 b, h, c)	$A = \dfrac{bh}{3}$	$c = \dfrac{b}{4}$	($y = ax^2$, 변 b, h, c)	$A = \dfrac{2bh}{3}$	$c = \dfrac{3}{8}b$

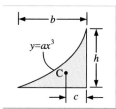	$A = \dfrac{bh}{4}$ $c = \dfrac{b}{5}$	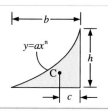	$A = \dfrac{bh}{n+1}$ $c = \dfrac{b}{n+2}$

예제 9-5 그림과 같은 외팔보에서 A점의 처짐과 처짐각 θ_A을 구하라.

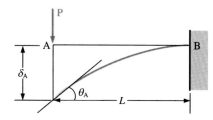 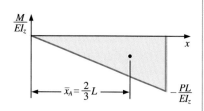

[풀이]   외팔보에서는 $\delta_{A/B}=\delta_A$이므로 모멘트 면적 제2정리에 의해

$$\delta_{A/B} = [면적]_A^B \cdot \overline{x_A}$$

$$= \left(-\frac{PL^2}{2EI_z}\right) \cdot \frac{2}{3}L$$

$$\therefore\ \delta_A = -\frac{PL^3}{3EI_z}$$

$$\theta_{A/B} = \theta_A = [면적]_A^B = -\frac{PL^2}{2EI_z}$$

예제 9-6 그림과 같은 외팔보에서 임의 점 x에서 처짐량 δ_x와 A점에서의 처짐량을 구하라.

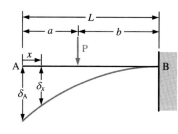 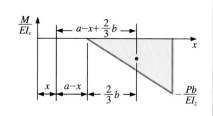

[풀이]   임의 점 x에서 처짐은 δ_x는

$$\delta_x = \delta_{x/B} = [면적]_B^x \cdot \overline{x_x}$$

$$= \left[-\frac{Pb^2}{2EI_z}\right]\left(a-x+\frac{2}{3}b\right)$$

$$\delta_A = \delta_{A/B} = [\text{면적}]_B^A \cdot \overline{x_A}$$

$$= \left[-\frac{Pb^2}{2EI_z} \right]\left(a + \frac{2}{3}b \right)$$

여기에서 a = 0, b = L인 경우가 예제 9-5와 동일한 경우이며 결과도 $\delta_A = -\dfrac{PL^3}{3EI_z}$ 으로 같다.

예제 9-7 그림과 같은 분포하중이 작용하는 외팔보에서 A점의 처짐을 구하라.

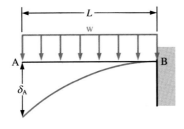
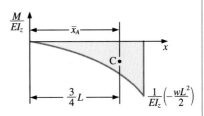

[풀이] 외팔보에서는 $\delta_A = \delta_{A/B}$이므로

$$\delta_{A/B} = [\text{면적}]_A^B \cdot \overline{x_A}$$

$$= \left[\frac{L}{3}\left(-\frac{w}{2EI_z}L^2 \right) \right]\left(\frac{3}{4}L \right)$$

$$= -\frac{wL^4}{8EI_z}$$

예제 9-8 그림과 같은 분포하중이 작용하는 외팔보에서 A점의 처짐을 구하라.

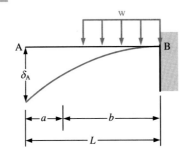
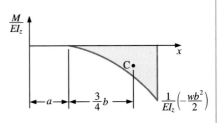

[풀이] 외팔보에서 $\delta_A = \delta_{A/B}$이므로

$$\delta_{A/B} = [\text{면적}]_A^B \cdot \overline{x_A}$$

$$= \left[\frac{b}{3}\left(-\frac{wb^2}{2EI_z} \right) \right]\left(a + \frac{3}{4}b \right)$$

$$= -\frac{wb^3}{6EI_z}\left(a + \frac{3}{4}b\right)$$

여기에서 a=0, b=L인 경우가 예제 9-7과 동일하며 결과도 $\delta_{A/B} = -\dfrac{wL^4}{8EI_z}$ 으로 같다.

예제 9-9 그림 1과 같은 집중하중이 작용하는 단순 지지보에서 하중작용점에서의 처짐을 구하라.

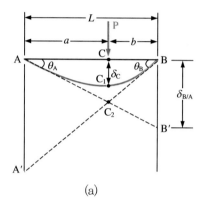

(a)

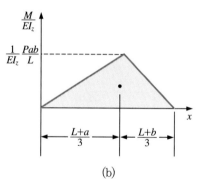

(b)

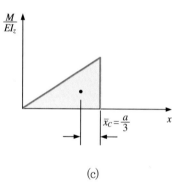

(c)

그림 1

[풀이] 양단 지지보이므로 하중작용점에서의 처짐δ_C는 다음과 같은 요령에 따른다.

$$\delta_C = CC_1 = CC_2 - C_1C_2 \tag{1}$$
$$= \theta_A\, a - \delta_{C/A}$$
$$\theta_A\, L = BB' = \delta_{B/A} \tag{2}$$

그림 1(b)에서

$$\theta_A = \frac{1}{L}\delta_{B/A} = \frac{1}{L}\left[[\text{면적}]_A^B \times \bar{x}_B\right]$$

$$= \frac{1}{L}\left(\left[\frac{L}{2}\frac{1}{EI_z}\frac{Pab}{L}\right] \times \left[\frac{L+b}{3}\right]\right)$$

$$= \frac{1}{6EI_z}\frac{Pab}{L}(L+b) \qquad (3)$$

그림 1(c)에서

$$\delta_{C/A} = [\text{면적}]_A^C \cdot \bar{x}_C$$

$$= \left[\frac{1}{2}a\frac{1}{EI_z}\frac{Pab}{L}\right] \cdot \frac{a}{3} \qquad (4)$$

$$= \frac{1}{6EI_z}\frac{Pa^3b}{L}$$

따라서 θ_A, $\delta_{C/A}$를 식 (1)에 대입하면

$$\delta_C = \theta_A\, a - \delta_{C/A}$$

$$= \frac{1}{6EI_z}\frac{Pab}{L}(L+b)\cdot a - \frac{1}{6EI_z}\frac{Pa^3b}{L}$$

$$= \frac{1}{3EI_z}\frac{Pa^2b^2}{L}$$

예제 9-10 그림 1과 같은 분포하중을 받는 단순 지지보에서 중앙점의 처짐을 구하라.

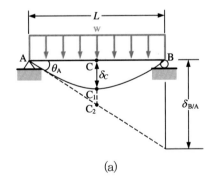

(a)

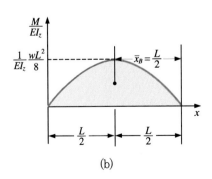

(b)

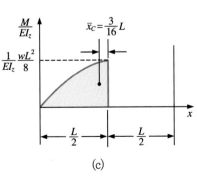

(c)

그림 1

[풀이]　　중앙점의 처짐 δ_C는

$$\delta_C = CC_2 - C_1C_2$$

$$= \theta_A \frac{L}{2} - \delta_{C/A}$$

$\delta_{B/A} = \theta_A L$에서

$$\theta_A = \frac{1}{L}\delta_{B/A} = \frac{1}{L}[\text{면적}]_A^B \times \overline{x}_B$$

$$= \frac{1}{L}\left[\frac{wL^3}{12EI_z}\right]\frac{L}{2}$$

$$= \frac{wL^3}{24EI_z}$$

$$\delta_{C/A} = [\text{면적}]_A^C \cdot \overline{x}_C$$

$$= \left[\frac{wL^3}{24EI_z}\right]\frac{3}{16}L$$

$$= \frac{wL^4}{128EI_z}$$

$\theta_A,\ \delta_{C/A}$를 δ_C식에 대입하면

$$\delta_C = \theta_A \frac{L}{2} - \delta_{C/A}$$

$$= \frac{wL^3}{24EI_z}\frac{L}{2} - \frac{wL^4}{128EI_z}$$

$$= \frac{5wL^4}{384EI_z}$$

중앙점의 처짐은 곧 최대 처짐이 되며

$$\delta_C = \delta_{\max} = \frac{5wL^4}{384EI_z}$$

예제 9-11　그림과 같은 분포하중을 받는 내닫이보에서 A점의 처짐을 구하라.

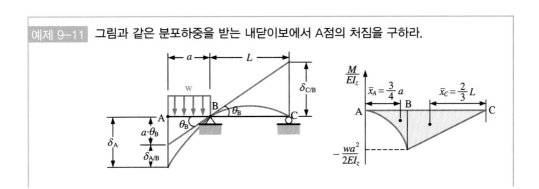

[풀이]　A점에서 처짐 δ_A는 다음과 같다.

$$\delta_A = a \cdot \theta_B + \delta_{A/B}$$

θ_B를 구하기 위해 다음을 이용한다.

$$\theta_B L = \delta_{C/B} = [\text{면적}]_B^C \cdot \overline{x}_C$$

$$\theta_B = \frac{1}{L}\left[\frac{wa^2L}{4EI_z}\right]\frac{2}{3}L = -\frac{wa^2L}{6EI_z}$$

$\delta_{A/B}$를 구하기 위해

$$\delta_{A/B} = [\text{면적}]_B^A \cdot \overline{x}_A$$

$$= \left[-\frac{wa^3}{6EI_z}\right]\frac{3}{4}a = -\frac{wa^4}{8EI_z}$$

$\theta_B, \delta_{A/B}$를 δ_A에 대입하면

$$\delta_A = \left[-\frac{wa^2L}{6EI_z}\right]a + \left[-\frac{wa^4}{8EI_z}\right]$$

$$= -\frac{wa^3L}{6EI_z} - \frac{wa^4}{8EI_z}$$

9.5 중첩의 원리

　그림 9-8과 같이 보에 여러 하중이 작용하는 경우에 여러 하중 때문에 생기는 전체의 처짐은 각 하중이 독립적으로 작용할 때 생기는 각각의 처짐을 합한 것과 같다. 이것을 중첩의 원리(superposition)라 한다.

　중첩의 원리는 다음과 같은 선형성에 그 근거를 둔다. 9.2절에서 모멘트-곡률 관계의 선형성, 곡률-처짐 관계의 선형성으로부터 모멘트-처짐의 선형미분 관계를 얻었다. 중첩의 원리를 해석적으로 이해시키기 위하여 전체 굽힘 모멘트가 개별 굽힘 모멘트의 합으로 다음과 같이 표현되면

$$M = M_1 + M_2 + M_3 + \ldots$$

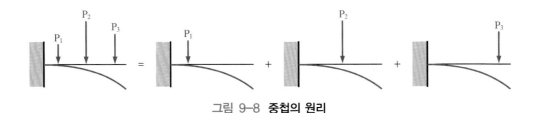

그림 9-8 **중첩의 원리**

모멘트-처짐의 선형미분 관계를 이용하여 다음과 같이 쓸 수 있다.

$$EI_z \frac{d^2v}{dx^2} = EI_z \frac{d^2v_1}{dx^2} + EI_z \frac{d^2v_1}{dx^2} + EI_z \frac{d^2v_3}{dx^2} + \dots$$

$$= EI_z \frac{d^2}{dx^2}(v_1 + v_2 + v_3 + \dots)$$

이것은, 개별 해의 합은 전체 해가 된다는 중첩의 원리를 해석적으로 보여주는 것이다.

예제 9-12 그림과 같은 외팔보에서 하중 P_1, P_2에 의한 A점에서 처짐을 구하라.

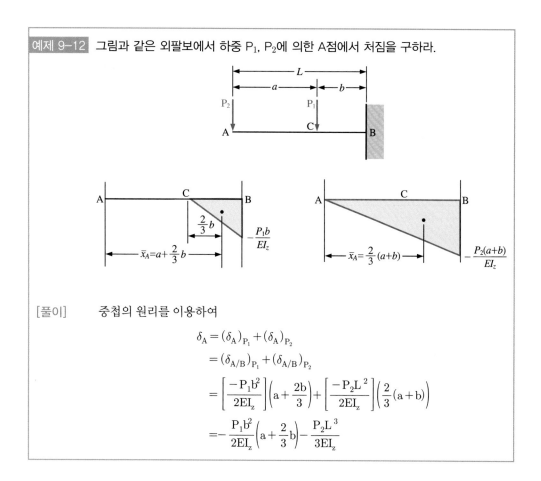

[풀이]　　중첩의 원리를 이용하여

$$\delta_A = (\delta_A)_{P_1} + (\delta_A)_{P_2}$$

$$= (\delta_{A/B})_{P_1} + (\delta_{A/B})_{P_2}$$

$$= \left[\frac{-P_1 b^2}{2EI_z}\right]\left(a + \frac{2b}{3}\right) + \left[\frac{-P_2 L^2}{2EI_z}\right]\left(\frac{2}{3}(a+b)\right)$$

$$= -\frac{P_1 b^2}{2EI_z}\left(a + \frac{2}{3}b\right) - \frac{P_2 L^3}{3EI_z}$$

연습문제　Exercise

※ 다음 그림은 보에 집중하중이 작용하고 있는 경우를 보여주고 있다. 불연속함수를 이
　용하여 처침곡선의 식 $\delta(x)$를 구하라. (문제 1~10)

01
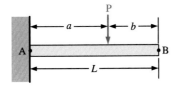

02
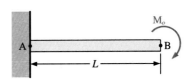

03
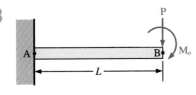

04
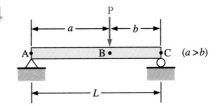

05
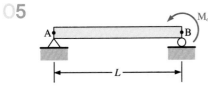

06
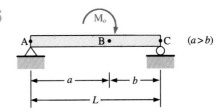

07
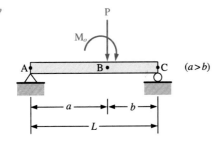

08
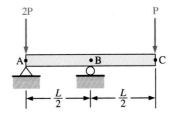

09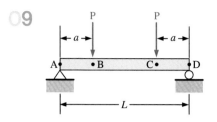

10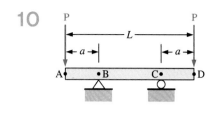

※ 다음 그림의 외팔보에 분포하중이 작용하고 있다. 불연속함수를 이용하여 처짐곡선의 식 $\delta(x)$를 구하라. (문제 11~15)

11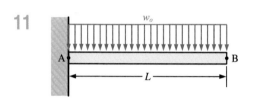

12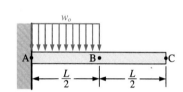

13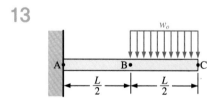

14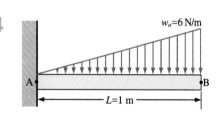

15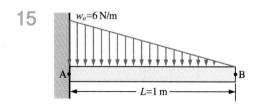

16 다음 그림의 외팔보에 집중하중이 작용할 때, 최대 처짐은 얼마인가?
[$E = 2.1 \times 10^6 \text{ N/cm}^2$]

① 0.003 cm   ② 0.025 cm

③ 0.018 cm   ④ 0.015 cm

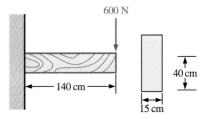

17 그림의 단순 지지보에 굽힘 모멘트 $M = 400 \text{ N·m}$이 작용하고 있을 때, 최대 처짐량은 얼마인가? [$E = 1.8 \times 10^6 \text{ N/cm}^2$]

① 0.02 cm   ② 0.26 cm

③ 0.12 cm   ④ 0.34 cm

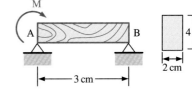

18 그림의 외팔보에 모멘트 $M = 3000 \text{ kgf·cm}$가 작용할 때, 끝단의 처짐은 얼마인가? [$E = 2 \times 10^6 \text{ kgf/cm}^2$]

① 0.16 cm   ② 0.27 cm

③ 0.29 cm   ④ 0.32 cm

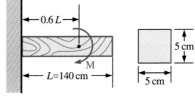

19 그림에서 지름 d = 30 mm 인 외팔보에 집중하중 P가 작용하여 처짐이 15 mm 일 때, 집중하중 P와 최대 굽힘응력은 얼마인가? [$E = 2 \times 10^6 \text{ kgf/cm}^2$]

① $10.6 \text{ kgf}, 239 \text{ kgf/cm}^2$

② $13.6 \text{ kgf}, 649 \text{ kgf/cm}^2$

③ $12.6 \text{ kgf}, 489 \text{ kgf/cm}^2$

④ $10.6 \text{ kgf}, 599 \text{ kgf/cm}^2$

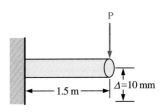

20 그림의 단순 지지보에 균일 분포하중 $\omega = 300 \, \mathrm{kgf/m}$ 가 작용하고 있다. 하중에 대한 처짐량 $\delta = 0$이 되도록 하기 위한 P는 얼마인가? [L=10 m]

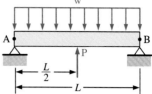

① 1825 kgf   ② 1845 kgf

③ 1865 kgf   ④ 1875 kgf

21 벽에 고정된 단면이 1 cm×2 cm인 외팔보 끝단에 집중하중 P=50 kgf 가 작용하여 최대 처짐량 δ=0.423 cm이 되었다. 보의 자중은 얼마인가?
[$E = 2 \times 10^6 \, \mathrm{kgf/cm^2}$, L=30 cm]

① 1.126 kgf/cm   ② 1.168 kgf/cm

③ 1.242 kgf/cm   ④ 1.264 kgf/cm

22 그림에서 단순 지지보의 정중앙에 하중 P가 작용하여 처짐량이 16 mm가 되었다. 하중은 얼마인가? [$E = 2 \times 10^6 \, \mathrm{kgf/cm^2}$]

① 86.8 kgf

② 76.8 kgf

③ 66.8 kgf

④ 46.8 kgf

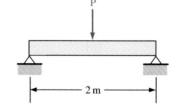

23 전체 길이가 1 m이고 원형 단면을 가진 외팔보의 끝단에 집중하중 600 kgf 가 작용할 때, 처짐각은 얼마인가? [$E = 2.1 \times 10^6 \, \mathrm{kgf/cm^2}$, d=14 cm]

① 0.001 rad   ② 0.003 rad   ③ 0.005 rad   ④ 0.008 rad

24 다음 그림에서 외팔보의 길이 L은 얼마인가? [$E = 2.0 \times 10^6 \ \mathrm{kgf/cm^2}$]

① 120 cm

② 160 cm

③ 180 cm

④ 200 cm

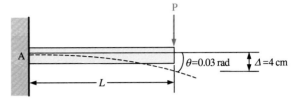

25 외팔보 끝단에 집중하중 P=2000 kgf 가 작용할 때, 외팔보의 최대 처짐량은 얼마인가? [$E = 1.9 \times 10^6 \ \mathrm{kgf/cm^2}$]

① 2.8 cm

② 3.0 cm

③ 3.5 cm

④ 4.2 cm

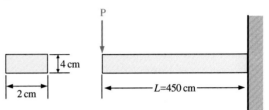

26 그림에서 외팔보에 작용하는 두 힘에 의한 y 방향의 처짐량은 얼마인가? [$E = 2 \times 10^6 \ \mathrm{kgf/cm^2}$]

① 0.041 m

② 0.048 m

③ 0.056 m

④ 0.68 m

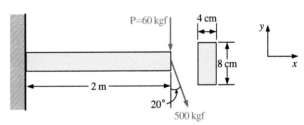

27 그림에서 균일 분포하중을 받고 있는 외팔보의 최대 처짐량은 얼마인가?

① $\dfrac{8\omega L^4}{\pi d^4 E}$

② $\dfrac{\omega L^4}{2\pi d^4 E}$

③ $\dfrac{8\omega L^4}{3\pi d^4 E}$

④ $\dfrac{2\omega L^4}{3\pi d^4 E}$

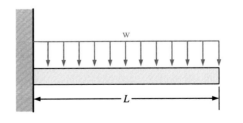

28 그림의 보에서 A지점의 처짐량은 얼마인가? [$E = 2.0 \times 10^6$ N/cm^2]

① 0.08 cm

② 0.05 cm

③ 0.03 cm

④ 0.02 cm

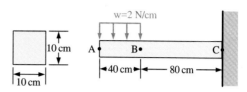

29 그림의 단순 지지보에 작용하는 균일 분포하중에 의한 처짐을 구하면 얼마인가?
[$E = 2.0 \times 10^6$ N/cm^2]

① 0.15 cm

② 0.03 cm

③ 0.06 cm

④ 0.09 cm

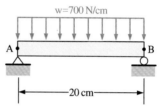

30 그림에서 d=10 cm인 단순 지지보에 분포하중이 작용할 때, A지점에서의 처짐량은 얼마인가? [$E = 2.0 \times 10^6$ N/cm^2]

① 2.0 cm

② 1.8 cm

③ 1.6 cm

④ 1.2 cm

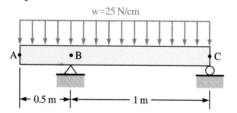

10.1 서론

지금까지 우리가 재료역학적 변형 현상을 해석하기 위하여 사용하였던 개념들은 힘과 모멘트로 표현되는 외력과 내력, 응력, 변형률, 변위였다. 그리고 변형 현상을 해석하기 위한 기본 원리로 외력은 내력과 평형을 이루고, 내력은 응력과 평형을 이루어야 한다는 힘과 모멘트의 평형조건(equilibrium condition)이 사용되었다.

이 장에서는 힘과 모멘트보다 상위의 개념인 일과 에너지를 이용하여 변형해석을 하는 방법을 다루고자 한다. 여기에서도 평형의 개념이 전제되어야 하므로 평형조건을 일과 에너지 관점에서 성립시켜주는 가상일의 원리(principle of virtual work)를 설명하고, 가상일의 원리에서 파생되는 대표적인 에너지 해석방법을 취급하고자 한다. 카스틸리아노 제1정리라 불리는 변형률 에너지법(strain energy theorem)과 Crotti-Engesser 정리라 불리는 공액 에너지법(complementary energy theorem) 그리고 공액 에너지법에서 구조물의 선형 변형에 유용한 카스틸리아노 제2정리를 설명하고자 한다. 카스틸리아노 제2정리는 선형구조 해석에서 가장 많이 사용되고 있으며, 이런 이유로 카스틸리아노 제2정리를 카스틸리아노 정리(Castigliano's theorem)라 부르기도 한다. 또한 지금까지 취급하지 않았던 부정정문제에 대해 카스틸리아노 정리를 이용하여 일반적인 해법을 제시한다. 그리고 이 책의 마지막을 장식하는 내용으로 좌굴(buckling) 문제를 총 퍼텐셜에너지 관점에서 설명하고자 한다. 여러분들이 이 장을 공부한 뒤 기본적으로 알아야 할 점들은 다음과 같다.

- 변형률 에너지를 산출하는 방법
- 가상일의 원리
- 카스틸리아노 제2정리의 활용법

- 부정정문제 해법
- 좌굴의 개념과 해석 방법

10.2 일, 변형률 에너지

그림 10-1(a)와 같이 균일 단면봉에 축하중 P가 작용하는 경우를 생각해보자. 외력 P와 변위 δ 선도, 응력 σ 와 변형률 ϵ 선도는 그림 10-1(b), (c)와 같이 표현될 수 있다.

1) 일과 공액일

그림 10-1(a)와 같은 하중 상태에서 외력 P가 하는 일(work)은 그림 10-1(b)에서 음영 부분 면적에 해당되며 다음과 같이 표현된다.

$$\Delta W = P \, \Delta \delta$$
$$W = \int P \, d\delta$$

(10-1)

'공액'이란 단어는 우리말로 '켤레' '쌍'이라는 뜻을 갖고 있다. 따라서 공액일(complementary energy)은 그림 10-1(b)에서 일 W의 '켤레'라 할 수 있는 W^* 부분에 해당되며 다음과 같이 표현된다.

$$\Delta W^* = \delta \, \Delta P$$
$$W^* = \int \delta \, dP$$

(10-2)

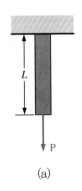

(a)

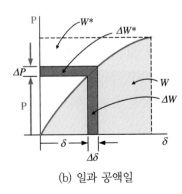

(b) 일과 공액일

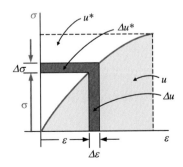

(c) 변형률 에너지와 공액변형률 에너지

그림 10-1

2) 변형률 에너지

변형률 에너지(strain energy)는 그림 10-1(c)의 응력-변형률선도에서 음영 부분의 면적에 해당되며, 이것은 단위체적당 변형률 에너지라 하며 다음과 같이 표현된다.

$$\Delta u = \sigma \Delta \epsilon$$

$$u = \int_0^\epsilon \sigma \, d\epsilon \tag{10-3}$$

Hooke의 법칙이 성립하는 경우라면

$$\sigma = E \, \epsilon$$

이므로 단위체적당 변형률 에너지는 다음과 같이 된다.

$$u = \int_0^\epsilon E \, \epsilon \, d\epsilon = \frac{1}{2} E \epsilon^2 = \frac{1}{2} \sigma \epsilon = \frac{\sigma^2}{2E} \tag{10-4}$$

전체 체적에 생긴 변형률 에너지는 체적에 대하여 적분함으로써 구해지고 다음과 같다.

$$U = \int u \, dV = \frac{1}{2} \int \sigma \epsilon \, dV = \frac{1}{2E} \int \sigma^2 \, dV \tag{10-5}$$

이들 관계는 전단응력과 전단 변형률에 대하여도 똑같이 적용되며 다음과 같이 된다.

$$u = \int_0^\gamma \tau \, d\gamma \ \text{에서}$$

$$\tau = G \, \gamma \ \text{이므로}$$

$$u = \int_0^\gamma G \, \gamma \, d\gamma = \frac{1}{2} G \gamma^2 = \frac{1}{2} \tau \gamma = \frac{\tau^2}{2G} \tag{10-6}$$

$$U = \int u \, dV = \frac{1}{2} \int \tau \gamma \, dV = \frac{1}{2G} \int \tau^2 dV \tag{10-7}$$

위 식들에서 E, G는 종탄성계수, 횡탄성계수를 나타내고, ϵ, γ는 수직변형률과 전단변형률을 σ, τ는 수직응력과 전단응력을 각각 나타낸다. $dV = dx \, dy \, dz$로 미소체적을 나타낸다.

여기에서 우리는 지금까지 공부하였던 인장/압축 하중(3장), 비틀림 하중(4장), 굽힘하중과 전단하중(8장)이 작용하는 부재에서 변형률 에너지를 다음과 같이 구할 수 있다.

- 인장/압축 하중

하중-응력 관계식이

$$\sigma = \frac{F}{A}$$

이므로 부재 전체에 발생하는 변형률 에너지는

$$U_a = \frac{1}{2E} \int \sigma^2 dV$$

에서 $dV = A \cdot dx$ 이므로

$$U_a = \frac{1}{2E} \int_0^L \left(\frac{F}{A}\right)^2 A \, dx$$

$$U_a = \frac{1}{2EA} \int_0^L F^2 dx \qquad (10-8)$$

- 비틀림 하중

하중-응력 관계식이

$$\tau = \frac{Tr}{I_P}$$

이므로 부재 전체에 발생하는 변형률 에너지는

$$U_t = \frac{1}{2G} \int \tau^2 dV$$

에서 $dV = dx \, dA$ 이므로

$$U_t = \frac{1}{2G} \int_0^L \int_A \left(\frac{Tr}{I_P}\right)^2 dA \, dx$$

$$= \frac{1}{2G} \int_0^L \left(\frac{T}{I_P}\right)^2 \left(\int_A r^2 dA\right) dx$$

$\int_A r^2 dA = I_P$ 이므로

$$U_t = \frac{1}{2GI_P} \int_0^L T^2 dx \qquad (10-9)$$

- 굽힘 하중

하중-응력 관계식이

$$\sigma = \frac{My}{I_z}$$

이므로 부재 전체에 발생하는 변형률 에너지는

$$U_b = \frac{1}{2E} \int \sigma^2 dV$$

에서 $dV = dx \, dA$ 이므로

$$U_b = \frac{1}{2E} \int_0^L \int_A \left(\frac{My}{I_z}\right)^2 dA \, dx$$

$$= \frac{1}{2E} \int_0^L \left(\frac{M}{I_z}\right)^2 \left(\int_A y^2 dA\right) dx$$

$\int_A y^2 dA = I_z$ 이므로

$$U_b = \frac{1}{2EI_z} \int_0^L M^2 dx \qquad\qquad (10\text{-}10)$$

- 전단하중

하중-응력 관계식이

$$\tau = \frac{VQ_z}{I_z b}$$

이다. 그러나 보에서 평균 전단응력 $\tau = \frac{V}{A}$ 를 사용하면

$$U_s = \frac{1}{2G} \int \tau^2 dv$$

에서 $dv = A \, dx$ 이므로

$$U_s = \frac{1}{2G} \int_0^L \left(\frac{V}{A}\right)^2 A \, dx$$

$$U_s = \frac{1}{2} \frac{1}{GA} \int_0^L V^2 dx \qquad\qquad (10\text{-}11\text{-}a)$$

$$U_s = \frac{1}{2} \frac{1}{\alpha^2 GA} \int_0^L V^2 dx \qquad\qquad (10\text{-}11\text{-}b)$$

여기서 평균 전단응력을 사용한 근사 결과를 보정해주기 위하여 G 대신에 $\alpha^2 G$를 사용하여 식 (10-11-b)와 같이 나타낸다. α^2은 '전단계수(shear coefficient)'라 부르며 단면 도심에서 변형률과 단면 평균 변형률의 비율로 표현된다. 표 10-1에 사각 단면과 원형 단면의 전단계수를 나타내었다.[1]

보의 높이가 길이에 비해 크게 작은 Euler 보에서는 $U_b \gg U_s$이므로 일반적으로 전단 변형 에너지를 무시한다. 그러나 보의 높이가 길이에 비해 크게 작지 않은 Timoshenko 보에서는 전단 변형 에너지를 고려하며 이때 식 (10-11-b)를 이용한다.

여기에서 F, T, M, V 는 외력에 의해 부재 내부에 발생한 내력으로 축 방향 힘, 비틀림 모멘트, 굽힘 모멘트, 전단력을 각각 나타내고, 식 (10-8) ~ (10-11)은 이들에 의해 발생하는 변형률 에너지를 나타낸다. 이들은 서로 독립적이므로 그림 10-2와 같이 각 내력이 작용하는 부재의 총 변형률 에너지는 각각의 변형률 에너지의 합과 같다.

$$U = U_a + U_t + U_b + U_s$$
$$= \frac{1}{2} \frac{F^2 L}{EA} + \frac{1}{2} \frac{T^2 L}{GI_P} + \frac{1}{2} \frac{M^2 L}{EI_z} + \frac{1}{2\alpha^2} \frac{V^2 L}{GA} \qquad (10\text{-}12)$$

표 10-1 **전단계수 값** α^2

푸아송비(ν)	사각 단면	원형 단면
0.0	0.833	0.857
0.3	0.850	0.886
0.5	0.870	0.900

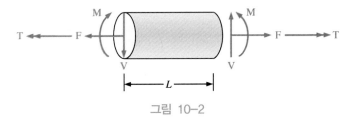

그림 10-2

1) G. R. Cowper, *The Shear Coefficient in Timoshenko's Beam Theory*, Journal of Applied Mechanics, June 1966, pp. 335~340. H. Reismann & Pawlik, Elasticity, JOHN WILEY & SONS, pp. 218~219.

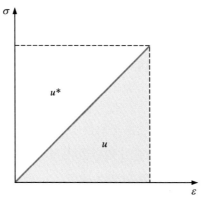

3) 공액 에너지 또는 공액변형률 에너지

그림 10-1(c)에서 Δu^*, u^* 부분이 단위체적당 공액 에너지(complementary energy)에 해당되며, 다음과 같이 표현된다.

$$\Delta u^* = \epsilon \Delta \sigma$$
$$u^* = \int \epsilon \, d\sigma$$

$$(10\text{-}13)$$

식 (10-13)을 체적에 대하여 적분하면 체적 전체에 대한 공액 에너지 U^*를 얻을 수 있다. 변형이 비선형[2]이어서 하중-변위 선도나 응력-변형률선도가 비선형곡선을 보일 때는 변형률 에너지와 공액 에너지는 서로 다른 값을 갖는다($U \neq U^*$). 그러나 변형이 Hooke의 법칙을 따르는 탄성 영역 안에 있을 때에는 그림 10-3과 같이 변형률 에너지와 공액 에너지는 같은 값을 가지므로 식 (10-12)를 공액 에너지로 사용할 수 있다.

$$U = U^* (선형 변형)$$

$$(10\text{-}14)$$

10.3 가상일의 원리

가상일의 원리(principle of virtual work)는 보다 엄밀하게 표현하면 가상변위에 의한 가상일의 원리라고 말할 수 있다. 이것은 일과 에너지 관점에서 평형조건을 표현하는 정

---

[2] 변형이 비선형이 되는 경우는 재료가 비선형(material nonlinearity)일 때와 변형이 대변형을 일으켜 기하학적 비선형(geometrical nonlinearity)이 될 때의 두 경우가 있다.

리로 에너지 해법의 근본 원리가 된다. 평형조건이 재료역학 해석의 출발점이 되므로 가상일의 원리를 이해하는 것이 에너지 해법의 시작이라 할 수 있다.

가상일의 원리는 질점과 질점의 집합체인 연속체로 나누어 다음과 같이 생각할 수 있다.

1) 질점에 대하여

어떤 질점에 힘이 작용하면 그 질점은 변위를 수반한다. 질점은 크기가 없기 때문에 이때의 변위는 강체변위가 된다. 이와 같이 변위를 가져오는 힘은 하나의 질점에 작용하는 모든 힘벡터의 합이 0이 아닐 때 힘의 합벡터 방향으로 변위를 발생하게 된다. 그렇다면 그림 10-4와 같이 하나의 질점에 작용하는 모든 힘벡터의 합이 0이 되어도 변위를 발생할까? 즉 다시 말해서 평형상태에 있는 하나의 질점이 변위를 가져올 수 있을까?

그 대답은 '아니다'이다. 그렇다면 우리는 이렇게 생각할 수 있다. 만약 평형상태에 있는 질점에 작용하는 힘계가 그 질점에 변위를 가져온다면[이때의 변위를 가상변위(virtual displacements)라 한다] 그 변위에 의한 일[이때의 일을 가상변위에 의한 가상일(virtual work)이라 한다]은 0이 되어야 한다. 이것이 앞서 기술한 "평형상태에 있는 하나의 질점에 작용하는 힘계가 변위를 가져올 수 없다"는 정역학적 명제에 대한 조건을 만족시키는 필요충분조건이 된다. 따라서 다음과 같은 정리(theorem)를 생각할 수 있다.

정리 1   하나의 질점에서 가상변위에 의한 가상일이 0이 되는 것은 그 질점이 평형상태에 있기 위한 필요충분조건이다.

즉

$$\Delta W = 0 \quad \rightleftarrows \quad (\text{평형상태})$$
(10-15)

2) 질점의 집합체에 대하여

그림 10-5와 같은 질점계에서 외력에 의하여 크기가 같고 방향이 반대인 내력이 생기게 된다.

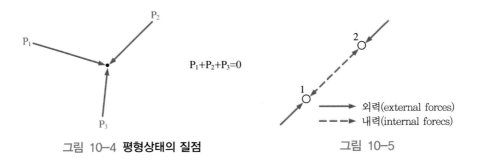

$$P_1 + P_2 + P_3 = 0$$

외력(external forces)

내력(internal forecs)

그림 10-4 **평형상태의 질점**   그림 10-5

만약 그림 10-5와 같은 질점계가 평형상태라면 정리 1에서와 같이 외력과 내력에 의한 가상일의 총합이 0이 되어야 할 것이다. 이것은 무한히 많은 질점으로 구성된 연속체에도 적용되며 다음과 같은 정리를 생각할 수 있다.

정리 2 연속체에 있어서 외력과 내력에 의한 각각의 가상일의 합이 0이 되는 것은 그 계가 평형을 유지하기 위한 필요충분조건이다.

이것을 식으로 기술하면 다음과 같다.

$$\text{(외력의 가상일)} + \text{(내력의 가상일)} = 0$$

$$\Delta W_e + \Delta W_i = 0 \tag{10-16}$$

연속체에서 내력이 계(연속체)에 한 일 W_i는 저장된 변형률 에너지 U와 크기가 같고 부호가 반대이다.[3]

$$W_i = -U \tag{10-17}$$

따라서 식 (10-17)을 식 (10-16)에 대입하면 다음과 같이 된다.

$$\Delta W_e = \Delta U \tag{10-18}$$

식 (10-18)은 "외력에 의한 가상일은 가상 변형률 에너지와 같다"는 내용으로 에너지에 의한 변형 해석에서 중요하게 응용되는 가상일의 원리가 된다. 여기서 의미의 혼돈을 방지하기 위해 다시 한 번 강조하는 것은 가상일은 가상변위에 의한 것이고, 가상변위는 미소 가상변화량을 나타내므로 가상일도 '미소변화량'을 나타낸다는 것이다. 즉 가상일의 원리는 일의 절대량에 관한 내용($W_e = U$)이 아니라 일의 변화량에 대한 내용($\Delta W_e = \Delta U$)이라는 것을 주의 깊게 이해하기 바란다.

---

3) 중력과 스프링의 탄성력은 대표적인 보존력(conservative force)이다. 보존력의 퍼텐셜에너지 ϕ와 보존력이 한 일 W와의 관계는 $\phi = -W$이다. 그 이유는 다음과 같다. 보존력의 정의는 $F = -\nabla\phi$가 성립하는 힘 F를 보존력이라 정의한다. 일의 정의는 $W = \int F \cdot dr$이므로 $W = \int F \cdot dr = \int -\nabla\phi \cdot dr = -\int d\phi = -\phi$가 된다. 즉 $W = -\phi$가 된다. 따라서 탄성체의 내력은 보존력이므로 내력에 의한 퍼텐셜에너지는 변형률 에너지 U가 되고, 내력에 의한 일을 W_i라 하면 $W_i = -U$가 성립된다(Mary L. Boas, *Mathematical Methods in the Physical Sciences*, pp.260~261, JOHN WILEY & SONS, 2nd Ed. 1983.).

10.4 카스틸리아노 제1정리

그림 10-6과 같은 연속체에 하중 P_i가 작용하고, 각 하중에 의한 변위 δ_i가 대응하는 하중점에서 하중 방향으로 발생한다고 생각하자.

계에 발생하는 총 일은 다음과 같다.

$$W = \sum_{i=1}^{n} \int P_i d\delta_i \tag{10-19}$$

임의의 점 i를 제외한 다른 모든 점들의 하중값은 고정시키고, 점 i에 $\Delta\delta_i$ 변위를 일으키도록 하중 P_i에 ΔP_i만큼 증분시키면 일의 변화량 ΔW는 다음과 같이 된다.

$$\Delta W = \int_0^{\Delta\delta_i} (P_i + \Delta P_i) d\delta \tag{10-20}$$

$$= P_i \Delta\delta_i + \int_0^{\Delta\delta_i} \Delta P_i d\delta_i$$

두 번째 항은 미소량들의 곱($\Delta P_i \Delta\delta_i$)이므로 무시할 수가 있으며[4] 일의 변화량은 다음과 같이 기술할 수 있다.

$$\Delta W = P_i \Delta\delta_i \tag{10-21}$$

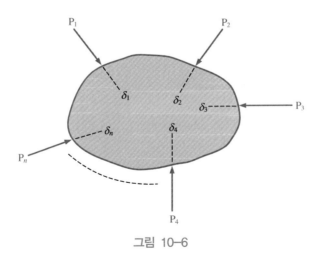

그림 10-6

---

[4] P_i는 변위 $\Delta\delta_i$가 생기는 동안 일정한 상수로 취급하고, ΔP_i는 점차로 증가하는 것으로 생각하면 두 번째 항과 같이 적분꼴로 표현된다. 그러나 미소량들의 곱이므로 무시할 수 있게 된다.

가상일의 원리에서 일의 변화량은 변형률 에너지의 변화량으로 저장된다고 하여 $\Delta W = \Delta U$로 나타내었으므로 식 (10-21)은 다음과 같이 기술할 수 있다.

$$\Delta W = P_i \, \Delta \delta_i = \Delta U \qquad (10\text{-}22)$$

$$P_i = \frac{\Delta U}{\Delta \delta_i}$$

$\Delta \delta_i$가 0에 가까와 미분 형태를 취하면 다음과 같이 편미분꼴이 된다. 또한 회전에 대하여 생각한다면 i점에서 회전각 θ_i와 작용된 모멘트 M_i를 변위와 하중 대신 적용하여 표현할 수 있다.

$$P_i = \frac{\partial U}{\partial \delta_i} \qquad (10\text{-}23)$$

$$M_i = \frac{\partial U}{\partial \theta_i} \qquad (10\text{-}24)$$

식 (10-23), (10-24)를 카스틸리아노 제1정리라 하며, 1879년에 이탈리아 기술자 Castigliano가 자신의 저서에 소개하였다. 이것은 변형률 에너지를 이용한다 하여 변형률 에너지 정리(strain-energy theorem)라고도 하며, 가상일의 정리(theorem of virtual work)라고도 불린다. 카스틸리아노 제1정리는 계의 변형률 에너지를 하중작용점에서 변위의 함수 형태로 나타낼 수 있다면, 작용된 하중은 변형률 에너지를 그 점의 변위로 편미분하면 얻을 수 있다는 의미이다. 이 식은 변형의 선형, 비선형 문제 모두에 적용이 가능하다. 그러나 실제 문제에서 변형률 에너지를 변위의 함수로 표현하는 것은 쉽지 않다. 이런 점이 식 (10-23), (10-24)의 단점으로 작용하고 있다. 그럼에도 불구하고 이 방법은 오늘날 컴퓨터 응용구조 해석에서 유용하게 활용되는 변위법(displacement method)과 강성도법(stiffness method)의 근본이 되고 있으므로 잘 이해하고 있을 필요가 있다(예제 10-1 참조).

예제 10-1 그림과 같은 스프링 모델에서 카스틸리아노 제1정리를 이용하여 강성매트릭스 평형방정식(stiffness matrix equilibrium equation)을 세워보라.

[풀이]   식 (1-21)에 따르면 변형률 에너지 U는

$$U = \frac{1}{2}K_s(\delta_1 - \delta_2)^2 \tag{1}$$

카스틸리아노 제1정리에 따르면

$$F_1 = \frac{\partial U}{\partial \delta_1} = K_s(\delta_1 - \delta_2)$$
$$F_2 = \frac{\partial U}{\partial \delta_2} = -K_s(\delta_1 - \delta_2) \tag{2}$$

강성매트릭스 평형방정식은 초기의 Hooke 실험법칙 $F = k\delta$를 매트릭스 형태로 표현한 것이다.

$$[K]\{\delta\} = \{F\} \tag{3}$$

식 (2)를 식 (3)의 형태로 기술하면

$$\begin{bmatrix} K_s & -K_s \\ -K_s & K_s \end{bmatrix} \begin{Bmatrix} \delta_1 \\ \delta_2 \end{Bmatrix} = \begin{Bmatrix} F_1 \\ F_2 \end{Bmatrix} \tag{4}$$

식 (4)가 그림에 대한 강성매트릭스 평형방정식이 된다. 경계조건을 대입하여 식 (4)를 풀면 변위에 대한 정보를 얻을 수 있고, 강성매트릭스를 이용한 선형대수방정식이므로 컴퓨터를 이용하여 큰 매트릭스 문제도 쉽게 풀 수 있어서 이와 같은 카스틸리아노 제1정리를 이용한 매트릭스 풀이법을 강성도법 또는 변위법이라 한다.

예제 10-2 그림과 같은 스프링 모델에서 강성매트릭스 방정식을 세워보라.

[풀이]   변형률 에너지는

$$U = \frac{1}{2}K_1(\delta_1 - \delta_2)^2 + \frac{1}{2}K_2(\delta_2 - \delta_3)^2 \tag{1}$$

카스틸리아노 제1정리에 따르면

$$\frac{\partial U}{\partial \delta_1} = P_1 = K_1(\delta_1 - \delta_2)$$
$$\frac{\partial U}{\partial \delta_2} = 0 = -K_1(\delta_1 - \delta_2) + K_2(\delta_2 - \delta_3)$$
$$\frac{\partial U}{\partial \delta_3} = P_3 = -K_2(\delta_2 - \delta_3) \tag{2}$$

강성도매트릭스 방정식 형태로 나타내면

$$\begin{bmatrix} K_1 & -K_1 & 0 \\ -K_1 & (+K_1+K_2) & -K_2 \\ 0 & -K_2 & K_2 \end{bmatrix} \begin{Bmatrix} \delta_1 \\ \delta_2 \\ \delta_3 \end{Bmatrix} = \begin{Bmatrix} P_1 \\ 0 \\ P_3 \end{Bmatrix} \tag{3}$$

경계조건 $\delta_1=0$을 식 (3)에 대입하면

$$\begin{bmatrix} K_1 & -K_1 & 0 \\ -K_1 & (+K_1+K_2) & -K_2 \\ 0 & -K_2 & K_2 \end{bmatrix} \begin{Bmatrix} 0 \\ \delta_2 \\ \delta_3 \end{Bmatrix} = \begin{Bmatrix} P_1 \\ 0 \\ P_3 \end{Bmatrix} \tag{4}$$

$$\begin{bmatrix} (+K_1+K_2) & -K_2 \\ -K_2 & K_2 \end{bmatrix} \begin{Bmatrix} \delta_2 \\ \delta_3 \end{Bmatrix} = \begin{Bmatrix} 0 \\ P_3 \end{Bmatrix}$$

가 되어 식 (4)를 풀면 δ_2, δ_3를 얻을 수 있다.

예제 10-3 그림과 같은 스프링 모델에서 강성매트릭스 방정식을 세워 각 절점의 회전각을 구할 수 있는 방안을 제시하라.

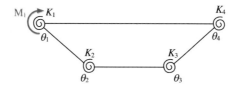

[풀이] 변형률 에너지는

$$U = \frac{1}{2}K_1\theta_1^2 + \frac{1}{2}K_2(\theta_2-\theta_1)^2 + \frac{1}{2}K_3(\theta_3-\theta_2)^2 + \frac{1}{2}K_4(\theta_4-\theta_3)^2 \tag{1}$$

카스틸리아노 제1정리에 따르면

$$\frac{\partial U}{\partial \theta_1} = M_1 = K_1\theta_1 - K_2(\theta_2-\theta_1)$$

$$\frac{\partial U}{\partial \theta_2} = 0 = K_2(\theta_2-\theta_1) - K_3(\theta_3-\theta_2)$$

$$\frac{\partial U}{\partial \theta_3} = 0 = K_3(\theta_3-\theta_2) - K_4(\theta_4-\theta_3) \tag{2}$$

$$\frac{\partial U}{\partial \theta_4} = 0 = K_4(\theta_4-\theta_3)$$

강성도매트릭스 방정식 형태로 나타내면

$$\begin{bmatrix} (K_1+K_2) & -K_2 & 0 & 0 \\ -K_2 & (K_2+K_3) & -K_3 & 0 \\ 0 & -K_3 & (K_3+K_4) & -K_4 \\ 0 & 0 & -K_4 & K_4 \end{bmatrix} \begin{Bmatrix} \theta_1 \\ \theta_2 \\ \theta_3 \\ \theta_4 \end{Bmatrix} = \begin{Bmatrix} M_1 \\ 0 \\ 0 \\ 0 \end{Bmatrix} \tag{3}$$

경계조건이 주어진다면 이를 식 (3)에 대입하여 풀면 각 절점의 각 변위를 구할 수 있다.

10.5 공액 에너지 정리

1) 가상공액일의 원리

식 (10-18)의 가상일의 원리는 일과 변형률 에너지 사이에 성립하였던 평형상태를 위한 에너지 개념의 필요충분조건이었다. 이것을 공액일과 공액 에너지 관계로 확장하여 가상공액일의 원리(principle of complementary virtual work)라는 다음 식을 생각할 수 있다.

$$\Delta W^* = \Delta U^* \tag{10-25}$$

ΔW^*와 ΔU^*는 그림 10-1에서 공액일과 공액 에너지를 각각 나타낸다.

2) 공액 에너지 정리

그림 10-6과 같은 계에서 계에 발생하는 총 공액일은 다음과 같다.

$$W^* = \sum_{i=1}^{n} \int \delta_i dP_i \tag{10-26}$$

임의의 점 i를 제외한 다른 모든 점들의 하중값은 고정시키고, 점 i에 $\Delta\delta_i$ 변위를 일으키도록 하중 P_i에 ΔP_i만큼 증분시킬 때 공액일의 변화량 ΔW^*는 다음과 같다.

$$\Delta W^* = \int_0^{\Delta P_i} (\delta_i + \Delta\delta_i)dP_i$$
$$= \delta_i \Delta P_i + \int_0^{\Delta P_i} \Delta\delta_i dP_i \tag{10-27}$$

미소량들의 곱항인 두 번째 항을 무시하면 공액일의 변화량은

$$\Delta W^* = \delta_i \Delta P_i \tag{10-28}$$

가상공액일의 원리에서 $\Delta W^* = \Delta U^*$로 기술하였으므로 다음과 같이 쓸 수 있다.

$$\Delta W^* = \delta_i \Delta P_i = \Delta U^* \tag{10-29}$$

그리고 회전각과 모멘트에도 적용하고, ΔP_i와 ΔM_i를 0에 가깝게 놓으면 변위와 회전각에 대한 공액 에너지 정리를 다음과 같이 기술할 수 있다.

$$\delta_i = \frac{\partial U^*}{\partial P_i} \qquad (10\text{-}30)$$

$$\theta_i = \frac{\partial U^*}{\partial M_i} \qquad (10\text{-}31)$$

식 (10-30), (10-31)을 1878년과 1889년 이탈리아와 독일에서 각각 이들 식을 유도한 **Crotti**와 **Engesser**의 이름을 따서 Crotti-Engesser 정리라 부르기도 한다. 이들 식은 변형률 에너지 정리와 같이 선형, 비선형 변형 모두에 적용할 수 있으며 공액 에너지를 외력의 함수로 나타낼 수만 있다면 하중작용점에서 변위를 구할 수 있다는 뜻이 된다. 그러나 실제문제에서 공액 에너지를 구한다는 것이 쉽지 않은 문제로 남기 때문에 공액 에너지 정리는 다음에 소개하는 카스틸리아노 제2정리로 변환되어 많이 이용되고 있다.

3) 카스틸리아노 제2정리

구조물의 변형이 선형변형 상태에 있으면 그림 10-3과 식 (10-14)와 같이 공액 에너지는 변형률 에너지와 같은 값이 된다. 즉 $U^*=U$가 된다. 이때에는 식 (10-30), (10-31)의 공액 에너지 정리에서 U^* 대신 U를 대입하여도 동일한 결과를 얻게 되므로 다음과 같이 표현할 수 있다.

$$\delta_i = \frac{\partial U}{\partial P_i} \qquad (10\text{-}32)$$

$$\theta_i = \frac{\partial U}{\partial M_i} \qquad (10\text{-}33)$$

식 (10-32), (10-33)은 구조물 변형이 선형변형 상태여야 한다는 가정하에 성립하는 식이지만 재료역학에서는 탄성 영역에서 대부분의 변형을 취급하기 때문에 이것은 매우 강력한 에너지 해법이 된다. 일반적으로 재료역학에서 변형률 에너지는 식 (10-12)에서 보았듯이 하중들의 함수로 표현되므로 식 (10-32), (10-33)을 이용하면 손쉽게 하중작용점에서 변위를 구할 수 있게 된다. 재료역학의 에너지법 가운데 가장 보편적이고도 유용하게 사용되는 카스틸리아노 제2정리를 흔히 카스틸리아노 정리라고도 부르는데, 그 이유는 이와 같은 보편성과 유용성 때문이라고 할 수 있다. 공액 에너지 정리나 카스틸리아노 제2정리는 모두 하중작용점에서 변위를 산출하는 데 이용되는 식이다.

만약 하중이 작용하지 않는 임의 점에서 변위를 알고자 한다면 그 지점에 가상 하중(dummy load)을 주고 실제 하중과 가상 하중 모두에 의한 변형률 에너지를 산출한다. 그리고 가상 하중으로 변형률 에너지를 편미분한 뒤 가상 하중을 0으로 대치하면 구하고자 하는 임의 점에서 변위를 얻게 된다. 특히 카스틸리아노 제2정리는 재료역학에서 유용하게 사용되는 정리이므로 예제를 통하여 이 장에서 집중적으로 다루고자 한다. 이것은 정정문제와 부정정문제 모두에 체계적인 해법을 제시하는데, 이 절에서는 정정문제만 다루고 다음 절에 부정정문제를 취급한다.

예제 10–4 그림과 같은 외팔보의 끝단 A에 하중 P가 작용하고 있다. A점의 처짐과 처짐각(회전각)을 구하라.

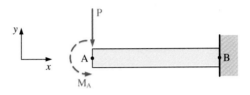

[풀이]   (1) A점의 처짐: AB 사이에 저장되는 변형률 에너지는

$$U = \frac{1}{2EI_z} \int_0^L M^2 dx \tag{1}$$

AB 사이에 굽힘 모멘트를 x의 함수로 나타내면

$$M = -Px \tag{2}$$

식 (2)를 식 (1)에 대입하여 적분하면 변형률 에너지는

$$U = \frac{1}{2EI_z} \int_0^L (-Px)^2 dx$$
$$= \frac{1}{6EI_z} P^2 L^3 \tag{3}$$

카스틸리아노 제2정리에 의해 하중 작용점 A에서 하중 P의 작용 방향으로 처짐은

$$\delta_A = \frac{\partial U}{\partial P} = \frac{PL^3}{3EI_z} \tag{4}$$

(2) A점의 처짐각: A점에서 처짐각을 구하기 위해 가상하중(dummy load) M_A를 그림의 점선과 같이 준다. 가상하중 M_A와 실제 하중 P에 의한 AB 사이의 굽힘 모멘트는

$$M = -Px - M_A \tag{5}$$

식 (5)를 식 (1)에 대입하면

$$U = \frac{1}{2EI_z} \int_0^L (-Px - M_A)^2 dx$$
$$= \frac{1}{2EI_z} \left(\frac{P^2 L^3}{3} + PM_A L^2 + M_A^2 L \right) \tag{6}$$

카스틸리아노 제2정리에 의해 하중작용점 A에서 가상하중 M_A 방향으로 처짐각

$$\theta_A = \frac{\partial U}{\partial M_A} = \frac{PL^2 + 2M_A L}{2EI_z} \tag{7}$$

가상하중은 실제로 없는 것이므로 $M_A = 0$을 식 (7)에 대입하면 실제 처짐각 θ_A를 다음과 같이 얻는다.

$$\theta_A = \frac{PL^2}{2EI_z} \tag{8}$$

카스틸리아노 제2정리를 정직하게 사용하면 선형변형 문제에서 정정문제와 부정정문제를 해결할 수 있다. 그러나 하중이 여러 개 작용하는 경우에는 카스틸리아노 제2정리의 정직한 적용에는 다음 ②, ③항에서와 같은 번거로움이 숨어 있다(예제 10-4의 처짐각 구할 때를 참조).

① 내력을 하중과 x의 함수로 표현

$$M = -Px - M_A$$

② 변형률 에너지를 구함. 이때 내력을 제곱한 뒤 적분함.
   하중이 여러 개 있으면 제곱항이 복잡해짐.

$$U = \frac{1}{2EI_z} \int_0^L (-Px - M_A)^2 dx$$

$$(-Px - M_A)^2 = P^2 x^2 + 2PM_A x + M_A^2$$

③ 변위를 구하기 위해 변형률 에너지를 편미분함.
   이것은 제곱하여 적분한 항을 다시 편미분하는 꼴임.

따라서 다음의 방법을 이용하면 ②항에서 제곱하는 과정을 한 단계 줄일 수 있다. 즉 집중하중 P_i와 집중 모멘트 M_i은 x의 함수가 아니므로 다음과 같이 적분하기 전에 P_i와 M_i에 관한 편미분이 가능하다.

$$U = \frac{1}{2EI_z} \int M^2 dx$$

$$\delta_i = \frac{\partial U}{\partial P_i} = \frac{\partial U}{\partial M} \cdot \frac{\partial M}{\partial P_i} = \frac{1}{EI_z} \int M \cdot \frac{\partial M}{\partial P_i} dx \tag{10-34}$$

$$\theta_i = \frac{\partial U}{\partial M_i} = \frac{\partial U}{\partial M} \cdot \frac{\partial M}{\partial M_i} = \frac{1}{EI_z} \int M \cdot \frac{\partial M}{\partial M_i} dx \qquad (10\text{-}35)$$

식 (10-34), (10-35)의 적용은 계산을 크게 줄여준다. 예제 10-4를 다시 풀어보자.

예제 10-5 예제 10-4에서 처짐각을 식 (10-35)를 이용하여 풀어보라.

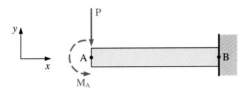

[풀이] 가상하중 M_A를 A점에 가하고, 가상하중과 실제 하중에 의한 AB 사이의 굽힘 모멘트는

$$M = -Px - M_A \qquad (1)$$

식 (10-35)에 의해

$$\theta_A = \frac{\partial U}{\partial M_A} = \frac{1}{EI_z} \int_0^L M \frac{\partial M}{\partial M_A} dx \qquad (2)$$

$M = -Px - M_A$ 이므로 $\dfrac{\partial M}{\partial M_A} = -1$ 이다.

M 과 $\dfrac{\partial M}{\partial M_A}$ 을 식 (2)에 대입하기 전에 가상하중 $M_A=0$을 넣으면 $M = -Px$, $\dfrac{\partial M}{\partial M_A} = -1$ 이 된다. 이것을 식 (2)에 대입하여 적분하면

$$\theta_A = \frac{1}{EI_z} \int_0^L (-Px)(-1)dx = \frac{PL^2}{2EI_z}$$

와 같이 계산과정을 줄일 수 있다.

예제 10-6 그림과 같이 굽어진 봉에 하중 P가 작용할 때 하중작용점 C에서의 처짐을 구하라.

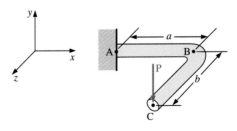

[풀이]   AB 사이와 BC 사이에서 하중 P에 의해 유발되는 내력을 각각 구해야 한다.
AB 사이에는 굽힘 모멘트와 비틀림 모멘트가 동시에 발생하며, 그 크기는

$$M_{AB} = -P(a-x)$$
$$T_{AB} = Pb \tag{1}$$

BC 사이에는 굽힘 모멘트만 발생하며, 그 크기는

$$M_{BC} = -P(b-z) \tag{2}$$

부재 전체에 대한 변형률 에너지 식을 기술하면

$$U = \frac{1}{2EI_z} \int_0^a M_{AB}^2 \, dx + \frac{1}{2GI_P} \int_0^a T_{AB}^2 \, dx + \frac{1}{2EI_z} \int_0^b M_{BC}^2 \, dz \tag{3}$$

식 (3)을 집중하중 P에 대하여 미분하면

$$\delta_c = \frac{\partial U}{\partial P} = \frac{1}{EI_z} \int_0^a M_{AB} \frac{\partial M_{AB}}{\partial P} dx + \frac{1}{GI_P} \int_0^a T_{AB} \frac{\partial T_{AB}}{\partial P} dx$$
$$+ \frac{1}{EI_z} \int_0^b M_{BC} \frac{\partial M_{BC}}{\partial P} dz \tag{4}$$

식 (1), (2)를 식 (4)에 대입하면

$$\delta_c = \frac{1}{EI_z} \int_0^a P(a-x)^2 dx + \frac{1}{GI_P} \int_0^a Pb^2 dx + \frac{1}{EI_z} \int_0^b P(b-z)^2 dz$$
$$= \frac{Pa^3}{3EI_z} + \frac{Pb^2 a}{GI_P} + \frac{Pb^3}{3EI_z} \tag{5}$$

첫째 항은 AB 사이에서 굽힘에 의한 C점의 처짐을 나타내고, 둘째 항은 AB 사이의 비틀림각이 C점의 처짐에 영향을 준 양이고, 셋째 항은 BC 사이의 굽힘에 의한 C점의 처짐을 나타낸다.

예제 10-7 그림 1과 같은 곡선보에서 하중작용점 B에서 굽힘 모멘트만에 의한 x 방향 변위와 y 방향 변위를 각각 구하라.

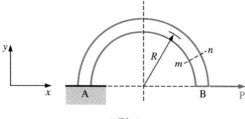

그림 1

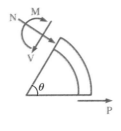 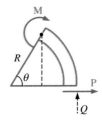

그림 2   그림 3

[풀이]   (1) x 방향 변위(수평변위):

임의 단면 mn에서 내력을 살펴보면 그림 2와 같이 축 방향 힘, 전단력, 굽힘 모멘트가 모두 존재한다. 축 방향 힘과 전단력에 의한 변형을 무시하면 그림 3과 같이 굽힘 모멘트만 남고, 그 크기는

$$M = PR\sin\theta \tag{1}$$

부재 전체에 대한 변형률 에너지는

$$U = \frac{1}{2EI_z} \int_0^\pi M^2 R d\theta \tag{2}$$

식 (2)를 집중하중 P에 대하여 미분하면 변위식이 된다.

$$(\delta_B)_x = \frac{\partial U}{\partial P} = \frac{1}{EI_z} \int_0^\pi M \frac{\partial M}{\partial P} R d\theta \tag{3}$$

식 (1)을 식 (3)에 대입하면

$$\begin{aligned}(\delta_B)_x &= \frac{1}{EI_z} \int_0^\pi (PR\sin\theta)(R\sin\theta) R d\theta \\ &= \frac{PR^3}{EI_z} \int_0^\pi \sin^2\theta d\theta\end{aligned} \tag{4}$$

$\int_0^\pi \sin^2\theta d\theta = \int_0^\pi \frac{1}{2}(1-\cos 2\theta)d\theta = \frac{1}{2}\left[\theta - \frac{1}{2}\sin 2\theta\right]_0^\pi = \frac{\pi}{2}$ 이므로 x 방향 변위는 다음과 같이 된다.

$$(\delta_B)_x = \frac{\pi PR^3}{2EI_z} \tag{5}$$

(2) y 방향 변위(수직변위):

B점에서 y 방향으로 실제 하중이 없기 때문에 가상 하중 Q를 그림 3과 같이 생각한다. 가상 하중 Q와 실제 하중 P에 의한 mn 단면에서 굽힘 모멘트는

$$M = PR\sin\theta + QR(1-\cos\theta) \tag{6}$$

식 (2)를 가상 집중하중 Q로 미분하면 y 방향 변위식이 된다.

$$(\delta_{\mathrm{B}})_{\mathrm{y}} = \frac{\partial \mathrm{M}}{\partial \mathrm{Q}} = \frac{1}{\mathrm{EI}_z} \int_0^\pi \mathrm{M} \frac{\partial \mathrm{M}}{\partial \mathrm{Q}} \mathrm{R} d\theta \qquad (7)$$

$\mathrm{M}, \dfrac{\partial \mathrm{M}}{\partial \mathrm{Q}}$ 에 가상 하중 Q=0을 넣어 식 (7)에 대입하기 위해 준비하면

$$\frac{\partial \mathrm{M}}{\partial \mathrm{Q}} = \mathrm{R}(1-\cos\theta), \ M_{Q=0} = PR\sin\theta \qquad (8)$$

를 얻게 되고 식 (8)을 식 (7)에 대입하면

$$(\delta_{\mathrm{B}})_{\mathrm{y}} = \frac{1}{\mathrm{EI}_z} \int_0^\pi (\mathrm{PR}\sin\theta)[R(1-\cos\theta)]Rd\theta \qquad (9)$$

$$= \frac{\mathrm{PR}^3}{\mathrm{EI}_z} \int_0^\pi \sin\theta(1-\cos\theta)d\theta$$

$\int_0^\pi \sin\theta(1-\cos\theta)d\theta = \int_0^\pi \left(\sin\theta - \frac{1}{2}\sin 2\theta\right)d\theta = \left[-\cos\theta + \frac{1}{4}\cos 2\theta\right]_0^\pi = 2$이

므로 y 방향 변위는 다음과 같이 된다.

$$(\delta_{\mathrm{B}})_{\mathrm{y}} = \frac{2\mathrm{PR}^3}{\mathrm{EI}_z} \qquad (10)$$

10.6 부정정문제

지금까지 우리는 평형방정식만으로 계에 작용하는 모든 미지외력(작용력, 지점반력)을 산출할 수 있는 정정계(statically determinate system) 문제만 취급하였다. 이 절에서는 평형방정식의 개수보다 구하여야 되는 미지외력의 개수가 더 많아 평형방정식만으로는 미지외력을 계산할 수 없는 부정정문제(statically indeterminate problem)를 다루고자 한다.

구해야 하는 모든 미지외력의 개수에서 이용할 수 있는 평형방정식의 개수를 뺀 나머지 미지외력이 n개가 있다면 이것을 n차 부정정문제라 한다. 이와 같은 n차 부정정문제는 평형조건을 제외한 n개의 여타 조건이 필요하다. 즉 n개의 여타 방정식이 필요하다는 뜻이다. 카스틸리아노 정리는 n차 부정정문제에 대한 평형방정식 개수를 제외한 n개의 여타 방정식을 제공해주어 부정정문제를 해결하는 데 매우 강력한 해법으로 알려져 있다.

대부분의 부정정문제는 지점반력이 과대하게 존재하는 데에서 야기된다. 지점에서는 변위가 0이므로, 카스틸리아노 정리와 이것을 조합하면 다음과 같이 생각할 수 있다.

xy평면에 놓인 그림 10-7과 같은 계에 알고 있는 외력 P가 작용한다. 외력 P에 대한 지점반력으로 $R_1, R_2, \cdots, R_{n+3}$이 나타난다고 하면, 구해야 하는 미지외력이 n+3개가 된다.

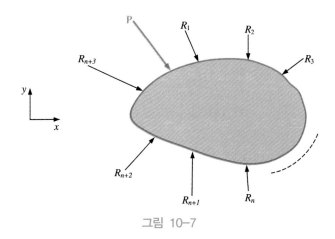

그림 10-7

xy평면 문제에서 평형방정식은 $\Sigma F_x = 0$, $\Sigma F_y = 0$, $\Sigma M = 0$ 3개이므로, 평형조건에서 구할 수 있는 미지외력 3개를 제외하면 구해야 하는 미지외력은 n개가 된다. 따라서 이것은 n차 부정정문제가 되며, 카스틸리아노 정리로부터 n개의 나머지 방정식을 도출할 수 있다. 그 과정을 요약하면 다음과 같다.

표 10-2 카스틸리아노 정리를 이용한 부정정문제 풀이 과정

① 계를 지점에서 분리시키고 지점반력으로 표현한다(n차 부정정문제).
② n개의 지점반력을 선정하여 작용외력으로 생각한다.
③ 평형방정식을 이용하여 지점반력으로 생각하는 3개의 반력을 실제 작용외력과 n개의 지점반력 작용외력으로 나타낸다.
④ 실제 작용외력과 n개의 선정된 지점반력 작용외력으로 계의 변형률 에너지를 나타낸다. 이때 변형률 에너지에는 실제 작용외력과 n개의 지점반력 작용외력만 나타나게 된다.
⑤ 지점에서는 변위가 0이라는 조건이 성립되므로 다음과 같은 n개의 방정식을 세울 수 있다.

$$\delta_1 = \frac{\partial U}{\partial R_1} = 0, \ \delta_2 = \frac{\partial U}{\partial R_2} = 0, \ \cdots, \ \delta_n = \frac{\partial U}{\partial R_n} = 0$$

⑥ n개의 방정식을 연립하여 풀면 n개의 미지 지점반력을 구할 수 있다.
⑦ ③항에 대입하여 나머지 3개 지점반력을 구한다.

예제 10-8 카스틸리아노 정리를 이용하여 그림 1의 A, B에서 모든 지점반력을 구하라.

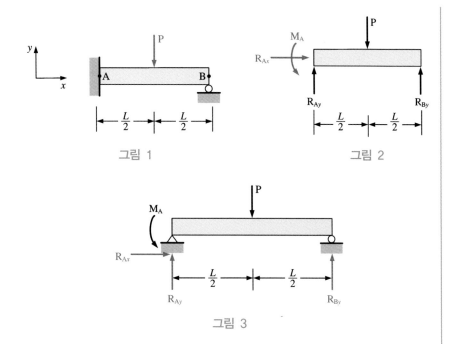

그림 1

그림 2

그림 3

[풀이] 표 10-2의 과정을 따라가 보자.

① 계를 지점에서 분리시키고 지점반력으로 표현하면 그림 2와 같이 된다. 평형조건
은 $\Sigma F_x = 0, \Sigma F_y = 0, \Sigma M = 0$ 3개이고 지점반력은 (R_{Ax}, R_A, R_B, M_A) 4개이므
로 이 문제는 1차 부정정문제가 된다.

② M_A를 작용외력으로 생각하면 그림 3과 같이 표현할 수 있다.

③ 평형방정식을 적용하여 그림 3의 지점반력(R_{Ax}, R_A, R_B)을 작용외력으로 표현한다.

$$\Sigma F_x = R_{Ax} = 0$$
$$\Sigma F_y = R_A + R_B - P = 0 \tag{1}$$
$$\Sigma M_A = M_A - \frac{1}{2}PL + R_B L = 0$$

식 (1)을 풀어 R_{Ax}, R_A, R_B를 구하면

$$R_{Ax} = 0$$
$$R_A = \frac{1}{2}P + \frac{M_A}{L} \tag{2}$$
$$R_B = \frac{1}{2}P - \frac{M_A}{L}$$

④ 변형률 에너지를 구하면 먼저 굽힘 모멘트는

$$M = \begin{cases} \left(\frac{1}{2}P + \frac{M_A}{L}\right)x - M_A & 0 < x < \frac{L}{2} \text{에서} \\ \left(\frac{1}{2}P + \frac{M_A}{L}\right)x - M_A - P\left(x - \frac{L}{2}\right) & \frac{L}{2} < x < L \text{에서} \end{cases}$$

$$\frac{\partial M}{\partial M_A} = \frac{x}{L} - 1 \qquad 0 < x < L \text{이 된다.}$$

$$\theta_A = \frac{\partial U}{\partial M_A} = \frac{1}{EI_z} \int_0^L M \frac{\partial M}{\partial M_A} dx \text{에서}$$

⑤ $\theta_A = \dfrac{\partial U}{\partial M_A} = 0$을 적용한다.

$$\theta_A = \frac{1}{EI_z} \int_0^{\frac{L}{2}} \left[\left(\frac{1}{2}P + \frac{M_A}{L} \right) x - M_A \right] \left[\frac{x}{L} - 1 \right] dx$$

$$+ \frac{1}{EI_z} \int_{\frac{L}{2}}^{L} \left[\left(\frac{1}{2}P + \frac{M_A}{L} \right) x - M_A - P \left(x - \frac{L}{2} \right) \right] \left[\frac{x}{L} - 1 \right] dx = 0 \qquad (3)$$

⑥ 적분하여 간단히 하면

$$\left(\frac{7}{24} M_A L - \frac{2}{48} P L^2 \right) + \left(\frac{1}{24} M_A L - \frac{1}{48} P L^2 \right) = 0 \qquad (4)$$

$$M_A = \frac{3}{16} PL$$

⑦ M_A를 식 (2)에 대입하면

$$R_A = \frac{11}{16} P$$

$$R_B = \frac{5}{16} P \qquad (5)$$

계산이 매우 복잡한 듯이 보이지만 과잉지점 모두를 체계적으로 구할 수 있으며, 지점반력 작용력을 어느 것으로 선정하느냐에 따라 계산을 줄일 수도 있다.

예제 10-9 카스틸리아노 정리를 이용하여 그림 1의 양단 고정보 A, B에서 모든 지점반력을 구하라.

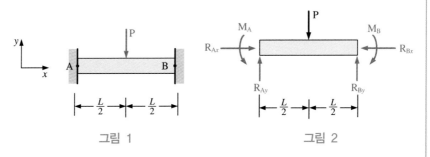

그림 1   그림 2

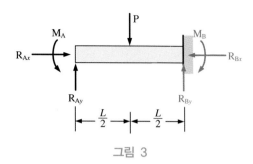

그림 3

[풀이]　① 계를 지점에서 분리시키고 지점반력으로 표현하면 그림 2와 같이 된다. 미지 지
점반력은 6개이고 평형방정식은 3개이므로 이 문제는 3차 부정정문제가 된다.

② R_{Ax}, R_{Ay}, M_A를 작용외력으로 생각하면 그림 3과 같이 표현할 수 있다.

③ 평형방정식을 적용하여 그림 3의 지점반력(R_{Bx}, R_{By}, M_B)을 작용외력으로 표현
한다.

$$\Sigma F_x = R_{Ax} - R_{Bx} = 0$$
$$\Sigma F_y = R_{Ay} + R_{By} - P = 0 \tag{1}$$
$$\Sigma M_B = M_A - R_{Ay}L + \frac{1}{2}PL - M_B = 0$$

식 (1)을 풀어 R_{Bx}, R_{By}, M_B를 구하면

$$R_{Bx} = R_{Ax}$$
$$R_{By} = P - R_{Ay} \tag{2}$$
$$M_B = M_A - R_{Ay}L + \frac{1}{2}PL$$

④ 변형률 에너지를 구하면 먼저 굽힘 모멘트는

$$M = \begin{cases} R_{Ay}x - M_A & 0 < x < \dfrac{L}{2} \text{에서} \\ R_{Ay}x - M_A - P\left(x - \dfrac{L}{2}\right) & \dfrac{L}{2} < x < L \text{에서} \end{cases}$$

축 방향 힘은

$$F = -R_{Ax} \qquad 0 < x < L$$

이므로 변형률 에너지 식은

$$U = \frac{1}{2EI_z} \int_0^L M^2 dx + \frac{1}{2EA} \int_0^L F^2 dx$$

A점에서 변형조건은

$$\theta_A = 0, \ \delta_{Ay} = 0, \ \delta_{Ax} = 0 \tag{3}$$

$$\theta_A = \frac{\partial U}{\partial M_A} = \frac{1}{EI_z} \int_0^L M \frac{\partial M}{\partial M_A} dx + \frac{1}{EA} \int_0^L F \frac{\partial F}{\partial M_A} dx$$

$$= \frac{1}{EI_z} \int_0^{\frac{L}{2}} (R_{Ay}x - M_A)(-1)dx + \frac{1}{EI_z} \int_{\frac{L}{2}}^{L} \left(R_{Ay}x - M_A - P\left(x - \frac{L}{2}\right)\right)(-1)dx$$

$$= \frac{1}{EI_z}\left[-\frac{1}{2}R_{Ay}L^2 + M_AL + \frac{1}{8}PL^2\right]$$

$$\delta_{Ay} = \frac{\partial U}{\partial R_{Ay}} = \frac{1}{EI_z}\int_0^L M\frac{\partial M}{\partial R_{Ay}}dx + \frac{1}{EA}\int_0^L F\frac{\partial M}{\partial R_{Ay}}dx$$

$$= \frac{1}{EI_z}\int_0^{\frac{L}{2}}(R_{Ay}x - M_A)(x)dx + \frac{1}{EI_z}\int_{\frac{L}{2}}^{L}\left(R_{Ay}x - M_A - P\left(x - \frac{L}{2}\right)\right)(x)dx$$

$$= \frac{1}{EI_z}\left[\frac{1}{3}R_{Ay}L^3 - \frac{1}{2}M_AL^2 - \frac{5}{48}PL^3\right]$$

$$\delta_{Ax} = \frac{\partial U}{\partial R_{Ax}} = \frac{1}{EI_z}\int_0^L M\frac{\partial M}{\partial R_{Ax}}dx + \frac{1}{EA}\int_0^L F\frac{\partial F}{\partial R_{Ax}}dx$$

$$= \frac{1}{EA}\int_0^L (-R_{Ax})(-1)dx = \frac{1}{EA}[R_{Ax}L]$$

⑤ $\theta_A, \delta_{Ay}, \delta_{Ax}$에 변형조건을 적용하면 다음과 같이 된다.

$$\theta_A = 0: -\frac{1}{2}R_{Ay}L^2 + M_AL + \frac{1}{8}PL^2 = 0 \tag{4}$$

$$\delta_{Ay} = 0: \frac{1}{3}R_{Ay}L^3 - \frac{1}{2}M_AL^2 - \frac{5}{48}PL^3 = 0 \tag{5}$$

$$\delta_{Ax} = 0: R_{Ax}L = 0 \tag{6}$$

⑥ 식 (4), (5), (6)을 연립하여 풀면

$$R_{Ay} = \frac{1}{2}P, \ M_A = \frac{PL}{8}, \ R_{Ax} = 0 \tag{7}$$

⑦ 식 (7)을 식 (2)에 대입하여

$$R_{Bx} = 0, \ R_{By} = \frac{1}{2}P, \ M_B = \frac{PL}{8} \tag{8}$$

A, B 지점의 모든 지점반력을 구할 수 있게 된다.

10.7 좌굴

10.7.1 서론

우리는 이 책에서 지금까지 모든 문제를 평형조건이라는 개념이 성립하도록 기술하여 왔다. 이제 이 책의 마지막에 해당되는 이 절에서 평형상태에 대한 보다 심도 있는 논의를 거쳐, 지금까지 사용해왔던 평형상태의 개념이 어떤 한계 영역 안에서 적용되어왔는지, 그리고 그 영역을 벗어나면 어떻게 되는지를 설명하고자 한다. 좌굴(buckling)의 개념은 평형상태의 한계 영역을 다루는 문제이다. 이 문제를 일반론적으로 취급하려면 퍼텐셜 에너지와 변분법(variational method) 및 고유치 문제(eigen value problem) 등에 관한 충분한 수학적 지식이 필요하다. 그러나 변분법이나 고유치문제는 이 책의 범주를 벗어나는 수학에 해당된다. 또한 좌굴 문제 자체는 아직도 많은 연구가 진행 중인 매우 어려운 분야에 속한다. 따라서 이 책에서는 좌굴의 개념과 에너지 개념을 이용한 좌굴해석의 일반적인 접근방법을 독자들에게 이해시키는 데 주 목적을 두고 간략히 기술하고자 한다.

10.7.2 평형의 안정성

평형의 안정성은 어떤 계가 평형상태로부터 약간 벗어났을 때, 처음 평형위치로 되돌아오려고 하는가, 약간 벗어난 상태에 그대로 있는가, 아니면 더욱더 벗어나려고 하는가의 문제이다.

우리는 지금까지 구조물의 변형 상태를 조사할 때 변형 전이나 변형된 후나 모두 평형상태에 있다고 생각하였다. 변형 전과 변형 후 사이에는 시간이라는 개념이 포함되는데 정역학적 변형에서는 시간을 생각하지 않고 각 순간순간 모두 정역학적 평형상태에 있다고 생각하고 변형을 조사하였던 것이다. 그리고 변형 자체도 아주 조금씩 일어나는 소변형을 가정하여 평형상태를 적용하였다. 이런 경우는 구조물이 최초 평형상태에서 약간 벗어나 다시 평형상태가 되었을 때 처음 평형위치로 되돌아가려는 상황을 전제로 한 변형해석에 해당된다. 이와 같이 처음 평형상태로 되돌아가려는 경향을 안정된 평형(stable equilibrium)이라 한다.

그러면 최초 평형상태에서 약간 벗어나 다시 평형상태가 되었다 하더라도 처음 평형위치로 되돌아가려는 경향이 없다면 어떻게 될까? 이때에는 계속해서 변형이 일어나며, 짧은 시간에 급격한 변형이 발생하게 된다. 이런 상태는 동역학적 관점에서 운동을 고려하면 순간순간 평형상태[식 (1-26) d'Alembert 원리]라 말할 수 있지만 재료역학적 관점에서 보면 평형이 붕괴된다고 말할 수 있다. 이와 같은 상태를 재료역학에서는 좌굴이라 표현하며 응력에 의한 붕괴가 아닌 평형상태의 붕괴에 의한 구조물 붕괴로 매우 중요한 과제로 대두되고 있다. 이렇게 처음 평형상태로 되돌아가려 하지 않는 평형의 경향을 불안정한 평형(unstable equilibrium)이라 한다. 평형의 경향을 나타내는 대표적인 모형을 그림 10-8에 나타내었다.

그림 10-8(a)는 안정 평형, (b)는 중립 안정평형 (c)는 불안정 평형의 모형을 나타내고

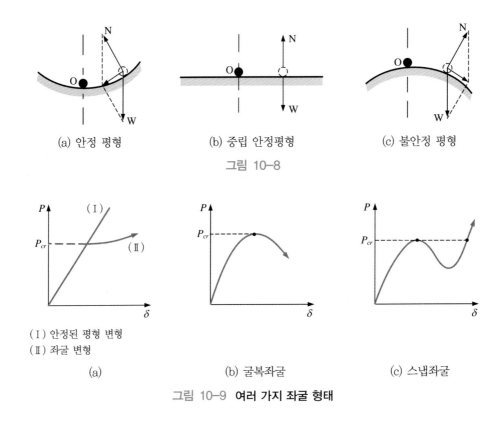

(a) 안정 평형　　　(b) 중립 안정평형　　　(c) 불안정 평형

그림 10-8

(Ⅰ) 안정된 평형 변형
(Ⅱ) 좌굴 변형

(a)　　　(b) 굴복좌굴　　　(c) 스냅좌굴

그림 10-9 **여러 가지 좌굴 형태**

있다. 여기서 중립안정 평형(neutral stable equilibrium)은 어떤 경우에도 정역학적 평형 상태가 되므로 안정 평형에 해당된다.

좌굴은 어떤 임계하중(critical load)에서 응력에 의해 파손되는 것이 아니라 평형의 불안정성에 기인하여 평형이 붕괴됨으로써 변형이 급격히 일어나 구조물이 파손에 이르는 현상을 말한다. 이와 같은 임계하중은 하중에 의한 응력이 항복응력에 도달하기 전에도 발생할 수 있으므로 설계에 있어서 좌굴 문제는 중요한 검토대상이 되는 것이다. 좌굴 문제에서는 좌굴하중(buckling load) 또는 임계하중과 변형 양태가 중요한 대상이며, 좌굴에서 대표적인 변형 양태를 그림 10-9에 나타내었다.

10.7.3 총 퍼텐셜에너지

평형의 안정성을 조사하기 위하여 총 퍼텐셜에너지(Total potential energy)의 개념을 사용하는 것이 문제를 일반화시킬 수 있다. 총 퍼텐셜에너지는 계에 발생하는 모든 퍼텐셜에너지를 뜻하며 다음과 같이 기술된다.

$$\pi = U + \phi = U - W \tag{10-36}$$

π: 총 퍼텐셜에너지

U: 내력에 의한 퍼텐셜에너지로 변형률 에너지라 부른다.

φ: 외력에 의한 퍼텐셜에너지

W: 외력에 의한 일로 외력에 의한 퍼텐셜에너지와의 관계는 $\phi = -W$이다.[5]

식 (10-36)은 구조물에서 총 퍼텐셜에너지에 대한 식이다. 총 퍼텐셜에너지와 평형의 안정성과의 관계를 살펴보기 위해 변형률 에너지를 고려하지 않는 그림 10-8의 중력에 의한 구의 운동에서 다음을 살펴보자.

그림 10-10(a) 안정 평형에서 A점에서의 구의 퍼텐셜에너지를 π_0라 하자. 중력하에서 어느 위치에 있다 하더라도 그 위치에서 초기 위치에너지를 갖고 있으므로 π_0는 초기 위치에너지에 해당된다. 구가 A에서 B로 옮겨가면 B점에서 퍼텐셜에너지와 그것의 θ에 대한 1차, 2차 미분을 다음과 같이 기술할 수 있다.

$$\pi = \pi_0 + mgR(1 - \cos\theta) = \pi_0 + mgR\frac{1}{2}\theta^2 \tag{10-37}$$

$$\frac{d\pi}{d\theta} = mgR\theta \tag{10-38}$$

$$\frac{d^2\pi}{d\theta^2} = mgR \tag{10-39}$$

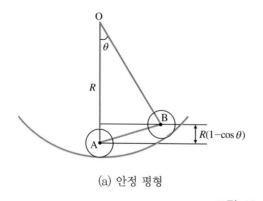

(a) 안정 평형

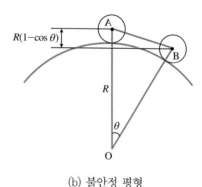

(b) 불안정 평형

그림 10-10

---

5) 보존력의 퍼텐셜에너지 φ와 보존력이 한 일 W와의 관계는 $\phi = -W$이다. 그 이유는, 보존력의 정의는 $F = -\nabla\phi$가 성립하는 힘 F를 말하고, 일의 정의는 $W = \int F \cdot dr = \int -\nabla\phi \cdot dr = -\int d\phi = -\phi$가 된다. 따라서 외력이 보존력이라면 $\phi = -W$가 성립한다.

여기서 θ가 작으면 Maclaurin 급수에서 $\cos\theta = 1 - \frac{1}{2}\theta^2$이 된다. 그림 10-10(b) 불안정 평형에서 A에서 B로 옮겼을 때 총 퍼텐셜에너지와 그의 1차, 2차 미분은 다음과 같다.

$$\pi = \pi_0 - mgR(1 - \cos\theta) = \pi_0 - mgR\frac{1}{2}\theta^2 \tag{10-40}$$

$$\frac{\mathrm{d}\pi}{\mathrm{d}\theta} = -\,mgR\theta \tag{10-41}$$

$$\frac{\mathrm{d}^2\pi}{\mathrm{d}\theta^2} = -\,mgR \tag{10-42}$$

그림 10-10과 식 (10-38), 식 (10-41)을 보면 최초 평형상태인 A점($\theta = 0$)에서는 안정 평형, 불안정 평형 모두에서 총 퍼텐셜에너지의 1차 미분값은 $\frac{\mathrm{d}\pi}{\mathrm{d}\theta} = 0$이 됨을 알 수 있다. 그리고 안정 평형에서는 식 (10-39)와 같이 $\frac{\mathrm{d}^2\pi}{\mathrm{d}\theta^2} = mgR > 0$으로 총 퍼텐셜에너지의 2차 미분이 양의 값(positive)이 되고, 불안정 평형에서는 식 (10-42)와 같이 $\frac{\mathrm{d}^2\pi}{\mathrm{d}\theta^2} = -\,mgR < 0$으로 2차 미분이 음의 값(negative)이 됨을 알 수 있다.

이것을 정리하여 총 퍼텐셜에너지와 평형상태 및 평형의 안정성과의 관계를 요약하면 다음과 같이 말할 수 있다.

총 퍼텐셜에너지의 1차 변분이 0인 상태가 평형상태를 가리키고, 2차 변분이 양이면 안정 평형, 음이면 불안정 평형, 0이면 중립 안정 평형을 나타낸다.

이것을 식으로 표현하면 다음과 같다.

$$\text{총 퍼텐셜에너지 } \pi = U - W \tag{10-43}$$

$$\text{평형상태 } \delta\pi = \delta U - \delta W = 0$$
$$\delta W = \delta U \tag{10-44}$$

$$\text{평형의 안정성 평가 } \delta^2\pi > 0\,(\text{안정 평형})$$
$$\delta^2\pi = 0\,(\text{중립 안정 평형}) \tag{10-45}$$
$$\delta^2\pi < 0\,(\text{불안정 평형})$$

식 (10-44)는 가상일의 원리 식 (10-18)과 같은 꼴을 보이고 있고 의미도 동일하다. 에너지 관점에서 평형상태의 조건으로 가상일의 원리를 이용하기도 하고 총 퍼텐셜에너지의 1차 변분을 이용하기도 하는 것은 이런 이유이다. 여기서 엄밀한 정의와 표현을 위해 '변분'이라는 용어와 '변분 연산자 δ'를 사용하여 평형의 안정성을 설명하였다. '변분'이라는 개념은 이 책의 범주를 벗어나므로 여러분들은 식 (10-37)에서 식 (10-42)까지에서 사용하였던 미분의 개념으로 일단 이해하고 있기를 바란다.

이상의 기술은 평형의 안정성에 대한 개념을 일반화시켜 여러분들에게 이해시키려고 한 것이다. 좌굴 문제만 취급하는 책들이 많이 나와 있고,[6] 이들 책에서는 상기의 일반화된 개념으로 문제를 해석하여 기술하고 있다. 그러나 이를 위하여 변분법, 고유치 문제 등의 수학적 지식이 필요하고, 이것은 이 책의 범주를 벗어난다. 따라서 이 책의 범주 안에서 좌굴 문제 해석이 가능한 방법과 해석 예를 다음 절에 기술한다.

10.7.4 좌굴 문제 해석

대표적인 좌굴 현상은 기둥의 좌굴, 판/셸의 좌굴을 들 수 있는데 판/셸의 좌굴은 맥주캔이 찌그러드는 현상으로 주변에서 쉽게 경험할 수 있다. 여기서는 기둥의 좌굴을 평형조건을 이용하는 이 책의 범주 안에서 기술하고자 한다.

좌굴 해석에서 우리가 얻고자 하는 가장 중요한 결과는 안정과 불안정 사이의 경계를 나타내는 임계하중(critical load)의 값을 찾아내는 것이다. 우리는 이 값을 변형 후에 평형조건을 적용하는 것으로써 찾아낼 수 있다. 지금까지는 평형조건의 적용이 변형이 작고 탄성적으로 안정하다고 가정하여 변형되기 전의 상태에 적용하여 문제를 해결하여 왔었다. 그러나 평형의 안정성을 조사하기 위해서는, 비록 변형이 작다 하더라도 변형된 뒤의 형태에 대하여 평형조건을 적용하여야 한다. 이것은 임계하중에서의 변형이 안정과 불안정의 경계에 있는 중립 평형상태에 있다는 논리에서 비롯되는 것으로 다음 기둥의 예를 통하여 알 수 있다.

1) 핀 연결된 기둥에 대한 Euler 공식

그림 10-11(a)는 양단이 핀으로 연결되어 하중을 받고 있는 기둥이다. 하중작용선과 기둥의 중심선 및 지점들이 완전히 일치하고 기둥도 완전한 일직선이라는 완전히 이상적인 상태라면 좌굴은 일어나지 않아야 한다. 그러나 실제 현상에서는 이와 같이 이상적일 수가 없고 불안정 현상을 유발시키는 여러 요인들(기둥이 완전한 일직선이 아니라든가, 하중이 약간 비껴 작용한다든가, 기타 여러 요인)이 잠재되어 있을 수 있다. 따라서 그

---

6) H. G. ALLEN & P. S. BULSON, *Background to Buckling*, McGRAW-HILL Book COMPANY, 1980. 川井忠彦, 座屈問題 解析, 日本鋼構造協會.

림 10-11(b)와 같이 변형된 뒤에 다음과 같이 평형조건을 적용하여 평형의 안정성을 조사해보아야 한다. 변형된 뒤에 평형상태라면 그림 10-11(c)의 조각 부재 AC에서 다음 평형조건이 성립하여야 한다.

$$\Sigma M_C = M_x + Py = 0 \qquad (10\text{-}46)$$

굽힘 모멘트-처짐의 관계에서 $M_x = EI_z \dfrac{d^2y}{dx^2}$ 이므로 식 (10-46)은 다음과 같이 기술할 수 있다.

$$EI_z \frac{d^2y}{dx^2} + Py = 0 \qquad (10\text{-}47)$$

식 (10-47)은 변형된 뒤의 평형조건으로 이 방정식을 풀면 임계하중에 대한 정보를 얻을 수 있게 된다. 이 방정식은 미분방정식이므로 다음과 같이 일련의 과정으로 풀이된다. 편의상 고쳐 쓰면 다음과 같이 된다.

$$\frac{d^2y}{dx^2} + \frac{P}{EI_z}y = 0 \qquad (10\text{-}48)$$

$$p^2 = \frac{P}{EI_z} \qquad (10\text{-}49)$$

$$\frac{d^2y}{dx^2} + p^2 y = 0 \qquad (10\text{-}50)$$

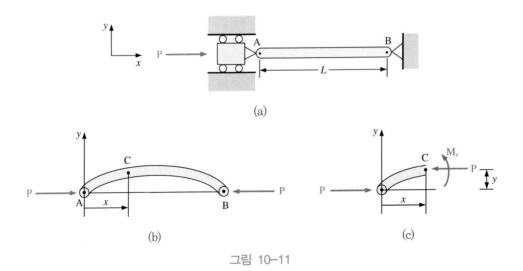

그림 10-11

식 (10-50)을 풀면 다음과 같이 된다.

$$y = A\sin px + B\cos px \tag{10-51}$$

경계조건 x=0에서 y=0, x=L에서 y=0을 식 (10-51)에 대입하면

$$B = 0 \tag{10-52}$$

$$A\sin pL = 0 \tag{10-53}$$

식 (10-53)이 성립하기 위해 적분상수 A=0이거나 sinpL=0의 두 경우가 존재한다. A=0 이면 적분상수 A=B=0으로 식 (10-51)은 언제나 y=0이 되어 기둥은 일직선이 된다. 그러나 $A \neq 0$이고 sinpL=0이 되면 $pL = n\pi$가 되어야 한다. 즉 $p = \dfrac{n\pi}{L}$가 되고 식 (10-51)은

$$y = A\sin px = A\sin\frac{n\pi}{L}x \tag{10-54}$$

로 변형된 형태를 갖게 된다. 지금까지 논의로 적분상수 A의 값은 알 수 없어 정확한 변위 값 자체는 모르지만 적어도 n의 값 n=1, 2, 3, … 에 따라 그림 10-12와 같이 변형의 양태는 알 수 있게 된다.

이와 같은 변형의 양태를 변형모드(deformation mode)라 하고 좌굴 해석에서는 '변형모드'를 아는 것과 '임계하중'을 찾아내는 것이 중요한 과제가 된다. 변형모드를 찾아내는 것을 모드해석(mode analysis)이라 하며 일반화된 개념에서는 고유치 문제를 통하여 해석된다. 고유치 문제는 이 책의 범주를 벗어나므로 여기에서는 상기와 같은 방법으로 모드에 대한 개념과 해석 예를 소개하는 것이다. 그림 10-12에서 n=1일 때를 1차 모드, n=2일 때를 2차 모드라 부르며, 여기서 1차, 2차라는 의미는 모드가 순차적으로 발생한다는 것을 의미하지는 않는다. 실제로 모드는 낮은 차수부터 일어날 가능성은 있지만 정확하게 어떤 모드가 발생할 것이라는 것을 예측하는 것은 쉽지 않다.

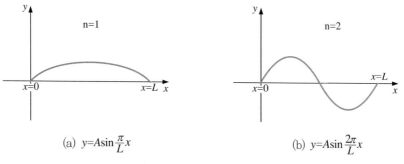

(a) $y=A\sin\dfrac{\pi}{L}x$ (b) $y=A\sin\dfrac{2\pi}{L}x$

그림 10-12 핀 기둥 좌굴 모드

다음으로 임계하중을 찾아내는 것이 중요하다. pL=nπ이므로 식 (10-49)에서

$$P = EI_z p^2 = \frac{n^2 \pi^2 EI_z}{L^2} \qquad (10\text{-}55)$$

를 얻게 된다. n=1일 때 P값이 가장 작으므로 다음과 같이 임계하중 P_{cr}을 쓸 수 있다.

$$P_{cr} = \frac{\pi^2 EI_z}{L^2} \qquad (10\text{-}56)$$

식 (10-56)의 기둥에 대한 임계하중 식을 Euler 공식이라 부르며 스위스의 수학자 Leonhard Euler(1707~1783)의 이름을 붙인 것이다.

임계하중에 대응하는 응력의 값을 임계응력이라 하며, 단면 2차 모멘트를 $I=Ar^2$이라 놓으면 다음과 같이 된다. 여기서 A는 단면적이고, r은 회전반경을 나타낸다.

$$\sigma_{cr} = \frac{P_{cr}}{A} = \frac{\pi^2 EAr^2}{AL^2} = \frac{\pi^2 E}{(L/r)^2} \qquad (10\text{-}57)$$

여기서 L/r은 기둥의 세장비(slenderness ratio)라 부르며 임계응력이 세장비의 제곱에 반비례함을 알 수 있다. 즉 세장비가 크면(작은 단면적에 길이가 길수록) 응력이 항복응력에 도달하여 파손되기 전에 임계응력 또는 임계하중에 의해 좌굴이 일어날 수 있음을 시사하는 내용이다. E=200 GPa, σ_y=300 MPa로 가정하여 식 (10-57)을 그래프로 그려놓은 그림 10-13을 보면 이해에 도움이 될 것이다.

응력에 의한 파손이 되려면 $\sigma > \sigma_y$, 즉 $\sigma >$300 MPa이어야 하지만 세장비가 커질수록 $\sigma < \sigma_y$ 영역인 σ_{cr}에 의해 좌굴에 의한 파손이 발생할 수 있음을 그림 10-13은 보여주고 있는 것이다.

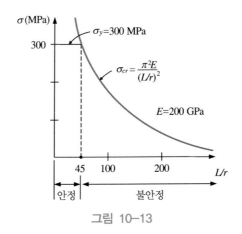

그림 10-13

2) 기타 경계조건에 의한 기둥의 좌굴

앞에서 양단 핀으로 연결된 기둥의 좌굴 해석을 예로 전형적인 기둥의 좌굴 해석 방법을 다루었다. 그 방법은 다음과 같이 요약 정리될 수 있다.

① 변형된 뒤의 평형방정식을 세운다.

② 경계조건을 적용하여 평형방정식을 푼다.

③ 임계하중과 모드를 조사한다.

이와 같은 방법으로 기타 경계조건에 대하여 임계하중과 변형모드를 조사하여 정리한 것을 그림 10-14에 나타내었다. 그림 10-14에서 임계하중은 다음의 대표 식에서 유효길이 계수 k값의 변화만 이용하고, 모드는 1차 모드(n=1)만을 나타내었다.

$$P_{cr} = \frac{\pi^2 EI_z}{(kL)^2} \tag{10-58}$$

식 (10-58)은 $P_{cr} = \dfrac{\pi^2 EI_z}{(kL)^2} = \dfrac{\pi^2 EI_z}{(L_e)^2}$ 로 kL=L$_e$로 놓으면 임계하중의 전형적인 Euler 공식이 된다. 여기서 L_e를 유효길이(effective length)라 부르고, 계수 k값의 변화로 경계조건에 따른 임계하중을 산출할 수 있게 된다.

기둥과 경계조건	임계하중 (유효길이 계수 k)	1차 변형모드 y
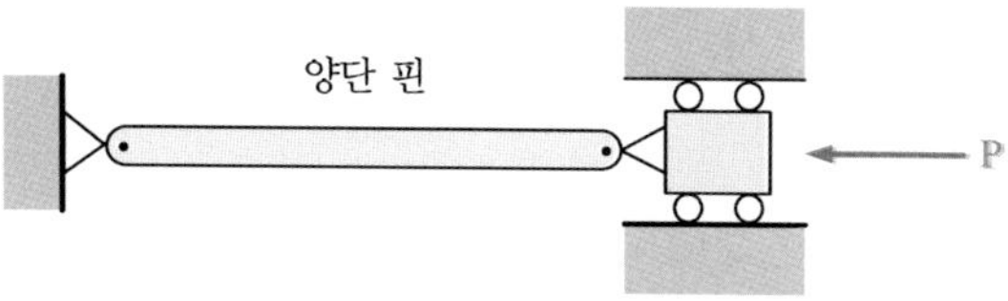 양단 핀	1.0	$A \sin \dfrac{\pi x}{L}$
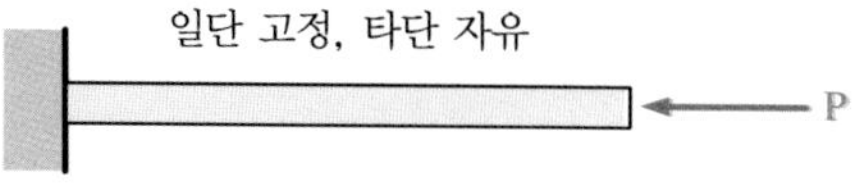 일단 고정, 타단 자유	2.0	$A\left(1 - \cos \dfrac{\pi x}{2L}\right)$
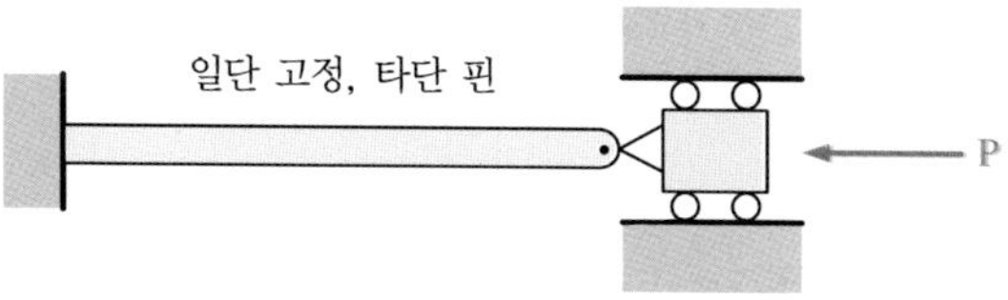 일단 고정, 타단 핀	0.7	$0.77A\left(1 - \cos \dfrac{ax}{L} + \dfrac{1}{a}\sin \dfrac{ax}{L} - \dfrac{x}{L}\right)$ $a = 4.49$
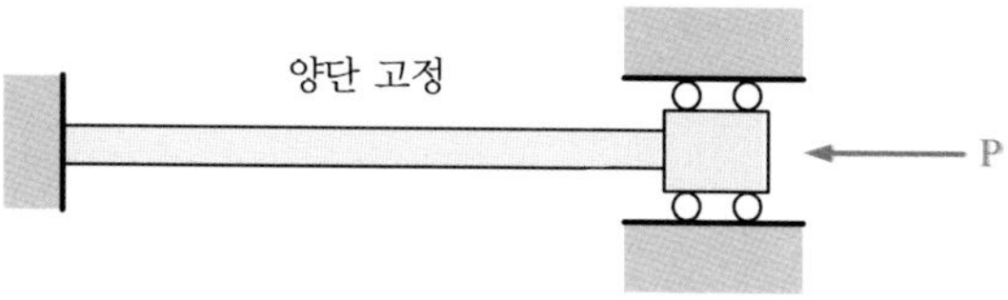 양단 고정	0.5	$A\left(1 - \cos \dfrac{2\pi x}{L}\right)$

그림 10-14 **여러 가지 경계조건의 기둥 좌굴**

10.8.1 서론

　지금까지 재료강도 설계 시 항복강도와 인장강도 등을 기준으로 삼았다. 그러나 재료 내부에 균열(crack)이 존재하는 경우, 외부 인장력이 작용할 때 균열선단(crack tip)에는 응력집중 현상이 생기고 이 응력집중 현상으로 말미암아 기존 재료강도 설계 시의 설계하중보다 훨씬 작은 하중 하에서도 파괴가 일어나게 되는 현상이 종종 발생한다. 이 문제를 전반적으로 이해하기 위해서는 파괴역학(fracture mechanics)이라고 하는 학문 분야를 이해하여야 하지만 여기서는 그 학문의 기초가 되는 개념 정도를 간략하게 소개하고자 한다.

10.8.2 균열선단 주위의 응력분포

　그림 10-15(a)와 같이 구조물에 균열이 존재하는 경우, 이 구조물에 인장하중이 작용하게 되면 균열 주위에는 그림 10-15(b)에 보이듯이 응력집중현상이 발생한다. 구조물이 탄성거동을 한다면 균열 주위의 응력분포는 (10-59) 식으로 주어지는 형태를 갖게 된다.

$$\sigma_y = \frac{K}{\sqrt{2\pi r}} \, f(\theta) \qquad\qquad (10\text{-}59)$$

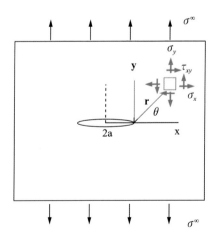

그림 10-15(a) **균열이 존재하는 구조물에 인장하중이 작용할 때**

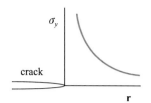

그림 10-15(b) **균열선단 주위의 응력분포**

여기서 위 식은 극좌표계의 형식으로 표현되었는데, r은 균열선단으로부터 떨어진 거리이며 $f(\theta)$는 θ만의 함수이다. (10-59) 식으로 주어지는 균열주위 응력장(stress field)의 특징을 살펴보면, 균열주위는 r이 0으로 접근하면 응력이 무한대로 발산하게 되는 현상이 발생한다. 즉 적어도 이론상으로는, 외부응력이 작더라도 균열이 존재하면 균열선단에는 매우 큰 응력이 발생하게 되어 구조물이 매우 취약해질 수 있다는 것을 의미한다.

여기서 새로 등장하는 K는 응력확대계수(stress intensity factor)라고 불리는 변수로서, 균열이 존재하는 구조물에 하중이 작용할 때 균열주위 응력장의 크기, 즉 위험도를 나타내는 변수이다. 응력확대계수 크기는 외부하중 크기와 균열 크기에 관계하는데, 균열 길이가 $2a$인 무한평판(infinite plane) 상에 외부응력 σ^{∞}가 작용할 때 (10-60) 식으로 주어지게 된다.

$$K = \sigma^{\infty} \sqrt{\pi a} \qquad\qquad (10\text{-}60)$$

위 식에서 주어지는 응력확대계수는 균열이 존재하는 구조물의 위험 정도를 나타내는 변수로서, 이 수치가 재료가 견딜 수 있는 한계인 K_{1c} 보다 클 경우 재료의 파괴가 진행된다. 재료가 견딜 수 있는 한계 정도는 재료마다 다르며, 이를 재료의 파괴인성치(fracture toughness)라 칭한다. 이 개념을 기존 설계개념과 비교하여 좀 더 자세히 설명하기로 한다. 기존 설계개념에서는 외부 힘에 의해 재료에 걸리는 응력이 한계응력인 항복강도나 인장강도를 초과하면 재료의 소성변형이나 파단이 이루어진다고 생각하였다. 이에 반하여 재료에 균열이 존재하는 경우에는, 외부 힘에 의해 발생한 균열주위의 응력확대계수가 재료의 임계확대계수인 재료의 파괴인성치보다 커지면 균열이 진전되어 파단 된다는 내용이다.

10.8.3 연성재료의 파괴변수

앞서 주어진 균열선단의 응력분포는 재료가 탄성거동을 한다는 가정 하에서 적용되는 수식인데, 실제 재료의 경우에는 균열 주위에 응력집중 현상이 생기기 때문에 균열 주위에는 항복응력을 초과하는 응력이 걸리게 된다. 이로 인하여 균열 주위에는 다소간의 소

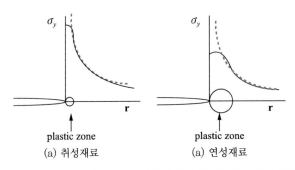

그림 10-16 **소성변형으로 인한 균열주위응력장의 응력완화 – 취성재료와 연성재료**

성변형(plastic deformation)이 발생하게 된다. 균열 주위에 재료의 소성변형이 일어나는 범위가 매우 작을 경우에 이 재료는 전체적으로 취성파괴(brittle fracture)가 일어나게 되며, 반대로 균열 주위에 소성변형이 일어나는 범위가 매우 넓게 퍼져있는 경우에 이 재료는 연성파괴(ductile fracture)가 일어나게 된다. 재료가 연성파괴에 의해 파단이 일어나는 경우, 균열주위 응력장은 그림 10-16에서 보듯이 응력완화(stress relaxation) 현상이 발생하게 되며 균열 주위 응력장의 분포가 (10-59) 식으로부터 많이 벗어나게 된다. 이 경우 응력확대계수가 파괴변수가 될 수 없으며 J-적분(J integral)으로 일컬어지는 새로운 변수가 균열진전을 결정짓는 변수가 된다. 이 경우 앞서의 응력확대계수 논의 때와 마찬가지로, 소성변형이 심한 경우에는 외부응력으로 인해 균열 주위에는 어떤 J-적분값이 걸리게 되며, 이 값이 재료의 파괴인성치인 J_{1c} 보다 클 경우 균열진전이 이루어지게 된다. 결론적으로 말하면 취성재료의 경우에는 임계확대계수인 K_{1c}가 재료의 파괴인성치가 되며, 연성재료의 경우에는 임계 J-적분치 J_{1c}가 파괴인성치의 척도가 된다.

취성파괴는 큰 소성변형을 동반하지 않으므로 균열진전에 대한 저항이 상대적으로 적어서 균열이 상당한 속도로 진행하는 불안정한 파괴를 수반하는 경우가 많다. 반면에 연성파괴는 큰 소성변형을 동반하므로 균열진행 저항이 상대적으로 큰 편이고 비교적 균열진전 속도가 느리고 파괴인성치가 커져서 구조물 재료가 균열진전 방지에 크게 기여하게 된다. 일반적으로 항복강도가 높은 재료일수록 소성변형이 잘 일어나지 않아 재료는 취성파괴를 일으키는 경향이 있으며, 반대로 항복강도가 낮은 재료일수록 소성변형이 쉽게 일어나 연성이 풍부한 재료가 되며 연성파괴를 일으키게 된다. 즉, 기존 설계관점에서는 항복강도가 높은 재료가 큰 외부 힘을 지탱할 수 있는 좋은 재료이지만, 균열이 존재하는 경우는 취성파괴를 유발하게 되어 파괴인성치가 낮아지는 현상을 초래하게 된다. 따라서 균열이 존재할 가능성이 높은 구조물에 무작정 높은 항복강도를 갖는 재료를 선택하는 것은 절대로 바람직하지 못하다.

재료가 취성파괴를 하느냐 연성파괴를 하느냐의 문제는 일차적으로 재료의 변형 특성에 관계하지만, 동일한 재료라도 구조물이 사용되는 온도환경에 따라 파단 양식이 달라질 수 있다. 한 가지 예로 탄소강의 경우, 보통의 온도에서는 연성파괴를 하는 재료라 할지라도 온도가 급격히 떨어지는 환경 하에서는 취성파괴가 이루어진다. 이 연성파괴와 취성파괴의 변환을 일으키는 온도를 천이온도(transition temperature)라고 하는데, 재료에 따라 이 온도가 정해진다. 천이온도 이하에서 구조물로 사용되는 경우에는 균열전파 여부에 세심한 주의를 기울여야한다.

10.8.4 파괴인성치 측정 – 균열 진전의 실험적 고찰

균열진전을 연구하기 위해서는 그림 10-17과 같은 모양을 갖는 CT 시편(Compact Tension Specimen)이 필요하다. 즉 기존의 인장시편 대신에 이 CT 시편을 제작하여, 이 시편을 인장시험기에 장착하여 하중과 변위를 측정하게 된다. 이 경우 CT 시편을 당기는 특별한 지그가 별도로 제작되어야 하는 것은 물론이거니와, 시험편의 균열길이 측정이 가장 중요한 문제가 된다. 균열 길이를 측정하는 방법에는 여러 가지가 있는데, 균열 끝에 현미경을 장착하여 하중을 가한 상태에서 벌어진 표면의 균열길이를 측정하는 광학적 방법, 시편에 하중을 가하고 제거하는 것을 반복하면서 이 시편의 강성도(stiffness)를 측정하는 컴플라이언스(Compliance)방법, 그리고 시편에 일정한 전류를 흘려보내면서 균열 진전에 따라 전기저항이 커지는 원리를 이용한 퍼텐셜 드롭(Potential Drop)법 등이 있다.

파괴인성치를 측정하기 위해 사용되는 CT 시편은 시편 제작이 번거로울 뿐만 아니라 그 시편의 균열 길이를 측정하는 데는 앞서 언급한 여러 가지 방법이 있는데 매우 정교한 실험이 필요하다. 따라서 간접적인 방법으로 재료의 파괴인성치를 유추해볼 수 있는 방

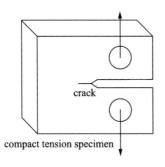

그림 10-17 **파괴역학 실험 시 사용되는 CT specimen**

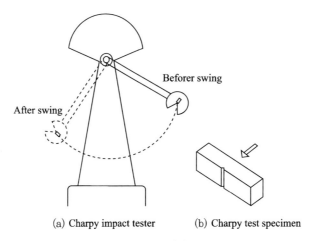

(a) Charpy impact tester   (b) Charpy test specimen

그림 10-18 (a) 샤르피 충격 테스터기 (b) 샤르피 충격 테스터 시편 형상

법이 있는데 이는 재료의 인장시험 결과에서 변형양식을 보면 된다. 즉, 그림 10-1(b), (c)에서 보이는 바와 같은 응력변형도 선도에서 음영부분의 면적은 (10-1)식으로 주어진 변형률에너지를 나타내며, 이는 재료가 끊어질 때까지 흡수하는 에너지를 나타내고 이 면적의 상대적인 크기는 재료 파괴인성치의 척도로 사용될 수 있다. 물론 이 데이터는 재료의 균열진전에 관한 성질을 측정한 것은 아니지만 파괴인성치의 정성적인 데이터로서는 충분한 가치가 있다.

파괴인성치를 간접적으로 측정하는 방법 중에 하나로 샤르피 충격 테스트(Charpy Impact Test)가 있다. 그림 10-18(a)에 보는 바와 같은 충격시험기를 사용하여 10-18(b)에 보이는 바와 같은 충격시편을 타격하여 시편이 절단되기까지 시편이 흡수하는 에너지양을 측정하는 방법이다. 즉, 시편의 파괴인성치가 높을수록 시편 파단 시까지 더 많은 에너지가 필요할 것이고, 이는 충격테스터기 햄머의 실험 전후 높이 차이가 커지게 되는 원리이다.

한편, 원자로 터어빈블레이드 등과 같이 고온에서 사용되고 있는 재료의 경우에 재료 파괴는 크립(creep)이라고 불리는 거동이 발생하는데 고온파괴역학(high Temperature Fracture Mechanics)에 대한 이해를 요한다. 크립현상은 $0.4 \sim 0.7\,T_m$ (T_m은 재료의 용융점) 정도의 매우 높은 온도에서 발생하는 현상인데, 이는 파괴가 매우 서서히 진행되는 특징이 있다. 동일한 크립 파괴의 영역이라 할지라도 기공(vacancy)의 확산(diffusion) 등과 같은 원자(atom) 이동에 관한 미세기구(micro mechanism)에 대한 지식이 필요한 영역도 있다.

01 그림과 같이 단진보에서 인장하중을 받을 때 저장되는 에너지를 구하라.
(단, 탄성계수 $E = 2.1 \times 10^6 \text{ kgf/cm}^2$)

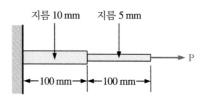

02 그림과 같이 단지보에서 비틀림 하중을 받을 때 저장되는 변형률 에너지를 구하라.
(단, $E = 2.1 \times 10^6 \text{ kgf/cm}^2$, $\nu = 0.3$)

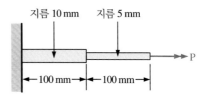

03 그림과 같이 단진보에서 하중 P에 의해 발생하는 전단력과 굽힘 모멘트에 의해 저장되는 변형률 에너지를 계산하라.(단, 푸아송비는 0.3)

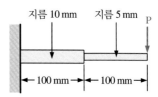

04 가상일의 원리를 간단히 설명하고 수식으로 표현하라.

05 카스틸리아노의 정리를 이용하여 다음 구조물의 하중 작용점 B에서 처짐을 구하라.

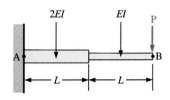

06 카스틸리아노 정리를 이용하여 문제 5의 점 B에서의 처짐각을 구하라.

07 카스틸리아노 정리를 이용하여 다음 곡선보에서 하중작용점 B에서 굽힘 모멘트만에 의한 y 방향 처짐을 계산하라.

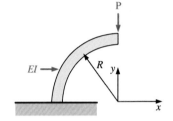

08 문제 7에서 축 방향 힘과 전단력에 의한 y 방향 처짐을 계산하여 굽힘 모멘트에 의한 것과 비교하라.

※ 카스틸리아노 정리를 이용하여 다음 구조물들의 하중작용점에서 하중작용 방향으로의 처짐을 계산하라.(문제 9~11)

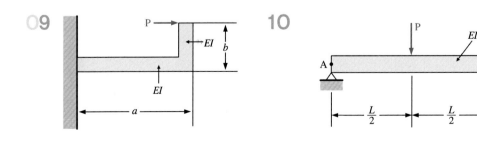

11

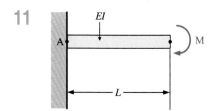

※ 카스틸리아노 정리를 이용하여 다음 부정정문제에서 지점반력과 하중작용점에서의
　처짐 또는 처짐각을 구하라.(문제 12~17)

12

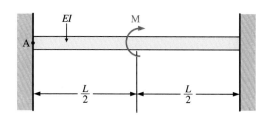

13

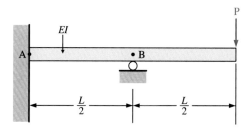

14

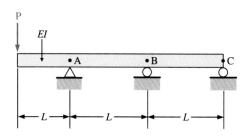

15

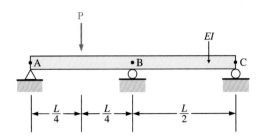

16

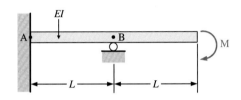

17

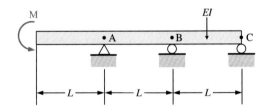

18 총 퍼텐셜에너지를 간단히 설명하고 수식으로 표현하라.

19 다음 일단 고정 타단 자유의 기둥에서 좌굴 임계하중을 구하라.

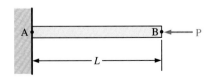

20 다음 양단 고정의 기둥에서 좌굴 임계하중을 구하라.

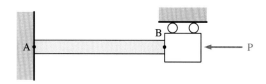

부록A　재료의 기계적 성질(참고용)

주의 : 본 부록A는 재료역학을 학습할 때에 참고로 활용할 뿐 실제 설계시에는 반드시 ASTM, ASME 같은 곳의 <기술 표준 문서>를 확인하여 설계하여야 합니다.

재료		Young's Modulus	The Shear Modulus	The Bulk Modulus	Poisson's ratio	Yield Strength	Tensile Strength	Density
		E(세로,종 탄성계수)	G(가로,횡 탄성계수)	K(체적 탄성계수)	ν (프와송비)	항복강도	인장강도 (극한강도)	밀도
영문	한국어	$GPa(10^9 \times N/m^2)$	$GPa(10^9 \times N/m^2)$	$GPa(10^9 \times N/m^2)$	$(E/2G)-1$	$MPa(10^6 \times N/m^2)$	$MPa(10^6 \times N/m^2)$	kg/m^3
Iron(Fe)	철	204~212	78~84	160~178	0.30	50	230~345	7880
Cast Iron (1.8~4%C+1~3%Si+Fe)	주철	80~150	31~60	54~107	0.25~0.26	-	100~450	7350
Mild Steel(0.12~0.2%C+Fe)	연강	205	80	140	0.29	370	440	7800
Cast Steel (ASTM A27 Grade 60-30)	주강	190	73	172	0.29	230	470	7800
Cast Steel (ASTM A27 Grade 65-35)	주강	190	73	172	0.29	270	500	7800
Cast Steel (ASTM A27 Grade 70-36)	주강	190	73	172	0.29	280	550	7800
Cast Steel (ASTM A27 Grade 60-40)	주강	190	73	172	0.29	310	540	7800
Cast Steel(ASTM A36)	구조 용강	200	78	172	0.26	250	400~550	7800
Stainless Steel(ASTM A304 Grade 304)	스텐리 스강	190~203	74~81	134~151	0.27	205	515	8000
Stainless Steel (ASTM A316 Grade 316)	스텐리 스강	190~203	74~81	134~151	0.27	205	515	8000
Copper(Cu)	구리	121~133	44~49	130~145	0.35	100	210~390	8940
Bronze	청동	70~120	25~46	104~125	0.34	125	140~800	8730
Brass	황동	117	39	105~115	0.34	140	338~469	8730
Aluminum Alloy (Al+Si+Cu+Mg) : 6061-T6	알루 미늄	68~88	25~34	62~106	0.32~0.36	276	310	2950
Duralumin (95Al+4Cu+1Mg)	두랄 루민	73	26	56	0.30	450	420~500	2780
Lead(Pb)	납	13~15	4~6	30~45	0.44	18	12~20	11390
Zinc(Zn)	아연	90~110	35~45	55~75	0.25	37	90~200	7150
Gold(Au)	금	76~81	26~30	148~180	0.42	80	100~220	19350
Silver(Ag)	은	69~74	24~28	84~118	0.40	54	110~340	10500
Platinum(Pt)	백금	154~172	54~64	222~274	0.38~0.39	-	120~245	21470

ASTM : American Society for Testing and Materials (미국 재료 시험 학회)
ASME : American Society of Mechanical Engineers (미국 기계 학회)

부록B 평면도형의 성질

기호 : $A = $ 면적

$\overline{x}, \overline{y} = $ 도심 C까지의 거리

$I_x, I_y = x, y$축에 관한 관성 모멘트

$I_{xy} = x, y$축에 관한 관성승적

$I_p = I_x + I_y = $ 극관성 모멘트

$I_{BB} = B - B$축에 관한 관성 모멘트

B.1

직사각형 (도심이 축원점)

$$A = bh \qquad \overline{x} = \frac{b}{2} \qquad \overline{y} = \frac{h}{2}$$

$$I_x = \frac{bh^3}{12} \qquad I_y = \frac{hb^3}{12}$$

$$I_{xy} = 0 \qquad I_p = \frac{bh}{12}(h^2 + b^2)$$

B.2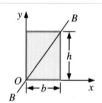

직사각형 (모서리가 축원점)

$$I_x = \frac{bh^3}{3} \qquad I_y = \frac{hb^3}{3}$$

$$I_{xy} = \frac{b^2h^2}{4} \qquad I_p = \frac{bh}{3}(h^2 + b^2) \qquad I_{BB} = \frac{b^3h^3}{6(b^2 + h^2)}$$

B.3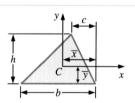

삼각형 (도심이 축원점)

$$A = \frac{bh}{2} \qquad \overline{x} = \frac{b+c}{3} \qquad \overline{y} = \frac{h}{3}$$

$$I_x = \frac{bh^3}{36} \qquad I_y = \frac{bh}{36}(b^2 - bc + c^2)$$

$$I_{xy} = \frac{bh^2}{72}(b - 2c) \qquad I_p = \frac{bh}{36}(h^2 + b^2 - bc + c^2)$$

B.4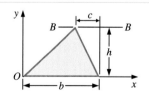

삼각형 (정점이 축원점)

$$I_x = \frac{bh^3}{12} \qquad I_y = \frac{bh}{12}(3b^2 - 3bc + c^2)$$

$$I_{xy} = \frac{bh^2}{24}(3b - 2c) \qquad I_{BB} = \frac{bh^3}{4}$$

B.5 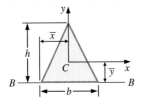 정삼각형(도심이 축원점)

$$A = \frac{bh}{2} \qquad \bar{x} = \frac{b}{2} \qquad \bar{y} = \frac{h}{3}$$

$$I_x = \frac{bh^3}{36} \qquad I_y = \frac{hb^3}{48} \qquad I_{xy} = 0$$

$$I_p = \frac{bh}{144}(4h^2 + 3b^2) \qquad I_{BB} = \frac{bh^3}{12}$$

(주: $h = \sqrt{3}\,b/2$)

B.6 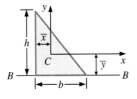 직각삼각형(도심이 축원점)

$$A = \frac{bh}{2} \qquad \bar{x} = \frac{b}{3} \qquad \bar{y} = \frac{h}{3}$$

$$I_x = \frac{bh^3}{36} \qquad I_y = \frac{hb^3}{36} \qquad I_{xy} = -\frac{b^2h^2}{72}$$

$$I_p = \frac{bh}{36}(h^2 + b^2) \qquad I_{BB} = \frac{bh^3}{12}$$

B.7 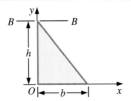 직각삼각형(정점이 축원점)

$$I_x = \frac{bh^3}{12} \qquad I_y = \frac{hb^3}{12} \qquad I_{xy} = \frac{b^2h^2}{12}$$

$$I_p = \frac{bh}{12}(h^2 + b^2) \qquad I_{BB} = \frac{bh^3}{4}$$

B.8 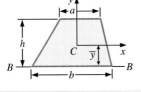 사다리꼴(도심이 축원점)

$$A = \frac{h(a+b)}{2} \qquad \bar{y} = \frac{h(2a+b)}{3(a+b)}$$

$$I_x = \frac{h^3(a^2 + 4ab + b^2)}{36(a+b)} \qquad I_{BB} = \frac{h^3(3a+b)}{12}$$

B.9 원(중심이 축원점)

$$A = \pi r^2 = \frac{\pi d^2}{4} \qquad I_x = I_y = \frac{\pi r^4}{4} = \frac{\pi d^4}{64}$$

$$I_{xy} = 0 \qquad I_p = \frac{\pi r^4}{2} = \frac{\pi d^4}{32}$$

$$I_{BB} = \frac{5\pi r^4}{4} = \frac{5\pi d^4}{64}$$

B.10 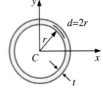 원환(중심이 축원점)

t 가 작을 때의 근사공식

$$A = 2\pi rt = \pi dt \qquad I_x = I_y = \pi r^3 t = \frac{\pi d^3 t}{8}$$

$$I_{xy} = 0 \qquad I_p = 2\pi r^3 t = \frac{\pi d^3 t}{4}$$

B.11

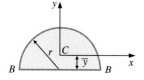

반원(도심이 축원점)

$$A = \frac{\pi r^2}{2} \qquad \overline{y} = \frac{4r}{3\pi}$$

$$I_x = \frac{(9\pi^2 - 64)r^4}{72\pi} \approx 0.1098r^4 \qquad I_y = \frac{\pi r^4}{8}$$

$$I_{xy} = 0 \qquad I_{BB} = \frac{\pi r^4}{8}$$

B.12

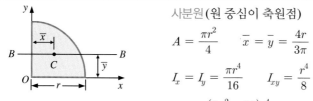

사분원(원 중심이 축원점)

$$A = \frac{\pi r^2}{4} \qquad \overline{x} = \overline{y} = \frac{4r}{3\pi}$$

$$I_x = I_y = \frac{\pi r^4}{16} \qquad I_{xy} = \frac{r^4}{8}$$

$$I_{BB} = \frac{(9\pi^2 - 64)r^4}{144\pi} \approx 0.05488r^4$$

B.13

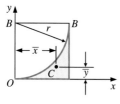

사분원형의 삼각형(정점이 축원점)

$$A = \left(1 - \frac{\pi}{4}\right)r^2$$

$$\overline{x} = \frac{2r}{3(4 - \pi)} \approx 0.7766r$$

$$\overline{y} = \frac{(10 - 3\pi)r}{3(4 - \pi)} \approx 0.2234r$$

$$I_x = \left(1 - \frac{5\pi}{16}\right)r^4 \approx 0.01825r^4$$

$$I_y = I_{BB} = \left(\frac{1}{3} - \frac{\pi}{16}\right)r^4 \approx 0.1370r^4$$

B.14

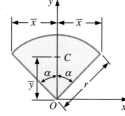

부채꼴형(원 중심이 축원점)

$$\alpha = \text{angle in radians} \qquad \left(\alpha \leq \frac{\pi}{2}\right)$$

$$A = \alpha r^2 \qquad \overline{x} = r\sin\alpha \qquad \overline{y} = \frac{2r\sin\alpha}{3\alpha}$$

$$I_x = \frac{r^4}{4}(\alpha + \sin\alpha\cos\alpha)$$

$$I_y = \frac{r^4}{4}(\alpha - \sin\alpha\cos\alpha)$$

$$I_{xy} = 0 \qquad I_p = \frac{\alpha r^4}{2}$$

B.15

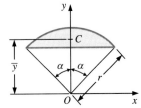

활꼴 (원의 중심이 축원점)

$\alpha = \text{angle in radians} \quad \left(\alpha \le \dfrac{\pi}{2} \right)$

$A = r^2 (\alpha - \sin \alpha \, \cos \alpha)$

$\bar{y} = \dfrac{2r}{3} \left(\dfrac{\sin^3 \alpha}{\alpha - \sin \alpha \, \cos \alpha} \right)$

$I_x = \dfrac{r^4}{4} (\alpha - \sin \alpha \, \cos \alpha + 2 \sin^3 \alpha \, \cos \alpha)$

$I_{xy} = 0$

$I_y = \dfrac{r^4}{12} (3\alpha - 3\sin \alpha \, \cos \alpha - 2 \sin^3 \alpha \, \cos \alpha)$

B.16

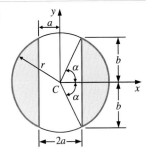

핵이 제거된 원 (원의 중심이 축원점)

$\alpha = \text{angle in radians} \quad \left(\alpha \le \dfrac{\pi}{2} \right)$

$\alpha = \arccos \dfrac{a}{r} = \cos^{-1} \left(\dfrac{a}{r} \right) \qquad b = \sqrt{r^2 - a^2}$

$A = 2r^2 \left(\alpha - \dfrac{ab}{r^2} \right) \qquad I_{xy} = 0$

$I_x = \dfrac{r^4}{6} \left(3\alpha - \dfrac{3ab}{r^2} - \dfrac{2ab^3}{r^4} \right)$

$I_y = \dfrac{r^4}{2} \left(\alpha - \dfrac{ab}{r^2} + \dfrac{2ab^3}{r^4} \right)$

B.17

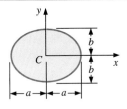

타원 (도심이 축원점)

$A = \pi ab \qquad I_x = \pi \dfrac{ab^3}{4} \qquad I_y = \pi \dfrac{ba^3}{4}$

$I_{xy} = 0 \qquad I_p = \dfrac{\pi ab}{4} (b^2 + a^2)$

$\text{Circumference} \approx \pi [1.5(a+b) - \sqrt{ab}]$

B.18

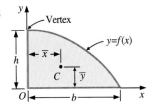

포물선 (모서리가 축원점)

$y = f(x) = h \left(\dfrac{1 - x^2}{b^2} \right)$

$A = \dfrac{2bh}{3} \qquad \bar{x} = \dfrac{3b}{8} \qquad \bar{y} = \dfrac{2h}{5}$

$I_x = \dfrac{16bh^3}{105} \qquad I_y = \dfrac{2hb^3}{15} \qquad I_{xy} = \dfrac{b^2 h^2}{12}$

B.19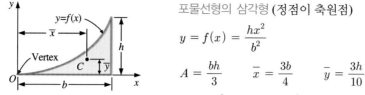

포물선형의 삼각형 (정점이 축원점)

$$y = f(x) = \frac{hx^2}{b^2}$$

$$A = \frac{bh}{3} \qquad \bar{x} = \frac{3b}{4} \qquad \bar{y} = \frac{3h}{10}$$

$$I_x = \frac{bh^3}{21} \qquad I_y = \frac{hb^3}{5} \qquad I_{xy} = \frac{b^2h^2}{12}$$

B.20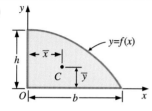

n 차 반활꼴 (모서리가 축원점)

$$y = f(x) = h\left(\frac{1-x^n}{b^n}\right) \qquad (n > 0)$$

$$A = bh\left(\frac{n}{n+1}\right) \qquad \bar{x} = \frac{b(n+1)}{2(n+2)} \qquad \bar{y} = \frac{hn}{2n+1}$$

$$I_x = \frac{2bh^3n^3}{(n+1)(2n+1)(3n+1)}$$

$$I_y = \frac{hb^3n}{3(n+3)} \qquad I_{xy} = \frac{b^2h^2n^2}{4(n+1)(n+2)}$$

B.21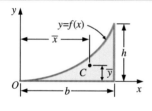

n 차의 삼각형 (정점이 축원점)

$$y = f(x) = \frac{hx^n}{b^n} \qquad (n > 0)$$

$$A = \frac{bh}{n+1} \qquad \bar{x} = \frac{b(n+1)}{n+2} \qquad \bar{y} = \frac{h(n+1)}{2(2n+1)}$$

$$I_x = \frac{bh^3}{3(3n+1)} \qquad I_y = \frac{hb^3}{n+3} \qquad I_{xy} = \frac{b^2h^2}{4(n+1)}$$

B.22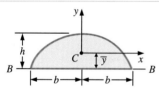

Sine 곡선 (도심이 축원점)

$$A = \frac{4bh}{\pi} \qquad \bar{y} = \frac{\pi h}{8}$$

$$I_x = \left(\frac{8}{9\pi} - \frac{\pi}{16}\right)bh^3 \approx 0.08659bh^3$$

$$I_y = \left(\frac{4}{\pi} - \frac{32}{\pi^3}\right)hb^3 \approx 0.2412hb^3$$

$$I_{xy} = 0 \qquad I_{BB} = \frac{8bh^3}{9\pi}$$

C.1

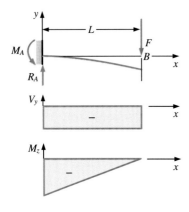

외력과 내력

$$R_A = -V_y = F$$
$$M_A = FL$$
$$M_x = F(x - L)$$

처짐

$$y_c = \frac{Fx^2}{6EI}(x - 3L)$$

$$(y_c)_{x=L} = \frac{FL^3}{3EI}$$

기울기

$$\theta = \frac{dy_c}{dx} = \frac{Fx}{2EI}(x - 2L)$$

C.2

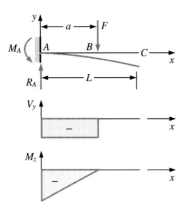

외력과 내력

$$R_A = -(V_y)_{AB} = F \qquad M_A = Fa$$
$$(M_x)_{AB} = F(x - a)$$
$$(M_x)_{BC} = (V_y)_{BC} = 0$$

처짐

$$(y_c)_{AB} = \frac{Fx^2}{6EI}(x - 3a)$$

$$(y_c)_{BC} = \frac{Fa^2}{6EI}(a - 3x)$$

$$(y_c)_{x=L} = \frac{Fa^2}{6EI}(a - 3L)$$

기울기

$$(\theta)_{AB} = \frac{Fx}{2EI}(x - 2a)$$

$$(\theta)_{BC} = \frac{-Fa^2}{2EI}$$

C.3

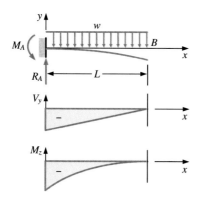

외력과 내력

$$R_A = wL \qquad M_A = \frac{wL^2}{2}$$

$$V_y = -w(L-x) \qquad M_x = -\frac{w}{2}(L-x)^2$$

처짐

$$y_c = \frac{wx^2}{24EI}(4Lx - x^2 - 6L^2)$$

$$(y_c)_{x=L} = -\frac{wL^4}{8EI}$$

기울기

$$\theta = \frac{wx}{6EI}(3Lx - x^2 - 3L^2)$$

C.4

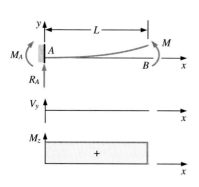

외력과 내력

$$R_A = V_y = 0 \qquad M_A = M_x = M$$

처짐

$$y_c = \frac{Mx^2}{2EI} \qquad (y_c)_{x=L} = \frac{ML^2}{2EI}$$

기울기

$$\theta = \frac{Mx}{EI}$$

C.5

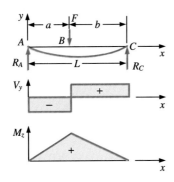

외력과 내력

$$R_A = \frac{Fb}{L} \qquad R_C = \frac{Fa}{L}$$

$$(V_y)_{AB} = -R_A \qquad (V_y)_{BC} = R_B$$

$$(M_x) = \frac{Fbx}{L} \qquad (M_x)_{BC} = \frac{Fa}{L}(L-x)$$

처짐

$$(y_c)_{AB} = \frac{Fbx}{6EIL}(x^2 + b^2 - L^2)$$

$$(y_c)_{BC} = \frac{Fa(L-x)}{6EIL}(x^2 + a^2 - 2Lx)$$

기울기

$$\theta_{AB} = \frac{Fb}{6EIL}(3x^2 + b^2 - L^2)$$

$$\theta_{BC} = \frac{Fa}{6EIL}(6Lx - 3x^2 - a^2 - 2L^2)$$

C.6

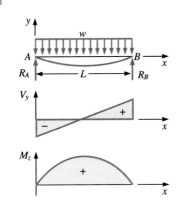

외력과 내력

$$R_A = R_B = \frac{wL}{2} \qquad V_y = -w\left(\frac{L}{2} - x\right)$$

$$M_x = \frac{wx}{2}(L-x)$$

처짐

$$y_c = \frac{wx}{24EI}(2Lx^2 - x^3 - L^3)$$

$$(y_c)_{x=\frac{L}{2}} = -\frac{5wL^4}{384EI}$$

기울기

$$\theta = \frac{w}{24EI}(6Lx^2 - 4x^3 - L^3)$$

C.7

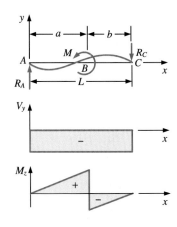

외력과 내력

$$R_A = R_C = \frac{M}{L} \qquad V_y = -\frac{M}{L}$$

$$(M_x)_{AB} = \frac{Mx}{L} \qquad (M_x)_{BC} = \frac{M}{L}(x - L)$$

처짐

$$(y_c)_{AB} = \frac{Mx}{6EIL}(x^2 + 3a^2 - 6aL + 2L^2)$$

$$(y_c)_{BC} = \frac{M}{6EIL}[x^3 - 3Lx^2 + x(2L^2 + 3a^2) - 3a^2L]$$

기울기

$$(\theta)_{AB} = \frac{M}{6EIL}(3x^2 + 3a^2 - 6aL + 2L^2)$$

$$(\theta)_{BC} = \frac{M}{6EIL}(3x^2 - 6Lx + 2L^3 + 3a^2)$$

C.8

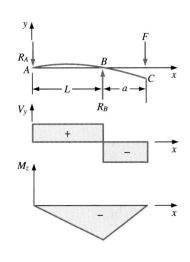

외력과 내력

$$R_A = \frac{Fa}{L} \qquad R_B = \frac{F}{L}(L + a)$$

$$(V_y)_{AB} = \frac{Fa}{L} \qquad (V_y)_{BC} = -F$$

$$(M_x)_{AB} = -\frac{Fax}{L} \qquad (M_x)_{BC} = F(x - L - a)$$

처짐

$$(y_c)_{AB} = \frac{Fax}{6EIL}(L^2 - X^2)$$

$$(y_c)_{BC} = \frac{F(x - L)}{6EI}[(x - L)^2 - a(3x - L)]$$

기울기

$$(\theta)_{AB} = \frac{Fa}{6EIL}(L^2 - 3x^2)$$

$$(\theta)_{BC} = \frac{F}{6EI}[3x^2 - 6x(L + a) + L(3L + 4a)]$$

C.9

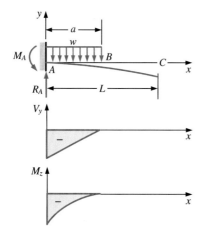

외력과 내력

$$R_A = wa \qquad M_A = \frac{wa^2}{2}$$

$$(V_y)_{AB} = -w(a-x) \qquad (V_y)_{BC} = 0$$

$$(M_x)_{AB} = -\frac{w}{2}(a-x)^2 \qquad (M_x)_{BC} = 0$$

처짐

$$(y_c)_{AB} = \frac{wx^2}{24EI}(4ax - x^2 - 6a^2)$$

$$(y_c)_{BC} = \frac{wa^3}{24EI}(a - 4x)$$

기울기

$$(\theta)_{AB} = \frac{wx}{6EI}(3ax - x^2 - 3a^2)$$

$$(\theta)_{BC} = \frac{wa^3}{6EI}$$

C.10

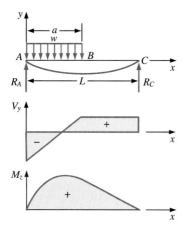

외력과 내력

$$R_A = \frac{wa}{2L}(2L - a) \qquad R_C = \frac{wa^2}{2L}$$

$$(V_y)_{AB} = \frac{w}{2L}[2L(x-a) + a^2]$$

$$(V_y)_{BC} = \frac{wa^2}{2L}$$

$$(M_x)_{AB} = \frac{wx}{2L}(2aL - a^2 - xL)$$

$$(M_x)_{BC} = \frac{wa^2}{2L}(L - x)$$

처짐

$$(y_c)_{AB} = \frac{wx}{24EIL}[2ax^2(2L-a) - Lx^3 - a^2(2L-a)^2]$$

$$(y_c)_{BC} = (y_c)_{AB} + \frac{w}{24EI}(x-a)^4$$

기울기

$$(\theta)_{AB} = \frac{w}{24EIL}[6ax^2(2L-a) - 4Lx^3 - a^2(2L-a)^2]$$

$$(\theta)_{BC} = (\theta)_{AB} + \frac{w}{6EI}(x-a)^3$$

C.11

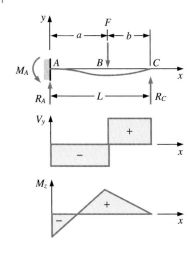

외력과 내력

$$R_A = \frac{Fb}{2L^3}(3L^2 - b^2) \qquad R_C = \frac{Fa^2}{2L^3}(3L - a)$$

$$M_A = \frac{Fb}{2L^2}(L^2 - b^2)$$

$$(V_y)_{AB} = -R_A \qquad (V_y)_{BC} = R_C$$

$$(M_x)_{AB} = \frac{Fb}{2L^3}[b^2L - L^3 + x(3L^2 - b^2)]$$

$$(M_x)_{BC} = \frac{Fa^2}{2L^3}(3L^2 - 3Lx - aL + ax)$$

처짐

$$(y_c)_{AB} = \frac{Fbx^2}{12EIL^3}[3L(b^2 - L^2) + x(3L^2 - b^2)]$$

$$(y_c)_{BC} = (y_c)_{AB} - \frac{F(x-a)^3}{6EI}$$

기울기

$$(\theta)_{AB} = \frac{Fbx}{4EIL^3}[2L(b^2 - L^2) + x(3L^2 - b^2)]$$

$$(\theta)_{BC} = (\theta)_{AB} - \frac{F(x-a)^2}{2EI}$$

C.12

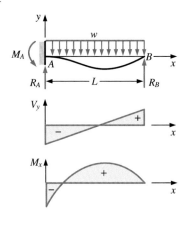

외력과 내력

$$R_A = \frac{5wL}{8} \qquad R_B = \frac{3wL}{8} \qquad M_A = \frac{wL^2}{8}$$

$$V_y = \frac{w}{8}(8x - 5L)$$

$$M_x = \frac{w}{8}(4x^2 + 5Lx - L^2)$$

처짐

$$y_c = \frac{wx^2}{48EI}(L-x)(2x - 3L)$$

기울기

$$\theta = \frac{wx}{48EI}(15xL - 8x^2 - 6L^2)$$

C.13

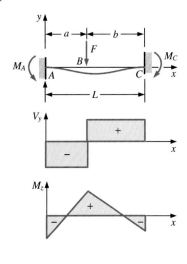

외력과 내력

$$R_A = \frac{Fb^2}{L^3}(3a+b) \qquad R_C = \frac{Fa^2}{L^3}(3b+a)$$

$$M_A = \frac{Fab^2}{L^2} \qquad M_C = \frac{Fa^2b}{L^2}$$

$$(V_y)_{AB} = -R_A \qquad (V_y)_{BC} = R_C$$

$$(M_x)_{AB} = \frac{Fb^2}{L^3}[x(3a+b) - La]$$

$$(M_x)_{BC} = (M_x)_{AB} - F(x-a)$$

처짐

$$(y_c)_{AB} = \frac{Fb^2x^2}{6EIL^3}[x(3a+b) - 3aL]$$

$$(y_c)_{BC} = \frac{Fa^2(L-x)^2}{6EIL^3}[(L-x)(3b+a) - 3bL]$$

기울기

$$(\theta)_{AB} = \frac{FB^2x}{2EIL^3}[x(3a+b) - 2L]$$

$$(\theta)_{BC} = \frac{Fa^2(L-x)}{2EIL^3}[2bL - (L-x)(b+a)]$$

C.14

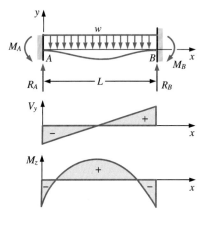

외력과 내력

$$R_A = R_B = \frac{wL}{2} \qquad M_A = M_B = \frac{wL^2}{12}$$

$$V_y = -\frac{w}{2}(L-2x)$$

$$M_x = \frac{w}{12}(6Lx - 6x^2 - L^2)$$

처짐

$$y_c = -\frac{wx^2}{24EI}(L-x)^2$$

기울기

$$\theta = -\frac{wx}{12EI}(L-x)(L-2x)$$

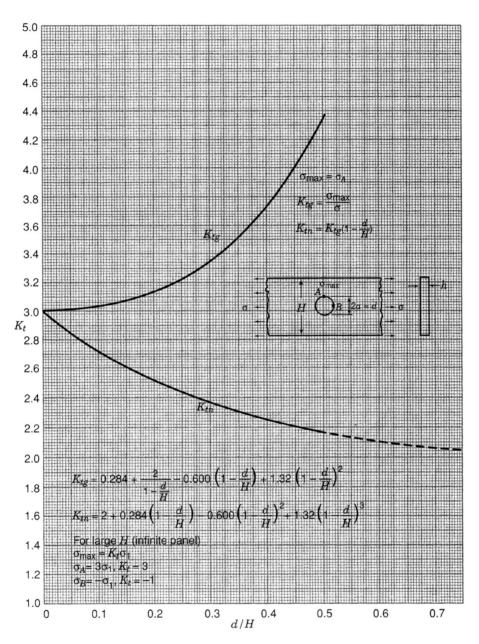

그림 D.1 원공을 갖는 유한 평판의 인장/압축 응력집중계수

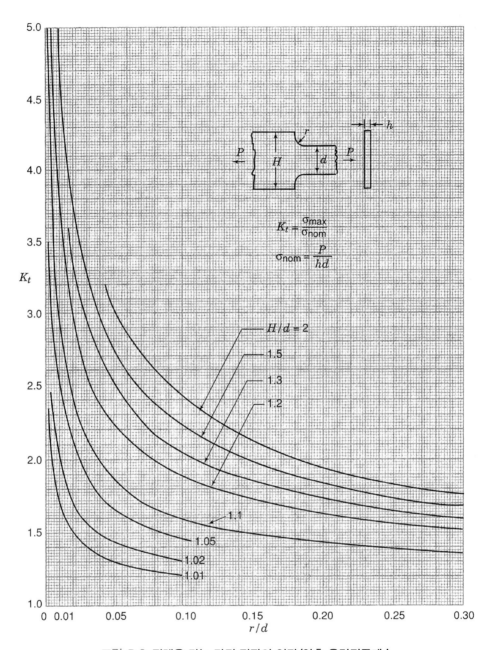

$$K_t = \frac{\sigma_{max}}{\sigma_{nom}}$$

$$\sigma_{nom} = \frac{P}{hd}$$

그림 D.2 필렛을 갖는 단진 평판의 인장/압축 응력집중계수

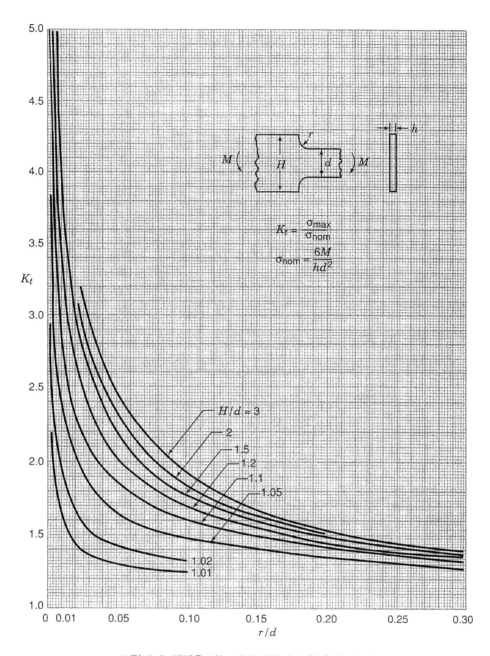

그림 D.3 필렛을 갖는 단진 평판의 굽힘 응력집중계

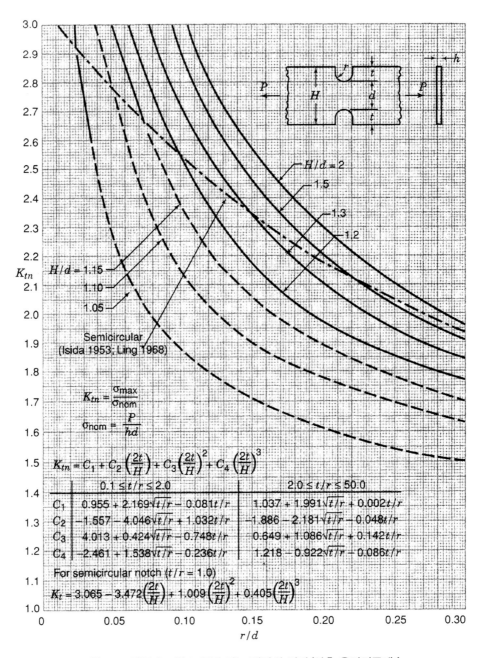

그림 D.4 양쪽에 U형 노치를 갖는 평판의 인장/압축 응력집중계수

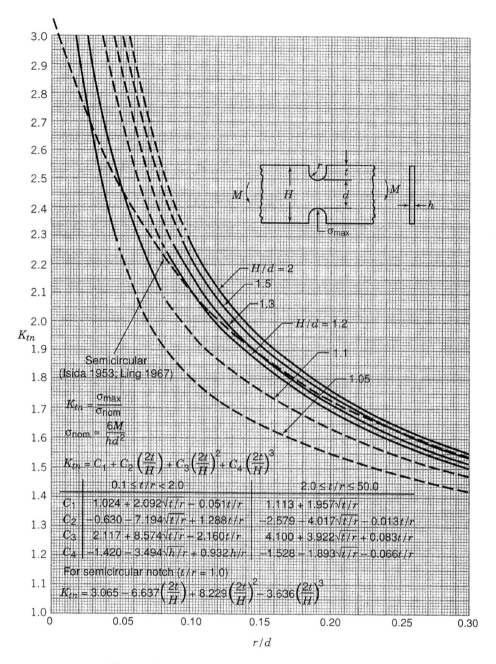

$$K_{tn} = \frac{\sigma_{max}}{\sigma_{nom}}$$

$$\sigma_{nom} = \frac{6M}{hd^2}$$

$$K_{tn} = C_1 + C_2\left(\frac{2t}{H}\right) + C_3\left(\frac{2t}{H}\right)^2 + C_4\left(\frac{2t}{H}\right)^3$$

	$0.1 \le t/r < 2.0$	$2.0 \le t/r \le 50.0$
C_1	$1.024 + 2.092\sqrt{t/r} - 0.051 t/r$	$1.113 + 1.957\sqrt{t/r}$
C_2	$-0.630 - 7.194\sqrt{t/r} + 1.288 t/r$	$-2.579 - 4.017\sqrt{t/r} - 0.013 t/r$
C_3	$2.117 + 8.574\sqrt{t/r} - 2.160 t/r$	$4.100 + 3.922\sqrt{t/r} + 0.083 t/r$
C_4	$-1.420 - 3.494\sqrt{h/r} + 0.932 h/r$	$-1.528 - 1.893\sqrt{t/r} - 0.066 t/r$

For semicircular notch $(t/r = 1.0)$

$$K_{tn} = 3.065 - 6.637\left(\frac{2t}{H}\right) + 8.229\left(\frac{2t}{H}\right)^2 - 3.636\left(\frac{2t}{H}\right)^3$$

그림 D.5 양쪽에 U형 노치를 갖는 평판의 굽힘 응력집중계수

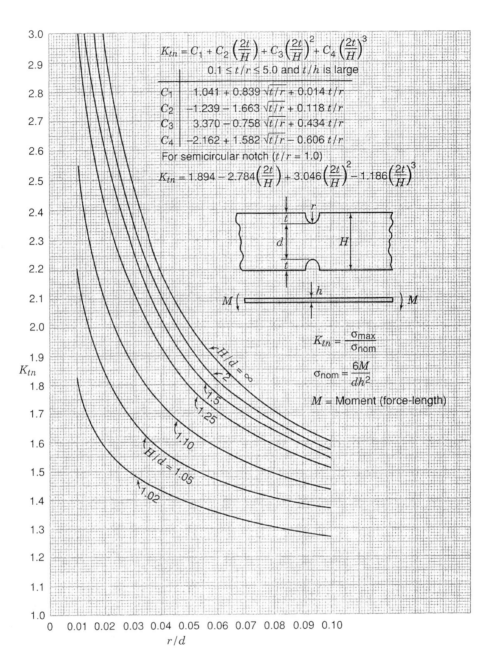

$$K_{tn} = C_1 + C_2\left(\frac{2t}{H}\right) + C_3\left(\frac{2t}{H}\right)^2 + C_4\left(\frac{2t}{H}\right)^3$$

$0.1 \leq t/r \leq 5.0$ and t/h is large

C_1	$1.041 + 0.839\sqrt{t/r} + 0.014\,t/r$
C_2	$-1.239 - 1.663\sqrt{t/r} + 0.118\,t/r$
C_3	$3.370 - 0.758\sqrt{t/r} + 0.434\,t/r$
C_4	$-2.162 + 1.582\sqrt{t/r} - 0.606\,t/r$

For semicircular notch ($t/r = 1.0$)

$$K_{tn} = 1.894 - 2.784\left(\frac{2t}{H}\right) + 3.046\left(\frac{2t}{H}\right)^2 - 1.186\left(\frac{2t}{H}\right)^3$$

$$K_{tn} = \frac{\sigma_{max}}{\sigma_{nom}}$$

$$\sigma_{nom} = \frac{6M}{dh^2}$$

M = Moment (force-length)

$H/d = \infty$
2
1.5
1.25
1.10
$H/d = 1.05$
1.02

K_{tn}

r/d

그림 D.6 노치를 갖는 판의 굽힘 응력집중계수

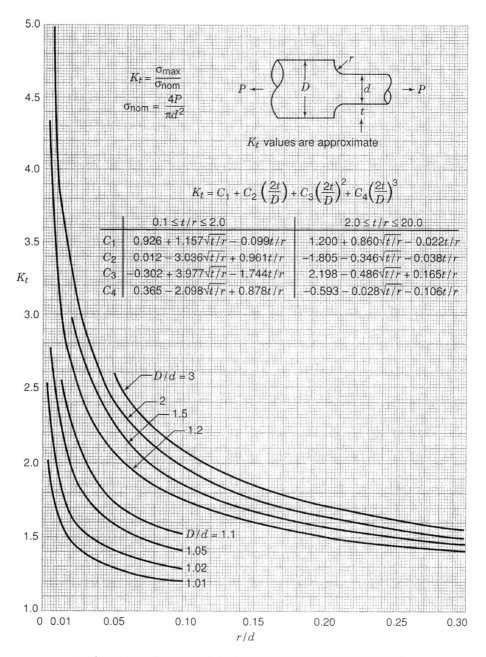

$$K_t = \frac{\sigma_{max}}{\sigma_{nom}}$$

$$\sigma_{nom} = \frac{4P}{\pi d^2}$$

K_t values are approximate

$$K_t = C_1 + C_2\left(\frac{2t}{D}\right) + C_3\left(\frac{2t}{D}\right)^2 + C_4\left(\frac{2t}{D}\right)^3$$

	$0.1 \leq t/r \leq 2.0$	$2.0 \leq t/r \leq 20.0$
C_1	$0.926 + 1.157\sqrt{t/r} - 0.099t/r$	$1.200 + 0.860\sqrt{t/r} - 0.022t/r$
C_2	$0.012 - 3.036\sqrt{t/r} + 0.961t/r$	$-1.805 - 0.346\sqrt{t/r} - 0.038t/r$
C_3	$-0.302 + 3.977\sqrt{t/r} - 1.744t/r$	$2.198 - 0.486\sqrt{t/r} + 0.165t/r$
C_4	$0.365 - 2.098\sqrt{t/r} + 0.878t/r$	$-0.593 - 0.028\sqrt{t/r} - 0.106t/r$

그림 D.7 필렛을 갖는 단진 원형 단면봉의 인장/압축 응력집중계수

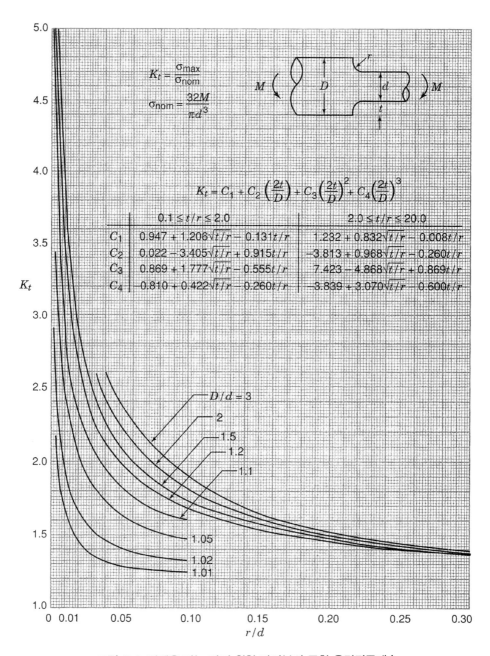

그림 D.8 필렛을 갖는 단진 원형 단면봉의 굽힘 응력집중계수

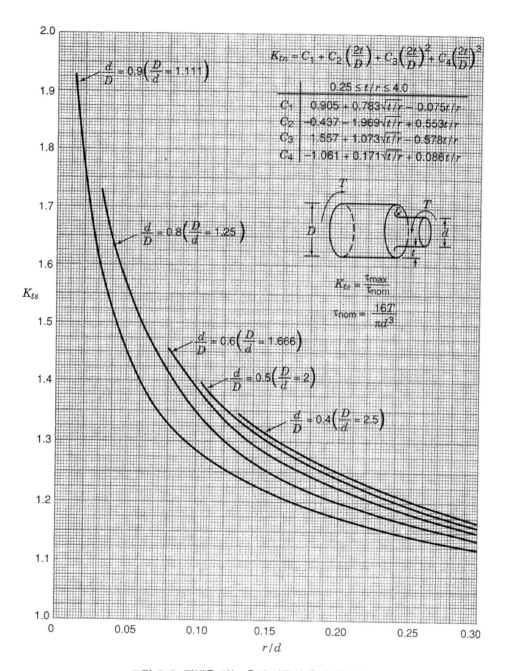

$$K_{tn} = C_1 + C_2\left(\frac{2t}{D}\right) + C_3\left(\frac{2t}{D}\right)^2 + C_4\left(\frac{2t}{D}\right)^3$$

	$0.25 \leq t/r \leq 4.0$
C_1	$0.905 + 0.783\sqrt{t/r} - 0.075 t/r$
C_2	$-0.437 - 1.969\sqrt{t/r} + 0.553 t/r$
C_3	$1.557 + 1.073\sqrt{t/r} - 0.578 t/r$
C_4	$-1.061 + 0.171\sqrt{t/r} + 0.086 t/r$

$$K_{ts} = \frac{\tau_{max}}{\tau_{nom}}$$

$$\tau_{nom} = \frac{16T}{\pi d^3}$$

$\frac{d}{D} = 0.9\left(\frac{D}{d} = 1.111\right)$

$\frac{d}{D} = 0.8\left(\frac{D}{d} = 1.25\right)$

$\frac{d}{D} = 0.6\left(\frac{D}{d} = 1.666\right)$

$\frac{d}{D} = 0.5\left(\frac{D}{d} = 2\right)$

$\frac{d}{D} = 0.4\left(\frac{D}{d} = 2.5\right)$

그림 D.9 필렛을 갖는 축의 비틀림 응력집중계수

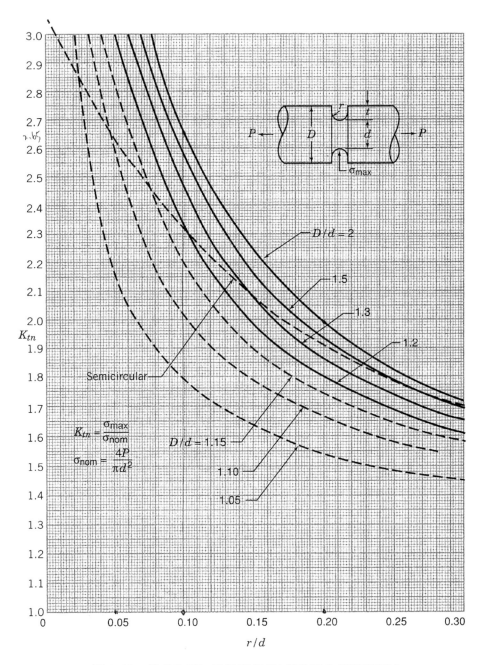

그림 D.10 U형 홈을 갖는 원형 단면봉의 인장/압축 응력집중계수

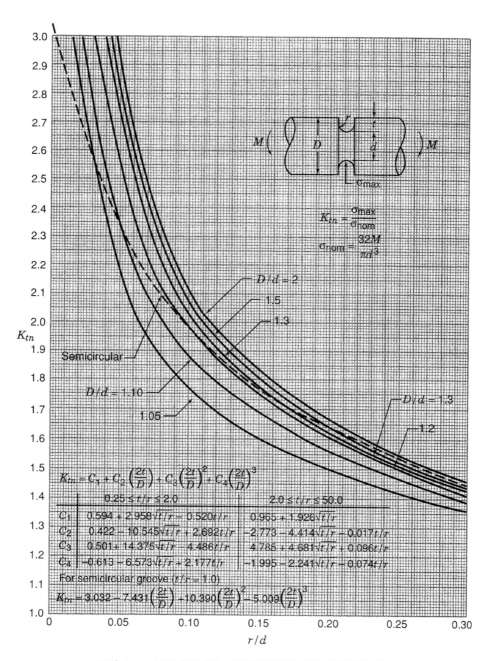

그림 D.11 U형 홈을 갖는 원형 단면봉의 굽힘 응력집중계수

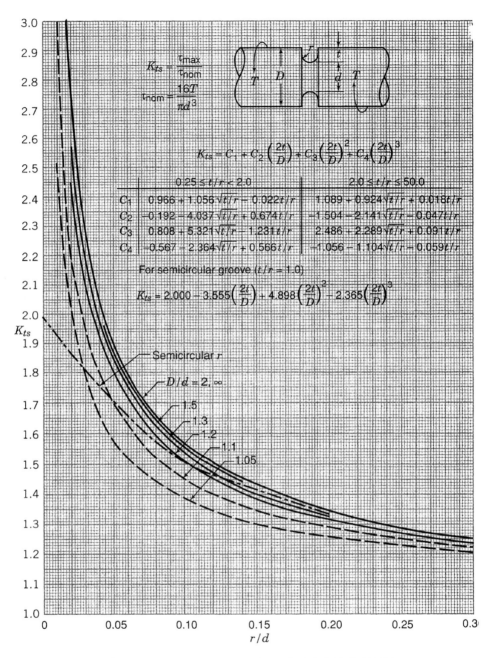

$$K_{ts} = \frac{\tau_{max}}{\tau_{nom}}$$

$$\tau_{nom} = \frac{16T}{\pi d^3}$$

$$K_{ts} = C_1 + C_2\left(\frac{2t}{D}\right) + C_3\left(\frac{2t}{D}\right)^2 + C_4\left(\frac{2t}{D}\right)^3$$

	$0.25 \leq t/r < 2.0$	$2.0 \leq t/r \leq 50.0$
C_1	$0.966 + 1.056\sqrt{t/r} - 0.022t/r$	$1.089 + 0.924\sqrt{t/r} + 0.018t/r$
C_2	$-0.192 - 4.037\sqrt{t/r} + 0.674t/r$	$-1.504 - 2.141\sqrt{t/r} - 0.047t/r$
C_3	$0.808 - 5.321\sqrt{t/r} - 1.231t/r$	$2.486 - 2.289\sqrt{t/r} + 0.091t/r$
C_4	$-0.567 - 2.364\sqrt{t/r} + 0.566t/r$	$-1.056 - 1.104\sqrt{t/r} - 0.059t/r$

For semicircular groove ($t/r = 1.0$)

$$K_{ts} = 2.000 - 3.555\left(\frac{2t}{D}\right) + 4.898\left(\frac{2t}{D}\right)^2 - 2.365\left(\frac{2t}{D}\right)^3$$

그림 D.12 U형 홈을 갖는 원형 단면봉의 비틀림 응력집중계수

E.1
$$\sin^2\frac{\phi}{2} = \frac{1-\cos\phi}{2}$$

$$\cos^2\frac{\phi}{2} = \frac{1+\cos\phi}{2}$$

$$\tan^2\frac{\phi}{2} = \frac{1-\cos\phi}{1+\cos\phi}$$

E.2 미분

$y = x^n$	$y' = nx^{n-1}$
$y = u+v$	$y' = u'+v'$
$y = uv$	$y' = uv'+u'v$
$y = \dfrac{u}{v}$	$y' = \dfrac{u'v-uv'}{v^2}$
$y = \sin x$	$y' = \cos x$
$y = \cos x$	$y' = -\sin x$
$y = \tan x$	$y' = \sec^2 x$

E.3 적분

$$\int x^m dx = \frac{x^{m+1}}{m+1}$$

$$\int \frac{dx}{x} = \log x$$

$$\int \sin x\, dx = -\cos x$$

$$\int \cos x\, dx = \sin x$$

E.4 미분방정식

$\dfrac{dy}{dx} = a$	$y = \displaystyle\int a\,dx + c = ax + c$
$\dfrac{dy}{dx} = ax$	$y = \displaystyle\int ax\,dx + c = \dfrac{a}{2}x^2 + c$
$\dfrac{d^2y}{dx^2} = a$	$y = \dfrac{1}{2}ax^2 + c_1 x + c_2$
$\dfrac{dy}{dx} = ay$	$y = ke^{ax}$
$\dfrac{d^2y}{dx^2} = -n^2 y$	$y = A\sin nx + B\cos nx$

01. H SECTION H형강

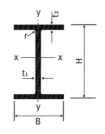

Dimensions and Sectional Properties 치수 및 단면성능
(1) Metric Series - KS, JIS '90

호칭치수 Division (depth x width)	단위무게 Unit Weight (kg/m)	표준단면치수 Standard Sectional Dimension (mm)						단면적 Sectional Area (cm²)	단면 2차 모멘트 Moment of Inertia (cm⁴)	
	W	H	B	t_1	t_2	r	A	I_x	I_y
100 x 100	17.2	100	100	6	8	10	21.90	383	134
125 x 125	23.8	125	125	6.5	9	10	30.31	847	293
150 x 75	14.0	150	75	5	7	8	17.85	666	49.5
150 x 100	21.1	148	100	6	9	11	26.84	1,020	151
150 x 150	31.5	150	150	7	10	11	40.14	1,640	563
200 x 100	18.2	198	99	4.5	7	11	23.18	1,580	114
	21.3	200	100	5.5	8	11	27.16	1,840	134
200 x 150	30.6	194	150	6	9	13	39.01	2,690	507
200 x 200	49.9	200	200	8	12	13	63.53	4,720	1,600
	56.2	200	204	12	12	13	71.53	4,980	1,700
	*65.7	208	202	10	16	13	83.69	6,530	2,200
250 x 125	25.7	248	124	5	8	12	32.68	3,540	255
	29.6	250	125	6	9	12	37.66	4,050	294
250 x 175	44.1	244	175	7	11	16	56.24	6,120	985
250 x 250	*64.4	244	252	11	11	16	82.06	8,790	2,940
	*66.5	248	249	8	13	16	84.70	9,930	3,350
	72.4	250	250	9	14	16	92.18	10,800	3,650
	82.2	250	255	14	14	16	104.7	11,500	3,880
300 x 150	32.0	298	149	5.5	8	13	40.80	6,320	442
	36.7	300	150	6.5	9	13	46.78	7,210	508
300 x 200	56.8	294	200	8	12	18	72.38	11,300	1,600
	*65.4	298	201	9	14	18	83.36	13,300	1,900
300 x 300	84.5	294	302	12	12	18	107.7	16,900	5,520
	*87.0	298	299	9	14	18	110.8	18,800	6,240
	94.0	300	300	10	15	18	119.8	20,400	6,750
	106	300	305	15	15	18	134.8	21,500	7,100
	*106	304	301	11	17	18	134.8	23,400	7,730
	*130	310	305	15	20	18	165.3	28,600	9,470
	*142	310	310	20	20	18	180.8	29,900	10,000

* 는 KS(JIS)에 없는 규격

Dimension   :   KS D 3502:2013 JIS G 3192:1990
Dimensional Tolerance :   KS D 3502:2013 JIS G 3192:1990
Surface Condition   :   KS D 3502:2013 JIS G 3192:1990

단면 2차 반경 Radius of Gyration (cm)		단면계수 Modulus of Section (cm³)		소성단면계수 Plastic Modulus (cm³)		뒤틀림상수 Warping Constant (cm⁶,x10³)	비틀림상수 Torsional Constant (cm⁴)	호칭치수 Division (depth x width)
ix	iy	Sx	Sy	Zx	Zy	Cw	J	
4.18	2.47	76.5	26.7	87.6	41.2	2.83	5.17	100 x 100
5.29	3.11	136	46.9	154	71.9	9.87	8.43	125 x 125
6.11	1.66	88.8	13.2	102	20.8	2.53	2.81	150 x 75
6.17	2.37	138	30.1	157	46.7	7.28	7.37	150 x 100
6.39	3.75	219	75.1	246	115	27.6	13.5	150 x 150
8.26	2.21	160	23.0	180	35.7	10.4	3.86	200 x 100
8.24	2.22	184	26.8	209	41.9	12.3	5.77	
8.30	3.61	277	67.6	309	104	43.4	10.9	200 x 150
8.62	5.02	472	160	525	244	142	29.8	200 x 200
8.35	4.88	498	167	565	257	150	39.6	
8.83	5.13	628	218	710	332	203	66.7	
10.4	2.79	285	41.1	319	63.6	36.7	6.74	250 x 125
10.4	2.79	324	47.0	366	73.1	42.7	9.68	
10.4	4.18	502	113	558	173	134	23.2	250 x 175
10.3	5.98	720	233	805	358	399	39.5	250 x 250
10.8	6.29	801	269	883	408	462	46.7	
10.8	6.29	867	292	960	444	508	58.7	
10.5	6.09	919	304	1,040	468	540	79.0	
12.4	3.29	424	59.3	475	91.8	92.9	8.65	300 x 150
12.4	3.29	481	67.7	542	105	107	12.4	
12.5	4.71	771	160	859	247	319	35.8	300 x 200
12.6	4.77	893	189	1,000	291	383	53.4	
12.5	7.16	1,150	365	1,280	560	1,097	61.4	300 x 300
13.0	7.50	1,270	417	1,390	634	1,258	71.3	
13.1	7.51	1,360	450	1,500	684	1,372	88.1	
12.6	7.26	1,440	466	1,610	716	1,443	116	
13.2	7.57	1,540	514	1,710	781	1,592	125	
13.2	7.57	1,850	621	2,080	949	1,991	215	
12.9	7.44	1,930	645	2,200	992	2,093	271	

01. H SECTION H형강

Dimensions and Sectional Properties 치수 및 단면성능
(1) Metric Series - KS, JIS '90

호칭치수 Division (depth x width)	단위무게 Unit Weight (kg/m)	표준단면치수 Standard Sectional Dimension (mm)					단면적 Sectional Area (cm²)	단면 2차 모멘트 Moment of Inertia (cm⁴)	
	W	H	B	t_1	t_2	r	A	Ix	Iy
350 x 175	41.4	346	174	6	9	14	52.68	11,100	792
	49.6	350	175	7	11	14	63.14	13,600	984
	*57.8	354	176	8	13	14	73.68	16,100	1,180
350 x 250	*69.2	336	249	8	12	20	88.15	18,500	3,090
	79.7	340	250	9	14	20	101.5	21,700	3,650
350 x 350	*106	338	351	13	13	20	135.3	28,200	9,380
	115	344	348	10	16	20	146.0	33,300	11,200
	*131	344	354	16	16	20	166.6	35,300	11,800
	137	350	350	12	19	20	173.9	40,300	13,600
	*156	350	357	19	19	20	198.4	42,800	14,400
400 x 200	56.6	396	199	7	11	16	72.16	20,000	1,450
	66.0	400	200	8	13	16	84.12	23,700	1,740
	*75.5	404	201	9	15	16	96.16	27,500	2,030
400 x 300	*94.3	386	299	9	14	22	120.1	33,700	6,240
	107	390	300	10	16	22	136.0	38,700	7,210
400 x 400	140	388	402	15	15	22	178.5	49,000	16,300
	147	394	398	11	18	22	186.8	56,100	18,900
	*168	394	405	18	18	22	214.4	59,700	20,000
	172	400	400	13	21	22	218.7	66,600	22,400
	197	400	408	21	21	22	250.7	70,900	23,800
	*200	406	403	16	24	22	254.9	78,000	26,200
	232	414	405	18	28	22	295.4	92,800	31,000
	283	428	407	20	35	22	360.7	119,000	39,400
	415	458	417	30	50	22	528.6	187,000	60,500
	605	498	432	45	70	22	770.1	298,000	94,400
450 x 200	66.2	446	199	8	12	18	84.30	28,700	1,580
	76.0	450	200	9	14	18	96.76	33,500	1,870
450 x 300	*106	434	299	10	15	24	135.0	46,800	6,690
	124	440	300	11	18	24	157.4	56,100	8,110
500 x 200	79.5	496	199	9	14	20	101.3	41,900	1,840
	89.6	500	200	10	16	20	114.2	47,800	2,140
	103	506	201	11	19	20	131.3	56,500	2,580

* 는 KS(JIS)에 없는 규격

Dimension   : KS D 3502:2013 JIS G 3192:1990
Dimensional Tolerance : KS D 3502:2013 JIS G 3192:1990
Surface Condition   : KS D 3502:2013 JIS G 3192:1990

단면 2차 반경 Radius of Gyration (cm)		단면계수 Modulus of Section (cm³)		소성단면계수 Plastic Modulus (cm³)		뒤틀림상수 Warping Constant (cm⁶,x10³)	비틀림상수 Torsional Constant (cm⁴)	호칭치수 Division (depth x width)
ix	iy	Sx	Sy	Zx	Zy	Cw	J	
14.5	3.88	641	91.0	716	140	225	13.6	
14.7	3.95	775	112	868	174	283	23.0	350 x 175
14.8	4.01	909	135	1,020	208	344	36.1	
14.5	5.92	1,100	248	1,210	380	812	44.6	
14.6	6.00	1,280	292	1,410	447	970	66.3	340 x 250
14.4	8.33	1,670	534	1,850	818	2,477	90.3	
15.1	8.78	1,940	646	2,120	980	3,024	121	
14.6	8.43	2,050	669	2,300	1,030	3,186	164	350 x 350
15.2	8.84	2,300	777	2,550	1,180	3,721	199	
14.7	8.53	2,450	809	2,760	1,240	3,953	270	
16.7	4.48	1,010	145	1,130	224	536	27.1	
16.8	4.54	1,190	174	1,330	268	650	42.2	400 x 200
16.9	4.60	1,360	202	1,530	312	770	62.3	
16.7	7.21	1,750	418	1,920	637	2,160	79.9	
16.9	7.28	1,980	481	2,190	733	2,521	114	400 x 300
16.6	9.54	2,530	809	2,800	1,240	5,655	156	
17.3	10.1	2,850	951	3,120	1,440	6,688	194	
16.7	9.65	3,030	985	3,390	1,510	7,053	264	
17.5	10.1	3,330	1,120	3,670	1,700	8,048	303	
16.8	9.75	3,540	1,170	3,990	1,790	8,550	415	400 x 400
17.5	10.1	3,840	1,300	4,280	1,980	9,558	462	
17.7	10.2	4,480	1,530	5,030	2,330	11,557	714	
18.2	10.4	5,570	1,930	6,310	2,940	15,198	1,317	
18.8	10.7	8,170	2,900	9,540	4,440	25,188	3,885	
19.7	11.1	12,000	4,370	14,500	6,720	43,214	11,063	
18.5	4.33	1,290	159	1,450	247	744	38.3	
18.6	4.40	1,490	187	1,680	291	890	56.9	450 x 200
18.6	7.04	2,160	448	2,380	686	2,937	104	
18.9	7.18	2,550	541	2,820	828	3,611	163	450 x 300
20.3	4.27	1,690	185	1,910	290	1,072	60.8	
20.5	4.33	1,910	214	2,180	335	1,254	85.9	500 x 200
20.7	4.43	2,230	257	2,540	401	1,530	132	

01. H SECTION H형강

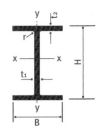

Dimensions and Sectional Properties 치수 및 단면성능
(1) Metric Series - KS, JIS '90

호칭치수 Division (depth x width)	단위무게 Unit Weight (kg/m)	표준단면치수 Standard Sectional Dimension (mm)					단면적 Sectional Area (cm²)	단면 2차 모멘트 Moment of Inertia (cm⁴)	
	W	H	B	t_1	t_2	r	A	Ix	Iy
500 x 300	114	482	300	11	15	26	145.5	60,400	6,760
	128	488	300	11	18	26	163.5	71,000	8,110
600 x 200	94.6	596	199	10	15	22	120.5	68,700	1,980
	106	600	200	11	17	22	134.4	77,600	2,280
	120	606	201	12	20	22	152.5	90,400	2,720
	*134	612	202	13	23	22	170.7	103,000	3,180
600 x 300	137	582	300	12	17	28	174.5	103,000	7,670
	151	588	300	12	20	28	192.5	118,000	9,020
	175	594	302	14	23	28	222.4	137,000	10,600
700 x 300	166	692	300	13	20	28	211.5	172,000	9,020
	185	700	300	13	24	28	235.5	201,000	10,800
	*215	708	302	15	28	28	273.6	237,000	12,900
800 x 300	191	792	300	14	22	28	243.4	254,000	9,930
	210	800	300	14	26	28	267.4	292,000	11,700
	*241	808	302	16	30	28	307.6	339,000	13,800
900 x 300	213	890	299	15	23	28	270.9	345,000	10,300
	243	900	300	16	28	28	309.8	411,000	12,600
	286	912	302	18	34	28	364.0	498,000	15,700
	*307	918	303	19	37	28	391.3	542,000	17,200

* 는 KS(JIS)에 없는 규격

Dimension   : KS D 3502:2013 JIS G 3192:1990
Dimensional Tolerance : KS D 3502:2013 JIS G 3192:1990
Surface Condition   : KS D 3502:2013 JIS G 3192:1990

단면 2차 반경 Radius of Gyration (cm)		단면계수 Modulus of Section (cm³)		소성단면계수 Plastic Modulus (cm³)		뒤틀림상수 Warping Constant (cm⁶,x10³)	비틀림상수 Torsional Constant (cm⁴)	호칭치수 Division (depth x width)
ix	iy	Sx	Sy	Zx	Zy	Cw	J	
20.4	6.82	2,500	451	2,790	695	3,688	118	500 x 300
20.8	7.04	2,910	541	3,230	830	4,481	172	
23.9	4.05	2,310	199	2,650	315	1,671	82.4	600 x 200
24.0	4.12	2,590	228	2,980	361	1,936	113	
24.3	4.22	2,980	271	3,430	429	2,336	167	
24.6	4.31	3,380	314	3,890	498	2,755	237	
24.3	6.63	3,530	511	3,960	793	6,121	173	600 x 300
24.8	6.85	4,020	601	4,490	928	7,275	241	
24.9	6.90	4,620	701	5,200	1,080	8,628	356	
28.6	6.53	4,970	601	5,630	936	10,189	260	700 x 300
29.3	6.78	5,760	722	6,460	1,120	12,367	383	
29.4	6.86	6,700	853	7,560	1,320	14,897	588	
32.3	6.39	6,410	662	7,290	1,040	14,720	341	800 x 300
33.0	6.62	7,290	782	8,240	1,220	17,569	486	
33.2	6.70	8,400	915	9,530	1,430	20,902	726	
35.7	6.16	7,760	688	8,910	1,080	19,308	403	900 x 300
36.4	6.39	9,140	843	10,500	1,320	24,015	633	
37.0	6.56	10,900	1,040	12,500	1,630	30,169	1,050	
37.2	6.63	11,800	1,140	13,500	1,790	33,391	1,316	

그리스 문자		발음	그리스 문자		발음
A	α	Alpha	N	ν	Nu
B	β	Beta	Ξ	ξ	Xi
Γ	γ	Gamma	O	o	Omicron
Δ	δ, ∂	Delta	Π	π	Pi
E	ϵ	Epsilon	P	ρ	Rho
Z	ζ	Zeta	Σ	σ, ς	Sigma
H	η	Eta	T	τ	Tau
Θ	θ, ϑ	Theta	Y	υ	Upsilon
I	ι	Iota	Φ	φ, ϕ	Phi
K	κ	Kappa	X	χ	Chi
Λ	λ	Lambda	Ψ	ψ	Psi
M	μ	Mu	Ω	ω	Omega

부록 H 구조용 강(Structural Steel)

구조용 강은 모든 구조물(건축,건물,교량,발전소,등등)에 사용되는 강(steel)으로 H형강 외 다양한 형강, Plate, Pipe 등으로 모양과 크기와 재질 화학성분들이 이미 결정되어 생산되는 강을 말한다.

대표적인 구조용 강이 H, I 형강이라 할 수 있다. 미국 ASTM에서 Alloy(합금)을 나타내는 A를 첫글자로 뒤에 2, 3, 4개의 숫자를 부여하여 구조용 강을 표현하고 있다.

구조용 강(Structural Steel)		Yield Strength 항복강도 $MPa(10^6 \times N/m^2)$	Tensile Strength 인장강도(극한강도) $MPa(10^6 \times N/m^2)$
structural shapes and plate	A36	250	400
structural pipe and tubing	A53	205	330
structural shapes and plate	A529	345	485~690
structural pipe and tubing	A1085	345	450

03. STEEL PLATE 후판

1) Standard & Applications 제품 규격 및 용도

구분		규격						
		선급	JIS	KS	API	ASTM	EN	NORSOK
조선용	AR	A/B/D AH/DH32 AH/DH36	-	-	-	-	-	-
	TMCP	A/B/D/E AH/DH32-TM AH/DH36-TM EH32/36-TM FH32-36-TM AH/DH40-TM* EH40-TM EH47-TM* A/D/E500-TM	-	-	-	-	-	-
	열처리	A/B/D/E-N AH/DH32-N AH/DH36-N EH32/36-N	-	-	-	-	-	-
	저온용	LTFH32/36- TM	-	-	-	-	-	-
	해양구조	-	-	-	API-2H-50(Z) API-2W-50(Z) API-2W-60(Z)*	-	EN-S355G7+M EN-S355G8+M EN-S355G9+M EN-S355G10+M EN-S420G1+M* EN-S420G2+M* EN-S460G1+M* EN-S460G2+M*	MDS-Y20 MDS-Y25 MDS-Y30 MDS-Y35 MDS-Y40 MDS-Y45
구조용	일반구조	-	SS400 SS490	SS400 SS490	-	A36 A572-50/60/65	-	-
	용접구조	-	SM400A/B/C SM490A/B/C SM490YA/YB SM520B/C SM570-TM	SM400A/B/C SM490A/B/C SM490YA/YB SM520B/C SM570-TM	-	A283-C A283-D A573-70	-	-
	내후성	-	SMA400A SMA490BP SMA490W	SMA400A SMA490BP SMA490W HSB500W	-	A588-A	-	-
	건축구조	-	SN400B/C SN490B/C	SN400B/C SN490B/C HSA800	-	-	-	-
	기계구조	-	S45C	S45C	-	-	-	-
	교량구조	-	-	HSB500 HSB500L HSB600	-	A709-50	-	-

구분		규격					
		JIS	KS	API	ASTM	EN	기타
구조용	풍력타워용	-	-	-	-	EN-S235 EN-S275 EN-S355 EN-S460M	-
	기타	-	-	-	-	-	AS/NZS G250 AS/NZS G350 CSA 38WT CSA 44W CSA 50W
압력 용기	보일러용	SB410/450/480 SB450M/480M SPV235/315/355	SB410/450/480 SB450M/480M SPPV235/315/355	-	-	-	-
	중상온/ 중저온용	-	-	-	A285-A/B/C A515-60/65/70 A516- 55/60/65/70 A516-60S/65S/70S* A537-C1	P275NL2 P355NL2	
	합금강	-	-	-	A387-11* A387-12*		-
API	AR	-	-	5L B X42, X46, X52	-	-	-
	Normalizing	-	-	5L BN X42N, X46N, X52N	-	-	-
	TMCP	-	-	5L BM X42M, X52M, X56M X60M, X65M, X70M X80M*, X100M*	-	-	-

※ 본 제품 규격 및 용도는 변경될 수 있으므로 반드시 최신 규격 및 세부 용도를 확인하시거나 담당자와 협의 바랍니다.

03. STEEL PLATE 후판

3) Chemical Compositions & Mechanical Properties 규격별 성분 및 재질
(2) General Structure Steel 구조용강

규격 Designation	종류 Type	구분 Classifi-cation	기호 Grade	열처리 Heat-treatment	최대두께 (mm) Max. Thickness	화학성분 (wt%) Chemical Composition			
						C	Si	Mn	P
ASTM A588	고강도, 저합금 구조용강 High Strength, Low Alloy General Structure Steel	성분	A	As rolled	t ≤ 100	≤ 0.19	0.30~0.65	0.80~1.25	≤ 0.04
			B	As rolled	t ≤ 100	≤ 0.20	0.15~0.50	0.75~1.35	≤ 0.04
			C	As rolled	t ≤ 100	≤ 0.15	0.15~0.40	0.80~1.35	≤ 0.04
			K	As rolled	t ≤ 100	≤ 0.17	0.25~0.50	0.50~1.20	≤ 0.04
ASTM A283	저, 중항장력 탄소강판	성분	A	As rolled	t ≤ 40	≤ 0.14	≤ 0.40	≤ 0.90	≤ 0.035
			B	As rolled	t ≤ 40	≤ 0.17	≤ 0.40	≤ 0.90	≤ 0.035
			C	As rolled	t ≤ 40	≤ 0.24	≤ 0.40	≤ 0.90	≤ 0.035
			D	As rolled	t ≤ 40	≤ 0.27	≤ 0.40	≤ 0.90	≤ 0.035

규격 Designation	종류 Type	구분 Classifi-cation	기호 Grade	재질값 Mechanical Property			
				시험편 No. Test Specimen	두께 (mm) Thickness	항복강도 (MPa) Yield Strength	인장강도 (MPa) Tensile Strength
ASTM A588	고강도, 저합금 구조용강 High Strength, Low Alloy General Structure Steel	재질	A	ASTM A370	≤ 100 / 100 < t ≤ 125 / 125 < t ≤ 200	345 ≤ / 315 ≤ / 290 ≤	485 ≤ / 460 ≤ / 435 ≤
			B	ASTM A370	≤ 100 / 100 < t ≤ 125 / 125 < t ≤ 200	345 ≤ / 315 ≤ / 290 ≤	485 ≤ / 460 ≤ / 435 ≤
			C	ASTM A370	≤ 100 / 100 < t ≤ 200 / 125 < t ≤ 200	345 ≤ / 315 ≤ / 290 ≤	485 ≤ / 460 ≤ / 435 ≤
			K	ASTM A370	≤ 100 / 100 < t ≤ 125 / 125 < t ≤ 200	345 ≤ / 315 ≤ / 290 ≤	485 ≤ / 460 ≤ / 435 ≤
ASTM A283	저, 중항장력 탄소강판	재질	A	ASTM A370	≤ 40	165 ≤	345~450
			B	ASTM A370	≤ 40	185 ≤	345~450
			C	ASTM A370	≤ 40	205 ≤	345~450
			D	ASTM A370	≤ 40	230 ≤	345~450

화학성분 (wt%) Chemical Composition									
S	N	Cu	Nb	V	Al	Ti	Cr	Ni	Mo
≤ 0.05	-	0.25~0.40	-	0.02~0.10	-	-	0.40~0.65	≤ 0.04	-
≤ 0.05	-	0.20~0.40	-	0.01~0.10	-	-	0.40~0.70	≤ 0.05	-
≤ 0.05	-	0.25~0.50	-	0.01~0.10	-	-	0.30~0.50	0.25~0.50	-
≤ 0.05	-	0.30~0.50	0.005~0.05	-	-	-	0.40~0.70	≤ 0.04	≤ 0.01
≤ 0.04	-	-	-	-	-	-	-	-	-
≤ 0.04	-	-	-	-	-	-	-	-	-
≤ 0.04	-	-	-	-	-	-	-	-	-
≤ 0.04	-	-	-	-	-	-	-	-	-

재질값 Mechanical Property						
연신율 (%) Elongation Minimum		굴곡			충격(J) 최소값	비고 Remark
시험편 Gauge Length (mm)	최소값	두께 (mm) Thickness	시험편 No. Test Specimen	안쪽반지름 Inner Radius		
50 200	21 18	-	-	-	-	-
50 200	21 18	-	-	-	-	-
50 200	21 18	-	-	-	-	-
50 200	21 18	-	-	-	-	-
50 200	30 27	-	-	-	-	-
50 200	28 25	-	-	-	-	-
50 200	25 22	-	-	-	-	-
50 200	23 20	-	-	-	-	-

03. STEEL PLATE 후판

3) Chemical Compositions & Mechanical Properties 규격별 성분 및 재질
(2) General Structure Steel 구조용강

규격 Designation	종류 Type	구분 Classifi-cation	기호 Grade	열처리 Heat-treatment	최대두께 (mm) Max. Thickness	화학성분 (wt%) Chemical Composition			
						C	Si	Mn	P
ASTM A36	용접구조용 강재 Welded Structure Steel	성분	-	As rolled	t ≤ 20 20 < t ≤ 40 40 < t ≤ 65 65 < t ≤ 100 100 < t	≤ 0.25 ≤ 0.25 ≤ 0.26 ≤ 0.27 ≤ 0.29	≤ 0.40 ≤ 0.40 0.15~0.40 0.15~0.40 0.15~0.40	- 0.80~1.20 0.80~1.20 0.80~1.20 0.80~1.20	≤ 0.04
ASTM A572	용접구조용 저합금 Nb-V 고장력 강재	성분	42	As rolled	≤ 150	≤ 0.21	≤ 0.40 0.15~0.40	≤ 1.35 ≤ 1.60	≤ 0.04
			50	As rolled	≤ 100	≤ 0.23	≤ 0.40 0.15~0.40	≤ 1.35 ≤ 1.60	≤ 0.04
			60	As rolled	≤ 32	≤ 0.26	≤ 0.40 - (t < 75)	≤ 1.35 ≤ 1.60	≤ 0.04
			65	As rolled	≤ 150	≤ 0.23	≤ 0.40 - (t < 75)	≤ 1.65	≤ 0.04

규격 Designation	종류 Type	구분 Classifi-cation	기호 Grade	재질값 Mechanical Property			
				시험편 No. Test Specimen	두께 (mm) Thickness	항복강도 (MPa) Yield Strength	인장강도 (MPa) Tensile Strength
ASTM A36	용접구조용 강재 Welded Structure Steel	재질	-	ASTM A370	-	250 ≤	400~550
ASTM A572	용접구조용 저합금 Nb-V 고장력 강재	재질	42	ASTM A370	≤ 150	290 ≤	415 ≤
			50	ASTM A370	≤ 100	345 ≤	450 ≤
			60	ASTM A370	≤ 32	415 ≤	520 ≤
			65	ASTM A370	≤ 150	450 ≤	550 ≤

화학성분 (wt%) Chemical Composition									
S	N	Cu	Nb	V	Al	Ti	Cr	Ni	Mo
≤ 0.05	-	-	-	-	-	-	-	-	-
≤ 0.05	-	Cu 0.20 지정 시	Type1 Nb 0.005~0.05	-	-	-	-	-	-
≤ 0.05	-		Type2 V 0.01~0.15	-	-	-	-	-	-
≤ 0.05	-		Type3 Nb+V 0.02~0.15 Nb 0.05 ≤	-	-	-	-	-	-
≤ 0.05	-		Type5 N 0.015 ≤ V/N=4 이상	-	-	-	-	-	-

재질값 Mechanical Property						
연신율 (%) Elongation Minimum		굴곡			충격(J) 최소값	비고 Remark
시험편 Gauge Length (mm)	최소값	두께 (mm) Thickness	시험편 No. Test Specimen	안쪽반지름 Inner Radius		
50 / 200	23 / 20	-	-	-	-	-
50 / 200	24 / 20	-	-	-	-	-
50 / 200	21 / 18	-	-	-	-	-
50 / 200	18 / 16	-	-	-	-	-
50 / 200	17 / 15	-	-	-	-	-

03. STEEL PLATE 후판

3) Chemical Compositions & Mechanical Properties 규격별 성분 및 재질
(2) General Structure Steel 구조용강

규격 Designation	종류 Type	구분 Classifi-cation	기호 Grade	열처리 Heat-treatment	최대두께 (mm) Max. Thickness	화학성분 (wt%) Chemical Composition			
						C	Si	Mn	P
ASTM A573	용접구조용 인성개량 탄소강판	성분	58	As rolled	t ≤ 13 13 < t ≤ 40	≤ 0.23	0.10~0.35	0.60~0.90	≤ 0.035
			65	As rolled	t ≤ 13 13 < t ≤ 40	≤ 0.24 ≤ 0.26	0.15~0.40	0.85~1.20	≤ 0.035
			70	As rolled	t ≤ 13 13 < t ≤ 40	≤ 0.27 ≤ 0.28	0.15~0.40	0.85~1.20	≤ 0.035
ASTM A709	교량용 강재 Bridge Structure Steel	성분	36	As rolled	t ≤ 20 20 < t ≤ 40 40 < t ≤ 65 65 < t ≤ 100	≤ 0.25 ≤ 0.25 ≤ 0.26 ≤ 0.27	≤ 0.40 ≤ 0.40 0.15~0.40 0.15~0.40	- 0.80~1.20 0.80~1.20 0.85~1.20	≤ 0.04
			50	-	≤ 100	≤ 0.23	≤ 0.40 0.15~0.40 (40 < t)	≤ 1.35	≤ 0.04

규격 Designation	종류 Type	구분 Classifi-cation	기호 Grade	재질값 Mechanical Property			
				시험편 No. Test Specimen	두께 (mm) Thickness	항복강도 (MPa) Yield Strength	인장강도 (MPa) Tensile Strength
ASTM A573	용접구조용 인성개량 탄소강판	재질	58	ASTM A370	≤ 100	220 ≤	400~490
			65	ASTM A370	≤ 100	240 ≤	450~530
			70	ASTM A370	≤ 100	290 ≤	485~620
ASTM A709	교량용 강재 Bridge Structure Steel	재질	36	ASTM A370	≤ 100	250 ≤	400~550
			50	ASTM A370	≤ 100	345 ≤	450 ≤

| 화학성분 (wt%) Chemical Composition ||||||||||
S	N	Cu	Nb	V	Al	Ti	Cr	Ni	Mo
≤ 0.04	-	-	-	-	-	-	-	-	-
≤ 0.04	-	-	-	-	-	-	-	-	-
≤ 0.04	-	-	-	-	-	-	-	-	-
≤ 0.05	-	Cu 0.20 지정 시 Type1 Nb 0.005~0.05 Type2 V 0.01~0.15	-	-	-	-	-	-	-
≤ 0.05	-	Type3 Nb+V 0.02~0.15 Nb 0.05 ≤ Type5 N 0.015 ≤ V/N=4 이상	-	-	-	-	-	-	-

| 재질값 Mechanical Property |||||| 비고 Remark |
| 연신율 (%) Elongation Minimum || 굴곡 ||| 충격(J) 최소값 | |
시험편 Gauge Length (mm)	최소값	두께 (mm) Thickness	시험편 No. Test Specimen	안쪽반지름 Inner Radius		
50 200	24 21	-	-	-	-	-
50 200	23 20	-	-	-	-	-
50 200	21 18	-	-	-	-	-
50 200	23 20	-	-	-	-	-
50 200	21 18	-	-	-	-	-

03. STEEL PLATE 후판

3) Chemical Compositions & Mechanical Properties 규격별 성분 및 재질
(2) General Structure Steel 구조용강

규격 Designation	종류 Type	구분 Classifi-cation	기호 Grade	열처리 Heat-treatment	최대두께 (mm) Max. Thickness	화학성분 (wt%) Chemical Composition			
						C	Si	Mn	P
SM400	구조용강 General Structure Steel	성분	A	As rolled	≤ 50 50 <	≤ 0.23 ≤ 0.25	-	≤ 2.5xC	≤ 0.035
			B	As rolled	≤ 50 50 <	≤ 0.20 ≤ 0.22	≤ 0.35	0.6~1.40	≤ 0.035
			C	As rolled/ TMCP	≤ 100	≤ 0.18	≤ 0.35	≤ 1.40	≤ 0.035
SM490		성분	A	As rolled/ TMCP	≤ 50 50 <	≤ 0.20 ≤ 0.22	≤ 0.55	≤ 1.60	≤ 0.035

규격 Designation	종류 Type	구분 Classifi-cation	기호 Grade	재질값 Mechanical Property			
				시험편 No. Test Specimen	두께 (mm) Thickness	항복강도 (MPa) Yield Strength	인장강도 (MPa) Tensile Strength
SM400	구조용강 General Structure Steel	재질	A	KS B 0801	≤ 16 ≤ 40 ≤ 75 ≤ 100 ≤ 160 > 160	245 235 215 215 205 195	400~510
			B	KS B 0801	≤ 16 ≤ 40 ≤ 75 ≤ 100 ≤ 160 > 160	245 235 215 215 205 195	400~510
			C	KS B 0801	≤ 16 ≤ 40 ≤ 75 ≤ 100 ≤ 160 > 160	245 235 215 215 - -	400~510
SM490		재질	A	KS B 0801	≤ 16 16 < t ≤ 40 40 < t ≤ 75 75 < t ≤ 100 100 < t ≤ 160 160 <	325 315 295 295 285 275	490~610

화학성분 (wt%) Chemical Composition									
S	N	Cu	Nb	V	Al	Ti	Cr	Ni	Mo
≤ 0.035	-	-	-	-	-	-	-	-	-
≤ 0.035	-	-	-	-	-	-	-	-	-
≤ 0.035	-	-	-	-	-	-	-	-	-
≤ 0.035	-	-	-	-	-	-	-	-	-

재질값 Mechanical Property								비고 Remark
연신율 (%) Elongation Minimum			굴곡			충격(J) 최소값		
두께 (mm) Thickness	시험편 No. Test Specimen	최소값	두께 (mm) Thickness	시험편 No. Test Specimen	안쪽반지름 Inner Radius	시험온도 (°C) Test Temperature	평균흡수에너지 (J) Average Absorbed Energy	
≤ 16	1A호	18						
≤ 50	1A호	22	-	-	-	-	-	-
50 <	4호	24						
≤16	1A호	18						
≤ 50	1A호	22	-	-	-	0℃	27	-
50 <	4호	24						
≤16	1A호	18						
≤ 50	1A호	22	-	-	-	0℃	47	-
50 <	4호	24						
≤16	1A호	17						
≤ 50	1A호	21	-	-	-	-	-	-
50 <	4호	23						

1장 | 역학의 기본 개념

01 알고자 하는 내용이 정의된 해석대상에 적절한 가정을 도입하여 단순화된 해석모델을 만들고, 이 해석모델에 물리법칙을 적용하여 수학모델을 만드는 과정으로, 자연현상을 정량적으로 이해하기 위하여 수학적 언어로 전환하는 전 과정을 일컫는다.

02 벡터량: 위치(변위), 속도, 가속도, 힘, 모멘트, 운동량
스칼라량: 수, 거리, 면적, 부피, 질량, 시간, 속력, 온도, 일, 에너지

03 크기가 1인 벡터를 단위벡터라 하며, 직교좌표계에서 주로 사용되는 단위벡터는 $\vec{i}$, $\vec{j}$, $\vec{k}$ 로 $\vec{i}$ 는 x 방향의 단위벡터, $\vec{j}$ 는 y 방향의 단위벡터, $\vec{k}$ 는 z 방향의 단위벡터를 나타낸다.

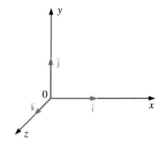

04 (i) 도식적 표현
$$F_x = 100 \cos 45° = 70.7$$
$$F_y = 100 \cos 45° = 70.7$$
$$F_z = 100 \cos 90° = 0$$

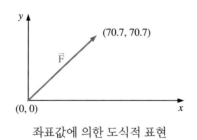

좌표값에 의한 도식적 표현   성분에 의한 도식적 표현

(ii) 해석적 표현
$$\vec{F} = 70.7\,\vec{i} + 70.7\,\vec{j}$$

05 (i) 도식적 표현
x 방향 성분:
$$\sum F_x = A_x + B_x + C_x = -100 \cos 30° + 200 \cos 30° - 300 \cos 60°$$
$$= -86.6 + 173.2 - 150 = -63.4$$

y 방향 성분:
$$\sum F_y = A_y + B_y + C_y = 100 \sin 30° + 200 \sin 30° - 300 \sin 60°$$
$$= 50 + 100 - 259.8 = -109.8$$

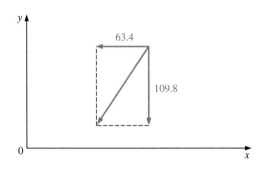

(ii) 해석적 표현

$$\sum \vec{F} = -63.4\,\vec{i} - 109.8\,\vec{j}$$

6 $\vec{A} + \vec{B} = (\vec{i} + \vec{j} + \vec{k}) + (\vec{i} - \vec{j} + 2\vec{k}) = 2\vec{i} + 3\vec{k}$
$|\vec{A} + \vec{B}| = \sqrt{2^2 + 3^2} = \sqrt{13} = 3.6$
$\vec{A} - \vec{B} = (\vec{i} + \vec{j} + \vec{k}) - (\vec{i} - \vec{j} + 2\vec{k}) = 2\vec{j} - \vec{k}$
$|\vec{A} - \vec{B}| = \sqrt{2^2 + (-1)^2} = \sqrt{5} = 2.2$

7 (i) $\vec{A}$, $\vec{B}$의 내적(inner product)

$$\vec{A} \cdot \vec{B} = (2\vec{i} + 3\vec{j} - 4\vec{k}) \cdot (\vec{i} - \vec{j} + \vec{k}) = 2 - 3 - 4 = -5$$

(ii) $\vec{A}$, $\vec{B}$의 외적(outer product)

$$\vec{A} \times \vec{B} = \begin{vmatrix} \vec{i} & \vec{j} & \vec{k} \\ 2 & 3 & -4 \\ 1 & -1 & 1 \end{vmatrix} = \begin{vmatrix} 3 & -4 \\ -1 & 1 \end{vmatrix} \vec{i} - \begin{vmatrix} 2 & -4 \\ 1 & 1 \end{vmatrix} \vec{j} + \begin{vmatrix} 2 & 3 \\ 1 & -1 \end{vmatrix} \vec{k} = -\vec{i} - 6\vec{j} - 5\vec{k}$$

8 (i)

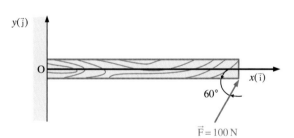

$|\vec{M_O}| = 5 \times 100 \sin 60° = 500 \sin 60° = 433\,[\text{N} \cdot \text{m}]$
$\vec{M_O}$의 방향: 지면을 뚫고 나오는 방향(z축 방향)

(ii) 해석적 방법
$\vec{M_O} = \vec{r} \times \vec{F} = (5\vec{i}) \times (100 \cos 60°\,\vec{i} + 100 \sin 60°\,\vec{j}) = 433\vec{k}\,[\text{N} \cdot \text{m}]$

09 (i)

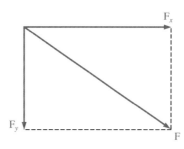

$$|\overrightarrow{M_A}| = -0.1F_y + 0.2F_x = (-0.1)(10\sin 30°) + (0.2)(10\cos 30°)$$
$$= -0.5 + 1.732 = 1.232\,[\text{N}\cdot\text{m}]$$

방향: 반시계 방향(z축 방향)

(ii) 해석적 방법

$$\overrightarrow{M_A} = \vec{r} \times \vec{F} = (0.1\vec{i} - 0.2\vec{j}) \times (10\cos 30°\,\vec{i} - 10\sin 30°\,\vec{j})$$
$$= (0.1\vec{i} - 0.2\vec{j}) \times (8.66\vec{i} - 5\vec{j})$$
$$= -0.5\vec{k} + 1.732\vec{k} = 1.232\vec{k}\,[\text{N}\cdot\text{m}]$$

10 $$W = \vec{F}\cdot\vec{S} = (10\cos 30°\,\vec{i} + 10\sin 30°\,\vec{j})\cdot(3\vec{i}) = (10\cos 30°)(3) = 26\,[\text{J}]$$

11 $$P = \frac{\text{work}}{\text{time}} = \frac{F\cdot S}{T} = F\left(\frac{S}{T}\right) = Fv = 1{,}000\,[\text{N}] \times \frac{60\times 1000\,[\text{m}]}{3{,}600\,[\text{sec}]}$$
$$= 16{,}667\,[\text{J/sec}]$$
$$= 16{,}667\,[\text{W}]$$

12 $$U_1 + K_1 = U_2 + K_2$$
$$mgy_1 + \frac{1}{2}mv_1^2 = mgy_2 + \frac{1}{2}mv_2^2$$
$$O + \frac{1}{2}mv_1^2 = mgh + O$$
$$h = \frac{v_1^2}{2g} = \frac{10^2}{2\times 9.8} = 5.1\,[\text{m}]$$

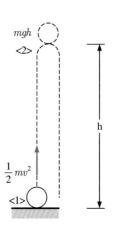

13 < 30 cm 늘인 상태 > <10 cm 위치의 상태>

$$U_1 + K_1 \qquad = \qquad U_2 + K_2$$
$$\frac{1}{2}kx_1^2 + \frac{1}{2}mv_1^2 = \frac{1}{2}kx_2^2 + \frac{1}{2}mv_2^2$$
$$\frac{1}{2}\times 4\times(0.3)^2 = \frac{1}{2}\times 4\times(0.1)^2 + \frac{1}{2}\times 1\times v_2^2$$
$$v_2^2 = 0.32$$
$$v_2 = 0.57\,[\text{m/sec}]$$

14 $\sum F_x = R_{Ax} + R_{Bx} = 0, \ \sum F_y = R_{By} - 100 = 0$

$\therefore \ R_{By} = 100\,[\mathrm{N}]$

$\sum M_B = (100)(2.5\cos\theta) - (R_{Ax})(5\sin\theta) = 0$

$R_{Ax} = \dfrac{250\cos\theta}{5\sin\theta} = \dfrac{250 \times \dfrac{4}{5}}{5 \times \dfrac{3}{5}} = 66.7\,[\mathrm{N}]$

$\therefore \ R_{Bx} = -66.7\,[\mathrm{N}]$

R_{Bx}는 $R_{Bx} < 0$ 이므로, 가정을 한 방향의 반대 방향이 됨.

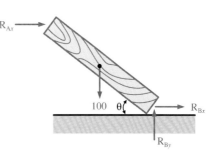

자유물체도(FBD)

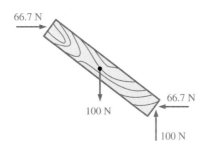

15 $\sum F_x = A_x = 0$

$\sum F_y = A_y + B_y - 100 - 50 = 0$

$A_y + B_y = 150$

$\sum M_A = (3)(B_y) - (1)(100) - (1.5)(50) = 0$

$B_y = 58.3\,[\mathrm{N}]$

$\therefore \ A_y = 91.7\,[\mathrm{N}]$

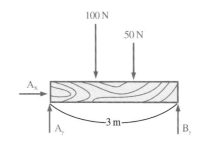

자유물체도(FBD)

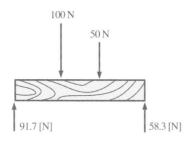

16 ④ $\vec{A_2} = -5(10\vec{i} - 7\vec{j} - 9\vec{k})$ 17 ③ 5.77 N   18 ① 250 N

19 ④ 37.1 N   20 ② −724.24 N·m   21 ② −6

22 ① 136.6 N·m   23 ② −1.25 N·m   24 ③ 102 N, 35.61°

25	③ 18.48 N	26	④ 17.32 N	27	① 40 N · m
28	② 348 N · m	29	① −200 N, 238.35 N	30	② 26 N

2장 | 재료역학의 기본 개념

01 응력(stress): 변형을 유발시키려고 재료 내부의 모든 점으로 전파되는 힘을 면적으로 나눈 값
수직응력(normal stress): 단면에 수직하게 작용하는 수직력을 그 단면적으로 나눈 값
전단응력(shear stress): 단면과 평행한 방향으로 작용하는 전단력을 그 단면적으로 나눈 값

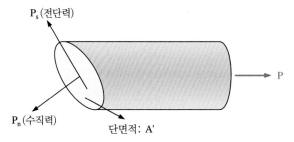

수직응력: $\sigma = \dfrac{P_n}{A'}$, 전단응력: $\tau = \dfrac{P_s}{A'}$

02 $\sigma = \dfrac{F}{A} = \dfrac{1000\,[\mathrm{kgf}]}{20\,[\mathrm{cm}^2]} = 50\,[\mathrm{kgf/cm^2}] = 0.5\,[\mathrm{kgf/mm^2}]$

03 (a)   (b)

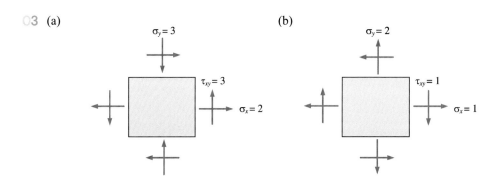

04 $\epsilon = \dfrac{\Delta L}{L} = \dfrac{L' - L}{L} = \dfrac{10.5 - 10}{10} = 0.05$

05 $\epsilon = \dfrac{\Delta L}{L} = \dfrac{L' - L}{L} = \dfrac{L'}{L} - 1$

$$\frac{L'}{L} = 1 + \epsilon$$

$$L = \frac{L'}{1+\epsilon} = \frac{10}{1+(-0.01)} = \frac{10}{0.99} = 10.1\,[\mathrm{cm}]$$

06 $\quad \sigma = \dfrac{F}{A} = \dfrac{10,000}{5 \times 10^{-4}} = 20,000,000\,[\mathrm{N/m^2}] = 20\,[\mathrm{MPa}]$

$$\epsilon = \frac{\Delta L}{L} = \frac{L'-L}{L} = \frac{10.1-10}{10} = 0.01$$

$$\sigma = E\epsilon$$

$$E = \frac{\sigma}{\epsilon} = \frac{20\,[\mathrm{MPa}]}{0.01} = 2,000\,[\mathrm{MPa}] = 2\,[\mathrm{GPa}]$$

07

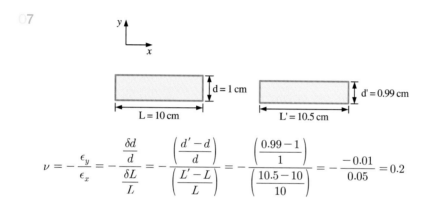

$$\nu = -\frac{\epsilon_y}{\epsilon_x} = -\frac{\dfrac{\delta d}{d}}{\dfrac{\delta L}{L}} = -\frac{\left(\dfrac{d'-d}{d}\right)}{\left(\dfrac{L'-L}{L}\right)} = -\frac{\left(\dfrac{0.99-1}{1}\right)}{\left(\dfrac{10.5-10}{10}\right)} = -\frac{-0.01}{0.05} = 0.2$$

08 $\quad \tau = \dfrac{F}{A}$

$$\tau = G\gamma$$

$$\therefore \frac{F}{A} = G\gamma$$

$$\gamma = \frac{F}{GA} = \frac{10,000}{(100 \times 10^6)(5 \times 10^{-4})} = 0.2$$

09 (i) $\nu = 0$: 길이 방향으로 변형이 있을 때, 단면의 가로/세로 방향으로 변형이 없음을 의미하며, 체적 변화가 가장 크고, 가까운 예로 코르크를 들 수 있다.

(ii) $\nu = 0.5$: 체적 변화가 거의 없는 것을 의미하며, 가까운 예로 고무를 들 수 있다. 재료가 탄성 영역을 지나 소성 영역에 들어가면 체적 변화가 적으므로 $\nu = 0.5$를 사용하기도 한다.

(iii) $\nu > 0.5$: 체적 변화가 음의 값으로 인장의 경우 체적이 줄고, 압축의 경우 체적이 늘어나는 것을 의미한다. 현존하지 않는 재료이다.

10 (i) $\sigma = E\epsilon$ (ii) $\tau = G\gamma$ (iii) $G = \dfrac{E}{2(1+\nu)}$

11 $\epsilon_x = \dfrac{1}{E}[\sigma_x - \nu(\sigma_y + \sigma_z)], \ \ \epsilon_y = \dfrac{1}{E}[\sigma_y - \nu(\sigma_x + \sigma_z)], \ \ \epsilon_z = \dfrac{1}{E}[\sigma_z - \nu(\sigma_x + \sigma_y)]$

$\gamma_{xy} = \dfrac{\tau_{xy}}{G}, \ \ \gamma_{yz} = \dfrac{\tau_{yz}}{G}, \ \ \gamma_{zx} = \dfrac{\tau_{zx}}{G}$

12 (i) 설계기준으로 항복강도($\sigma_y = 200\,\mathrm{MPa}$)를 설정했을 때,

$$\text{허용응력}(\sigma_a) = \frac{\text{설계기준강도}(\sigma_s)}{\text{안전율}(s)} = \frac{200}{5} = 40\,[\mathrm{MPa}]$$

(ii) 설계기준으로 극한강도(인장강도) $\sigma_u = 400\,\mathrm{MPa}$을 설정했을 때,

$$\text{허용응력}(\sigma_a) = \frac{\text{설계기준강도}(\sigma_u)}{\text{안전율}(s)} = \frac{400}{5} = 80\,[\mathrm{MPa}]$$

13 재료의 형상이 급변하는 부위에 응력이 다른 부위보다 집중되어, 평균 응력보다 크게 발생하는 현상을 응력집중이라 하며, 대표적인 모델로 필렛(fillet), 노치(notch), 크랙(crack) 등이 있다. 응력집중에 의한 최대 응력 $\sigma_{\max}$ 은 응력집중계수 K_t 와 평균 응력 σ_{ave} 로 다음과 같이 표현된다.

$$\sigma_{\max} = K_t \sigma_{\mathrm{ave}}$$

14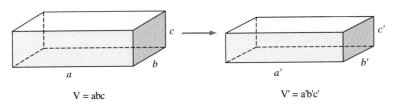

$V = abc \qquad\qquad V' = a'b'c'$

Let $\epsilon_x = \epsilon$

$\epsilon_x = \dfrac{a'-a}{a} = \dfrac{a'}{a} - 1 = \epsilon \ \ \Rightarrow a' = a(1+\epsilon)$

$\epsilon_y = \dfrac{b'-b}{b} = \dfrac{b'}{b} - 1 = -\nu\epsilon \ \ \Rightarrow b' = b(1-\nu\epsilon)$

$\epsilon_z = \dfrac{c'-c}{c} = \dfrac{c'}{c} - 1 = -\nu\epsilon \ \ \Rightarrow c' = c(1-\nu\epsilon)$

$V' = a'b'c' = abc(1+\epsilon)(1-\nu\epsilon)(1-\nu\epsilon) \approx abc(1+\epsilon-2\nu\epsilon) + 0(\epsilon^2) + 0(\epsilon^3)$

체적변형률: $\epsilon_V = \dfrac{V'-V}{V} = \dfrac{abc(1+\epsilon-2\nu\epsilon) - abc}{abc} = \epsilon(1-2\nu)$

$\qquad\qquad = \dfrac{\sigma}{E}(1-2\nu) = \dfrac{10(1-2\times 0.3)}{10000} = 4\times 10^{-4}$

$\therefore \ V' = V(1+\epsilon_V) = 10(1+4\times 10^{-4}) = 10.004\,[\mathrm{cm}^3]$

15 $\epsilon_V = \dfrac{\Delta V}{V} = \dfrac{V'-V}{V} = \epsilon(1-2\nu) = 0.001(1-2\times 0.3) = 0.0004$

$$\frac{V'}{V} - 1 = 0.0004$$

$$V' = V(1.0004) = 10 \times 10 \times 1.0004 = 100.04 [\mathrm{cm}^3]$$

16　③ 0.06 F

17　② 5

18　② 6×10^{-4}

19　③ 157 kgf

20　① 0.001 cm

21　④ 0.00089 rad

22　② 1001.26 cm^3

23　① $\frac{5}{3}$

24　③ -72.11 N

25　② 110.6 kN/m^2

26　④ 7.76 Pa

27　③ 5,093 Pa, 1,768 Pa

28　④ 0.839 m

29　① 0.011 mm

30　① 0.005

3장 | 인장/압축 하중

01　(1) 문제 정의

주어진 물리량: 외부하중 $F = 4200\,\mathrm{kgf}$

$$d = 1\,\mathrm{cm} \Rightarrow \mathrm{A} = \frac{\pi d^2}{4} = 0.785398\,\mathrm{cm}^2 \text{ (단면적)}$$

$$l_1 = 3\,\mathrm{cm},\ l_2 = 4\,\mathrm{cm}$$

$$E_1 = 10^6\,\mathrm{kgf/cm}^2,\ E_2 = 2 \times 10^6\,\mathrm{kgf/cm}^2$$

구하려는 물리량: 봉에 발생하는 응력: σ_1, σ_2

변　위: δ_1, δ_2, $\delta\,(=\delta_1 + \delta_2)$ (전체 봉의 변형된 길이)

변형률: ϵ_1, ϵ_2

(2) 자유물체도 표현

(3) 미지 외력 산출: 외력이 모두 주어졌고 미지 외력이 없음.

(4) 부재 내력 산출

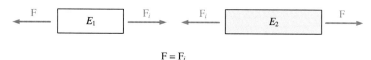

$$F = F_i$$

(5) 관계식 사용 해석:

(i) 하중-응력 관계식

$$\sigma_1 = \frac{F}{A} = \frac{4200\,[\mathrm{kgf}]}{0.785398\,[\mathrm{cm}^2]} = 5347.6\,[\mathrm{kgf/cm}^2]$$

$$\sigma_2 = \frac{F}{A} = \sigma_1 = 5347.6\,[\mathrm{kgf/cm}^2]$$

(ii) 응력-변형률 관계식

$$\epsilon_1 = \frac{1}{E_1}\sigma_1 = \frac{1}{E_1}\left(\frac{F}{A}\right) = \frac{F}{E_1 A} = \frac{4200}{785398} = 0.0053$$

$$\epsilon_2 = \frac{1}{E_2}\sigma_2 = \frac{1}{E_2}\left(\frac{F}{A}\right) = \frac{F}{E_2 A} = \frac{4200}{2 \times 785398} = 0.00267$$

(iii) 하중-변위 관계식

$$\delta_1 = \frac{Fl_1}{E_1 A} = \frac{4200 \times 3}{785398} = 0.016\,[\mathrm{cm}]$$

$$\delta_2 = \frac{Fl_2}{E_2 A} = \frac{4200 \times 4}{2 \times 785398} = 0.011\,[\mathrm{cm}]$$

총 변위 $\delta = \delta_1 + \delta_2 = \dfrac{Fl_1}{E_1 A} + \dfrac{Fl_2}{E_2 A} = 0.016\,[\mathrm{cm}] + 0.011\,[\mathrm{cm}] = 0.027\,[\mathrm{cm}]$

02 (1) 문제 정의

주어진 물리량: 외부하중 $F = 4000\,\mathrm{kgf}$

$$d_1 = 3\,\mathrm{cm} \Rightarrow A_1 = \frac{\pi d_1^2}{4} = 7.068583\,[\mathrm{cm}^2]$$

$$d_2 = 6\,\mathrm{cm} \Rightarrow A_2 = \frac{\pi d_2^2}{4} = 28.274334\,[\mathrm{cm}^2]$$

$l_1 = 10\,\mathrm{cm}$

$l_2 = 15\,\mathrm{cm}$

$E = 10^6\,\mathrm{kgf/cm}^2$

구하려는 물리량: $\sigma_1,\ \sigma_2\ \ \delta_1,\ \delta_2,\ \delta = \delta_1 + \delta_2\ \ \epsilon_1,\ \epsilon_2$

(2) 자유물체도 표현

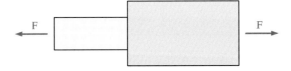

(3) 미지 외력 산출: 외력이 모두 주어졌고, 미지 외력이 없음.

(4) 부재 내력 산출

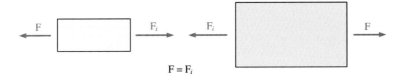

$\mathrm{F} = \mathrm{F}_i$

(5) 관계식 사용해석

    (i) 하중-응력 관계식

$$\text{좌측 응력: } \sigma_1 = \frac{F}{A_1} = \frac{4000\,[\text{kgf}]}{7.068583\,[\text{cm}^2]} = 565.88\,[\text{kgf/cm}^2]$$

$$\text{우측 응력: } \sigma_2 = \frac{F}{A_2} = \frac{4000}{28.274334} = 141.47\,[\text{kgf/cm}^2]$$

    (ii) 응력-변형률 관계식

$$\epsilon_1 = \frac{1}{E}\sigma_1 = \frac{F}{EA_1} = \frac{4000}{7068583} = 0.00057$$

$$\epsilon_2 = \frac{1}{E}\sigma_2 = \frac{F}{EA_2} = \frac{4000}{28274334} = 0.00014$$

    (iii) 하중-변위관계식

$$\delta_1 = l_1\epsilon_1 = \frac{Fl_1}{EA_1} = 0.00057 \times 10 = 0.0057\,[\text{cm}]$$

$$\delta_2 = l_2\epsilon_2 = \frac{Fl_2}{EA_2} = 0.00014 \times 15 = 0.0021\,[\text{cm}]$$

$$\text{총 변위 } \delta = \delta_1 + \delta_2 = 0.0057 + 0.0021 = 0.0078\,[\text{cm}]$$

○3 (1) 문제 정의

    주어진 물리량: 외부하중 $F = 4000\,\text{kgf}$

    $A_1 = 0.1\,\text{cm}^2$, $A_2 = 0.2\,\text{cm}^2$, $A_3 = 0.3\,\text{cm}^2$

    $l_1 = 1\,\text{cm}$, $l_2 = 2\,\text{cm}$, $l_3 = 3\,\text{cm}$

    $E_1 = 10^6\,\text{kgf/cm}^2$, $E_2 = 2 \times 10^6\,\text{kgf/cm}^2$, $E_3 = 3 \times 10^6\,\text{kgf/cm}^2$

    구하려는 물리량: $\delta = \delta_1 + \delta_2 + \delta_3$

(2) 자유물체도 표현

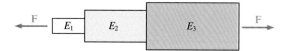

(3) 미지 외력 산출: 외력이 모두 주어졌고, 미지 외력이 없음.

(4) 부재 내력 산출

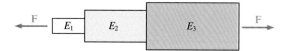

$$F = F_{i_1} = F_{i_2}$$

(5) 관계식 사용 해석

$$\delta = \delta_1 + \delta_2 + \delta_3 = l_1\epsilon_1 + l_2\epsilon_2 + l_3\epsilon_3 = l_1\left(\frac{\sigma_1}{E_1}\right) + l_2\left(\frac{\sigma_2}{E_2}\right) + l_3\left(\frac{\sigma_3}{E_3}\right)$$

$$= l_1\left(\frac{1}{E_1}\right)\frac{F}{A_1} + l_2\left(\frac{1}{E_2}\right)\frac{F}{A_2} + l_3\left(\frac{1}{E_3}\right)\frac{F}{A_3} = \frac{Fl_1}{E_1A_1} + \frac{Fl_2}{E_2A_2} + \frac{Fl_3}{E_3A_3}$$

$$= \frac{4000 \times 1}{10^6 \times 0.1} + \frac{4000 \times 2}{2 \times 10^6 \times 0.2} + \frac{4000 \times 3}{3 \times 10^6 \times 0.3} = 0.04 + 0.02 + 0.013$$

$$= 0.073\,[\mathrm{cm}]$$

04 (1) 문제 정의

주어진 물리량: 외부하중 $F = 4000\ \mathrm{kgf}$ (압축하중)

$A_1 = 1\ \mathrm{cm}^2$, $A_2 = 3\ \mathrm{cm}^2$, $l = 10\ \mathrm{cm}$

$E_1 = 10^6\ \mathrm{kgf/cm}^2$, $E_2 = 2 \times 10^6\ \mathrm{kgf/cm}^2$

구하려는 물리량: $\delta = \delta_1 = \delta_2$

(2) 자유물체노 표현:

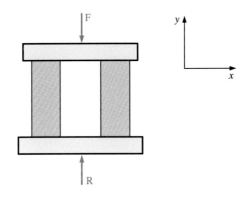

(3) 미지 외력 산출

$$\sum F_y = R - F = 0 \quad \therefore\ R = F$$

(4) 부재 내력 산출

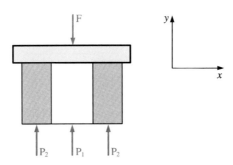

$$\sum F_y = P_1 + P_2 - F = 0 \quad \therefore\ P_1 + P_2 = F$$

변형의 적합조건: $\delta_1 = \delta_2 = \delta$

$$\frac{P_1 l}{E_1 A_1} = \frac{P_2 l}{E_2 A_2}$$

$$\begin{bmatrix} \dfrac{1}{l} & \dfrac{-l}{E_1 A_1 \; E_2 A_2} \end{bmatrix} \begin{bmatrix} P_1 \\ P_2 \end{bmatrix} = \begin{bmatrix} F \\ 0 \end{bmatrix}$$

$$\begin{bmatrix} P_1 \\ P_2 \end{bmatrix} = \begin{bmatrix} \dfrac{1}{l} & \dfrac{-l}{E_1 A_1 \; E_2 A_2} \end{bmatrix}^{-1} \begin{bmatrix} F \\ 0 \end{bmatrix} = \begin{bmatrix} \dfrac{E_1 A_1 F}{E_1 A_1 + E_2 A_2} \\ \dfrac{E_2 A_2 F}{E_1 A_1 + E_2 A_2} \end{bmatrix}$$

(5) 관계식 사용 해석

$$\delta = \delta_1 = \frac{P_1 l}{E_1 A_1} = \frac{l}{E_1 A_1} \left[\frac{E_1 A_1 F}{E_1 A_1 + E_2 A_2} \right] = \frac{Fl}{E_1 A_1 + E_2 A_2}$$

또는 $\delta = \delta_2 = \dfrac{P_2 l}{E_2 A_2} = \dfrac{l}{E_2 A_2} \left[\dfrac{E_2 A_2 F}{E_1 A_1 + E_2 A_2} \right] = \dfrac{Fl}{E_1 A_1 + E_2 A_2}$

$$\therefore \delta = \frac{Fl}{E_1 A_1 + E_2 A_2} = \frac{4000 \times 10}{10^6 + 6 \times 10^6} = 0.0057 \,[\mathrm{cm}]$$

5 1. (1) 문제 정의

주어진 물리량: 외부하중 F, $E_1 = 10E_2$

가정: Let A_1: 부재 ①의 단면적, A_2: 부재 ②의 단면적

P_1: 부재 ①의 내력, P_2: 부재 ②의 내력

구하려는 물리량: $\dfrac{\sigma_2}{\sigma_1} = ? = x$

(2) 자유물체도 표현

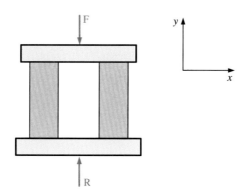

(3) 미지 외력 산출

$$\sum F_y = R - F = 0$$

$$R = F$$

(4) 부재 내력 산출

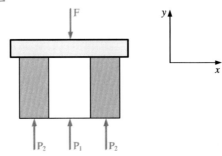

$$\sum F_y = P_1 + P_2 - F = 0$$

$$P_1 + P_2 = F$$

변형의 적합조건: $\delta_1 = \delta_2 = \delta$

$$\frac{P_1 l}{E_1 A_1} = \frac{P_2 l}{E_2 A_2}$$

또는 $\epsilon_1 = \epsilon_2 = \epsilon$

$$\frac{P_1}{E_1 A_1} = \frac{P_2}{E_2 A_2} \text{ 로부터, } P_1 = \frac{E_1 A_1 F}{E_1 A_1 + E_2 A_2}, \ P_2 = \frac{E_2 A_2 F}{E_1 A_1 + E_2 A_2}$$

(5) 관계식 사용 해석

$$\sigma_1 = \frac{P_1}{A_1} = \frac{E_1 F}{E_1 A_1 + E_2 A_2}, \ \sigma_2 = \frac{P_2}{A_2} = \frac{E_2 F}{E_1 A_1 + E_2 A_2}$$

$$x = \frac{\sigma_2}{\sigma_1} = \frac{E_2}{E_1} = \frac{E_2}{10 E_2} = 0.1$$

$$\therefore \ \sigma_1 = 10\sigma_2$$

2. $\sigma = E\epsilon$

$\epsilon = \text{const.}$

따라서 σ와 E는 비례하므로

$$\therefore \ \frac{E_1}{E_2} = 10 \Rightarrow \frac{\sigma_1}{\sigma_2} = 10$$

6 (1) 문제 정의

주어진 물리량: 외부하중: F

단 면 적: $A_1, A_2, \cdots, A_n$

영률계수: $E_1, E_2, \cdots, E_n$

부재길이: l

구하려는 물리량: 응 력: $\sigma_1, \sigma_2, \cdots, \sigma_n$ 중 σ_1만 구할 예정

변형률: $\epsilon_1 = \epsilon_2 = \cdots = \epsilon_n = \epsilon$

변 위: $\delta_1 = \delta_2 = \cdots = \delta_n = \delta$

(2) 자유물체도 표현

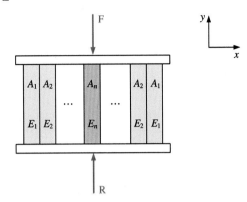

(3) 미지 외력 산출

$$\sum F_y = R - F = 0$$

$$R = F$$

(4) 부재 내력 산출

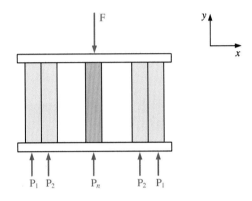

$$\sum F_y = P_1 + P_2 + \cdots + P_n - F = 0$$

$$P_1 + P_2 + \cdots + P_n = F$$

(5) 관계식 사용 해석

(i) 하중-응력 관계식   (ii) 응력-변형률 관계식   (iii) 변형률-변위 관계식

$$\sigma_1 = \frac{P_1}{A_1} \qquad\qquad \epsilon_1 = \frac{\sigma_1}{E_1} = \epsilon_2 = \cdots = \epsilon_n \qquad\qquad \epsilon_1 = \frac{\delta_1}{l}$$

$$\sigma_2 = \frac{P_2}{A_2} \qquad\qquad \epsilon_2 = \frac{\sigma_2}{E_2} \qquad\qquad\qquad \epsilon_2 = \frac{\delta_2}{l}$$

$$\vdots \qquad\qquad\qquad\qquad \vdots \qquad\qquad\qquad\qquad \vdots$$

$$\sigma_n = \frac{P_n}{A_n} \qquad\qquad \epsilon_n = \frac{\sigma_n}{E_n} \qquad\qquad\qquad \epsilon_n = \frac{\delta_n}{l}$$

(iv) 하중-변위 관계식: $\dfrac{\delta_1}{l} = \dfrac{1}{E_1}\dfrac{P_1}{A_1} \Rightarrow \delta_1 = \dfrac{P_1 l}{E_1 A_1} = \delta_2 = \cdots = \delta_n$

$$\delta_2 = \frac{P_2 l}{E_2 A_2}, \cdots, \delta_n = \frac{P_n l}{E_n A_n}$$

from $P_1 + P_2 + \cdots + P_n = F$

$$\sigma_1 A_1 + \sigma_2 A_2 + \cdots + \sigma_n A_n = F$$

$$\sigma_1 A_1 + \frac{E_2}{E_1}\sigma_1 A_2 + \cdots + \frac{E_n}{E_1}\sigma_1 A_n = F$$

$$\sigma_1 \left[A_1 + \frac{E_2}{E_1} A_2 + \cdots + \frac{E_n}{E_1} A_n \right] = F$$

$$\therefore \sigma_1 = \frac{F}{A_1 + \frac{E_2}{E_1} A_2 + \frac{E_3}{E_1} A_3 + \cdots + \frac{E_n}{E_1} A_n} = \frac{F}{[A_1]_{Eq}}$$

$$[A_1]_{Eq} = A_1 + \frac{E_2}{E_1} A_2 + \cdots + \frac{E_n}{E_1} A_n = \sum_{i=1}^{n} \frac{E_i A_i}{E_1} \, ; \text{등가단면적}$$

참고로 임의의 k 번째 재료에 생기는 응력 σ_k 는

$$\sigma_k = \frac{F}{[A_k]_{Eq}} = \frac{F}{\displaystyle\sum_{i=1}^{n} \frac{E_i A_i}{E_k}}$$

$$\epsilon_1 = \frac{\sigma_1}{E_1} = \frac{\left(\dfrac{F}{\displaystyle\sum_{i=1}^{n} \dfrac{E_i A_i}{E_1}} \right)}{E_1} = \frac{F}{\displaystyle\sum_{i=1}^{n} E_i A_i} = \epsilon_2 = \epsilon_3 = \cdots\cdots = \epsilon_n$$

$$\delta_1 = l\epsilon_1 = \frac{Fl}{\displaystyle\sum_{i=1}^{n} E_i A_i} = \delta_2 = \delta_3 = \cdots = \delta_n$$

07 (1) 문제 정의

주어진 물리량: 외부하중: F

단면적: A

길이: l

영률계수: E

단위체적당 중량: γ

구하려는 물리량: σ_x

δ(전체 변위)

(2) 자유물체도 표현

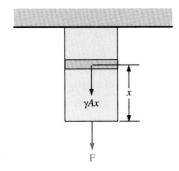

(3) 미지 외력 산출: 자중으로 인하여 주어진 위치에 따라 바뀜.

　임의 위치 x에서는 외부 $R = F + \gamma A x$

(4) 부재 내력 산출

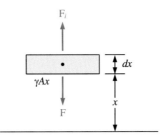

$$\sum F_x = F_i - \gamma A x - F = 0$$

$$F_i = F + \gamma A x$$

(5) 관계식 사용 해석

　(i) $F \sim \sigma$ (하중-응력 관계식)

$$\sigma_x = \frac{F_i}{A} = \frac{F + \gamma A x}{A} = \frac{F}{A} + \gamma x$$

　　최대 응력은 $x = l$에서 발생하고,

$$\sigma_{\max} = \frac{F}{A} + \gamma l$$

　(ii) $\sigma \sim \epsilon$ (응력-변형률 관계식)

$$\epsilon_x = \frac{\sigma_x}{E} = \frac{F}{EA} + \frac{\gamma x}{E}$$

　(iii) $\epsilon \sim \delta$ (변형률-변위 관계식)

$$\left(\epsilon_x = \frac{d\delta}{dx} \right) \Rightarrow \left(d\delta = \epsilon_x d_y \right)$$

$$\Rightarrow \delta = \int_0^l d\delta = \int_0^l \epsilon_x \, dx = \int_0^l \left(\frac{F}{EA} + \frac{\gamma x}{E} \right) dx = \frac{Fl}{EA} + \frac{\gamma l^2}{2E}$$

　부재의 무게를 W라 하면,

$$W= \gamma A l$$

$$\therefore \delta = \frac{Fl}{EA} + \frac{Wl}{2EA} = \frac{\left(F + \dfrac{W}{2}\right)l}{EA}$$

즉 자중을 고려하면, 부재에 $\left(\text{하중과 중량의 } \dfrac{1}{2}\right)$의 인장하중이 가해진 경우와 같다.

08 (1) 문제 정의

주어진 물리량: $A = 10\ \mathrm{cm}^2$, $l = 10\ \mathrm{m} = 1000\ \mathrm{cm}$, $\gamma = 0.01\ \mathrm{kgf/cm}^3$,
$$\sigma_a = 1000\ \mathrm{kgf/cm}^2$$

구하려는 물리량: $F = ?$

(2) 자유물체도 표현: 그림(문제)

(3) 미지 외력 산출: 임의의 위치 x에서 $R = F + \gamma A x$

(4) 부재 내력 산출: 임의의 위치 x에서 $F_i = F + \gamma A x$

(5) 관계식 사용 해석

(i) $F \sim \sigma$ (하중–응력 관계식)

$$\sigma_x = \frac{F_i}{A} = \frac{F + \gamma A x}{A} = \frac{F}{A} + \gamma x$$

최대 응력은 $x = l$에서 발생하고, $\sigma_{\max} \leqq \sigma_a$

$$\sigma_{\max} = \frac{F}{A} + \gamma l \leqq \sigma_a$$

$$\frac{F}{A} \leqq \sigma_a - \gamma l$$

$$F \leqq (\sigma_a - \gamma l) A = (1000 - 0.01 \times 1000)10 = 9900\ [\mathrm{kgf}]$$

$$\therefore\ F_{\max} = 9900\ [\mathrm{kgf}]$$

09 (1) 문제 정의

주어진 물리량: W, l, γ, σ_a

구하려는 물리량: $A_{\min} = ?$

(2) 자유물체도 표현: ┐

(3) 미지 외력 산출: ├ 생략

(4) 부재 내력 산출: ┘

(5) 관계식 사용 해석:

$$\sigma_x = \frac{F_i}{A} = \frac{W + \gamma A x}{A} = \frac{W}{A} + \gamma x$$

$$\sigma_{\max} = \frac{W}{A} + \gamma l \leqq \sigma_a$$

$$\frac{W}{A} \leqq \sigma_a - \gamma l$$

$$A \geqq \frac{W}{\sigma_a - \gamma l}$$

$$\therefore A_{\min} = \frac{W}{\sigma_a - \gamma l}$$

10   (1) 문제 정의:

     주어진 물리량: $\gamma = 0.01 \, \mathrm{kgf/cm^3}$

$$\sigma_a = 100 \, \mathrm{kgf/cm^2}$$

     단면적: A

     구하려는 물리량: $l_{\max}$

     (2) 자유물체도 표현: ⎤

     (3) 미지 외력 산출: ⎬ 생략

     (4) 부재 내력 산출: ⎦

     (5) 관계식 사용 해석:

$$\sigma_x = \frac{F_i}{A} = \frac{\gamma A x}{A} = \gamma x$$

$$\sigma_{\max} = \gamma l \leqq \sigma_a$$

$$l \leqq \frac{\sigma_a}{\gamma}$$

$$l_{\max} = \frac{\sigma_a}{\gamma} = \frac{100}{0.01} = 10{,}000 \, [\mathrm{cm}] = 100 \, [\mathrm{m}]$$

11   $\sigma = E\epsilon_T = E\alpha(T_2 - T_1) = 10^6 \times 10^{-5}(30 - 0) = 300 \, [\mathrm{kgf/cm^2}]$

12   (1) 문제 정의: ⎤

     (2) 자유물체도 표현: ⎬ 생략

     (3) 미지 외력 산출: ⎦

     (4) 부재 내력 산출:

$$\sigma_x(2\pi r t) = p\pi r^2$$

$$\sigma_x = \frac{p\pi r^2}{2\pi r t} = \frac{pr}{2t} : \text{길이 방향의 응력}$$

     (5) 관계식 사용 해석

$$\frac{\sigma_x}{r_x} + \frac{\sigma_y}{r_y} = \frac{p}{t}, \ r_y = r, \ r_x \to \infty$$

$$\therefore \sigma_y = \frac{pr}{t} \text{ 원주 방향의 응력}$$

$$\sigma_y > \sigma_x, \ \sigma_y = \frac{pr}{t} \leqq \sigma_a$$

$$t \geqq \frac{pr}{\sigma_a} = \frac{5 \times 1}{1000} = 0.005\,[\mathrm{m}] = 0.5\,[\mathrm{cm}]$$

$$\therefore t_{\min} = 0.5\,[\mathrm{cm}]$$

13

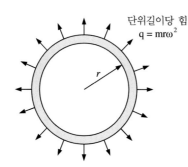

단위길이당 힘
$q = mr\omega^2$

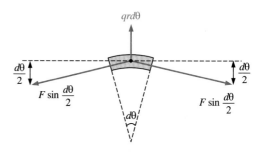

$$\sum F_r = F\sin\frac{d\theta}{2} + F\sin\frac{d\theta}{2} - qr\,d\theta = 0$$

$$\sin x \approx x \ \text{when} \ x \ll 1$$

$$\therefore F\left(\frac{d\theta}{2}\right) + F\left(\frac{d\theta}{2}\right) - qr\,d\theta = 0$$

$$F = qr$$

$$\sigma = \frac{F}{A} = \frac{qr}{tl} = \frac{mr\omega^2 r}{tl}$$

$$\therefore \frac{mr^2\omega^2}{tl} \leqq \sigma_a$$

$$\omega^2 \leqq \frac{\sigma_a \cdot t \cdot l}{mr^2}, \ \ \omega \leqq \sqrt{\frac{\sigma_a tl}{mr^2}}, \ \ \omega_{\max} = \sqrt{\frac{\sigma_a tl}{mr^2}}$$

14 (1) ~ (4): 생략

(5) 관계식 사용

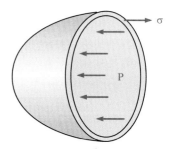

$$p(\pi r^2) = \sigma(2\pi rt)$$

$$\sigma = \frac{p(\pi r^2)}{2\pi rt} = \frac{pr}{2t}$$

또는 $\dfrac{\sigma_x}{r_x} + \dfrac{\sigma_y}{r_y} = \dfrac{p}{t}$

$$\left.\begin{array}{c} r_x = r_y = r \\ \sigma_x = \sigma_y = \sigma \end{array}\right\} \ \Rightarrow \ 2\frac{\sigma}{r} = \frac{p}{t}$$

$$\sigma = \frac{pr}{2t}$$

$$\therefore \sigma = \frac{pr}{2t} \leqq \sigma_a$$

$$t \geqq \frac{pr}{2\sigma_a} = \frac{5 \times 1}{2 \times 1000} = 0.0025\,[\mathrm{m}] = 0.25\,[\mathrm{cm}]$$

$$\therefore t_{\min} = 0.25\,[\mathrm{cm}]$$

15 $\quad \sigma_x(2\pi rt) = p(\pi r^2)$

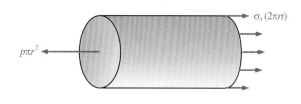

$$\sigma_x = \frac{pr}{2t}$$

$$\frac{\sigma_x}{r_x} + \frac{\sigma_y}{r_y} = \frac{p}{t}, \ r_x \to \infty$$

$$\sigma_y = \frac{pr}{t}$$

$$\sigma_y > \sigma_x$$

$$\therefore \sigma_y = \frac{pr}{t} \leqq \sigma_a$$

$$p \leqq \frac{\sigma_a t}{r} = \frac{1000 \times 0.1}{10} = 10 \, [\mathrm{kgf/cm^2}]$$

16 ③ 360 kgf/cm²	17 ③ 1288 kgf/cm²	18 ④ 16489 kgf
19 ③ 1 : 2.25	20 ④ 10602 kgf	21 ② 6.25 m
22 ① 15.8 mm	23 ① 4 mm	24 ② 7
25 ① 27 ton	26 ④ 0.5	27 ③ 40 cm
28 ② 208.4 mm	29 ④ 1 : 0.5	30 ① 26.7 mm

4장 | 비틀림 하중

01 극관성 모멘트 $I_P = \displaystyle\int_A r^2 dA = \int_0^{2\pi}\int_0^R r^2 r\, dr\, d\theta = \int_0^{2\pi}\int_0^R r^3 dr\, d\theta$

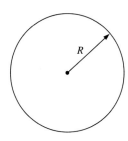

$$= \int_0^{2\pi} d\theta \int_0^R r^3 dr$$

$$= (2\pi)\left(\frac{1}{4}R^4\right)$$

$$= \frac{\pi}{2}R^4 = \frac{\pi}{2}\left(\frac{d}{2}\right)^4$$

$$= \frac{\pi d^4}{32} = \frac{\pi(10)^4}{32}$$

$$= 981.75 \, [\mathrm{cm^4}]$$

$R = 5\,\mathrm{cm}, \ d = 10\,\mathrm{cm}$

극단면계수 $Z_P = \dfrac{I_P}{R} = \dfrac{\dfrac{\pi d^4}{32}}{\dfrac{d}{2}} = \dfrac{\pi d^3}{16} = \dfrac{\pi(10)^3}{16} = 196.35 \, [\mathrm{cm^3}]$

02   $I_P = \displaystyle\int_A r^2\, dA = \int_0^{2\pi}\int_{R_i}^{R_o} r^2 r\, dr\, d\theta = \int_0^{2\pi} d\theta \int_{R_i}^{R_o} r^3\, dr = [\theta]_0^{2\pi}\left[\frac{1}{4}r^4\right]_{R_i}^{R_o}$

$$= 2\pi\left(\frac{R_o^4 - R_i^4}{4}\right) = \frac{\pi}{2}\left(R_o^4 - R_i^4\right) = \frac{\pi}{32}(d_o^4 - d_i^4) = \frac{\pi}{2}(10^4 - 5^4)$$

$$= 14726.2\ [\mathrm{cm}^4]$$

03   T: Given

$$I_P = \frac{\pi(d_o^4 - d_i^4)}{32}$$

$$\tau = G\gamma = Gr\frac{d\phi}{dz}$$

$$T = \int_A \tau r\, dA = \int_A Gr^2 \frac{d\phi}{dz}\, dA = G\frac{d\phi}{dz}\int_A r^2\, dA = GI_P\frac{d\phi}{dz}$$

$$\tau = Gr\frac{d\phi}{dz} = \frac{Tr}{I_P},\quad I_P = \frac{\pi(d_o^4 - d_i^4)}{32}$$

(i) $\dfrac{d\phi}{dz} = \dfrac{T}{GI_P}$

$$\int_0^{\frac{L}{2}}\frac{d\phi}{dz}\, dz = \int_0^{\frac{L}{2}}\frac{T}{GI_P}\, dz$$

$$[\phi]_{z=\frac{L}{2}} - [\phi]_{z=0} = \frac{T}{GI_P}[z]_0^{\frac{L}{2}}$$

$$[\phi]_{z=\frac{L}{2}} = \frac{TL}{2GI_P} = \frac{16\,TL}{\pi(d_o^4 - d_i^4)G}$$

(ii) $[\tau]_{r=\frac{d_i+d_o}{4}} = \dfrac{T}{I_P}\left(\dfrac{d_i+d_o}{4}\right) = T\dfrac{32}{\pi(d_o^4 - d_i^4)}\dfrac{(d_i+d_o)}{4} = \dfrac{8T}{\pi(d_o^2 + d_i^2)(d_o - d_i)}$

04   d, L, T, G: Given

$$I_P = \frac{\pi d^4}{32}$$

$$\tau = G\gamma = Gr\frac{d\phi}{dz} = \frac{T\cdot r}{I_P},\quad \tau \propto r$$

$$T = \int_A \tau r\, dA = \int_A Gr^2\frac{d\phi}{dz}\, dA$$

$$= G\frac{d\phi}{dz}\int_A r^2\, dA = GI_P\frac{d\phi}{dz}$$

$$\tau_{\min} = [\tau]_{r=0} = 0$$

$$\tau_{\max} = [\tau]_{r=\frac{d}{2}} = \frac{T}{I_P}\left(\frac{d}{2}\right) = \frac{32\,T}{\pi d^4}\left(\frac{d}{2}\right) = \frac{16\,T}{\pi d^3}$$

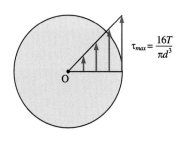

$\tau_{max} = \dfrac{16T}{\pi d^3}$

05 $\tau = \dfrac{T \cdot r}{I_P}$

$I_P = \dfrac{\pi d^4}{32} = \dfrac{\pi \cdot 5^4}{32} = 61.3592 \,[\mathrm{cm}^4]$

$\tau_{\max} = [\tau]_{r=R} = \dfrac{T \cdot R}{I_P} = \dfrac{1000 \times 2.5}{61.3592} = 40.7 \,[\mathrm{kgf/cm}^2]$

06 $\tau = \dfrac{T \cdot r}{I_P}$

$I_P = \dfrac{\pi \left(d_o^4 - d_i^4\right)}{32} = \dfrac{\pi \left(5^4 - 3^4\right)}{32} = 53.41 \,[\mathrm{cm}^4]$

$[\tau]_{r=R_i} = \dfrac{T \cdot R_i}{I_P} = \dfrac{1000 \times 1.5}{53.41} = 28.1 \,[\mathrm{kgf/cm}^2]$

$[\tau]_{r=R_o} = \dfrac{T \cdot R_o}{I_P} = \dfrac{1000 \times 2.5}{53.41} = 46.8 \,[\mathrm{kgf/cm}^2]$

07 $\tau = G\gamma = Gr\dfrac{d\phi}{dz} = \dfrac{T \cdot r}{I_P}$

$I_P = \dfrac{\pi \left(d_o^4 - d_i^4\right)}{32}$

$\tau_{\max} = [\tau]_{r=r_0} = [\tau]_{r=\frac{d_o}{2}}$

$\qquad = \dfrac{T \cdot \dfrac{d_o}{2}}{\dfrac{\pi \left(d_o^4 - d_i^4\right)}{32}} = \dfrac{16 T d_o}{\pi \left(d_o^4 - d_i^4\right)} \leqq \tau_a = 10$

$d_o^4 - d_i^4 \geqq \dfrac{16 T d_o}{\pi \tau_a}$

$d_i^4 \leqq d_o^4 - \dfrac{16 T d_o}{\pi \tau_a} = 10^4 - \dfrac{16 \times 1000 \times 10}{\pi \times 10} = 4907$

$d_i \leqq 8.37 \,[\mathrm{cm}]$

$\therefore d_i$의 최댓값은 8 cm

08 $\sigma_a = 1000\,\mathrm{kgf/cm}^2,\ d = 10\,\mathrm{cm},\ I_P = \dfrac{\pi d^4}{32} = 981.7 \,[\mathrm{cm}^4]$

$\omega = 2000\,\mathrm{rpm} = \dfrac{2000 \times 2\pi}{60} \,[\mathrm{rad/sec}] = 209.44 \,[\mathrm{rad/sec}]$

$\tau = G\gamma = Gr\dfrac{d\phi}{dz} = \dfrac{T \cdot r}{I_P}$

$$T = \int_A \tau r\, dA = \int_A Gr^2 \frac{d\phi}{dz}\, dA = GI_P \frac{d\phi}{dz} = \frac{I_P}{r}\tau$$

at $r = \dfrac{d}{2}$, $T = \dfrac{I_P}{\left(\dfrac{d}{2}\right)}\tau = \dfrac{\left(\dfrac{\pi d^4}{32}\right)}{\left(\dfrac{d}{2}\right)}\tau = \dfrac{\pi d^3}{16}\tau = \dfrac{\pi (10)^3 \times 1000}{16} = 196349.5\ [\mathrm{kgf \cdot cm}]$

$P = T \cdot \omega = 196349.5 \times 209.44\ [\mathrm{kgf \cdot cm/sec}]$

$\quad = 41123439\ [\mathrm{kgf \cdot cm/sec}] = 411234\ [\mathrm{kgf \cdot m/sec}] = \dfrac{411234}{75}\ [\mathrm{PS}] = 5483\ [\mathrm{PS}]$

09 $P = 10\ \mathrm{kW} = 10{,}000\ \mathrm{W}$

$\quad \omega = 3000\ [\mathrm{rpm}] = \dfrac{3000 \times 2\pi}{60}\ [\mathrm{rad/sec}] = 314.15\ [\mathrm{rad/sec}]$

$\quad P = T \cdot \omega$

$\quad T = \dfrac{P}{\omega} = \dfrac{10{,}000}{314.15} = 31.83\ [\mathrm{N \cdot m}]$

$\quad \tau = \dfrac{T \cdot r}{I_P}$

$\quad \tau_{\max} = [\tau]_{r=\frac{d}{2}} = \dfrac{T\left(\dfrac{d}{2}\right)}{\dfrac{\pi d^4}{32}} = \dfrac{16\,T}{\pi d^3} \leqq \tau_a$

$\quad d^3 \geqq \dfrac{16\,T}{\pi \tau_a} = \dfrac{16 \times 31.83}{(\pi)(100 \times 10^6)} = 1.6211 \times 10^{-6}$

$\quad d \geqq 0.0117\ [\mathrm{m}] = 11.7\ [\mathrm{mm}]$

$\quad \therefore d_{\min} = 12\ \mathrm{mm}$

10 $P = 300\ \mathrm{PS} = 300 \times 75\ [\mathrm{kgf \cdot m/sec}] = 22{,}500\ [\mathrm{kgf \cdot m/sec}]$

$\quad \omega = 200\ [\mathrm{rpm}] = \dfrac{200 \times 2\pi}{60}\ [\mathrm{rad/sec}] = 20.9439\ [\mathrm{rad/sec}]$

$\quad T = \dfrac{P}{\omega} = \dfrac{22{,}500}{20.9439} = 1074.3\ [\mathrm{kgf \cdot m}]$

$\quad \tau = \dfrac{T \cdot r}{I_P}, \quad I_P = \dfrac{\pi (d_o^4 - d_i^4)}{32} = \dfrac{15\pi d_i^4}{32}$

$\qquad\qquad\qquad\qquad\qquad \uparrow$

$\qquad\qquad\qquad\qquad d_o = 2d_i$

$\quad \tau_{\max} = \dfrac{T \cdot \dfrac{d_o}{2}}{I_P} = \dfrac{T \cdot d_i}{I_P} = \dfrac{T \cdot d_i}{\dfrac{15\pi d_i^4}{32}} = \dfrac{32\,T}{15\,\pi d_i^3} \leqq \tau_a$

$\quad d_i \geqq \sqrt[3]{\dfrac{32\,T}{15\pi \tau_a}} = \sqrt[3]{\dfrac{32 \times 1074.3}{(15\pi)(10 \times 10^6)}} \approx 0.04178\ [\mathrm{m}] \approx 4.2\ [\mathrm{cm}]$

$\quad \therefore (d_i)_{\min} = 5\ \mathrm{cm}$

11 $\tau = G\gamma = Gr\dfrac{d\phi}{dz} = \dfrac{Tr}{I_P}$

$$T = \int_A \tau r\,dA = \int_A Gr^2\dfrac{d\phi}{dz}\,dA = GI_P\dfrac{d\phi}{dz}$$

$$T = GI_P\dfrac{\phi}{l} = G\left(\dfrac{\pi d^4}{32}\right)\dfrac{\phi}{l} = \dfrac{\pi d^4 G\phi}{32l} = \dfrac{(\pi)(10)^4(10^6)\left(\dfrac{2\pi}{360}\right)}{32\times 200} = 85674\,[\text{kgf}\cdot\text{cm}]$$

$$\tau_{\max} = \dfrac{T\cdot\left(\dfrac{d}{2}\right)}{I_P} = \dfrac{T\left(\dfrac{d}{2}\right)}{\dfrac{\pi d^4}{32}} = \dfrac{16\,T}{(\pi d^3)} = \dfrac{16\times 85674}{\pi(10^3)} = 436\,[\text{kgf/cm}^2]$$

또는 $\tau_{\max} = \left[Gr\dfrac{d\phi}{dz}\right]_{\text{at }r=R_o} = GR_o\dfrac{\phi}{l} = G\left(\dfrac{d}{2}\right)\left(\dfrac{\phi}{l}\right) = (10^6)\left(\dfrac{10}{2}\right)\left(\dfrac{1}{200}\dfrac{2\pi}{360}\right)$

$\qquad\qquad = 436\,[\text{kgf/cm}^2]$

12 $\tau = G\gamma = Gr\dfrac{d\phi}{dz} = \dfrac{Tr}{I_P}$

$T = GI_P\dfrac{d\phi}{dz}$

$\dfrac{d\phi}{dz} = \dfrac{T}{GI_P}$

$\phi_{AB} = \dfrac{TL}{GI_P} = \dfrac{1000\times 2}{10\times 10^9\times\dfrac{\pi(0.05)^4}{32}} = 0.33\,[\text{rad}] = 0.33\times\dfrac{360°}{2\pi} = 18.7\,°$

13 $T_A + T_B = T$

$\phi = \dfrac{T_A l}{G_A I_A} = \dfrac{T_B l}{G_B I_B}$

$\dfrac{T_A l}{G_A I_A} = \dfrac{(T-T_A)l}{G_B I_B} = \dfrac{-T_A l}{G_B I_B} + \dfrac{Tl}{G_B I_B}$

$T_A\left(\dfrac{l}{G_A I_A} + \dfrac{l}{G_B I_B}\right) = \dfrac{Tl}{G_B I_B}$

$T_A\left(\dfrac{G_A I_A + G_B I_B}{G_A G_B I_A I_B}\right) = \dfrac{T}{G_B I_B}$

$T_A = \dfrac{TG_A I_A}{G_A I_A + G_B I_B},\ \ T_B = \dfrac{TG_B I_B}{G_A I_A + G_B I_B}$

$\therefore\ \phi = \dfrac{l}{G_A I_A}\dfrac{TG_A I_A}{G_A I_A + G_B I_B} = \dfrac{Tl}{G_A I_A + G_B I_B}$

$(\tau_A)_{\max} = \dfrac{T_A\left(\dfrac{d_A}{2}\right)}{I_A} = \dfrac{\left(\dfrac{d_A}{2}\right)}{I_A}\left(\dfrac{TG_A I_A}{G_A I_A + G_B I_B}\right) = \dfrac{TG_A d_A}{2(G_A I_A + G_B I_B)}$

$$(\tau_B)_{\max} = \frac{T_B\left(\dfrac{d_B}{2}\right)}{I_B} = \frac{\left(\dfrac{d_B}{2}\right)}{I_B}\left(\frac{TG_BI_B}{G_AI_A + G_BI_B}\right) = \frac{TG_Bd_B}{2(G_AI_A + G_BI_B)}$$

14   (i) $\tau = \dfrac{T \cdot r}{I_P}$, $I_P = \dfrac{\pi(d_o^4 - d_i^4)}{32} = \dfrac{\pi(10^4 - 9^4)}{32} = 337.62\,[\mathrm{cm}^4]$

$$\tau_{\min} = [\tau]_{r=R_i} = \frac{T \cdot R_i}{I_P} = \frac{1000 \times 4.5}{337.62} = 13.3\,[\mathrm{kgf/cm}^2]$$

$$\tau_{\max} = [\tau]_{r=R_o} = \frac{T \cdot R_o}{I_P} = \frac{1000 \times 5}{337.62} = 14.8\,[\mathrm{kgf/cm}^2]$$

(ii) 얇은 관으로 가정하였을 때(근사적 방법)

$$\tau = \frac{T}{2At} = \frac{T}{2(\pi R_{mean}{}^2)(R_o - R_i)} = \frac{T}{2\pi\left(\dfrac{R_i + R_o}{2}\right)^2(R_o - R_i)}$$

$$= \frac{1000}{2\pi\left(\dfrac{4.5 + 5}{2}\right)^2(0.5)} = 14.1\,[\mathrm{kgf/cm}^2]$$

15   $\tau = \dfrac{T}{2At} = \dfrac{T}{2(\pi R_{mean}{}^2)(R_o - R_i)} = \dfrac{T}{2\pi\left(\dfrac{R_i + R_o}{2}\right)^2(R_o - R_i)}$

$$= \frac{1000}{2\pi\left(\dfrac{10 + 10.1}{2}\right)^2[0.1]} = 15.76\,[\mathrm{kgf/cm}^2]$$

16 ② 0.027 rad	17 ④ 1/32	18 ② 213
19 ① 0.02 rad	20 ④ 4398 kgf/cm^2	21 ③ $\theta_2 = 8\theta_1$
22 ② 12.7 kgf/cm^2	23 ③ 1.5 m	24 ③ 3.6 cm
25 ④ 411 kgf/cm^2	26 ② 355 PS	27 ① 4.2 cm
28 ② 0.28 rad	29 ① 0.003 rad	30 ② 1: $\sqrt[3]{6}$

01 $C = \dfrac{1}{2}(\sigma_x + \sigma_y) = \dfrac{1}{2}(10 + 30) = 20$

$R = \sqrt{\left(\dfrac{1}{2}(\sigma_x - \sigma_y)\right)^2 + \tau_{xy}^2}$

$= \sqrt{10^2 + 20^2} = 22.36$

$\sigma_{1,2} = C \pm R = 20 \pm 22.36$

$\sigma_1 = 42.26 \,[\mathrm{MPa}]$

$\sigma_2 = -2.36 \,[\mathrm{MPa}]$

$\tau_{\max} = 22.36 \,[\mathrm{MPa}]$

$2\theta_P = \tan^{-1}\left(\dfrac{20}{10}\right) = 63.44°$

$\theta_P = 31.7°$

$2\theta_S = 90° - 2\theta_P = 26.56°$

$\theta_S = 13.3°$

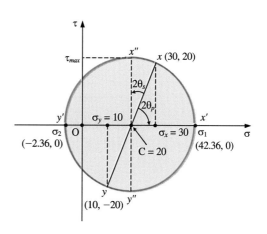

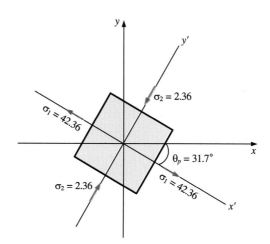

주응력 발생면 응력요소 표현

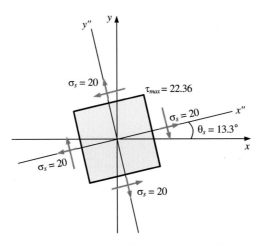

최대 전단응력 발생면 응력요소 표현

02 $C = \frac{1}{2}(\sigma_x + \sigma_y) = \frac{1}{2}(30 - 10) = 10$

$R = \sqrt{20^2 + 20^2} = 28.3$

$\sigma_{1,2} = C \pm R = 10 \pm 28.3$

$\sigma_1 = 38.3\,[\text{MPa}]$

$\sigma_2 = -18.3\,[\text{MPa}]$

$\tau_{\max} = 28.3\,[\text{MPa}]$

$2\theta_P = \tan^{-1}\left(\frac{20}{20}\right) = \tan^{-1}(1) = 45°$

$\theta_P = 22.5°$

$2\theta_S = 90° - 2\theta_P = 45°$

$\theta_S = 22.5°$

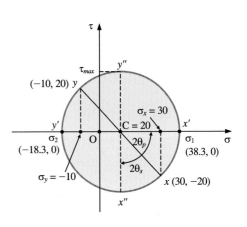

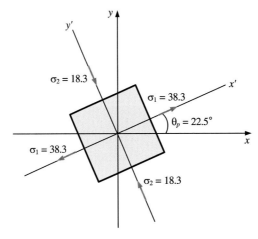

주응력 발생면 응력요소 표현

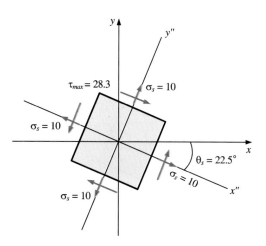

최대 전단응력 발생면 응력요소 표현

03   $C = \dfrac{1}{2}(\sigma_x + \sigma_y) = \dfrac{1}{2}(30 - 10) = 10$

$R = \sqrt{20^2 + 20^2} = 28.3$

$\sigma_{1,2} = C \pm R = 10 \pm 28.3$

$\sigma_1 = 38.3\,[\text{MPa}]$

$\sigma_2 = -18.3\,[\text{MPa}]$

$\tau_{\max} = 28.3\,[\text{MPa}]$

$2\theta_P = \tan^{-1}\left(\dfrac{20}{20}\right) = 45°$

$\theta_P = 22.5°$

$2\theta_S = 90° - 2\theta_P = 45°$

$\theta_S = 22.5°$

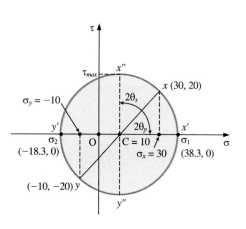

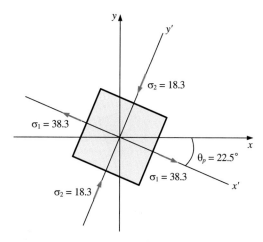

주응력 발생면 응력요소 표현

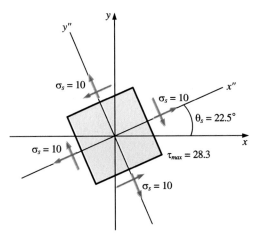

최대 전단응력 발생면 응력요소 표현

04 $C = \dfrac{1}{2}(\sigma_x + \sigma_y) = \dfrac{1}{2}(-30 + 10) = -10$

$R = \sqrt{20^2 + 20^2} = 28.28$

$\sigma_{1,2} = C \pm R = -10 \pm 28.28$

$\sigma_1 = 18.28\,[\text{MPa}]$

$\sigma_2 = -38.28\,[\text{MPa}]$

$\tau_{\max} = 28.28\,[\text{MPa}]$

$2\theta_P = 180° - \tan^{-1}\left(\dfrac{20}{20}\right) = 180° - 45° = 135°$

$\theta_P = 67.5°$

$2\theta_S = \tan^{-1}\left(\dfrac{20}{20}\right) = 45°$

$\theta_S = 22.5°$

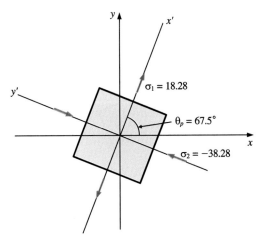

주응력 발생면 응력요소 표현

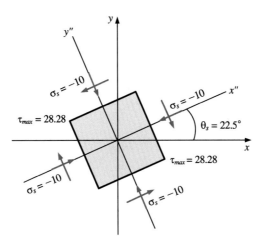

최대 전단응력 발생면 응력요소 표현

05   $C = \dfrac{1}{2}(\sigma_x + \sigma_y) = \dfrac{1}{2}(-30 + 10) = -10$

$R = \sqrt{20^2 + 20^2} = 28.28$

$\sigma_{1,2} = C \pm R = -10 \pm 28.28$

$\sigma_1 = 18.28\ [\text{MPa}]$

$\sigma_2 = -38.28\ [\text{MPa}]$

$\tau_{\max} = 28.28\ [\text{MPa}]$

$2\theta_P = 180° - \tan^{-1}\left(\dfrac{20}{20}\right) = 180° - 45° = 135°$

$\theta_P = 67.5°$

$2\theta_S = \tan^{-1}\left(\dfrac{20}{20}\right) = 45°$

$\theta_S = 22.5°$

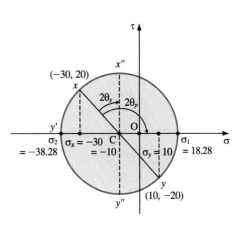

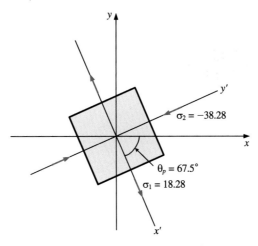

주응력 발생면 응력요소 표현

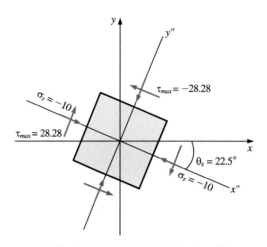

최대 전단응력 발생면 응력요소 표현

06 $C = \frac{1}{2}(\sigma_x + \sigma_y) = \frac{1}{2}(-30-10) = -20$

$R = \sqrt{10^2 + 20^2} = 22.36$

$\sigma_{1,2} = C \pm R = -20 \pm 22.36$

$\sigma_1 = 2.36 \,[\text{MPa}]$

$\sigma_2 = -42.36 \,[\text{MPa}]$

$\tau_{\max} = 22.36 \,[\text{MPa}]$

$2\theta_P = 180° - \tan^{-1}\left(\frac{20}{10}\right) = 180° - \tan^{-1}(2)$

$\qquad = 180° - 63.48° = 116.6°$

$\theta_p = 58.3°$

$2\theta_S = \tan^{-1}\left(\frac{10}{20}\right) = \tan^{-1}\left(\frac{1}{2}\right) = 26.56°$

$\theta_S = 13.3°$

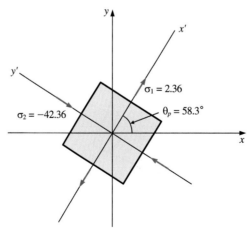

주응력 발생면 응력요소 표현

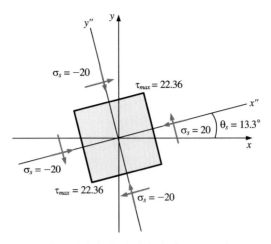

최대 전단응력 발생면 응력요소 표현

07 $C = \dfrac{1}{2}(\sigma_x + \sigma_y) = \dfrac{1}{2}(-30-10) = -20$

$R = \sqrt{10^2 + 20^2} = 22.36$

$\sigma_{1,2} = C \pm R = -20 \pm 22.36$

$\sigma_1 = 2.36 \, [\text{MPa}]$

$\sigma_2 = -42.36 \, [\text{MPa}]$

$\tau_{\max} = 22.36 \, [\text{MPa}]$

$2\theta_P = 180° - \tan^{-1}\left(\dfrac{20}{10}\right)$

$\qquad = 180° - 63.43° = 116.6°$

$\theta_P = 58.3°$

$2\theta_S = \tan^{-1}\left(\dfrac{10}{20}\right) = \tan^{-1}\left(\dfrac{1}{2}\right) = 26.56°$

$\theta_S = 13.3°$

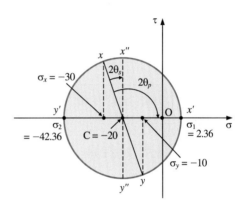

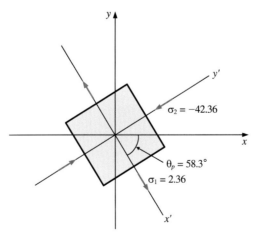

주응력 발생면 응력요소 표현

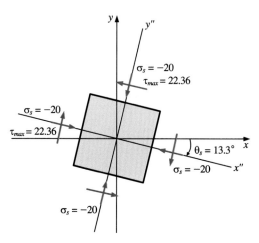

최대 전단응력 발생면 응력요소 표현

08 $C = \dfrac{1}{2}(\sigma_x + \sigma_y) = \dfrac{1}{2}(40 + 15) = 27.5$

$R = \sqrt{\left[\dfrac{1}{2}(\sigma_x - \sigma_y)\right]^2 + \tau_{xy}^2}$

$= \sqrt{\left[\dfrac{1}{2}(40 - 15)\right]^2 + 10^2}$

$= \sqrt{12.5^2 + 10^2} = 16$

$\sigma_{1,2} = C \pm R = 27.5 \pm 16$

$\sigma_1 = 43.5\,[\text{MPa}]$

$\sigma_2 = 11.5\,[\text{MPa}]$

$\tau_{\max} = 16\,[\text{MPa}]$

$2\theta_P = \tan^{-1}\left(\dfrac{10}{12.5}\right) = 38.66°$

$\theta_P = 19.33°$

$\sigma_{x^*,\,y^*} = C \pm R\cos(2\theta - 2\theta_P) = 27.5 \pm 16\cos(90° - 38.66°)$

$\sigma_{x^*} = 37.5\,[\text{MPa}]$

$\sigma_{y^*} = 17.5\,[\text{MPa}]$

$\tau_{x^*y^*} = R\sin(2\theta - 2\theta_P) = 12.5\,[\text{MPa}]$

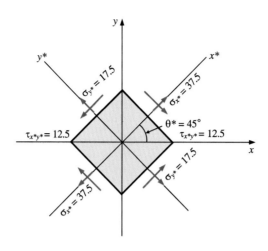

09 $\quad \sigma_{x^*} = \sigma_x \cos^2\theta + \sigma_y \sin^2\theta + 2\tau_{xy} \sin\theta\cos\theta$

$\qquad = 40 \times \dfrac{1}{2} + 15 \times \dfrac{1}{2} + 2 \times 10 \times \dfrac{1}{2}$

$\qquad = \dfrac{75}{2}$

$\qquad = 37.5 \,[\text{MPa}]$

$\quad \sigma_{y^*} = \sigma_x \sin^2\theta + \sigma_y \cos^2\theta - 2\tau_{xy} \sin\theta\cos\theta$

$\qquad = 40 \times \dfrac{1}{2} + 15 \times \dfrac{1}{2} - 2 \times 10 \times \dfrac{1}{2} = \dfrac{35}{2} = 17.5 \,[\text{MPa}]$

$\quad \tau_{x^*y^*} = -(\sigma_x - \sigma_y)\sin\theta\cos\theta + \tau_{xy}(\cos^2\theta - \sin^2\theta)$

$\qquad = -25 \times \dfrac{1}{2} = -12.5 \,[\text{MPa}]$

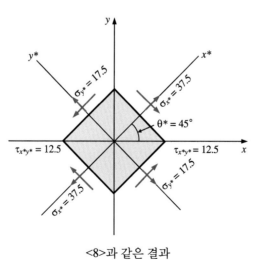

<8>과 같은 결과

10 $\begin{bmatrix} \sigma_{11}' & \sigma_{12}' \\ \sigma_{21}' & \sigma_{22}' \end{bmatrix} = \begin{bmatrix} \cos\theta & \sin\theta \\ -\sin\theta & \cos\theta \end{bmatrix} \begin{bmatrix} \sigma_{11} & \sigma_{12} \\ \sigma_{21} & \sigma_{22} \end{bmatrix} \begin{bmatrix} \cos\theta & -\sin\theta \\ \sin\theta & \cos\theta \end{bmatrix}$

Let $C = \cos\theta, \quad S = \sin\theta$

$\begin{bmatrix} \sigma_{11}' & \sigma_{12}' \\ \sigma_{12}' & \sigma_{22}' \end{bmatrix} = \begin{bmatrix} C & S \\ -S & C \end{bmatrix} \begin{bmatrix} C\sigma_{11} + S\sigma_{12} & -S\sigma_{11} + C\sigma_{12} \\ C\sigma_{12} + S\sigma_{22} & -S\sigma_{12} + C\sigma_{22} \end{bmatrix}$

$= \begin{bmatrix} \sigma_{11}C^2 + \sigma_{22}S^2 + 2\sigma_{12}SC & -(\sigma_{11} - \sigma_{22})SC + \sigma_{12}(C^2 - S^2) \\ -(\sigma_{11} - \sigma_{22})SC + \sigma_{12}(C^2 - S^2) & \sigma_{11}S^2 + \sigma_{22}C^2 - 2\sigma_{12}SC \end{bmatrix}$

$\therefore \sigma_{11}' = \sigma_{11}C^2 + \sigma_{22}S^2 + 2\sigma_{12}SC$

$\sigma_{22}' = \sigma_{11}S^2 + \sigma_{22}C^2 - 2\sigma_{12}SC$

$\sigma_{12}' = -(\sigma_{11} - \sigma_{22})SC + \sigma_{12}(C^2 - S^2)$

11 $C = \dfrac{1}{2}(\sigma_x + \sigma_y) = \dfrac{1}{2}(10 - 40) = -15$

$R = \sqrt{\left[\dfrac{1}{2}(\sigma_x - \sigma_y)\right]^2 + \tau_{xy}^2}$

$\quad = \sqrt{25^2 + 50^2} = 55.9$

$\sigma_{1,2} = C \pm R = -15 \pm 55.9$

$\sigma_1 = 40.9\,[\text{MPa}]$

$\sigma_2 = -70.9\,[\text{MPa}]$

$\tau_{\max} = R = 55.9\,[\text{MPa}]$

$2\theta_P = \tan^{-1}\left(\dfrac{50}{25}\right) = 63.44°$

$\theta_P = 31.7°$

$2\theta_S = 90° - 2\theta_P = 90° - 63.44° = 26.56°$

$\theta_S = 13.3°$

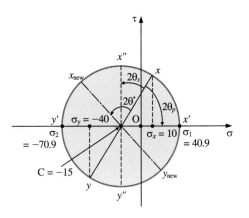

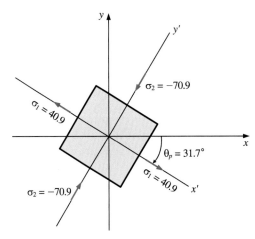

주응력 발생면 응력요소 표현

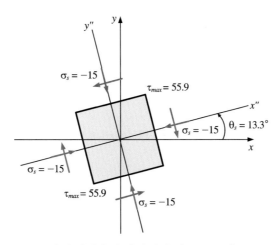

최대 전단응력 발생면 응력요소 표현

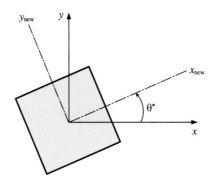

$$(\sigma_x)_{\text{new}} = C - R\cos\left(180° - 2\theta^* - 2\theta_P\right)$$
$$= C + R\cos\left(2\theta^* + 2\theta_P\right)$$
$$= -15 + 55.9\cos\left(2\theta^* + 63.4°\right)$$
$$(\sigma_y)_{\text{new}} = C + R\cos\left(180° - 2\theta^* - 2\theta_P\right)$$
$$= C - R\cos\left(2\theta^* + 2\theta_P\right)$$
$$= -15 - 55.9\cos\left(2\theta^* + 63.4°\right)$$
$$(\tau_{xy})_{\text{new}} = R\sin\left(180° - 2\theta^* - 2\theta_P\right)$$
$$= R\sin\left(2\theta^* + 2\theta_P\right)$$
$$= 55.9\sin\left(2\theta^* + 63.4°\right)$$

12 $\epsilon_{\theta_1} = \epsilon_x\cos^2\theta_1 + \epsilon_y\sin^2\theta_1 + \gamma_{xy}\sin\theta_1\cos\theta_1$

$\epsilon_{\theta_2} = \epsilon_x\cos^2\theta_2 + \epsilon_y\sin^2\theta_2 + \gamma_{xy}\sin\theta_2\cos\theta_2$

$\epsilon_{\theta_3} = \epsilon_x\cos^2\theta_3 + \epsilon_y\sin^2\theta_3 + \gamma_{xy}\sin\theta_3\cos\theta_3$

$\theta_1 = 0 \Rightarrow \epsilon_a = \epsilon_x$

$$\theta_2 = 45° \Rightarrow \epsilon_b = \epsilon_x\left(\frac{1}{2}\right) + \epsilon_y\left(\frac{1}{2}\right) + \gamma_{xy}\left(\frac{1}{2}\right)$$

$$\theta_3 = 90° \Rightarrow \epsilon_c = \epsilon_y$$

$$\therefore \epsilon_x = \epsilon_a = 10^{-6}$$

$$\epsilon_y = \epsilon_c = 8 \times 10^{-6}$$

$$\gamma_{xy} = 2\left[\epsilon_b - \frac{1}{2}\epsilon_x - \frac{1}{2}\epsilon_y\right] = 2\left[2 - \frac{1}{2} - 4\right] \times 10^{-6} = -5 \times 10^{-6}$$

$$C = \frac{1}{2}(\epsilon_x + \epsilon_y) = \frac{1}{2}(1+8) \times 10^{-6} = 4.5 \times 10^{-6}$$

$$R = (\sqrt{3.5^2 + 2.5^2}) \times 10^{-6} = 4.3 \times 10^{-6}$$

$$2\theta_P = \tan^{-1}\left(\frac{2.5}{3.5}\right) = 35.6°$$

$$\theta_P = 17.8°$$

$$\epsilon_{1,2} = C \pm R = (4.5 \pm 4.3) \times 10^{-6}$$

$$\epsilon_1 = 8.8 \times 10^{-6}$$

$$\epsilon_2 = 0.2 \times 10^{-6}$$

13 $$\epsilon_{\theta_1} = \epsilon_x \cos^2\theta_1 + \epsilon_y \sin^2\theta_1 + \gamma_{xy} \sin\theta_1\cos\theta_1$$

$$\epsilon_{\theta_2} = \epsilon_x \cos^2\theta_2 + \epsilon_y \sin^2\theta_2 + \gamma_{xy} \sin\theta_2\cos\theta_2$$

$$\epsilon_{\theta_3} = \epsilon_x \cos^2\theta_3 + \epsilon_y \sin^2\theta_3 + \gamma_{xy} \sin\theta_3\cos\theta_3$$

$$\theta_1 = 0 \Rightarrow \epsilon_a = \epsilon_x$$

$$\theta_2 = 45° \Rightarrow \epsilon_b = \epsilon_x\left(\frac{1}{2}\right) + \epsilon_y\left(\frac{1}{2}\right) + \gamma_{xy}\left(\frac{1}{2}\right)$$

$$\theta_3 = 90° \Rightarrow \epsilon_c = \epsilon_y$$

$$\therefore \epsilon_x = \epsilon_a = 10^{-6}$$

$$\epsilon_y = \epsilon_c = 6 \times 10^{-6}$$

$$\gamma_{xy} = 2\epsilon_b - (\epsilon_x + \epsilon_y) = (2 \times 4 - 7) \times 10^{-6} = 10^{-6}$$

$$C = \frac{1}{2}(\epsilon_x + \epsilon_y) = 3.5 \times 10^{-6}$$

$$R = (\sqrt{2.5^2 + 0.5^2}) \times 10^{-6} = 2.55 \times 10^{-6}$$

$$2\theta_P = \tan^{-1}\left(\frac{0.5}{2.5}\right) = 11.3°$$

$$\theta_P = 5.7°$$

$$\epsilon_{1,2} = C \pm R = (3.5 \pm 2.55) \times 10^{-6}$$

$$\epsilon_1 = 6.05 \times 10^{-6}$$

$$\epsilon_2 = 0.95 \times 10^{-6}$$

14 $\epsilon_\theta = \epsilon_x \cos^2\theta + \epsilon_y \sin^2\theta + \gamma_{xy} \sin\theta\cos\theta$

$\theta = 0° \Rightarrow \epsilon_a = \epsilon_x$ (1)

$\theta = 60° \Rightarrow \epsilon_b = \epsilon_x \left(\dfrac{1}{2}\right)^2 + \epsilon_y \left(\dfrac{\sqrt{3}}{2}\right)^2 + \gamma_{xy}\left(\dfrac{\sqrt{3}}{2}\right)\left(\dfrac{1}{2}\right)$

$\qquad = \dfrac{1}{4}\epsilon_x + \dfrac{3}{4}\epsilon_y + \dfrac{\sqrt{3}}{4}\gamma_{xy}$ (2)

$\theta = 120° \Rightarrow \epsilon_c = \epsilon_x \left(-\dfrac{1}{2}\right)^2 + \epsilon_y \left(\dfrac{\sqrt{3}}{2}\right)^2 + \gamma_{xy}\left(\dfrac{\sqrt{3}}{2}\right)\left(-\dfrac{1}{2}\right)$

$\qquad = \dfrac{1}{4}\epsilon_x + \dfrac{3}{4}\epsilon_y - \dfrac{\sqrt{3}}{4}\gamma_{xy}$ (3)

From (1), $\epsilon_x = \epsilon_a = 10^{-6}$

From (2)+(3), $\epsilon_b + \epsilon_c = \dfrac{1}{2}\epsilon_x + \dfrac{3}{2}\epsilon_y$

$\epsilon_y = \dfrac{2}{3}\left[\epsilon_b + \epsilon_c - \dfrac{1}{2}\epsilon_x\right] = \dfrac{2}{3} \times 10^{-6} \times \left[2 + 3 - \dfrac{1}{2}\right] = 3 \times 10^{-6}$

From (2)−(3), $\epsilon_b - \epsilon_c = \dfrac{\sqrt{3}}{2}\gamma_{xy}$

$\gamma_{xy} = \dfrac{2}{\sqrt{3}}(\epsilon_b - \epsilon_c) = \dfrac{2}{\sqrt{3}} \times 10^{-6} \times (2-3) = -\dfrac{2}{\sqrt{3}} \times 10^{-6} = -1.15 \times 10^{-6}$

$\therefore \epsilon_x = 10^{-6}, \ \epsilon_y = 3 \times 10^{-6}, \ \gamma_{xy} = -1.15 \times 10^{-6}$

15 $\epsilon_\theta = \epsilon_x \cos^2\theta + \epsilon_y \sin^2\theta + \gamma_{xy}\sin\theta\cos\theta$

$\theta = 0° \Rightarrow \epsilon_a = \epsilon_x$ (1)

$\theta = 60° \Rightarrow \epsilon_b = \dfrac{1}{4}\epsilon_x + \dfrac{3}{4}\epsilon_y + \dfrac{\sqrt{3}}{4}\gamma_{xy}$ (2)

$\theta = 120° \Rightarrow \epsilon_c = \dfrac{1}{4}\epsilon_x + \dfrac{3}{4}\epsilon_y - \dfrac{\sqrt{3}}{4}\gamma_{xy}$ (3)

From (1), $\epsilon_x = \epsilon_a = 6 \times 10^{-6}$

From (2)+(3), $\epsilon_b + \epsilon_c = \dfrac{1}{2}\epsilon_x + \dfrac{3}{2}\epsilon_y$

$\epsilon_y = \dfrac{2}{3}\left(\epsilon_b + \epsilon_c - \dfrac{1}{2}\epsilon_x\right) = \dfrac{2}{3} \times 10^{-6} \times \left(7 + 2 - \dfrac{6}{2}\right) = 4 \times 10^{-6}$

From (2)−(3), $\dfrac{\sqrt{3}}{2}\gamma_{xy} = \epsilon_b - \epsilon_c$

$\gamma_{xy} = \dfrac{2}{\sqrt{3}}(\epsilon_b - \epsilon_c) = \dfrac{2}{\sqrt{3}} \times 10^{-6} \times 5 = 5.77 \times 10^{-6}$

$C = \dfrac{1}{2}(\epsilon_x + \epsilon_y) = \dfrac{1}{2}(6+4) \times 10^{-6} = 5 \times 10^{-6}$

$R = 10^{-6}\left(\sqrt{1^2 + \left(\dfrac{5.77}{2}\right)^2}\right) = 3.05 \times 10^{-6}$

$$2\theta_P = \tan^{-1}(2.885) = 70.88°$$

$$\theta_P = 35.44°$$

$$\epsilon_{1,2} = C \pm R = (5 \pm 3.05) \times 10^{-6}$$

$$\epsilon_1 = 8.05 \times 10^{-6}$$

$$\epsilon_2 = 1.95 \times 10^{-6}$$

16 ② $100\,\mathrm{kgf/m^2}$

17 ③ $238\,\mathrm{kgf/cm^2}$

18 ③ OD, OA

19 ③ $442.7\,\mathrm{kgf/m^2}$

20 ① $\sigma_{\max} = 1021\,\mathrm{kgf/m^2}$, $\sigma_{\min} = 78\,\mathrm{kgf/m^2}$

21 ② $\theta = 45°$

22 ④ $\tau = 0$

23 ③ $\sigma_{\max} = 1652\,\mathrm{kgf/m^2}$, $\sigma_{\min} = -852\,\mathrm{kgf/m^2}$

24 ① $\epsilon_1 = 5 \times 10^{-6}$, $\epsilon_2 = 3 \times 10^{-6}$

25 ③ $200\,\mathrm{kgf/cm^2}$

26 ① $400\,\mathrm{kgf/m^2}$

27 ④ $\gamma = 1.6 \times 10^{-3}$

28 ② $\tau + \tau' = 0$

29 ② $\tau_{\max} = 100\,\mathrm{kgf/m^2}$, $\theta = 45°$

30 ② $48\,\mathrm{kgf/cm^2}$

6장 | 외력과 내력

01 (1) 미지 외력 계산

$$\sum F_x = A_x = 0$$

$$\sum F_y = A_y - P = 0$$

$$\therefore A_y = P$$

$$\sum M_A = M_A - PL = 0$$

$$\therefore M_A = PL$$

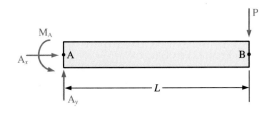

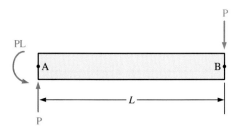

beam에 작용하는 외력(작용하중, 반력)

(2) SFD, BMD

$$\sum F_x = F = 0$$

$$\sum F_y = V + P = 0$$

$$\therefore \ V = -P$$

$$\sum M_{C_1} = PL - Px + M = 0$$

$$\therefore \ M = P(x - L)$$

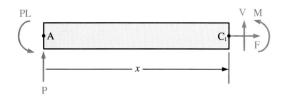

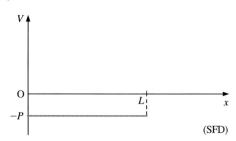

(SFD)

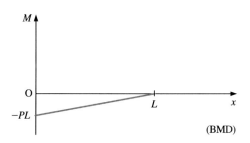

(BMD)

○2 (1) 미지외력 계산

$$\sum F_x = A_x = 0$$

$$\sum F_y = A_y = 0$$

$$\sum M_A = M_A - M_0 = 0$$

$$\therefore \ M_A = M_0$$

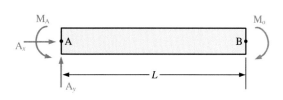

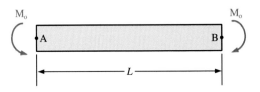

beam에 작용하는 외력(작용하중, 반력)

(2) SFD, BMD

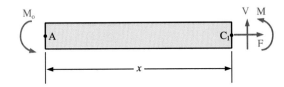

$$\sum F_x = F = 0$$

$$\sum F_y = V = 0$$

$$\sum M_{C_1} = M_0 + M = 0 \quad \therefore \ M = -M_0$$

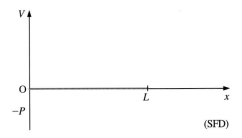

(SFD)

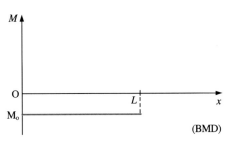

(BMD)

03 (1) 미지 외력 계산

$$\sum F_x = A_x = 0$$

$$\sum F_y = A_y - P = 0 \quad \therefore \ A_y = P$$

$$\sum M_A = M_A - M_o - PL = 0$$

$$\therefore \ M_A = M_o + PL$$

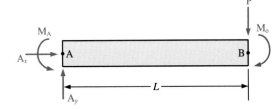

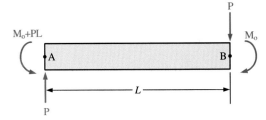

beam에 작용하는 외력(작용하중, 반력)

(2) SFD, BMD

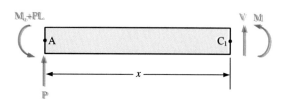

$$\sum F_y = V + P = 0$$
$$\therefore V = -P$$
$$\sum M_{C_1} = M - Px + M_o + PL = 0$$
$$\therefore M = P(x - L) - M_o$$

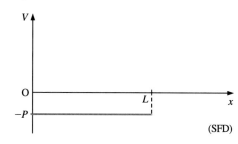

(SFD)

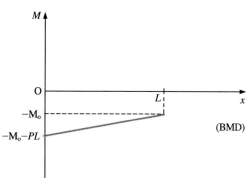

(BMD)

04 (1) 미지 외력 계산

$$\sum F_x = A_x = 0$$
$$\sum F_y = A_y + B_y = 0$$
$$\sum M_A = M_o - LB_y = 0$$
$$\therefore B_y = \frac{M_o}{L}, \ A_y = -\frac{M_o}{L}$$

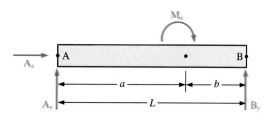

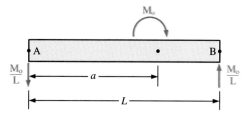

beam에 작용하는 외력(작용하중, 반력)

(2) SFD, BMD

(i) $0 \leq x < a$

$$\sum F_x = F = 0$$

$$\sum F_y = V - \frac{M_o}{L} = 0$$

$$\therefore V = \frac{M_o}{L}$$

$$\sum M_{C_1} = \frac{M_o}{L}x + M = 0$$

$$\therefore M = -\frac{M_o}{L}x$$

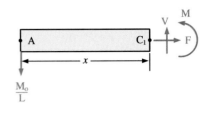

(ii) $a < x \leqq L$

$$\sum F_x = F = 0$$

$$\sum F_y = V - \frac{M_o}{L} = 0$$

$$\therefore V = \frac{M_o}{L}$$

$$\sum M_{C_2} = \frac{M_o}{L}x - M_o + M = 0$$

$$\therefore M = -\frac{M_o}{L}x + M_o = -\frac{M_o}{L}(x - L)$$

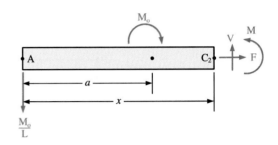

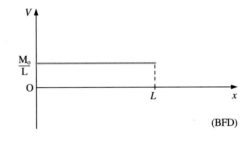

(BFD)

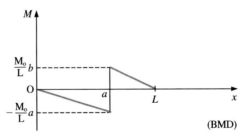

(BMD)

05 (1) 미지 외력 계산

$$\sum F_x = A_x = 0$$

$$\sum F_y = A_y + B_y - P = 0$$

$$\sum M_A = B_y L - Pa - M_o = 0$$

$$\therefore B_y = \frac{Pa}{L} + \frac{M_o}{L}$$

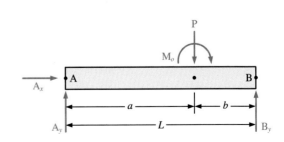

$$\therefore A_y = P - B_y = P - \left(\frac{Pa}{L} + \frac{M_o}{L}\right)$$

$$= \frac{Pb}{L} - \frac{M_o}{L} > 0$$

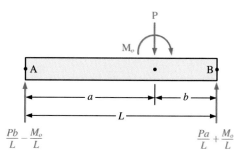

beam에 작용하는 외력(작용하중, 반력)

(2) SFD, BMD

    (i) $0 \leqq x < a$

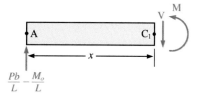

$$\sum F_y = V + \left(\frac{Pb}{L} - \frac{M_o}{L}\right) = 0$$

$$\therefore V = -\left(\frac{Pb}{L} - \frac{M_o}{L}\right)$$

$$\sum M_{C_1} = M - \left(\frac{Pb}{L} - \frac{M_o}{L}\right)x = 0$$

$$\therefore M = \left(\frac{Pb}{L} - \frac{M_o}{L}\right)x$$

$$\therefore M(a) = \frac{Pab}{L} - \frac{M_o}{L}a$$

(ii) $a < x \leqq L$

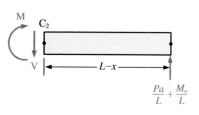

$$\sum F_y = -V + \frac{Pa}{L} + \frac{M_o}{L} = 0$$

$$\therefore V = \frac{Pa}{L} + \frac{M_o}{L}$$

$$\sum M_{C_2} = -M + \left(\frac{Pa}{L} + \frac{M_o}{L}\right)(L - x) = 0$$

$$\therefore M = -\left(\frac{Pa}{L} + \frac{M_o}{L}\right)(x - L)$$

$$\therefore M(a) = -\left(\frac{Pa}{L} + \frac{M_o}{L}\right)(a - L) = \left(\frac{Pab}{L} + \frac{M_o}{L}b\right)$$

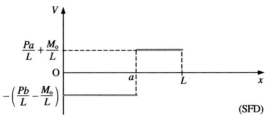

(SFD)

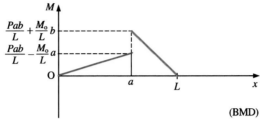

(BMD)

06 (1) 미지 외력 계산

$$\sum F_x = A_x = 0$$

$$\sum F_y = A_y - \frac{1}{2} w_o L = 0$$

$$\therefore A_y = \frac{1}{2} w_o L$$

$$\sum M_A = M_A - \frac{1}{2} w_o L\left(\frac{2}{3}L\right) = 0$$

$$\therefore M_A = \frac{1}{3} w_o L^2$$

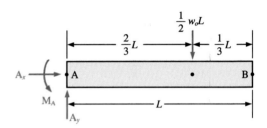

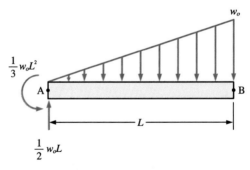

beam에 작용하는 외력(작용하중, 반력)

(2) SFD, BMD

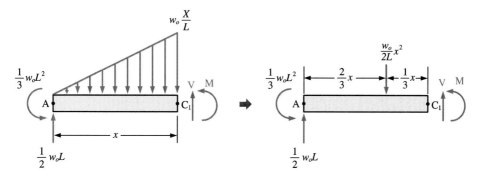

$$\sum F_y = V + \frac{1}{2}w_o L - \frac{w_o}{2L}x^2 = 0$$

$$\therefore V = \frac{w_o}{2L}x^2 - \frac{1}{2}w_o L = \frac{w_o}{2L}[x^2 - L^2] = \frac{w_o}{2L}(x-L)(x+L)$$

$$\sum M_{C_1} = M + \frac{1}{3}w_o L^2 + \frac{w_o}{2L}x^2\left(\frac{x}{3}\right) - \frac{1}{2}w_o Lx = 0$$

$$\therefore M = -\frac{w_o}{6L}x^3 + \frac{1}{2}w_o Lx - \frac{1}{3}w_o L^2 = -\frac{w_o}{6L}[x^3 - 3L^2 x + 2L^3]$$

$$= -\frac{w_o}{6L}[(x-L)^2(x+2L)]$$

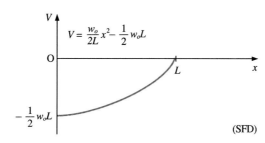

(SFD)

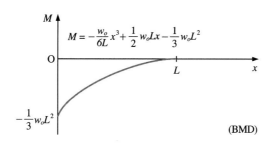

(BMD)

07 (1) 미지 외력 계산

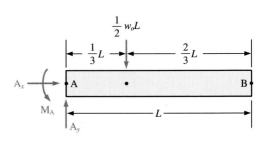

$$\sum F_x = A_x = 0$$

$$\sum F_y = A_y - \frac{1}{2} w_o L = 0$$

$$\therefore \; A_y = \frac{1}{2} w_o L$$

$$\sum M_A = M_A - \left(\frac{1}{2} w_o L \right) \left(\frac{L}{3} \right) = 0$$

$$\therefore \; M_A = \frac{1}{6} w_o L^2$$

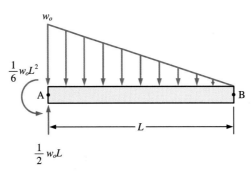

beam에 작용하는 외력(작용하중, 반력)

(2) SFD, BMD

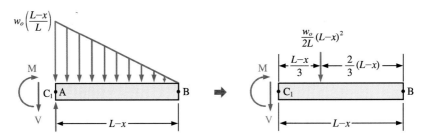

$$\sum F_y = - V - \frac{w_o}{2L} (L-x)^2 = 0$$

$$\therefore \; V = \frac{-w_o}{2L} (L-x)^2 = \frac{-w_o}{2L} (x-L)^2$$

$$\sum M_{C_1} = -M - \frac{w_o}{2L} (L-x)^2 \left(\frac{L-x}{3} \right) = 0$$

$$\therefore \; M = \frac{-w_o}{6L} (L-x)^3 = \frac{w_o}{6L} (x-L)^3$$

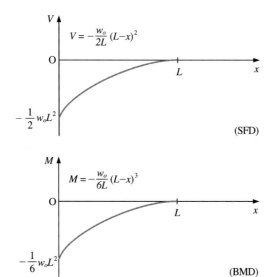

$$V = -\frac{w_o}{2L}(L-x)^2$$

(SFD)

$$M = -\frac{w_o}{6L}(L-x)^3$$

(BMD)

08 (1) 미지 외력 계산

$$\sum F_x = A_x = 0$$

$$\sum F_y = A_y + B_y - wL = 0$$

$$\sum M_A = -wL\left(\frac{L}{2}\right) + B_y(L) = 0$$

$$\therefore B_y = \frac{1}{2}wL$$

$$\therefore A_y = wL - B_y = \frac{1}{2}wL$$

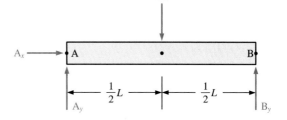

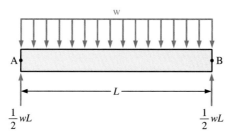

beam에 작용하는 외력(작용하중, 반력)

(2) SFD, BMD

$$\sum F_y = V + \frac{1}{2}wL - wx = 0$$

$$\therefore V = w\left(x - \frac{1}{2}L\right)$$

$$\sum M_{C_1} = M + wx\left(\frac{1}{2}x\right) - \frac{1}{2}wLx = 0$$

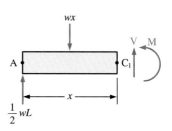

$$\therefore M = -\frac{1}{2}wx^2 + \frac{1}{2}wLx$$

$$= -\frac{1}{2}wx(x-L)$$

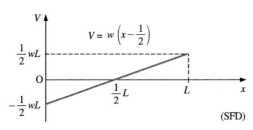

(SFD)

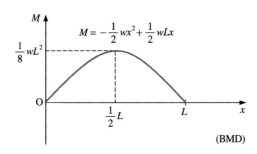

(BMD)

09 (1) 미지 외력 계산

$$\sum F_x = A_x = 0$$

$$\sum F_y = A_y + B_y - \frac{1}{2}w_o L = 0$$

$$\sum M_A = B_y L - \frac{1}{2}w_o L\left(\frac{2}{3}L\right) = 0$$

$$\therefore B_y = \frac{1}{3}w_o L$$

$$\therefore A_y = \left(\frac{1}{2} - \frac{1}{3}\right)w_o L = \frac{1}{6}w_o L$$

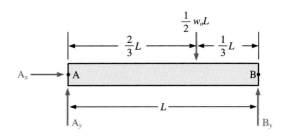

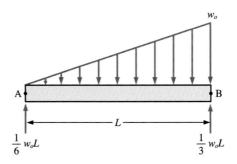

beam에 작용하는 외력(작용하중, 반력)

(2) SFD, BMD

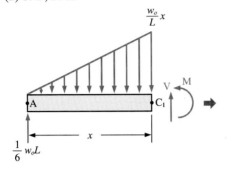 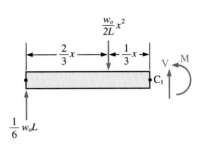

$$\sum F_y = V + \frac{1}{6}w_o L - \frac{w_o}{2L}x^2 = 0$$

$$\therefore V = \frac{w_o}{2L}x^2 - \frac{1}{6}w_o L = \frac{w_o}{2L}\left(x^2 - \frac{1}{3}L^2\right) = \frac{w_o}{2L}\left(x - \frac{L}{\sqrt{3}}\right)\left(x + \frac{L}{\sqrt{3}}\right)$$

$$\sum M_{C_1} = M + \frac{w_o}{2L}x^2\left(\frac{1}{3}x\right) - \frac{1}{6}w_o Lx = 0$$

$$\therefore M = -\frac{w_o}{6L}x^3 + \frac{1}{6}w_o Lx = -\frac{w_o}{6L}x(x^2 - L^2) = -\frac{w_o}{6L}x(x-L)(x+L)$$

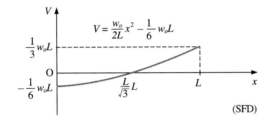

(SFD)

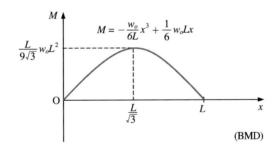

(BMD)

10 (1) 미지 외력 계산

$$\sum F_x = A_x = 0$$

$$\sum F_y = A_y + B_y - \frac{1}{2}w_o L = 0$$

$$\sum M_A = B_y L - \frac{1}{2}w_o L\left(\frac{L}{3}\right) = 0$$

$$\therefore B_y = \frac{1}{6}w_o L$$

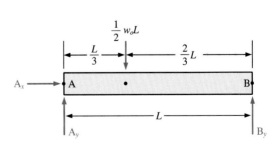

$$\therefore A_y = \frac{1}{3}w_oL$$

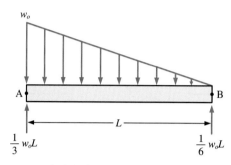

beam에 작용하는 외력 (작용하중, 반력)

(2) SFD, BMD

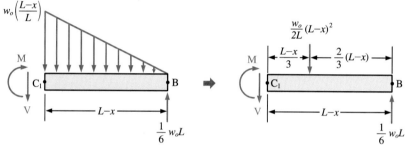

$$\sum F_y = -V - \frac{w_o}{2L}(L-x)^2 + \frac{w_oL}{6} = 0$$

$$\therefore V = -\frac{w_o}{2L}(L-x)^2 + \frac{1}{6}w_oL$$

$$= -\frac{w_o}{2L}x^2 + w_ox - \frac{1}{2}w_oL + \frac{w_oL}{6} = -\frac{w_o}{2L}x^2 + w_ox - \frac{1}{3}w_oL$$

$$\sum M_{C_1} = -M - \frac{w_o}{2L}(L-x)^2\left(\frac{L-x}{3}\right) + \frac{1}{6}w_oL(L-x) = 0$$

$$\therefore M = -\frac{w_o}{6L}(L-x)^3 + \frac{w_oL}{6}(L-x)$$

$$= \frac{w_o}{6L}(x-L)^3 - \frac{w_oL}{6}(x-L) = \frac{w_o}{6L}(x-L)[(x-L)^2 - L^2]$$

$$= \frac{w_o}{6L}x(x-L)(x-2L) = \frac{w_o}{6L}(x^3 - 3Lx^2 + 2L^2x)$$

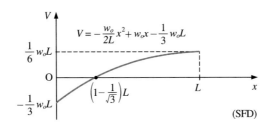

$$V = -\frac{w_o}{2L}x^2 + w_o x - \frac{1}{3}w_o L$$

(SFD)

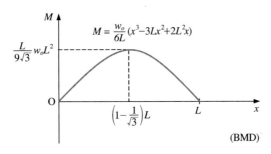

$$M = \frac{w_o}{6L}(x^3 - 3Lx^2 + 2L^2 x)$$

(BMD)

11 (1) 미지 외력 계산

$$\sum F_x = A_x = 0$$

$$\sum F_y = A_y - \frac{1}{2}w_o L = 0$$

$$\therefore A_y = \frac{1}{2}w_o L$$

$$\sum M_A = M_A - \frac{1}{2}w_o L\left(\frac{2}{3}L\right) = 0$$

$$\therefore M_A = \frac{1}{3}w_o L^2$$

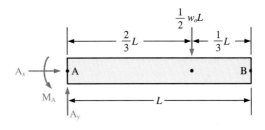

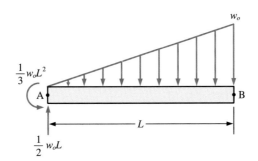

beam에 작용하는 외력(작용하중, 반력)

(2) SFD, BMD

$$w(x) = -\frac{w_o}{L}x$$

$$V(x) = -\int w(x)\,dx = \int \frac{w_o}{L}x\,dx = \frac{w_o}{2L}x^2 + C_1$$

$$V(0) = C_1 = -\frac{1}{2}w_o L, \; V(L) = \frac{w_o}{2L}L^2 + C_1 = 0$$

$$\therefore \; V(x) = \frac{w_o}{2L}x^2 - \frac{1}{2}w_o L$$

$$M(x) = -\int V(x)\,dx = \int \left(-\frac{w_o}{2L}x^2 + \frac{1}{2}w_o\,L\right)dx = -\frac{w_o}{6L}x^3 + \frac{1}{2}w_o\,Lx + C_2$$

$$M(0) = C_2 = -\frac{1}{3}w_o\,L^2, \quad M(L) = -\frac{w_o}{6L}L^3 + \frac{1}{2}w_o\,L^2 + C_2 = 0$$

$$\therefore \; M(x) = -\frac{w_o}{6L}x^3 + \frac{1}{2}w_o\,Lx - \frac{1}{3}w_o\,L^2$$

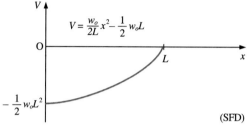

(SFD)

$(3Lx^2 + 2L^2x)$

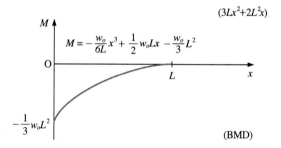

(BMD)

12 (1) 미지 외력 계산

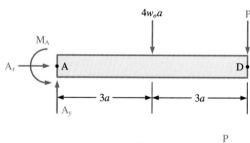

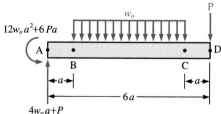

beam에 작용하는 외력(작용하중, 반력)

(2) SFD, BMD

(i) $0 \leq x \leq a$

$$\sum F_y = V + 4w_o a + P = 0$$

$$\therefore V = -4w_o a - P$$

$$\sum M_{E_1} = M + (12w_o a^2 + 6Pa) - (4w_o a + P)x = 0$$

$$M = (4w_o a + P)x - (12w_o a^2 + 6Pa)$$

$$\therefore M(a) = -8w_o a^2 - 5Pa$$

$$-\frac{dM}{dx} = -(4w_o a + P) = V(x)$$

$$-\frac{dV}{dx} = 0 = w(x)$$

(ii) $a \leq x \leq 5a$

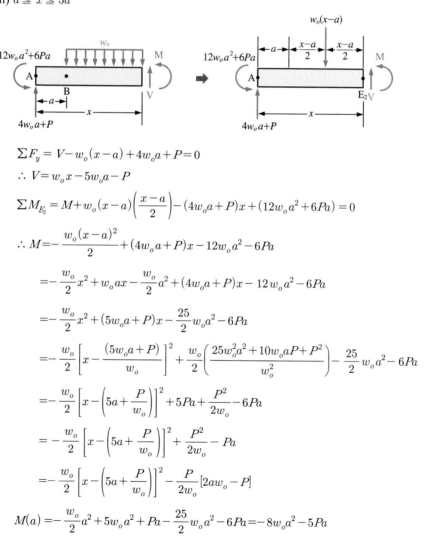

$$\sum F_y = V - w_o(x-a) + 4w_o a + P = 0$$

$$\therefore V = w_o x - 5w_o a - P$$

$$\sum M_{E_2} = M + w_o(x-a)\left(\frac{x-a}{2}\right) - (4w_o a + P)x + (12w_o a^2 + 6Pa) = 0$$

$$\therefore M = -\frac{w_o(x-a)^2}{2} + (4w_o a + P)x - 12w_o a^2 - 6Pa$$

$$= -\frac{w_o}{2}x^2 + w_o ax - \frac{w_o}{2}a^2 + (4w_o a + P)x - 12w_o a^2 - 6Pa$$

$$= -\frac{w_o}{2}x^2 + (5w_o a + P)x - \frac{25}{2}w_o a^2 - 6Pa$$

$$= -\frac{w_o}{2}\left[x - \frac{(5w_o a + P)}{w_o}\right]^2 + \frac{w_o}{2}\left(\frac{25w_o^2 a^2 + 10w_o aP + P^2}{w_o^2}\right) - \frac{25}{2}w_o a^2 - 6Pa$$

$$= -\frac{w_o}{2}\left[x - \left(5a + \frac{P}{w_o}\right)\right]^2 + 5Pa + \frac{P^2}{2w_o} - 6Pa$$

$$= -\frac{w_o}{2}\left[x - \left(5a + \frac{P}{w_o}\right)\right]^2 + \frac{P^2}{2w_o} - Pa$$

$$= -\frac{w_o}{2}\left[x - \left(5a + \frac{P}{w_o}\right)\right]^2 - \frac{P}{2w_o}[2aw_o - P]$$

$$M(a) = -\frac{w_o}{2}a^2 + 5w_o a^2 + Pa - \frac{25}{2}w_o a^2 - 6Pa = -8w_o a^2 - 5Pa$$

$$M(5a) = -\frac{25}{2}w_o a^2 + 25w_o a^2 + 5Pa - \frac{25}{2}w_o a^2 - 6Pa = -Pa$$

$$-\frac{dM(x)}{dx} = w_o x - (5w_o a + P) = V(x)$$

$$-\frac{dV(x)}{dx} = -w_o = w(x)$$

(iii) $5a \leqq x \leqq 6a$

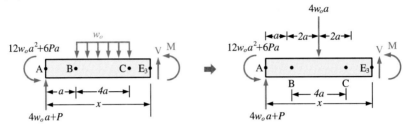

$$\sum F_y = V + 4w_o a + P - 4w_o a = 0$$

$$\therefore V = -P$$

$$\sum M_{E_3} = M + (4w_o a)(x - 3a) + 12w_o a^2 + 6Pa - (4w_o a + P)x = 0$$

$$M + 4w_o ax - 12w_o a^2 + 12w_o a^2 + 6Pa - 4w_o ax - Px = 0$$

$$\therefore M = Px - 6Pa$$

$$-\frac{dM(x)}{dx} = -P = V(x)$$

$$-\frac{dV(x)}{dx} = 0 = w(x)$$

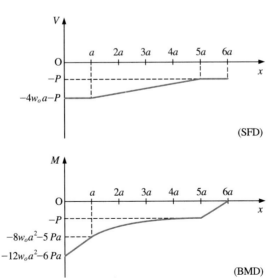

13 (1) 미지 외력 계산

$$\sum F_y = B_y + C_y - P - P - 4w_o a = 0$$

$$B_y + C_y = 2P + 4w_o a$$

$$\sum M_C = -Pa + (4w_o a)2a$$
$$\qquad\quad - B_y(4a) + P(5a) = 0$$

$$(4a)B_y = 4Pa + 8w_o a^2$$

$$B_y = P + 2w_o a$$

$$\therefore C_y = P + 2w_o a$$

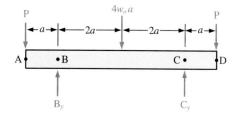

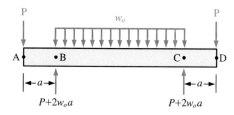

beam에 작용하는 외력(작용하중, 반력)

(2) SFD, BMD

(i) $0 \leq x \leq a$

$$\sum F_y = V - P = 0 \quad \therefore V = P$$

$$\sum M_{E_1} = M + Px = 0 \quad \therefore M = -Px$$

$$-\frac{dM(x)}{dx} = P = V(x)$$

$$-\frac{dV(x)}{dx} = 0 = w(x)$$

(ii) $a \leq x \leq 5a$

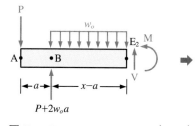 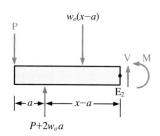

$$\sum F_y = V + P + 2w_o a - P - w_o(x-a) = 0$$

$$\therefore V = w_o x - 3w_o a$$

$$\sum M_{E_2} = M + w_o(x-a)\left(\frac{x-a}{2}\right) + Px - (P+2w_o a)(x-a) = 0$$

$$M + \frac{w_o}{2}(x^2 - 2ax + a^2) + Px - Px + Pa - 2w_o ax + 2w_o a^2 = 0$$

$$\therefore M = -\frac{w_o}{2}x^2 + 3w_o ax - \frac{5}{2}w_o a^2 - Pa$$

$$=-\frac{w_o}{2}(x-3a)^2+(2w_oa^2-Pa)$$

$$-\frac{dM(x)}{dx}=w_o\,x-3\,w_o a=V(x)$$

$$-\frac{dV(x)}{dx}=-w_o=w(x)$$

(iii) $5a\leqq\ x\ \leqq\ 6a$

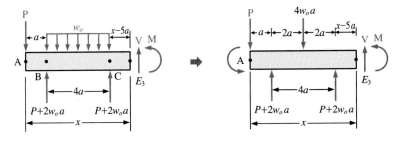

$$\sum F_y=V+P+2\,w_o a+P+2\,w_o a-P-4\,w_o a=0$$

$$\therefore\ V=-P$$

$$\sum M_{E_3}=M+4w_o a(x-3a)+Px-(P+2w_o a)(x-a)-(P+2w_o a)(x-5a)=0$$

$$M+4\,w_o ax-12\,w_o a^2+Px-(Px-Pa+2\,w_o ax-2\,w_o a^2)$$

$$-(Px-5Pa+2w_o ax-10w_o a^2)=0$$

$$\therefore\ M=Px-6Pa$$

$$-\frac{dM(x)}{dx}=-P=V(x)$$

$$-\frac{dV(x)}{dx}=0=w(x)$$

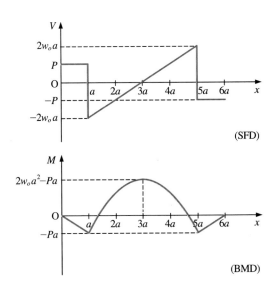

14 (1) 미지 외력 계산

$$\sum F_x = A_x = 0$$

$$\sum F_y = A_y - \frac{w_o}{2}L = 0$$

$$\therefore A_y = \frac{w_o}{2}L$$

$$\sum M_A = M_A - M_o - \left(\frac{w_o L}{2}\right)\left(\frac{3}{4}L\right) = 0$$

$$\therefore M_A = M_o + \frac{3}{8}w_o L^2$$

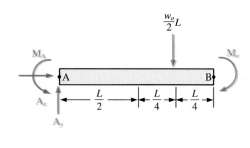

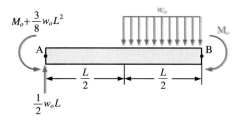

beam에 작용하는 외력(작용하중, 반력)

(2) SFD, BMD

(i) $0 \leqq x \leqq \frac{1}{2}$

$$\sum F_y = V + \frac{1}{2}w_o L = 0$$

$$\therefore V = -\frac{1}{2}w_o L$$

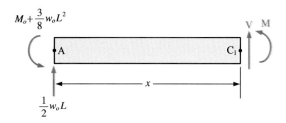

$$\sum M_{C_1} = M + M_0 + \frac{3}{8}w_o L^2 - \frac{1}{2}w_o Lx = 0$$

$$\therefore M = \frac{1}{2}w_o Lx - \left(M_o + \frac{3}{8}w_o L^2\right)$$

$$M\left(\frac{L}{2}\right) = \frac{w_o}{4}L^2 - \left(M_o + \frac{3}{8}w_o L^2\right)$$

$$= -\left(M_o + \frac{1}{8}w_o L^2\right)$$

$$-\frac{dM(x)}{dx} = -\frac{1}{2}w_o L = V(x)$$

$$-\frac{dV(x)}{dx}=0=w(x)$$

(ii) $\dfrac{L}{2}\leqq x \leqq L$

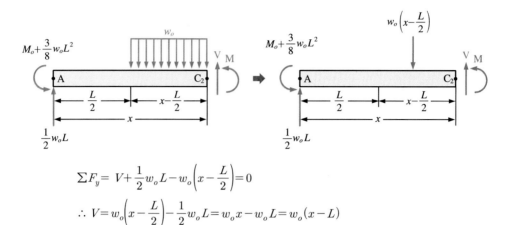

$$\sum F_y = \ V + \frac{1}{2}w_o L - w_o\left(x-\frac{L}{2}\right)=0$$

$$\therefore V = w_o\left(x-\frac{L}{2}\right)-\frac{1}{2}w_o L = w_o x - w_o L = w_o(x-L)$$

$$\sum M_{C_2} = M + M_o + \frac{3}{8}w_o L^2 + w_o\left(x-\frac{L}{2}\right)\left(x-\frac{L}{2}\right)-\frac{1}{2}w_o Lx=0$$

$$M + M_o + \frac{3}{8}w_o L^2 + \frac{w_o}{2}\left(x^2-Lx+\frac{L^2}{4}\right)-\frac{1}{2}w_o Lx=0$$

$$M + M_o + \frac{3}{8}w_o L^2 + \frac{1}{2}w_o x^2 - w_o Lx + \frac{w_o}{8}L^2 = 0$$

$$M = -\frac{w_o}{2}x^2 + w_o Lx - \frac{1}{2}w_o L^2 - M_o$$

$$= -\frac{w_o}{2}(x^2-2Lx+L^2)-M_o$$

$$= -\frac{w_o}{2}(x-L)^2 - M_o$$

$$-\frac{dM(x)}{dx}=w_o(x-L)=\ V(x)$$

$$-\frac{dV(x)}{dx}=-w_o=w(x)$$

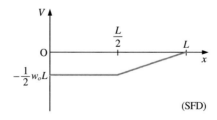

(SFD)

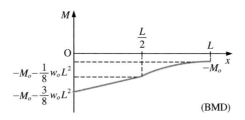

(BMD)

15 (1) 미지 외력 계산

$$\sum F_x = A_x = 0$$

$$\sum F_y = A_y - \frac{w_o a}{2} - \frac{w_o b}{2} = 0$$

$$\therefore A_y = \frac{w_o}{2}(a+b) = \frac{w_o}{2}L$$

$$\sum M_A = M_A - \left(\frac{w_o a}{2}\right)\left(\frac{2}{3}a\right)$$

$$- \left(\frac{w_o b}{2}\right)\left(a + \frac{b}{3}\right) = 0$$

$$\therefore M_A = \frac{1}{3}w_o a^2 + \frac{1}{2}w_o ab + \frac{1}{6}w_o b^2 = \frac{w_o}{6}(2a^2 + 3ab + b^2)$$

$$= \frac{w_o}{6}(2a+b)(a+b)$$

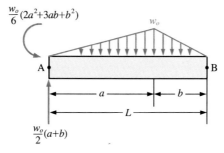

beam에 작용하는 외력(작용하중, 반력)

(2) SFD, BMD

(i) $0 \leqq x \leqq a$

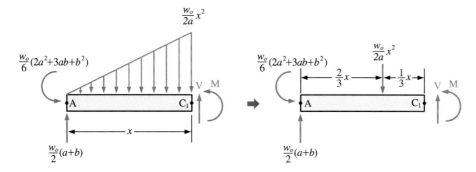

$$\sum F_y = V + \frac{w_o}{2}(a+b) - \frac{w_o}{2a}x^2 = 0$$

$$\therefore V = \frac{w_o}{2a}x^2 - \frac{w_o}{2}(a+b)$$

$$\sum M_{C_1} = M + \left(\frac{w_o}{2a}x^2\right)\left(\frac{x}{3}\right) - \frac{w_o}{2}(a+b)x + \frac{w_o}{6}(2a^2+3ab+b^2) = 0$$

$$\therefore M = -\frac{w_o}{6a}x^3 + \frac{w_o}{2}(a+b)x - \frac{w_o}{6}(2a^2+3ab+b^2)$$

$$-\frac{dM(x)}{dx} = \frac{w_o}{2a}x^2 - \frac{w_o}{2}(a+b) = V(x)$$

$$-\frac{dV(x)}{dx} = -\frac{w_o}{a}x = W(x)$$

$$V(0) = -\frac{w_o}{2}(a+b)$$

$$V(a) = -\frac{w_o}{2}b$$

$$M(0) = -\frac{w_o}{6}(2a^2+3ab+b^2)$$

$$M(a) = -\frac{w_o}{6}a^2 + \frac{w_o}{2}a^2 + \frac{w_o}{2}ab - \frac{2}{6}w_o a^2 - \frac{w_o}{2}ab - \frac{w_o}{6}b^2 = -\frac{1}{6}w_o b^2$$

(ii) $a \leq x \leq L$

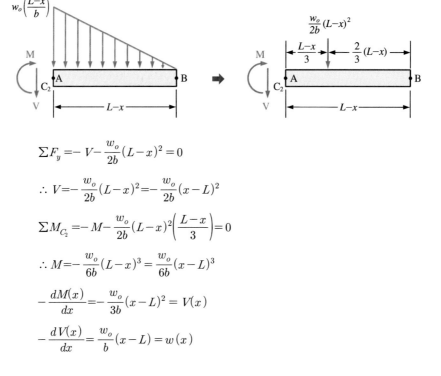

$$\sum F_y = -V - \frac{w_o}{2b}(L-x)^2 = 0$$

$$\therefore V = -\frac{w_o}{2b}(L-x)^2 = -\frac{w_o}{2b}(x-L)^2$$

$$\sum M_{C_2} = -M - \frac{w_o}{2b}(L-x)^2\left(\frac{L-x}{3}\right) = 0$$

$$\therefore M = -\frac{w_o}{6b}(L-x)^3 = \frac{w_o}{6b}(x-L)^3$$

$$-\frac{dM(x)}{dx} = -\frac{w_o}{3b}(x-L)^2 = V(x)$$

$$-\frac{dV(x)}{dx} = \frac{w_o}{b}(x-L) = w(x)$$

$$V(a) = -\frac{w_o}{2}b$$

$$V(L) = 0$$

$$M(a) = -\frac{w_o}{6}b^2$$

$$M(L) = 0$$

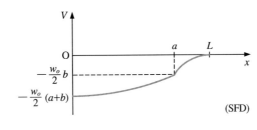

(SFD)

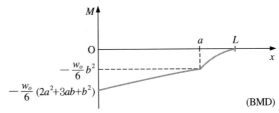

(BMD)

16   ③ $R_a = 550\,\text{kgf},\ R_b = 850\,\text{kgf}$ 17   ③ $75\,\text{kgf}$

18   ② $67.5\,\text{kgf}\cdot\text{m}$ 19   ④ $-1850\,\text{kgf}$ 20   ② $125\,\text{kgf}\cdot\text{m}$

21   ③ $45\,\text{kgf}\cdot\text{m}$ 22   ③ $1250\,\text{kgf}$ 23   ② $150\,\text{kgf}$

24   ③ $166.66\,\text{kgf}$ 25   ② $127.5\,\text{kgf}\cdot\text{m},\ 1\,\text{m}$ 26   ② $420\,\text{kgf}\cdot\text{m}$

27   ④

28   ①

29   ③

30   ③

01 (i) x축에 관한 면적 1차 모멘트

$$Q_x = \int y\, dA = \int_0^h y\,(b\,dy) = b \int_0^h y\, dy = b\left[\frac{1}{2}y^2\right]_0^h = \frac{1}{2}bh^2$$

(ii) y축에 관한 면적 1차 모멘트

$$Q_y = \int x\, dA = \int_a^{a+b} x\,(h\,dx) = h \int_a^{a+b} x\, dx = h\left[\frac{1}{2}x^2\right]_a^{a+b}$$

$$= h\left[\frac{1}{2}(a+b)^2 - \frac{1}{2}a^2\right] = h\left(\frac{1}{2}b^2 + ab\right)$$

(iii) 도심의 위치$(\bar{x},\, \bar{y})$

$$\bar{x} = \frac{\int x\, dA}{A} = \frac{h\left(\frac{1}{2}b^2 + ab\right)}{bh} = a + \frac{1}{2}b$$

$$\bar{y} = \frac{\int y\, dA}{A} = \frac{\frac{1}{2}bh^2}{bh} = \frac{1}{2}h$$

02 (i) 면적

$$A = \int_0^2 y\, dx = \int_0^2 x^2\, dx = \left[\frac{1}{3}x^3\right]_0^2 = \frac{8}{3}$$

(ii) 도심의 위치 $(\bar{x},\, \bar{y})$

$$\bar{x} = \frac{\int x\, dA}{A} = \frac{\int_0^2 xy\, dx}{\int_0^2 y\, dx} = \frac{\int_0^2 x^3\, dx}{\int_0^2 x^2\, dx} = \frac{\left[\frac{1}{4}x^4\right]_0^2}{\left[\frac{1}{3}x^3\right]_0^2} = \frac{4}{\left(\frac{8}{3}\right)} = \frac{3}{2}$$

$$\bar{y} = \frac{\int y\, dA}{A} = \frac{\int_0^4 y\,(2-x)\, dy}{\left(\frac{8}{3}\right)} = \frac{3}{8}\int_0^2 x^2(2-x)(2x\, dx)$$

$$= \frac{3}{8}\int_0^2 (-2x^4 + 4x^3)\, dx = \frac{6}{5}$$

03 (i) 면적

$$A = \int_0^2 (4-y)\, dx = \int_0^2 (4-x^2)\, dx = \frac{16}{3}$$

(ii) 도심의 위치 $(\bar{x},\, \bar{y})$

$$\bar{x} = \frac{\int x\, dA}{\int dA} = \frac{\int_0^2 x\,(4-y)\, dx}{\left(\frac{16}{3}\right)} = \frac{\int_0^2 x\,(4-x^2)\, dx}{\frac{16}{3}} = \frac{3}{4}$$

$$\bar{y} = \frac{\int y\, dA}{\int dA} = \frac{\int_0^2 y\, x\, dy}{\left(\dfrac{16}{3}\right)} = \frac{\int_0^2 x^2 x\,(2x\, dx)}{\dfrac{16}{3}} = \frac{3}{16}\int_0^2 2x^4\, dx = \frac{12}{5}$$

4 (i) 면적

$$A = 2 \times 4 = 8$$

$$A = A_1 + A_2 = \frac{8}{3} + \frac{16}{3} = 8 \ (\text{같은 결과})$$

(ii) 도심의 위치 $(\bar{x},\, \bar{y})$

$$\bar{x} = \frac{\int x\, dA}{\int dA} = \frac{\int_0^2 x\, y\, dx}{8} = \frac{\int_0^2 x\,(4)\, dx}{8} = \frac{[2x^2]_0^2}{8} = 1$$

$$\bar{y} = \frac{\int y\, dA}{\int dA} = \frac{\int_0^4 y\, x\, dy}{8} = \frac{\int_0^4 y\,(2)\, dy}{8} = \frac{[y^2]_0^4}{8} = 2$$

$$\bar{x} = \frac{x_1 A_1 + x_2 A_2}{A_1 + A_2} = \frac{\dfrac{3}{2}\times\dfrac{8}{3} + \dfrac{3}{4}\times\dfrac{16}{3}}{\dfrac{8}{3} + \dfrac{16}{3}} = 1 \ (\text{같은 결과})$$

$$\bar{y} = \frac{y_1 A_1 + y_2 A_2}{A_1 + A_2} = \frac{\dfrac{6}{5}\times\dfrac{8}{3} + \dfrac{12}{5}\times\dfrac{16}{3}}{\dfrac{8}{3} + \dfrac{16}{3}} = 2 \ (\text{같은 결과})$$

5 (i) 면적

$$A = \int dA = \int_0^2 dA = \int_0^2 (y_1 - y_2)\, dx = \int_0^2 (2x - x^2)\, dx = \frac{4}{3}$$

(ii) 도심의 위치 $(\bar{x},\, \bar{y})$

$$\bar{x} = \frac{\int x\, dA}{\int dA} = \frac{\int_0^2 x\,(2x - x^2)\, dx}{\left(\dfrac{4}{3}\right)} = 1$$

$$\bar{y} = \frac{\int y\, dA}{\int dA} = \frac{\int_0^4 y\left(\sqrt{y} - \dfrac{y}{2}\right) dy}{\left(\dfrac{4}{3}\right)} = \frac{8}{5}$$

6 (i) 면적

$$A = \frac{1}{2}ah,\ y = \frac{h}{a}x$$

(ii) 도심의 위치 $(\bar{x},\, \bar{y})$

$$\overline{x} = \frac{Q_y}{\int dA} = \frac{\int x\,dA}{\int dA} = \frac{\int_0^a x\,(y\,dx)}{\int_0^a y\,dx} = \frac{\int_0^a x\left(\frac{h}{a}x\right)dx}{\int_0^a \frac{h}{a}x\,dx} = \frac{\int_0^a x^2\,dx}{\int_0^a x\,dx} = \frac{2}{3}a$$

$$\overline{y} = \frac{Q_x}{\int dA} = \frac{\int y\,dA}{\int dA} = \frac{\int_0^h y(a-x)\,dy}{A} = \frac{\int_0^h y\left(a-\frac{a}{h}y\right)dy}{\left(\frac{1}{2}ah\right)} = \frac{1}{3}h$$

7 (i) 면적

$$A = \int_0^a y\,dx = \int_0^a kx^n\,dx = \frac{k}{n+1}a^{n+1} = \frac{(ka^n)\cdot a}{n+1} = \frac{ah}{n+1}$$

(ii) 도심의 위치 $(\overline{x},\,\overline{y})$

$$\overline{x} = \frac{\int x\,dA}{\int dA} = \frac{\int_0^a x\,(y\,dx)}{A} = \frac{\int_0^a x\,kx^n\,dx}{A} = \left(\frac{n+1}{n+2}\right)a$$

$$\overline{y} = \frac{\int y\,dA}{\int dA} = \frac{\int_0^h y(a-x)\,dy}{A} = \frac{1}{A}\int_0^a kx^n(a-x)n\,kx^{n-1}\,dx$$

$$= \frac{(n+1)h}{4n+2}$$

8 (i) 면적

$$A = \frac{1}{2}\pi R^2$$

(ii) 도심의 위치 $(\overline{x},\,\overline{y})$

$$\overline{x} = \frac{\int x\,dA}{\int dA} = 0 \quad (y\text{ 축에 대칭})$$

$$\overline{y} = \frac{\int y\,dA}{\int dA} = \frac{\int_0^\pi \int_0^R r\sin\theta\, r\,dr\,d\theta}{\frac{1}{2}\pi R^2} = \frac{\left[\int_0^\pi \sin\theta\,d\theta\right]\left[\int_0^R r^2\,dr\right]}{\frac{1}{2}\pi R^2}$$

$$= \left(\frac{2}{\pi R^2}\right)[-\cos\theta]_0^\pi \left[\frac{1}{3}r^3\right]_0^R = \frac{4R}{3\pi}$$

9 (i) 면적

$$A = 2\left(\frac{1}{2}R^2\alpha\right) = R^2\alpha$$

(ii) 도심의 위치 $(\overline{x},\,\overline{y})$

$$\bar{x} = \frac{\int x\,dA}{\int dA} = \frac{\int_{-\alpha}^{\alpha}\int_{0}^{R} r\cos\theta\, r\,dr\,d\theta}{\int_{-\alpha}^{\alpha}\int_{0}^{R} r\,dr\,d\theta} = \frac{\int_{-\alpha}^{\alpha}\cos\theta\,d\theta \int_{0}^{R} r^2\,dr}{\int_{-\alpha}^{\alpha} d\theta \int_{0}^{R} r\,dr}$$

$$= \frac{[\sin\theta]_{-\alpha}^{\alpha}\left[\frac{1}{3}r^3\right]_{0}^{R}}{[\theta]_{-\alpha}^{\alpha}\left[\frac{1}{2}r^2\right]_{0}^{R}} = \frac{(2\sin\alpha)\left(\frac{1}{3}R^3\right)}{2\alpha\left(\frac{1}{2}R^2\right)} = \frac{\frac{2}{3}R^3\sin\alpha}{R^2\alpha} = \frac{2R\sin\alpha}{3\alpha}$$

$\bar{y}=0$ (x축에 대칭)

10 (i) $[I_y]_{y\,\tilde{\Rightarrow}} = \displaystyle\int_{A} x^2\,dA = \int_{0}^{b} x^2 h\,dx = \dfrac{h\,b^3}{3}$

(ii) $[I_y]_{AA\tilde{\Rightarrow}} = \displaystyle\int_{A} x^2\,dA = \int_{-\frac{b}{2}}^{\frac{b}{2}} x^2 h\,dx = \dfrac{h\,b^3}{12}$

11 $I_y = \displaystyle\int x^2\,dA = \int_{0}^{a} x^2 (px - qx^2)\,dx = \int_{0}^{a} (px^3 - qx^4)\,dx$

$= \dfrac{pa^4}{4} - \dfrac{qa^5}{5} = \dfrac{a^3 b}{4} - \dfrac{a^3 b}{5} = \dfrac{a^3 b}{20}$

12 $A = \displaystyle\int_{0}^{a} cx^2\,dx = \dfrac{ca^3}{3} = \dfrac{ab}{3}$

$I_x = \displaystyle\int y^2\,dA = \int_{0}^{b} y^2 (a-x)\,dy = \int_{0}^{a} (cx^2)^2 (a-x)(2cx)\,dx$

$= 2c^3 \displaystyle\int_{0}^{a} (ax^5 - x^6)\,dx = \dfrac{1}{21}ab^3$

$I_y = \displaystyle\int x^2\,dA = \int_{0}^{a} x^2 y\,dx = \int_{0}^{a} x^2 (cx^2)\,dx = \dfrac{ca^5}{5} = \dfrac{1}{5}a^3 b$

$r_y = \sqrt{\dfrac{I_x}{A}} = \sqrt{\dfrac{\left(\frac{1}{21}ab^3\right)}{\left(\frac{ab}{3}\right)}} = \dfrac{1}{\sqrt{7}}b$

$r_x = \sqrt{\dfrac{I_y}{A}} = \sqrt{\dfrac{\left(\frac{1}{5}a^3 b\right)}{\left(\frac{ab}{3}\right)}} = \sqrt{\dfrac{3}{5}}\,a$

13 $I_x = \displaystyle\int y^2\,dA$

$= \displaystyle\int_{0}^{\frac{\pi}{2}}\int_{0}^{R} (r\sin\theta)^2 r\,dr\,d\theta = \int_{0}^{\frac{\pi}{2}} \sin^2\theta\,d\theta \int_{0}^{R} r^3\,dr$

$$= \int_0^{\frac{\pi}{2}} \left(\frac{1 - \cos 2\theta}{2} \right) d\theta \int_0^R r^3 \, dr = \left[\frac{\theta}{2} - \frac{1}{4} \sin 2\theta \right]_0^{\frac{\pi}{2}} \left(\frac{R^4}{4} \right)$$

$$= \left(\frac{\pi}{4} \right) \left(\frac{R^4}{4} \right) = \frac{\pi R^4}{16}$$

$$I_y = \int x^2 \, dA = \int_0^{\frac{\pi}{2}} \int_0^R (r \cos \theta)^2 r \, dr \, d\theta = \int_0^{\frac{\pi}{2}} \cos^2 \theta \, d\theta \int_0^R r^3 \, dr$$

$$= \int_0^{\frac{\pi}{2}} \left(\frac{1 + \cos 2\theta}{2} \right) d\theta \int_0^R r^3 \, dr = \left[\frac{\theta}{2} + \frac{\sin 2\theta}{4} \right]_0^{\frac{\pi}{2}} \left[\frac{R^4}{4} \right] = \frac{\pi R^4}{16}$$

14   $I_x = \int y^2 \, dA$

$$= \int_0^\alpha \int_0^R (r \sin \theta)^2 r \, dr \, d\theta = \int_0^\alpha \sin^2 \theta \, d\theta \int_0^R r^3 \, dr$$

$$= \int_0^\alpha \frac{1 - \cos 2\theta}{2} d\theta \left(\frac{R^4}{4} \right) = \left[\frac{\theta}{2} - \frac{\sin 2\theta}{4} \right]_0^\alpha \left(\frac{R^4}{4} \right)$$

$$= \left(\frac{\alpha}{2} - \frac{\sin 2\alpha}{4} \right) \left(\frac{R^4}{4} \right) = \frac{R^4}{8} \left(\alpha - \frac{\sin 2\alpha}{2} \right)$$

$$I_y = \int x^2 \, dA$$

$$= \int_0^\alpha \int_0^R (r \cos \theta)^2 r \, dr \, d\theta = \int_0^\alpha \cos^2 \theta \, d\theta \int_0^R r^3 \, dr$$

$$= \int_0^\alpha \frac{1 + \cos 2\theta}{2} d\theta \left(\frac{R^4}{4} \right) = \left(\frac{\alpha}{2} + \frac{\sin 2\alpha}{4} \right) \left(\frac{R^4}{4} \right)$$

$$= \frac{R^4}{8} \left(\alpha + \frac{\sin 2\alpha}{2} \right)$$

$$I_p = I_x + I_y = \frac{R^4 \alpha}{4}$$

15   $I_x = \int y^2 \, dA$

$$= \int_0^R \int_{-\frac{\alpha}{2}}^{\frac{\alpha}{2}} (r \sin \theta)^2 r \, dr \, d\theta = \int_{-\frac{\alpha}{2}}^{\frac{\alpha}{2}} \sin^2 \theta \, d\theta \int_0^R r^3 \, dr$$

$$= \int_{-\frac{\alpha}{2}}^{\frac{\alpha}{2}} \frac{1 - \cos 2\theta}{2} d\theta \left(\frac{R^4}{4} \right) = \left[\frac{\theta}{2} - \frac{\sin 2\theta}{4} \right]_{-\frac{\alpha}{2}}^{\frac{\alpha}{2}} \left(\frac{R^4}{4} \right)$$

$$= \frac{R^4}{8} (\alpha - \sin \alpha)$$

$$I_y = \int x^2 \, dA$$

$$= \int_0^R \int_{-\frac{\alpha}{2}}^{\frac{\alpha}{2}} (r\cos\theta)^2 r \, dr \, d\theta = \frac{R^4}{8}(\alpha + \sin\alpha)$$

$$I_p = I_x + I_y = \frac{R^4\alpha}{4}$$

16　③ (2.5, 2.5)　　　17　② 2618　　　18　① 3 cm

19　④ 30925　　　20　④ 12096　　　21　② C = 2.38

22　④ 576　　　23　① 25　　　24　③ 125

25　③ 7.75　　　26　④ 2211　　　27　① 1 : 4

28　② $I_A = I - AD^2$　　　29　③ 245　　　30　③ 1105.25 cm^4

8장 | 보의 응력

1

$$Z = \frac{I_z}{C} = \frac{\left(\frac{bh^3}{12}\right)}{\left(\frac{h}{2}\right)} = \frac{bh^2}{6}$$

$$\sigma_{\max} = \frac{MC}{I_z} = \frac{M}{\left(\frac{I_z}{C}\right)} = \frac{M}{Z} = \frac{PL}{\left(\frac{bh^2}{6}\right)} = \frac{6PL}{bh^2}$$

2

$$z = \frac{I_z}{C} = \frac{\frac{\pi}{64}\left(d_o^4 - d_i^4\right)}{\left(\frac{d_o}{2}\right)} = \frac{\pi\left(d_o^4 - d_i^4\right)}{32}d_o$$

$$\sigma_{\max} = \frac{M}{Z} = \frac{PL}{\left(\frac{\pi\left(d_o^4 - d_i^4\right)}{32d_o}\right)} = \frac{32PLd_o}{\pi\left(d_o^4 - d_i^4\right)}$$

3

$$y_c = \frac{\overline{y_1}A_1 + \overline{y_2}A_2}{A_1 + A_2} = \frac{\left(\frac{t}{2}\right)(ht) + \left(t + \frac{h}{2}\right)(ht)}{ht + ht} = \frac{3t + h}{4}$$

$$C_1 = y_c = \frac{3t + h}{4}$$

$$C_2 = (h+t) - C_1 = (h+t) - \left(\frac{3t+h}{4}\right) = \frac{t+3h}{4}$$

$$I_z = (I_{z_1} + A_1 D_1^2) + (I_{z_2} + A_2 D_2^2)$$

$$\quad = \left[\frac{ht^3}{12} + ht\left(C_1 - \frac{t}{2}\right)^2\right] + \left[\left(\frac{th^3}{12}\right) + th\left(C_2 - \frac{h}{2}\right)^2\right]$$

$$\quad = \frac{ht^3}{12} + \frac{th^3}{12} + 2ht\left(\frac{t+h}{4}\right)^2$$

$$\quad = \frac{ht}{24}(5t^2 + 6ht + 5h^2)$$

$$Z_1 = \frac{I_z}{C_1} = \frac{ht}{6(3t+h)}(5t^2 + 6ht + 5h^2)$$

$$Z_2 = \frac{I_z}{C_2} = \frac{ht}{6(3h+t)}(5t^2 + 6ht + 5h^2)$$

윗 변(인장응력): $\sigma_T = \dfrac{-(-M)C_2}{I_z} = \dfrac{M}{Z_2} = \dfrac{6PL(3h+t)}{ht(5t^2 + 6ht + 5h^2)}$

아랫변(압축응력): $\sigma_c = \dfrac{-(-M)(-C_1)}{I_z} = \dfrac{-M}{Z_1} = \dfrac{-6PL(3t+h)}{ht(5t^2 + 6ht + 5h^2)}$

$|\sigma_T| > |\sigma_c|$

$$\therefore \sigma_{max} = \sigma_T = \frac{6PL(3h+t)}{ht(5t^2 + 6ht + 5h^2)}$$

04

$$Z = \frac{I_z}{C} = \frac{\dfrac{\pi d^4}{64}}{\left(\dfrac{d}{2}\right)} = \frac{\pi d^3}{32}$$

$$\sigma_{max} = \frac{M}{Z} = \frac{\dfrac{1}{2}wL^2}{\left(\dfrac{\pi d^3}{32}\right)} = \frac{16wL^2}{\pi d^3}$$

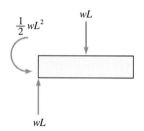

05

$$Z = \frac{I_z}{C} = \frac{\left(\dfrac{bh^3}{12}\right)}{\left(\dfrac{h}{2}\right)} = \frac{bh^2}{6}$$

$$\sigma_{max} = \frac{M}{Z} = \frac{PL}{\left(\dfrac{bh^2}{6}\right)} = \frac{6PL}{bh^2} = \frac{6 \times 100 \times P}{10 \times 30^2} = 0.0666P \leqq \sigma_a = 200$$

$$\therefore P \leqq 3000 \,[\mathrm{kgf}]$$

$$\therefore P_{max} = 3000 \,[\mathrm{kgf}]$$

6
$$\sigma_{\max} = \frac{M}{Z} = \frac{M}{\left(\dfrac{bh^2}{6}\right)} = \frac{6M}{bh^2} = \frac{6M}{25b^3}$$

$$b = 3\sqrt{\frac{6M}{25\,\sigma_{\max}}} = 3\sqrt{\frac{6\times1000}{25\times200}} = 3\sqrt{1.2} \approx 1.06\,[\mathrm{cm}]$$

$$h \approx 5.3\,[\mathrm{cm}]$$

7
$$M_{\max} = \frac{Pab}{a+b}\ \text{on}\ x = a$$

$$\sigma_a > \sigma_{\max} = \frac{M_{\max}}{Z} = \frac{\dfrac{Pab}{a+b}}{\left(\dfrac{\alpha\beta^2}{6}\right)}$$

$$\therefore\ \alpha\beta^2 > \frac{6Pab}{\sigma_a(a+b)}$$

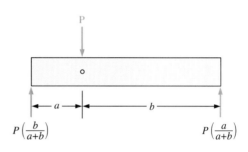

8
$$\sigma = \frac{Ey}{\rho} = \frac{E\left(\dfrac{t}{2}\right)}{\left(\dfrac{d+t}{2}\right)} = E\left(\frac{t}{d+t}\right)$$

9

최대 전단응력은 중립축($y = 0$)에서 발생하며,

$$\tau_{\max} = \frac{3}{2}\left(\frac{V}{A}\right) = \frac{3}{2}\frac{\left(\dfrac{1}{2}w\,L\right)}{(bh)} = \frac{3w\,L}{4bh}$$

$$M = -w\,x\left(\frac{x}{2}\right) + \frac{1}{2}w\,Lx$$

$$= \frac{-w\,x^2}{2} + \frac{1}{2}w\,Lx$$

$$= -\frac{w}{2}\left(x - \frac{L}{2}\right)^2 + \frac{w\,L^2}{8}$$

$$\therefore\ M_{\max} = \frac{1}{8}w\,L^2$$

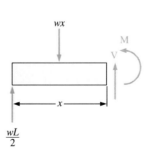

$$\sigma_o = \sigma_{\max} = \frac{M_{\max}}{Z} = \frac{\frac{1}{8}w\,L^2}{\frac{bh^2}{6}} = \frac{3w\,L^2}{4bh^2}$$

$$= \left(\frac{3w\,L}{4bh}\right)\left(\frac{L}{h}\right) = \left(\tau_{\max}\right)\left(\frac{L}{h}\right)$$

$$\therefore\ \tau_{\max} = \frac{3w\,L}{4bh} = \sigma_o\left(\frac{h}{L}\right)$$

10

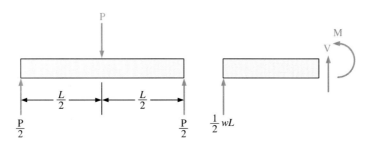

$$V = -\frac{P}{2}$$

$$M = \frac{P}{2}x$$

$$M_{\max} = \frac{PL}{4}$$

$$Z = \frac{I_z}{C} = \frac{\left(\frac{bh^3}{12}\right)}{\left(\frac{h}{2}\right)} = \frac{bh^2}{6}$$

$$\sigma_{\max} = \frac{M_{\max}}{Z} = \frac{\left(\frac{PL}{4}\right)}{\left(\frac{bh^2}{6}\right)} = \frac{3PL}{2bh^2}$$

최대 전단응력은 중립축에서 발생하며,

$$\tau_{\max} = \frac{3}{2}\frac{V}{A} = \frac{3}{2}\frac{\left(\frac{P}{2}\right)}{(bh)} = \frac{3P}{4bh}$$

11

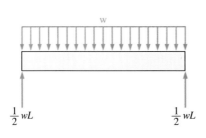
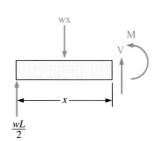

$$V = \frac{wL}{2} - wx$$

$$V_{\max} = \frac{wL}{2}$$

최대 전단응력은 중립축에서 발생하며,

$$\tau_{\max} = \frac{4}{3}\frac{V_{\max}}{A} = \frac{4}{3}\frac{\left(\frac{1}{2}wL\right)}{\left(\frac{\pi d^2}{4}\right)} = \frac{8wL}{3\pi d^2}$$

12

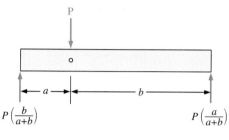

$$V = -P\left(\frac{b}{a+b}\right)$$

$$M = P\left(\frac{b}{a+b}\right)x$$

$$V_{\max} = P\left(\frac{b}{a+b}\right)$$

$$M_{\max} = P\left(\frac{ab}{a+b}\right)$$

$$Z = \frac{I_z}{C} = \frac{\left(\frac{\alpha\beta^3}{12}\right)}{\left(\frac{\beta}{2}\right)} = \frac{\alpha\beta^2}{6}$$

$$\sigma_{\max} = \frac{M_{\max}}{Z} = \frac{P\left(\frac{ab}{a+b}\right)}{\left(\frac{\alpha\beta^2}{6}\right)} = \frac{6Pab}{\alpha\beta^2(a+b)}$$

$$\tau_{\max} = \frac{3}{2}\frac{V}{A} = \frac{3}{2}\frac{P\left(\frac{b}{a+b}\right)}{\alpha\beta} = \frac{3Pb}{2\alpha\beta(a+b)}$$

13
$$Z = \frac{I_z}{C} = \frac{\alpha\beta^2}{6}$$

$$M_{\max} = wb\left(a+\frac{b}{2}\right)$$

$$V_{\max} = wb$$

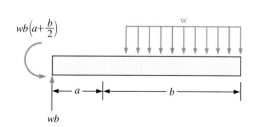

$$\sigma_{\max} = \frac{M_{\max}}{Z} = \frac{wb\left(a+\dfrac{b}{2}\right)}{\left(\dfrac{\alpha\beta^2}{6}\right)}$$

$$= \frac{3wb(2a+b)}{\alpha\beta^2}$$

$$\tau_{\max} = \frac{3}{2}\frac{V}{A} = \frac{3}{2}\frac{wb}{\alpha\beta} = \frac{3wb}{2\alpha\beta}$$

14

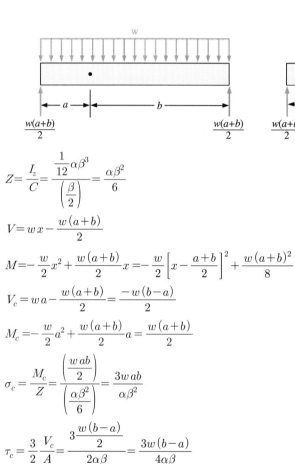

$$Z = \frac{I_z}{C} = \frac{\dfrac{1}{12}\alpha\beta^3}{\left(\dfrac{\beta}{2}\right)} = \frac{\alpha\beta^2}{6}$$

$$V = wx - \frac{w(a+b)}{2}$$

$$M = -\frac{w}{2}x^2 + \frac{w(a+b)}{2}x = -\frac{w}{2}\left[x - \frac{a+b}{2}\right]^2 + \frac{w(a+b)^2}{8}$$

$$V_c = wa - \frac{w(a+b)}{2} = \frac{-w(b-a)}{2}$$

$$M_c = -\frac{w}{2}a^2 + \frac{w(a+b)}{2}a = \frac{w(a+b)}{2}$$

$$\sigma_c = \frac{M_c}{Z} = \frac{\left(\dfrac{wab}{2}\right)}{\left(\dfrac{\alpha\beta^2}{6}\right)} = \frac{3wab}{\alpha\beta^2}$$

$$\tau_c = \frac{3}{2}\frac{V_c}{A} = \frac{3\dfrac{w(b-a)}{2}}{2\alpha\beta} = \frac{3w(b-a)}{4\alpha\beta}$$

15 (i) 굽힘 모멘트 M으로 인한 최대 굽힘응력 $\sigma_{\max}$은 굽힘 모멘트가 발생하는 단면의 중립면에서 가장 먼 표면에서 발생하며,

$$\sigma_{\max} = \frac{M}{Z} = \frac{M}{\dfrac{I_z}{C}} = \frac{M}{\left(\dfrac{\left(\dfrac{\pi d^4}{64}\right)}{\left(\dfrac{d}{2}\right)}\right)} = \frac{M}{\left(\dfrac{\pi d^3}{32}\right)} = \frac{32M}{\pi d^3}$$

(ii) 비틀림 T로 인한 최대 전단응력 $\tau_{\max}$ 은 축의 표면에서 발생하며,

$$\tau_{\max} = \frac{T\left(\dfrac{d}{2}\right)}{I_p} = \frac{T\left(\dfrac{d}{2}\right)}{\dfrac{\pi d^4}{32}} = \frac{16\,T}{\pi d^3}$$

16　① 8 kgf · mm

17　③ 509 N/mm^2

18　④ 225 N/mm^2

19　③ 84.3 N/cm^2

20　② 15 N/cm^2

21　① 18.3 cm

22　③ 11.9 cm

23　④ 4 cm

24　② 5.6 N/cm^2

25　① 520 N · m

26　① 125 kgf/cm^2

27　① 9.37 N/cm^2

28　③ 5982 kgf/cm^2

29　④ 12.5 cm^3

30　④ 1.14 cm (임계지름이 1.28 cm이므로)

9장 | 보의 처짐

1

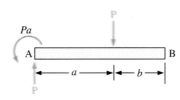

자유물체도

$$-\frac{dV(x)}{dx} = w(x) = -P<x-a>^{-1}$$

$$-\frac{dM(x)}{dx} = V(x) = P<x-a>^0 + C_1$$

$$V(0) = C_1 = -P$$

$$= P<x-a>^0 - P$$

$$EI\frac{d^2 v(x)}{dx^2} = M(x) = -P<x-a>^1 + Px + C_2$$

$$M(0) = C_2 = -Pa$$

$$= -P<x-a>^1 + Px - Pa$$

$$EI\frac{dv(x)}{dx} = -\frac{P}{2}<x-a>^2 + \frac{P}{2}x^2 - Pax + C_3 \left(\because \frac{dv(0)}{dx} = C_3 = 0\right)$$

$$EIv(x) = -\frac{P}{6}<x-a>^3 + \frac{P}{6}x^3 - \frac{P}{2}ax^2 + C_4 \ (\because v(0) = C_4 = 0)$$

$$v(x) = -\frac{P}{6EI}[<x-a>^3 - x^3 + 3ax^2]$$

$$\therefore \delta(x) = -v(x) = \frac{P}{6EI}[<x-a>^3 - x^3 + 3ax^2]$$

[참고] $\delta_{\max} = \delta(L) = \dfrac{Pa^2(3L-a)}{6EI}$

02

자유물체도

$$-\frac{dV(x)}{dx} = w(x) = 0$$

$$-\frac{dM(x)}{dx} = V(x) = C_1 \ (\because V(0) = C_1 = 0)$$

$$EI\frac{d^2v(x)}{dx^2} = M(x) = C_2 \ (\because M(0) = C_2 = -M_o) = -M_o$$

$$EI\frac{dv(x)}{dx} = -M_o x + C_3 \left(\because \frac{dv(0)}{dx} = C_3 = 0\right)$$

$$EIv(x) = -\frac{M_o}{2}x^2 + C_4 \ (\because v(0) = C_4 = 0)$$

$$v(x) = -\frac{M_o}{2EI}x^2$$

$$\therefore \delta(x) = -v(x) = \frac{M_o}{2EI}x^2$$

[참고] $\delta_{\max} = \delta(L) = \dfrac{M_o L^2}{2EI}$

03

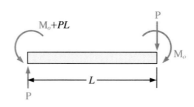

자유물체도

$$-\frac{dV(x)}{dx} = w(x) = 0$$

$$-\frac{dM(x)}{dx} = V(x) = C_1$$

$$V(0) = C_1 = -P$$

$$\therefore\ V(x) = -P$$

$$EI\frac{d^2v(x)}{dx^2} = M(x) = Px + C_2$$

$$M(0) = C_2 = -(M_o + PL)$$

$$\therefore\ M(x) = Px - (M_o + PL)$$

$$EI\frac{dv(x)}{dx} = \frac{P}{2}x^2 - (M_o + PL)x + C_3\left(\because \frac{dv(0)}{dx} = C_3 = 0\right)$$

$$EIv(x) = \frac{P}{6}x^3 - \frac{M_o + PL}{2}x^2 + C_4\ (\because v(0) = C_4 = 0)$$

$$v(x) = \frac{1}{6EI}[Px^3 - 3(M_o + PL)x^2]$$

$$\therefore\ \delta(x) = \frac{1}{6EI}[-Px^3 + 3(M_o + PL)x^2]$$

[참고] $\quad \delta_{\max} = \delta(L) = \frac{PL^3}{3EI} + \frac{M_oL^2}{2EI}$

4

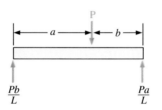

자유물체도

$$-\frac{dV(x)}{dx} = w(x) = -P<x-a>^{-1}$$

$$-\frac{dM(x)}{dx} = V(x) = P<x-a>^0 + C_1$$

$$V(0) = C_1 = -\frac{Pb}{L} = P<x-a>^0 - \frac{Pb}{L}$$

$$EI\frac{d^2v(x)}{dx^2} = M(x) = -P<x-a>^1 + \frac{Pb}{L}x + C_2\ (\because M(0) = C_2 = 0)$$

$$EI\frac{dv(x)}{dx} = -\frac{P}{2}<x-a>^2 + \frac{Pb}{2L}x^2 + C_3$$

$$EIv(x) = -\frac{P}{6}<x-a>^3 + \frac{Pb}{6L}x^3 + C_3x + C_4\ (\because v(0) = C_4 = 0)$$

$$EIv(L) = -\frac{P}{6}b^3 + \frac{Pb}{6}L^2 + C_3L = 0$$

$$C_3 = \frac{Pb^3}{6L} - \frac{PbL}{6} = -\frac{P_b}{6L}(L^2 - b^2)$$

$$\therefore\; EIv(x)=-\frac{P}{6}<x-a>^3+\frac{Pb}{6L}x^3-\frac{Pb}{6L}(L^2-b^2)x$$

$$v(x)=-\frac{P}{6EI}\left[<x-a>^3-\frac{b}{L}x^3+\frac{b}{L}(L^2-b^2)x\right]$$

$$\therefore\; \delta(x)=\frac{P}{6EI}\left[<x-a>^3-\frac{b}{L}\{x^3-(L^2-b^2)x\}\right]$$

[참고]   at x = x*, $\left[\dfrac{dv(x)}{dx}\right]_{x=x^*}=0$

$$\frac{dv(x)}{dx}=-\frac{P}{6EI}\left[3<x-a>^2-\frac{3b}{L}x^2+\frac{b}{L}(L^2-b^2)\right]=0$$

$$3<x-a>^2-\frac{3b}{L}x^2+\frac{b}{L}(L^2-b^2)=0$$

$$(0<x^*<a)\;\frac{-3b}{L}x^{*2}+\frac{b}{L}(L^2-b^2)=0$$

$$\therefore\; x^*=\sqrt{\frac{L^2-b^2}{3}}$$

$$\therefore\; \delta_{\max}=\delta\left(\sqrt{\frac{L^2-b^2}{3}}\right)=\frac{Pb(L^2-b^2)^{\frac{3}{2}}}{9\sqrt{3}\,EIL}$$

5

자유물체도

$$-\frac{dV(x)}{dx}=w(x)=0$$

$$-\frac{dM(x)}{dx}=V(x)=C_1$$

$$V(0)=C_1=-\frac{M_o}{L}$$

$$\therefore\; V(x)=-\frac{M_o}{L}$$

$$EI\frac{d^2v(x)}{dx^2}=M(x)=\frac{M_o}{L}x+C_2\;\;(\because M(0)=C_2=0)$$

$$EI\frac{dv(x)}{dx}=\frac{M_o}{2L}x^2+C_3$$

$$EIv(x)=\frac{M_o}{6L}x^3+C_3x+C_4\;(\because v(0)=C_4=0)$$

$$EIv(L)=\frac{M_o}{6L}L^3+C_3L=0$$

$$C_3 = -\frac{M_o L}{6}$$

$$EIv(x) = \frac{M_o}{6L}x^3 - \frac{M_o L}{6}x$$

$$v(x) = \frac{M_o}{6EIL}(x^3 - L^2 x)$$

$$\therefore \delta(x) = -\frac{M_o}{6EIL}(x^3 - L^2 x)$$

[참고]

$$\text{at } x = x^*, \ \left[\frac{dv(x)}{dx}\right]_{x=x^*} = 0, \ \left[\frac{dv(x)}{dx}\right]_{x=x^*} = \frac{M_o}{6EIL}(3x^{*2} - L^2) = 0,$$

$$x^* = \frac{L}{\sqrt{3}}$$

$$\therefore \delta_{\max} = \delta\left(\frac{L}{\sqrt{3}}\right) = \frac{M_o L^2}{9\sqrt{3}\,EI}$$

06

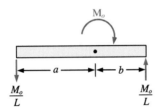

자유물체도

$$-\frac{dV(x)}{dx} = w(x) = M_o \langle x-a \rangle^{-2}$$

$$-\frac{dM(x)}{dx} = V(x) = -M_o \langle x-a \rangle^{-1} + C_1$$

$$V(0) = C_1 = \frac{M_o}{L} = -M_o \langle x-a \rangle^{-1} + \frac{M_o}{L}$$

$$EI\frac{d^2v(x)}{dx^2} = M(x) = M_o \langle x-a \rangle^0 - \frac{M_o}{L}x + C_2 \ (\because M(0) = C_2 = 0)$$

$$EI\frac{dv(x)}{dx} = M_o \langle x-a \rangle^1 - \frac{M_o}{2L}x^2 + C_3$$

$$EIv(x) = \frac{M_o}{2}\langle x-a \rangle^2 - \frac{M_o}{6L}x^3 + C_3 x + C_4 \ (\because v(0) = C_4 = 0)$$

$$EIv(L) = \frac{M_o}{2}b^2 - \frac{M_o}{6}L^2 + C_3 L = 0$$

$$C_3 = \frac{M_o}{6L}(L^2 - 3b^2)$$

$$EIv(x) = \frac{M_o}{2}<x-a>^2 - \frac{M_o}{6L}x^3 + \frac{M_o}{6L}(L^2-3b^2)x$$

$$v(x) = -\frac{M_o}{6EIL}[x^3 - 3L<x-a>^2 - (L^2-3b^2)x]$$

$$\therefore \; \delta(x) = \frac{M_o}{6EIL}[x^3 - 3L<x-a>^2 - (L^2-3b^2)x]$$

07

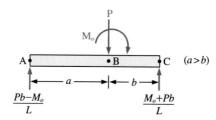

자유물체도

$$-\frac{dV(x)}{dx} = w(x) = -P<x-a>^{-1} + M_o<x-a>^{-2}$$

$$-\frac{dM(x)}{dx} = V(x) = P<x-a>^0 - M_o<x-a>^{-1} + C_1$$

$$V(0) = C_1 = -\frac{Pb+M_o}{L} = P<x-a>^0 - M_o<x-a>^{-1} + \frac{M_o-Pb}{L}$$

$$EI\frac{d^2v(x)}{dx^2} = M(x) = -P<x-a>^1 + M_o<x-a>^0 - \frac{M_o-Pb}{L}x + C_2$$

$$(\because M(0) = C_2 = 0)$$

$$EI\frac{dv(x)}{dx} = -\frac{P}{2}<x-a>^2 + M_o<x-a>^1 - \frac{M_o-Pb}{2L}x^2 + C_3$$

$$EIv(x) = -\frac{P}{6}<x-a>^3 + \frac{M_o}{2}<x-a>^2 - \frac{M_o-Pb}{6L}x^3 + C_3x + C_4$$

$$(\because v(0) = C_4 = 0)$$

$$EIv(L) = -\frac{P}{6}b^3 + \frac{M_o}{2}b^2 - \frac{(M_o-Pb)}{6}L^2 + C_3L = 0$$

$$C_3 = \frac{M_o}{6L}(L^2-3b^2) - \frac{Pb}{6L}(L^2-b^2)$$

$$EIV(x) = -\frac{P}{6}<x-a>^3 + \frac{M_o}{2}<x-a>^2 - \frac{M_o-Pb}{6L}x^3$$

$$+ \left\{\frac{M_o}{6L}(L^2-3b^2) - \frac{Pb}{6L}(L^2-b^2)\right\}x$$

$$v(x) = -\frac{M_o}{6EIL}[x^3 - 3L<x-a>^2 - (L^2-3b^2)x]$$

$$- \frac{P}{6EI}\left[<x-a>^3 - \frac{b}{L}x^3 + \frac{b}{L}(L^2-b^2)x\right]$$

$$\therefore \delta(x) = \frac{M_o}{6EIL}[x^3 - 3L<x-a>^2 - (L^2 - 3b^2)x]$$
$$+ \frac{P}{6EI}\left[<x-a>^3 - \frac{b}{L}x^3 + \frac{b}{L}(L^2-b^2)x\right]$$

08

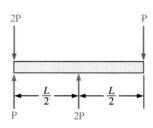

자유물체도

$$-\frac{dV(x)}{dx} = w(x) = 2P\left\langle x - \frac{L}{2} \right\rangle^{-1}$$

$$-\frac{dM(x)}{dx} = V(x) = -2P\left\langle x - \frac{L}{2} \right\rangle^0 + C_1$$

$$V(0) = C_1 = P = -2P<x - \frac{L}{2}>^0 + P$$

$$EI\frac{d^2v(x)}{dx^2} = M(x) = 2P<x - \frac{L}{2}>^1 - Px + C_2 \ (\because M(0) = C_2 = 0)$$

$$EI\frac{dv(x)}{dx} = P<x - \frac{L}{2}>^2 - \frac{P}{2}x^2 + C_3$$

$$EIv(x) = \frac{P}{3}<x - \frac{L}{2}>^3 - \frac{P}{6}x^3 + C_3x + C_4 \ (\because v(0) = C_4 = 0)$$

$$EIv\left(\frac{L}{2}\right) = -\frac{P}{6}\left(\frac{L}{2}\right)^3 + C_3\left(\frac{L}{2}\right) = 0$$

$$C_3 = \frac{PL^2}{24}$$

$$\therefore EIv(x) = \frac{P}{3}<x - \frac{L}{2}>^3 - \frac{P}{6}x^3 + \frac{PL^2}{24}x$$

$$v(x) = -\frac{P}{24EI}\left[4x^3 - 8<x - \frac{L}{2}>^3 - L^2x\right]$$

$$\therefore \delta(x) = \frac{P}{24EI}\left[4x^3 - 8<x - \frac{L}{2}>^3 - L^2x\right]$$

[참고] $\delta_{\max} = \delta(L) = \frac{PL^3}{12EI}$

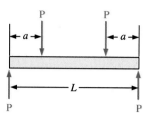

$$\textsf{자유물체도}$$

$$-\frac{dV(x)}{dx}=w(x)=-P<x-a>^{-1}-P<x-(L-a)>^{-1}$$

$$-\frac{dM(x)}{dx}=V(x)=P<x-a>^{0}+P<x-(L-a)>^{0}+C_1$$

$$V(0)=C_1=-P=P<x-a>^{0}+P<x-(L-a)>^{0}-P$$

$$EI\frac{d^2v(x)}{dx^2}=M(x)=-P<x-a>^{1}-P<x-(L-a)>^{1}+Px+C_2$$

$$(\because M(0)=C_2=0)$$

$$EI\frac{dv(x)}{dx}=-\frac{P}{2}<x-a>^{2}-\frac{P}{2}<x-(L-a)>^{2}+\frac{P}{2}x^2+C_3$$

$$EIv(x)=-\frac{P}{6}<x-a>^{3}-\frac{P}{6}<x-(L-a)>^{3}+\frac{P}{6}x^3+C_3x+C_4(\because v(0)=C_4=0)$$

$$EIv(L)=-\frac{P}{6}(L-a)^3-\frac{P}{6}a^3+\frac{P}{6}L^3+C_3L=0$$

$$C_3=\frac{-3Pa(L-a)}{6}$$

$$EIv(x)=-\frac{P}{6}<x-a>^{3}-\frac{P}{6}<x-(L-a)>^{3}+\frac{P}{6}x^3-\frac{3Pa}{6}(L-a)x$$

$$v(x)=\frac{P}{6EI}[x^3-<x-a>^{3}-<x-(L-a)>^{3}-3a(L-a)x]$$

$$\therefore \delta(x)=-\frac{P}{6EI}[x^3-<x-a>^{3}-<x-(L-a)>^{3}-3a(L-a)x]$$

10

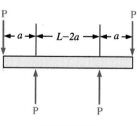

$$\textsf{자유물체도}$$

$$-\frac{dV(x)}{dx}=w(x)=P<x-a>^{-1}+P<x-(L-a)>^{-1}$$

$$-\frac{dM(x)}{dx}=V(x)=-P<x-a>^{0}-p<x-(L-a)>^{0}+C_1$$

$$V(0) = C_1 = P = -P<x-a>^0 - P<x-(L-a)>^0 + P$$

$$EI\frac{d^2v(x)}{dx^2} = M(x) = P<x-a>^1 + P<x-(L-a)>^1 - Px + C_2 \, (\because M(0) = C_2 = 0)$$

$$EI\frac{dv(x)}{dx} = \frac{P}{2}<x-a>^2 + \frac{P}{2}<x-(L-a)>^2 - \frac{P}{2}x^2 + C_3$$

$$EIv(x) = \frac{P}{6}<x-a>^3 + \frac{P}{6}<x-(L-a)>^3 - \frac{P}{6}x^3 + C_3x + C_4$$

$$EIv(a) = -\frac{P}{6}a^3 + C_3a + C_4 = 0$$

$$EIv(L-a) = \frac{P}{6}(L-2a)^3 - \frac{P}{6}(L-a)^3 + C_3(L-a) + C_4 = 0$$

$$C_3 = \frac{3Pa}{6}(L-a)$$

$$C_4 = -\frac{Pa^2}{6}(3L-4a)$$

$$EIv(x) = \frac{P}{6}<x-a>^3 + \frac{P}{6}<x-(L-a)>^3 - \frac{P}{6}x^3$$
$$+ \left[\frac{3Pa}{6}(L-a)\right]x + \left[\frac{-Pa^2}{6}(3L-4a)\right]$$

$$v(x) = \frac{P}{6EI}[-x^3 + <x-a>^3 + <x-(L-a)>^3 + 3a(L-a)x - a^2(3L-4a)]$$

$$\therefore \delta(x) = \frac{P}{6EI}[x^3 - <x-a>^3 - <x-(L-a)>^3 - 3a(L-a)x + a^2(3L-4a)]$$

11

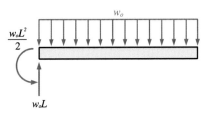

자유물체도

$$-\frac{dV(x)}{dx} = w(x) = -w_o<x>^0$$

$$-\frac{dM(x)}{dx} = V(x) = w_o<x>^1 + C_1$$

$$V(0)C_1 = -w_oL = w_ox - w_oL$$

$$EI\frac{d^2v(x)}{dx^2} = M(x) = -\frac{w_o}{2}x^2 + w_oLx + C_2$$

$$M(0) = C_2 = -\frac{1}{2}w_oL^2 = -\frac{w_o}{2}x^2 + w_oLx - \frac{1}{2}w_oL^2$$

$$EI\frac{dv(x)}{dx} = -\frac{w_o}{6}x^3 + \frac{w_oL}{2}x^2 - \frac{1}{2}w_oL^2x + C_3 \left(\because \left[\frac{dv(x)}{dx}\right]_{x=0} = C_3 = 0\right)$$

$$EIv(x) = -\frac{w_o}{24}x^4 + \frac{w_oL}{6}x^3 - \frac{w_oL^2}{4}x^2 + C_4 \ (\because \ v(0) = C_4 = 0)$$

$$v(x) = \frac{-w_o}{24EI}[x^4 - 4Lx^3 + 6L^2x^2] = \frac{-w_ox^2}{24EI}(x^2 - 4Lx + 6L^2)$$

$$\therefore \delta(x) = \frac{w_ox^2}{24EI}(x^2 - 4Lx + 6L^2)$$

[참고] $\delta_{\max} = \delta(L) = \dfrac{w_oL^4}{8EI}$

12

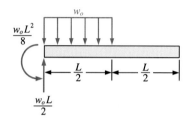

자유물체도

$$-\frac{dV(x)}{dx} = w(x) = -w_o <x>^0 + w_o\left\langle x - \frac{L}{2} \right\rangle^0$$

$$-\frac{dM(x)}{dx} = V(x) = w_o <x>^1 - w_o\left\langle x - \frac{L}{2} \right\rangle^1 + C_1$$

$$V(0) = C_1 = -\frac{w_oL}{2} = w_ox - w_o\left\langle x - \frac{L}{2} \right\rangle^1 - \frac{w_oL}{2}$$

$$EI\frac{d^2v(x)}{dx^2} = M(x) = -\frac{w_o}{2}x^2 + \frac{w_o}{2}\left\langle x - \frac{L}{2} \right\rangle^2 + \frac{w_oL}{2}x + C_2$$

$$M(0) = C_2 = -\frac{w_oL^2}{8} = -\frac{w_o}{2}x^2 + \frac{w_o}{2}\left\langle x - \frac{L}{2} \right\rangle^2 + \frac{w_oL}{2}x - \frac{w_oL^2}{8}$$

$$EI\frac{dv(x)}{dx} = -\frac{w_o}{6}x^3 + \frac{w_o}{6}\left\langle x - \frac{L}{2} \right\rangle^3 + \frac{w_oL}{4}x^2 - \frac{w_oL^2}{8}x + C_3$$

$$\left(\because \left[\frac{dv(x)}{dx} \right]_{x=0} = C_3 = 0 \right)$$

$$EIv(x) = -\frac{w_o}{24}x^4 + \frac{w_o}{24}\left\langle x - \frac{L}{2} \right\rangle^4 + \frac{w_oL}{12}x^3 - \frac{w_oL^2}{16}x^2 + C_3 \ (\because \ v(0) = C_4 = 0)$$

$$v(x) = \frac{-w_o}{48EI}\left[2x^4 - 2\left\langle x - \frac{L}{2} \right\rangle^4 - 4Lx^3 + 3L^2x^2 \right]$$

$$\therefore \delta(x) = \frac{w_o}{48EI}\left[2x^4 - 2\left\langle x - \frac{L}{2} \right\rangle^4 - 4Lx^3 + 3L^2x^2 \right]$$

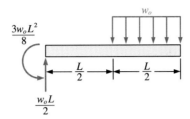

[참고] $\delta_{\max} = \delta(L) = \dfrac{7w_o L^4}{384EI}$

13

자유물체도

$$-\frac{dV(x)}{dx} = w(x) = -w_o \left\langle x - \frac{L}{2} \right\rangle^0$$

$$-\frac{dM(x)}{dx} = V(x) = w_o \left\langle x - \frac{L}{2} \right\rangle^1 + C_1$$

$$V(0) = C_1 = -\frac{w_o L}{2} = w_o \left\langle x - \frac{L}{2} \right\rangle^1 - \frac{w_o L}{2}$$

$$EI\frac{d^2 v(x)}{dx^2} = M(x) = -\frac{w_o}{2} \left\langle x - \frac{L}{2} \right\rangle^2 + \frac{w_o L}{2}x + C_2$$

$$M(0) = C_2 = -\frac{3w_o L^2}{8} = -\frac{w_o}{2} \left\langle x - \frac{L}{2} \right\rangle^2 + \frac{w_o L}{2}x - \frac{3w_o L^2}{8}$$

$$EI\frac{dv(x)}{dx} = -\frac{w_o}{6} \left\langle x - \frac{L}{2} \right\rangle^3 + \frac{w_o L}{4}x^2 - \frac{3w_o L^2}{8}x + C_3$$

$$\left(\because \left[\frac{dv(x)}{dx} \right]_{x=0} = C_3 = 0 \right)$$

$$EIv(x) = -\frac{w_o}{24} \left\langle x - \frac{L}{2} \right\rangle^4 + \frac{w_o L}{12}x^3 - \frac{3w_o L^2}{16}x^2 + C_4 \ (\because \ v(0) = C_4 = 0)$$

$$v(x) = -\frac{w_o}{48EI} \left[2 \left\langle x - \frac{L}{2} \right\rangle^4 - 4Lx^3 + 9L^2 x^2 \right]$$

$$\therefore \ \delta(x) = \frac{w_o}{48EI} \left[2 \left\langle x - \frac{L}{2} \right\rangle^4 - 4Lx^3 + 9L^2 x^2 \right]$$

[참고] $\delta_{\max} = \delta(L) = \dfrac{41w_o L^4}{384EI}$

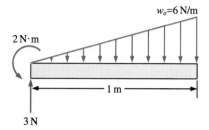

w_o=6 N/m

2 N·m

1 m

3 N

자유물체도

$$-\frac{dV(x)}{dx} = w(x) = -\frac{w_o}{L}<x>^1 = -6x$$

$$-\frac{dM(x)}{dx} = V(x) = 3x^2 + C_1$$

$$V(0) = C_1 = -3 = 3x^2 - 3$$

$$EI\frac{d^2v(x)}{dx^2} = M(x) = -x^3 + 3x + C_2$$

$$M(0) = C_2 = -2 = -x^3 + 3x - 2$$

$$EI\frac{dv(x)}{dx} = -\frac{1}{4}x^4 + \frac{3}{2}x^2 - 2x + C_3 \left(\because \left[\frac{dv(x)}{dx}\right]_{x=0} = C_3 = 0 \right)$$

$$EIv(x) = -\frac{1}{20}x^5 + \frac{1}{2}x^3 - x^2 + C_4 \ (\because v(0) = C_4 = 0)$$

$$v(x) = \frac{-1}{20EI}(x^5 - 10x^3 + 20x^2)$$

$$\therefore \delta(x) = \frac{x^2}{20EI}(x^3 - 10x + 20)$$

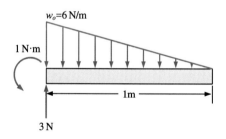

w_o=6 N/m

1 N·m

1m

3 N

자유물체도

$$-\frac{dV(x)}{dx} = w(x) = -w_o\langle x \rangle^0 + \frac{w_o}{L}<x>^1 = -6 + 6x$$

$$-\frac{dM(x)}{dx} = V(x) = -3x^2 + 6x + C_1$$

$$V(0) = C_1 = -3 = -3x^2 + 6x - 3$$

$$EI\frac{d^2v(x)}{dx^2} = M(x) = x^3 - 3x^2 + 3x + C_2$$

$$M(0) = C_2 = -1 = x^3 - 3x^2 + 3x - 1$$

$$EI\frac{dv(x)}{dx} = \frac{1}{4}x^4 - x^3 + \frac{3}{2}x^2 - x + C_3 \left(\because \left[\frac{dv(x)}{dx}\right]_{x=0} = C_3 = 0\right)$$

$$EIv(x) = \frac{1}{20}x^5 - \frac{1}{4}x^4 + \frac{1}{2}x^3 - \frac{1}{2}x^2 + C_4 \ (\because v(0) = C_4 = 0)$$

$$v(x) = \frac{1}{20EI}(x^5 - 5x^4 + 10x^3 - 10x^2)$$

$$\therefore \ \delta(x) = \frac{-x^2}{20EI}(x^3 - 5x^2 + 10x - 10)$$

16 ① 0.003 cm

17 ③ 0.12 cm

18 ② 0.27 cm

19 ④ 10.6 kgf, 599 kgf/cm^2

20 ④ 1875 kgf

21 ① 1.126 kgf/cm

22 ② 76.8 kgf

23 ① 0.001 rad

24 ④ 200 cm

25 ② 3.0 cm

26 ① 0.041 m

27 ① $\dfrac{8\omega L^4}{\pi d^4 E}$

28 ④ 0.02 cm

29 ② 0.03 cm

30 ③ 1.6 cm

10장 | 에너지법

01 인장/압축 하중에 변형률 에너지는

$$U_a = \frac{1}{2E}\int_v \sigma^2 dV = \frac{1}{2E}\int_{v_1} \sigma_1^2 dV_1 + \frac{1}{2E}\int_{v_2} \sigma_2^2 dV_2$$

$$\sigma_1 = \frac{P}{A_1}, \ \sigma_2 = \frac{P}{A_2}$$

$v_1 = A_1 dx, \ v_2 = A_2 dx$ 이므로

$$U_a = \frac{1}{2E}\left[\int_0^{L_1}\left(\frac{P}{A_1}\right)^2 A_1 dx + \int_0^{L_2}\left(\frac{P}{A_2}\right)^2 A_2 dx\right]$$

$$= \frac{P^2 L_1}{2EA_1} + \frac{P^2 L_2}{2EA_2}$$

그림에서 $E = 2.1 \times 10^6 \, \text{kgf/cm}^2$

$A_1 = \pi(0.5)^2 \, \text{cm}^2 = 0.785 \, \text{cm}^2$

$L_1 = 10 \, \text{cm}$

$A_2 = \pi(0.25)^2 \, \text{cm}^2 = 0.196 \, \text{cm}^2$

$$L_2 = 10 \text{ cm}$$

$$\therefore \ U_a = P^2 \left(\frac{10 \text{ cm}}{2 \times 2.1 \times 10^6 \text{ kgf/cm}^2} \right) \left(\frac{1}{0.785 \text{ cm}^2} + \frac{1}{0.196 \text{ cm}^2} \right)$$

$$U_a = 15 \times 10^{-6} \ P^2 \ \text{kgf} \cdot \text{cm}$$

02 원형 단면보에서 비틀림의 경우에 발생하는 변형률 에너지는

$$U_t = \frac{T^2 L}{2GI_P} \text{이므로}$$

1번 문제와 같이 각각의 경우를 합하면

$$U_t = \frac{T^2 L_1}{2GIP_1} + \frac{T^2 L_2}{2GIP_2}$$

그림에서 $E = 2.1 \times 10^6 \text{ kgf/cm}^2$, $\nu = 0.3$이므로

$$G = \frac{E}{2(1+\nu)} = 0.8 \times 10^6 \text{ kgf/cm}^2$$

$$I_{P_1} = \frac{\pi(1)^4}{32} \text{ cm}^4 = 0.098 \text{ cm}^4$$

$$L_1 = 10 \text{ cm}$$

$$I_{P_2} = \frac{\pi(0.5)^4}{32} \text{ cm}^4 = 0.0061 \text{ cm}^4$$

$$L_2 = 10 \text{ cm}$$

$$U_t = T^2 \left(\frac{10 \text{ cm}}{2 \times 0.8 \times 10^6 \text{ kgf/cm}^2} \right) \left(\frac{1}{0.098 \text{ cm}^4} + \frac{1}{0.0061 \text{ cm}^4} \right)$$

$$= 1,082 \times 10^{-6} \ T^2 \, (\text{kgf} \cdot \text{cm})$$

03 그림과 같은 외팔보의 전단력 V와 굽힘 모멘트를 구하면 다음과 같다.

$$V_x = -P$$

$$M_x = -P(L-x)$$

먼저 전단력에 의한 변형률 에너지는

$$U_s = \frac{1}{2GA} \int_0^L V^2 dx$$

$$= \frac{1}{2GA_1} \int_0^{L_1} V^2 dx + \frac{1}{2GA_2} \int_0^{L_2} V^2 dx$$

$$G = 0.8 \times 10^6 \text{ kgf/cm}^2$$

$$A_1 = 0.785 \text{ cm}^2, \ L_1 = 10 \text{ cm}$$

$$A_2 = 0.196 \text{ cm}^2, \ L_2 = 10 \text{ cm}$$

$$V = P = \text{const.}$$

$$U_s = P^2 \left(\frac{L_1}{2GA_1} + \frac{L_2}{2GA_2} \right)$$

$$= P^2\left(\frac{10\,\text{cm}}{2\times 0.8\times 10^6\,\text{kgf/cm}^2}\right)\left(\frac{1}{0.785\,\text{cm}^2}+\frac{1}{0.196\,\text{cm}^2}\right)$$

$$= 39\times 10^{-6}P^2\,(\text{kgf}\cdot\text{cm})$$

굽힘 모멘트에 의한 변형률 에너지는

$$U_b = \frac{1}{2EI_z}\int_0^L M_x^2\,dx$$

$$= \frac{1}{2EI_{z_1}}\int_0^{l_1} M_x^2\,dx + \frac{1}{2EI_{z_2}}\int_{l_1}^L M_x^2\,dx$$

$$= \frac{1}{2EI_{z_1}}\int_0^{10}[-P(L-x)]^2\,dx + \frac{1}{2EI_{z_2}}\int_{10}^{20}[-P(L-x)]^2\,dx$$

$L = 20\,\text{cm}$ 이므로

$$\int_0^{10}[-P(L-x)]^2\,dx = 2,333P^2\,(\text{cm}^3)$$

$$\int_{10}^{20}[-P(L-x)]^2\,dx = 333P^2\,(\text{cm}^3)$$

$I_{z_1} = 0.049\,\text{cm}^4,\ I_{z_2} = 0.003\,\text{cm}^4$

$E = 2.1\times 10^6\,\text{kgf/cm}^2$이므로

$$U_b = \frac{1}{2\times 2.1\times 10^6\,\text{kgf/cm}^2}\left(\frac{2333\,P^2}{0.049}\,\text{cm}^4 + \frac{333\,P^2}{0.003}\,\text{cm}^4\right)$$

$$= 37331\times 10^{-6}P^2\,(\text{kgf}\cdot\text{cm})$$

$$U_s = 39\times 10^{-6}P^2\,(\text{kgf}\cdot\text{cm})$$

$$U_b = 37331\times 10^{-6}P^2\,(\text{kgf}\cdot\text{cm})$$

전단변형률 에너지에 비하여 굽힘 변형률 에너지가 1,000배 가까이 차이가 나는 것을 알 수 있다. 따라서 일반적으로 굽힘과 전단이 함께 작용할 때 전단의 영향을 고려하지 않고 굽힘만 고려하는데, 이것을 Euler bean이라고 한다.

04 가상 일의 원리: 외력에 의한 가상일은 가상 변형률 에너지와 같다.

$$\Delta W_e = \Delta U$$

여기서 주의할 것은, 가상일의 원리는 일의 절대량에 관한 내용($W_e = U$)이 아니라 일의 변화량에 대한 내용($\Delta W_e = \Delta U$)이라는 것이다.

05 AB 사이에 발생하는 굽힘 모멘트는

$$M_{AB} = -P(2L-x)$$

부재 전체에 대한 변형률 에너지식은

$$U = \frac{1}{2(2EI)}\int_0^L M_{AB}^2\,dx + \frac{1}{2(EI)}\int_L^{2L} M_{AB}^2\,dx$$

B점에서의 처짐은

$$\delta_B = \frac{\partial U}{\partial P} = \frac{1}{2EI} \int_0^L M_{AB} \frac{\partial M_{AB}}{\partial P} dx + \frac{1}{EI} \int_L^{2L} M_{AB} \frac{\partial M_{AB}}{\partial P} dx$$

$$\int_0^L M_{AB} \frac{\partial M_{AB}}{\partial P} dx = \int_0^L P(2L-x)^2 dx = \frac{7PL^3}{3}$$

$$\int_L^{2L} M_{AB} \frac{\partial M_{AB}}{\partial P} dx = \int_L^{2L} P(2L-x)^2 dx = \frac{PL^3}{3}$$

$$\therefore \ \delta_B = \frac{1}{2EI} \cdot \frac{7PL^3}{3} + \frac{1}{EI} \cdot \frac{PL^3}{3} = \frac{9PL^3}{6EI}$$

06 가상하중 M_B를 점 B에 가하고, 가상하중 M_B와 실제하중 P에 의한 AB 사이의 굽힘 모멘트를 기술하면,

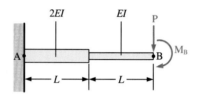

$$M_{AB} = -P(2L-x) - M_B$$

$$\theta_B = \frac{\partial U}{\partial M_B} = \frac{1}{2EI} \int_0^L M_{AB} \frac{\partial M_{AB}}{\partial M_B} dx + \frac{1}{EI} \int_L^{2L} M_{AB} \frac{\partial M_{AB}}{\partial M_B} dx$$

$\dfrac{\partial M_{AB}}{\partial M_B} = -1$이므로, 또 M_B는 가상하중이므로 적분하여 $M_B = 0$을 대입한다.

$$\int_0^L M_{AB} \frac{\partial M_{AB}}{\partial M_B} dx = \int_0^L [-P(2L-x) - M_B][-1] dx$$

$$= \int_0^L P(2L-x) dx = \frac{3}{2} PL^2$$

$$\int_L^{2L} M_{AB} \frac{\partial M_{AB}}{\partial M_B} dx = \int_L^{2L} P(2L-x) dx = \frac{1}{2} PL^2$$

$$\therefore \ \theta_B = \frac{1}{2EI} \cdot \frac{3}{2} PL^2 + \frac{1}{EI} \cdot \frac{1}{2} PL^2 = \frac{5PL^2}{4EI}$$

07 그림과 같은 곡선보에서 내력을 구하면 다음과 같다.

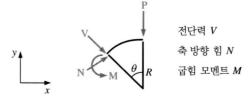

전단력 V
축 방향 힘 N
굽힘 모멘트 M

평형조건을 적용하면,

$$\sum F_x = V\sin\theta + N\cos\theta = 0$$

$$\sum F_y = -P - V\cos\theta + N\sin\theta = 0$$

$$M = M - PR\sin\theta = 0$$

$$M = PR\sin\theta, \ \ V = \frac{P}{\sqrt{1+\tan^2\theta}}, \ \ N = P \cdot \sqrt{\frac{\tan^2\theta}{1+\tan^2\theta}}$$

굽힘 모멘트만에 의한 변형률 에너지식은

$$U_M = \frac{1}{2EI} \int_0^{\frac{\pi}{2}} M^2 R d\theta$$

하중작용점에서 작용 방향(y 방향)으로의 처짐 δ_M은

$$\delta_M = \frac{\partial U_M}{\partial P} = \frac{1}{EI} \int_0^{\frac{\pi}{2}} M \cdot \frac{\partial M}{\partial P} R d\theta$$

$$= \frac{1}{EI} \int_0^{\frac{\pi}{2}} PR\sin\theta \cdot R\sin\theta \cdot R d\theta$$

$$= \frac{PR^3}{EI} \int_0^{\frac{\pi}{2}} \sin^2\theta d\theta$$

$$\int_0^{\frac{\pi}{2}} \sin^2\theta d\theta = \int_0^{\frac{\pi}{2}} \frac{1}{2}(1-\cos 2\theta)d\theta = \frac{1}{2}\left[\theta - \frac{1}{2}\sin 2\theta\right]_0^{\frac{\pi}{2}} = \frac{\pi}{4}$$

$$\therefore \ \delta_M = \frac{\pi PR^3}{4EI}$$

08 풀이 생략

09 그림에서 굽힘 모멘트에 의한 처짐만을 계산하면,

a 구간에서 굽힘 모멘트 $M_a = -Pb$

b 구간에서 굽힘 모멘트 $M_b = -P(b-y)$

부재 전체의 변형률 에너지

$$U = \frac{1}{2EI} \int_0^a M_a^2 dx + \frac{1}{2EI} \int_0^b M_b^2 dy$$

하중작용점에서 하중작용 방향으로의 처짐은

$$\delta = \frac{\partial U}{\partial P} = \frac{1}{EI} \int_0^a M_a \frac{\partial M_a}{\partial P} dx + \frac{1}{EI} \int_0^b M_b \frac{\partial M_b}{\partial P} dy$$

$$= \frac{1}{EI} \int_0^a (-Pb)(-b)dx + \frac{1}{EI} \int_0^b P(b-y)^2 dy$$

$$= \frac{Pb^2 a}{EI} + \frac{Pb^3}{3EI}$$

10 그림에서 굽힘 모멘트를 계산하면,

$$0 \le x \le \frac{L}{2}: \; M = \frac{Px}{2}$$

$$\frac{L}{2} \le x \le L: \; M = \frac{P}{2}(L-x)$$

부재 전체의 변형률 에너지를 하중작용점에서 작용하중으로 미분한 처짐은

$$\partial = \frac{\partial U}{\partial P} = \frac{1}{EI}\left(\int_0^{\frac{L}{2}} \frac{Px}{2} \cdot \frac{x}{2}dx + \int_{\frac{L}{2}}^{L} \frac{P}{2}(L-x)\frac{(L-x)}{2}dx \right)$$

$$= \frac{PL^3}{96EI} + \frac{PL^3}{96EI}$$

$$= \frac{PL^3}{48EI}$$

11 그림에서 끝단에 가상하중 P를 주면, 부재에 발생하는 굽힘 모멘트는

$$M_x = -P(L-x) - M$$

부재 전체의 변형률 에너지는

$$U = \frac{1}{2EI}\int_0^L M_x^2 dx$$

가상하중 P에 의한 처짐

$$\delta = \frac{\partial U}{\partial P} = \frac{1}{EI}\int_0^L M_x \frac{\partial U}{\partial P}dx$$

$$= \frac{1}{EI}\int_0^L [-P(L-x) - M][-(L-x)]dx$$

P는 가상하중이므로 $P = 0$을 대입하면,

$$\delta = \frac{1}{EI}\int_0^L M(L-x)dx$$

$$= \frac{ML^2}{2EI}$$

12 ① 계를 지점에서 분리시키고 지점반력으로 표현하면,

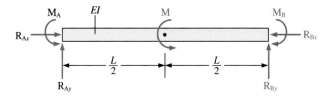

② R_{Ax}, R_{Ay}, M_A를 작용외력으로 생각하고 평형방정식을 적용

$$\begin{cases} \sum F_x = R_{Ax} - R_{Bx} = 0 \\ \sum F_y = R_{Ay} + R_{By} = 0 \\ \sum M_B = M_A - R_{Ay}L - M - M_B = 0 \end{cases}$$

$R_{Bx},\ R_{By},\ M_B$를 구하면,

$$R_{Bx} = R_{Ax}$$

$$R_{By} = -R_{Ay}$$

$$M_B = M_A - R_{Ay}L - M$$

③ 굽힘 모멘트

$$M_x = R_{Ay}x - M_A \qquad \left(0 \le x \le \frac{L}{2}\,\text{에서}\right)$$

$$M_x = R_{Ay}x - M_A + M \left(\frac{L}{2} \le x \le L\,\text{에서}\right)$$

축 방향 힘 $F = -R_{Ax} \quad (0 < x < L)$

변형률 에너지 식은

$$U = \frac{1}{2EI}\int_0^L M_x^2 dx + \frac{1}{2EA}\int_0^L F^2 dx$$

점 A에서 변형조건은 $\theta_A = \delta_{Ay} = \delta_{Ax} = 0$이므로

$$\theta_A = \frac{\partial U}{\partial M_A} = \frac{1}{EI}\int_0^L M_x \frac{\partial M_x}{\partial M_A}dx + \frac{1}{EA}\int_0^L F\frac{\partial F}{\partial M_A}dx$$

$$= \frac{1}{EI}\int_0^{\frac{L}{2}}(R_{Ay}x - M_A)(-1)dx + \frac{1}{EI}\int_{\frac{L}{2}}^L(R_{Ay}x - M_A + M)(-1)dx$$

$$= \frac{1}{EI}\left[-\frac{1}{2}R_{Ay}L^2 + M_A L - \frac{1}{2}ML\right]$$

$$\delta_{Ay} = \frac{\partial U}{\partial R_{Ay}} = \frac{1}{EI}\int_0^L M_x \frac{\partial M_x}{\partial R_{Ay}}dx + \frac{1}{EA}\int_0^L F\frac{\partial F}{\partial R_{Ay}}dx\left(\frac{\partial F}{\partial R_{Ay}}=0\,\text{이므로}\right)$$

$$= \frac{1}{EI}\int_0^{\frac{L}{2}}(R_{Ay}x - M_A)(x)dx + \frac{1}{EI}\int_{\frac{L}{2}}^L(R_{Ay}x - M_A + M)(x)dx$$

$$= \frac{1}{EI}\left[\frac{1}{3}R_{Ay}L^3 - \frac{1}{2}M_A L^2 + \frac{1}{2}ML^2\right]$$

$$\delta_{Ax} = \frac{\partial U}{\partial R_{Ax}} = \frac{1}{EI}\int_0^L M_x \frac{\partial M_x}{\partial R_{Ax}}dx + \frac{1}{EA}\int_0^L F\frac{\partial F}{\partial R_{Ax}}dx$$

$$= \frac{1}{EA}\int_0^L(-R_{Ax})(-1)dx\left(\frac{\partial M_x}{\partial R_{Ax}}=0\,\text{이므로}\right)$$

$$= \frac{1}{EA}[R_{Ax}L]$$

④ $\theta_A = \delta_{Ay} = \delta_{Ax} = 0$의 변형조건을 적용하면 다음과 같이 정리된다.

$$\theta_A = 0:\ -\frac{1}{2}R_{Ay}L^2 + M_A L - \frac{1}{2}ML = 0$$

$$\theta_{Ay} = 0:\ \frac{1}{3}R_{Ay}L^3 - \frac{1}{2}M_A L^2 + \frac{1}{2}ML^2 = 0$$

$$\theta_{Ax} = 0:\ R_{Ax}L = 0$$

위 식을 연립하여 풀면,

$$R_{Ax} = 0, \ R_{Ay} = -3\frac{M}{L}, \ M_A = -M$$

이것을 ②항의 평형조건에 대입하여 나머지 반력을 구한다.

$$R_{Bx} = R_{Ax} = 0$$

$$R_{By} = -R_{Ay} = 3\frac{M}{L}$$

$$M_B = M_A - R_{Ay}L - M$$

$$= -M - \left(-3\frac{M}{L}\right)L - M$$

$$= M$$

⑤ 최초에 표시된 지점반력을 바르게 다시 표현하면,

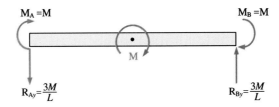

⑥ 하중작용점에서의 회전각(처짐각)을 구하기 위하여 지점반력들을 가해진 외력(모멘트)의 항으로 표현하여 변형률 에너지를 나타낸다.

$$M_x = \begin{cases} R_{Ay}x - M_A = M(1 - 3x/L) \ \left(0 \le x \le \dfrac{L}{2}\right) \\ R_{Ay}x - M_A + M = M(2 - 3x/L) \ \left(\dfrac{L}{2} \le x \le L\right) \end{cases}$$

변형률 에너지 $U = \dfrac{1}{2EI}\displaystyle\int_0^{\frac{L}{2}}[M(1 - 3x/L)]^2 dx + \dfrac{1}{2EI}\displaystyle\int_{\frac{L}{2}}^{L}[M(2 - 3x/L)]^2 dx$

회전각 $\theta = \dfrac{\partial U}{\partial M} = \dfrac{ML}{8EI} + \dfrac{ML}{8EI} = \dfrac{ML}{4EI}$

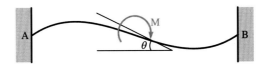

13 ① 계를 지점에서 분리시키고 지점반력으로 표현하면,

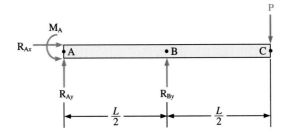

② R_{By}를 작용외력으로 생각하고 평형방정식을 적용

$$\sum F_x = R_{Ax} = 0$$

$$\sum F_y = R_{Ay} + R_{By} - P = 0$$

$$\sum M_A = M_A + R_{By}\frac{L}{2} - PL = 0$$

R_{Ax}, R_{Ay}, M_A를 구하면,

$$R_{Ax} = 0$$

$$R_{Ay} = P - R_{By}$$

$$M_A = PL - R_{By} \cdot \frac{L}{2}$$

③ 굽힘 모멘트

$$\begin{cases} M_x = P(L-x) - R_{By}\left(\frac{L}{2} - x\right) & \left(0 \le x \le \frac{L}{2}\right) \\[3mm] M_x = P(L-x) & \left(\frac{L}{2} \le x \le L\right) \end{cases}$$

변형률 에너지식은

$$U = \frac{1}{2EI}\int_0^L M_x^2 dx$$

점 B에서 변형조건은 $\delta_{By} = 0$

$$\delta_{By} = \frac{\partial U}{\partial R_{By}} = \frac{1}{EI}\int_0^L M_x \frac{\partial M_x}{\partial R_{By}} dx$$

$$= \frac{1}{EI}\int_0^{\frac{L}{2}} \left[P(L-x) - R_{By}\left(\frac{L}{2} - x\right)\right]\left[-\left(\frac{L}{2} - x\right)\right] dx$$

$$= \frac{1}{EI}\left(-\frac{5}{48}PL^3 + \frac{1}{24}R_{By}L^3\right)$$

$\delta_{By} = 0$의 조건에서

$$R_{By} = \frac{5}{2}P$$

따라서 ②항의 평형조건에서

$$R_{Ax} = 0, \ R_{Ay} = P - R_{By} = -\frac{3}{2}P$$

$$M_A = PL - R_{By} \cdot \frac{L}{2} = -\frac{1}{4}PL$$

최초에 표시된 지점반력을 바르게 다시 표현하면,

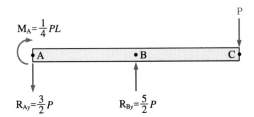

④ 하중작용점 C에서 처짐을 구하기 위하여 부재 내 굽힘 모멘트를 작용외력 P의 항으로만 표현하면,

$$\begin{cases} M_x = P\left(-\dfrac{1}{4}L + \dfrac{3}{2}x\right) & \left(0 \le x \le \dfrac{L}{2}\right) \\[2ex] M_x = P(L - x) & \left(\dfrac{L}{2} \le x \le L\right) \end{cases}$$

변형률 에너지

$$U = \frac{1}{2EI}\int_0^{\frac{L}{2}}\left[P\left(-\frac{1}{4}L + \frac{3}{2}x\right)\right]^2 dx + \frac{1}{2EI}\int_{\frac{L}{2}}^{L}[P(L-x)]^2 dx$$

처짐

$$\delta_c = \frac{\partial U}{\partial P} = \frac{PL^3}{32EI} + \frac{PL^3}{24EI} = \frac{7PL^3}{96EI}$$

14 ① 계를 지점에서 분리시키고 지점반력으로 표현하면,

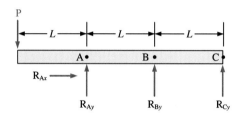

② R_{Ay}를 작용외력으로 생각하고 평형방정식을 적용

$$\sum F_x = R_{Ax} = 0$$

$$\sum F_y = -P + R_{Ay} + R_{By} + R_{Cy} = 0$$

$$\sum M_A = PL + R_{By}L + R_{Cy}(2L) = 0$$

R_{Ax}, R_{By}, R_{Cy}를 구하면,

$$R_{Ax} = 0$$

$$R_{By} = 3P - 2R_{Ay}$$

$$R_{Cy} = -2P + R_{Ay}$$

③ 굽힘 모멘트

$$M_x = \begin{cases} -Px & (0 \le x \le L) \\ R_{Ay}(x - L) - Px & (L \le x \le 2L) \\ R_{Cy}(3L - x) = (-2P + R_{Ay})(3L - x) & (2L \le x \le 3L) \end{cases}$$

변형률 에너지식은

$$U = \frac{1}{2EI}\int_0^{3L} M_x^2 dx$$

점 A에서 변형조건은 $\delta_{Ay} = 0$

$$\delta_{Ay} = \frac{\partial U}{\partial R_{Ay}} = \frac{1}{EI}\int_0^{3L} M_x \cdot \frac{\partial M_x}{\partial R_{Ay}} dx$$

$$EI\delta_{Ay} = \int_0^L (-Px) \cdot 0 dx$$

$$+ \int_L^{2L} (R_{Ay}(x-L) - Px)(x-L)dx$$

$$+ \int_{2L}^{3L} (-2P + R_{Ay})(3L-x)(3L-x)dx$$

$$= \int_L^{2L} R_{Ay}(x-L)^2 dx - \int_L^{2L} Px(x-L)dx + \int_{2L}^{3L} (-2P+R_{Ay})(3L-x)^2 dx$$

$$= \frac{1}{3}R_{Ay}L^3 - \frac{5}{6}PL^3 + \frac{1}{3}(-2P+R_{Ay})L^3$$

$$= \frac{2}{3}R_{Ay}L^3 - \frac{3}{2}PL^3$$

$\delta_{Ay} = 0$의 조건에서

$$R_{Ay} = \frac{9}{4}P$$

②항의 평형 조건에서 나머지 반력을 계산하면,

$$R_{By} = 3P - 2 \cdot R_{Ay} = -\frac{3}{2}P$$

$$R_{Cy} = -2P + R_{Ay} = \frac{1}{4}P$$

최초에 표시된 지점반력을 바르게 다시 표현하면,

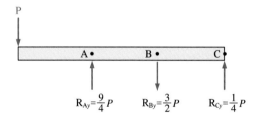

④ 하중 P의 작용점에서 처짐을 구하기 위해 부재 내 굽힘 모멘트를 작용외력 P의 항으로만
표현

$$M_x = \begin{cases} -Px & (0 \le x \le L) \\ \frac{9}{4}P(x-L) - Px & (L \le x \le 2L) \\ \frac{1}{4}P(3L-x) & (2L \le x \le 3L) \end{cases}$$

변형률 에너지

$$U = \frac{1}{2EI}\int_0^L (-Px)^2 dx + \frac{1}{2EI}\int_L^{2L}\left[\frac{9}{4}P(x-L) - Px\right]^2 dx$$

$$+ \frac{1}{2EI} \int_{2L}^{3L} \left[\frac{1}{4} P(3L - x) \right]^2 dx$$

하중작용점 처짐은

$$\delta = \frac{\partial U}{\partial P} = \frac{PL^3}{3EI} + \frac{13PL^3}{48EI} + \frac{PL^3}{48EI}$$

$$\therefore \ \delta = \frac{5PL^3}{8EI}$$

15 풀이 생략(14번과 같은 방법으로 푼다.)

16 ① 계를 지점에서 분리시키고 지점반력으로 표현하면,

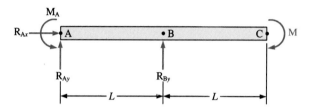

② M_A를 작용외력으로 생각하고 평형방정식을 적용

$$\sum F_x = R_{Ax} = 0$$

$$\sum F_y = R_{Ay} + R_{By} = 0$$

$$\sum M_A = M_A + R_{By} L - M = 0$$

R_{Ax}, R_{Ay}, R_{By}를 구하면,

$$R_{Ax} = 0$$

$$R_{Ay} = \frac{M_A - M}{L}$$

$$R_{By} = \frac{M - M_A}{L}$$

③ 굽힘 모멘트

$$M_x = \begin{cases} -M_A & (0 \leq x \leq L) \\ -M & (L \leq x \leq 2L) \end{cases}$$

변형률 에너지식은

$$U = \frac{1}{2EI} \int_0^{2L} M_x^2 dx$$

점 A에서 변형 조건은 $\theta_A = 0$

$$\theta_A = \frac{\partial U}{\partial M_A} = \frac{1}{EI} \int_0^{2L} M_x \frac{\partial M_x}{\partial M_A} dx$$

$$= \frac{1}{EI} \int_0^L (-M_A)(-1) dx$$

$$= \frac{1}{EI} M_A L$$

$\theta_A = 0$의 조건에서

$M_A = 0$

따라서 ②항의 평형조건에서

$$R_{Ax} = 0, \ R_{Ay} = \frac{M_A - M}{L} = -\frac{M}{L}$$

$$R_{By} = \frac{M - M_A}{L} = \frac{M}{L}$$

최초에 표시된 지점반력을 바르게 다시 표현하면,

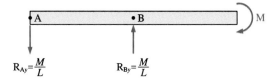

④ 하중작용점 C에서 회전각을 구하면,

$$M_x = \begin{cases} 0 & (0 \leq x \leq L) \\ -M & (L \leq x \leq 2L) \end{cases}$$

변형률 에너지

$$U = \frac{1}{2EI} \int_L^{2L} M^2 dx$$

회전각 $\theta_C = \dfrac{\partial U}{\partial M} = \dfrac{ML}{EI}$

17　① 계를 지점에서 분리시키고 지점반력으로 표현하면,

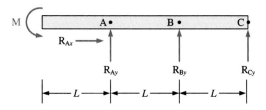

② R_{Ay}를 작용외력으로 생각하고 평형방정식을 적용

$$\sum F_x = R_{Ax} = 0$$

$$\sum F_y = R_{Ay} + R_{By} + R_{Cy} = 0$$

$$\sum M_A = M + R_{By} L + R_{Cy}(2L) = 0$$

R_{Ax}, R_{By}, R_{Cy}를 구하면,

$R_{Ax} = 0$

$$R_{By} = \frac{M}{L} - 2R_{Ay}$$

$$R_{Cy} = R_{Ay} - \frac{M}{L}$$

③ 굽힘 모멘트

$$M_x = \begin{cases} -M & (0 \le x \le L) \\ -2M & (L \le x \le 2L) \\ \dfrac{M}{L}(x - 3L) + R_{Ay}(x - L) & (2L \le x \le 3L) \end{cases}$$

변형률 에너지

$$U = \frac{1}{2EI} \int_0^{3L} M_x^2 dx$$

점 A에서 변형 조건은 $\delta_{Ay} = 0$

$$\delta_{Ay} = \frac{\partial U}{\partial R_{Ay}} = \frac{1}{EI} \int_0^{3L} M_x \frac{\partial M_x}{\partial R_{Ay}} dx$$

$$EI\delta_{Ay} = \int_{2L}^{3L} \left[\frac{M}{L}(x - 3L) + R_{Ay}(x - L) \right](x - L)dx$$

$$= -\frac{2}{3} ML^2 + \frac{7}{3} R_{Ay}L^3$$

$\delta_{Ay} = 0$의 조건에서

$$R_{Ay} = \frac{2}{7} \frac{M}{L}$$

②항의 평형조건에서 나머지 반력을 계산하면,

$$R_{Ax} = 0, \ R_{By} = \frac{3}{7} \frac{M}{L}, \ R_{Cy} = R_{Ay} - \frac{M}{L} = -\frac{5}{7} \frac{M}{L}$$

최초에 표시된 지점반력을 바르게 다시 표현하면,

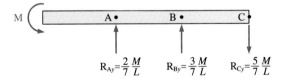

④ 하중 M의 작용점에서 회전각을 구하기 위해 부재 내 굽힘 모멘트를 작용 모멘트 M으로 표현하면,

$$M_x = \begin{cases} -M & (0 \le x \le L) \\ -2M & (L \le x \le 2L) \\ \dfrac{M}{L}\left(\dfrac{9}{7}x - \dfrac{23}{7}L \right) & (2L \le x \le 3L) \end{cases}$$

변형률 에너지

$$U = \frac{1}{2EI} \int_o^L (-M)^2 dx + \frac{1}{2EI} \int_L^{2L} (-2M)^2 dx$$

$$+ \frac{1}{2EI} \int_{2L}^{3L} \left[\frac{M}{L} \left(\frac{9}{7}x - \frac{23}{7}L \right) \right]^2 dx$$

하중작용점의 회전각 θ

$$EI\theta = EI\frac{\partial U}{\partial M} = \int_0^L Mdx + \int_L^{2L} 4Mdx$$

$$+ \int_{2L}^{3L} \frac{M}{L^2} \left(\frac{9}{7}x - \frac{23}{7}L \right)^2 dx$$

$$= ML + 4ML + \frac{1}{7}ML$$

$$= \frac{36}{7}ML$$

$$\therefore \ \theta = \frac{36ML}{7EI}$$

18 계에 발생하는 모든 퍼텐셜에너지를 총 퍼텐셜에너지(π)라 하며 내력에 의한 퍼텐셜에너지 (U)와 외력에 의한 퍼텐셜에너지(ϕ)의 합으로 나타낸다. 외력에 의한 퍼텐셜에너지(ϕ)는 외력에 의한 일(W)과 크기는 같고 부호는 반대의 관계를 갖는다.

$$\pi = U + \phi = U - W \quad (\because \ \phi = -W)$$

19 $P_{cr} = \dfrac{\pi^2 EI_z}{(kL)^2}$

$k = 2$ (그림 10-14에서)

$P_{cr} = \dfrac{\pi^2 EI_z}{4L^2}$

20 $k = 0.5$ (그림 10-14에서)

$P_{cr} = \dfrac{4\pi^2 EI_z}{L^2}$

해석 재료역학 4판

4판 1쇄 발행 | 2020년 09월 05일

지은이 | 최종근(한국산업기술대학교)
이성범(인제대학교)
정진오(국립 순천대학교)
펴낸이 | 조 승 식
펴낸곳 | (주)도서출판 북스힐

등 록 | 1998년 7월 28일 제22-457호
주 소 | 서울시 강북구 한천로 153길 17
전 화 | (02) 994-0071
팩 스 | (02) 994-0073

홈페이지 | www.bookshill.com
이메일 | bookshill@bookshill.com

정가 28,000원

ISBN 979-11-5971-199-2